Peter P. Bothner
Wolf-Michael Kähler

Ohne C zu C++

Peter P. Bothner
Wolf-Michael Kähler

Ohne C zu C++

Eine aktuelle Einführung für Einsteiger
ohne C-Vorkenntnisse
in die objekt-orientierte Programmierung mit C++

Die Deutsche Bibliothek – CIP-Einheitsaufnahme
Ein Titeldatensatz für diese Publikation ist bei
Der Deutschen Bibliothek erhältlich.

1. Auflage September 2001

Der Verlag Vieweg ist ein Unternehmen der Fachverlagsgruppe BertelsmannSpringer.
www.vieweg.de
vieweg@bertelsmann.de

Konzeption und Layout des Umschlags: Ulrike Weigel, www.CorporateDesignGroup.de

Gedruckt auf säurefreiem Papier

ISBN-13:978-3-528-05780-0 e-ISBN-13:978-3-322-83093-7
DOI: 10.1007/978-3-322-83093-7

... schon mal vorab:
In diesem Buch gibt es kein
"Hello world"-Programm!

Vorwort

Bei der Herstellung von Anwendungssoftware wird heutzutage in zunehmendem Maße *objekt-orientiert* programmiert. Dabei ist C++ die am häufigsten eingesetzte Programmiersprache. Da die Elemente der Programmiersprache C in C++ integriert sind, besitzt C++ einen mächtigen Sprachumfang. Diese von professionellen Programmierern geschätzte Leistungsfähigkeit macht es dem Programmieranfänger nicht leicht, C++ zu erlernen. Bei einer Einführung in die objekt-orientierte Programmierung mit C++ kommt daher der Art und der Reihenfolge, in der die einzelnen Sprachelemente vorgestellt werden, eine besondere Bedeutung zu.

Da C++ als objekt-orientierte Weiterentwicklung der Programmiersprache C entstanden ist, werden in vielen C++-Büchern zunächst die Sprachelemente von C beschrieben. Erst danach werden die C++-spezifischen Sprachelemente erläutert, die die objekt-orientierte Programmierung im Hinblick auf die grundlegenden Konzepte – wie z.B. das Klassen-Konzept, die Vererbung und den Polymorphismus – erst ermöglichen. Im Unterschied zu einem derartigen klassischen Aufbau von C++-Büchern ist dieses Buch *nicht* in einen C-Teil und einen C++-Teil gegliedert, sondern stellt von Anfang an die Denkweise der objekt-orientierten Programmierung in den Vordergrund. Dabei werden vom Leser weder C-Kenntnisse noch Vorkenntnisse in der Programmierung erwartet.

Dieses Buch ist *nicht* als Nachschlagewerk konzipiert, in dem die Sprachelemente summarisch aneinandergereiht sind. Vielmehr werden die wichtigsten Begriffe der objekt-orientierten Programmierung und die Sprachelemente von C++ schrittweise an einem *durchgängigen* einfachen Anwendungsbeispiel vorgestellt. Bei dieser praxisorientierten Einführung werden die einzelnen Sprachelemente erst dann erläutert, wenn sie zur Programmierung eines Lösungsplans benötigt werden.

Im Hinblick auf die Planung und Umsetzung von Lösungsplänen wird der Leser zusätzlich mit dem Einsatz von Werkzeugen vertraut gemacht, die den Prozess der Software-Herstellung unterstützen. Hierzu werden unter anderem Grafiken – wie z.B. die UML-Notation und die Struktogramm-Darstellung – verwendet, die die Kurzbeschreibung von Lösungskomponenten erleichtern. Diese Darstellungstechniken sollen dem Programmieranfänger nicht nur den Einsatz von Werkzeugen nahe bringen, sondern ihm auch bewusst machen, dass es sich bei der Programmierung um eine erlernbare ingenieurmäßige Tätigkeit – und nicht um eine besondere Form künstlerischen Schaffens – handelt.

In dieser Einführung wird auch erläutert, wie zwischen dem Anwender und dem erstellten Software-Produkt – durch den Einsatz von Fenstern – kommuniziert werden kann. Da sich der fenster-gestützte Dialog nicht mehr auf die Beantwortung von Eingabeanforderungen beschränkt, sondern Ereignisse – wie z.B. die Betätigung von Schaltflächen innerhalb eines Fensters – bestimmte Anforderungen zur Ausführung bringen können, müssen entsprechende Kommunikationsmechanismen der Programmierung zugänglich sein. Diese Art von Programmierung zählt nicht nur zu den Stärken von objekt-orientierten Programmiersprachen, sondern bestimmt auch vornehmlich deren Einsatzfeld.

Bei der Programmierung in C++ verwenden wir exemplarisch die Programmierumgebung "Visual C++, Version 6.0" der Firma "Microsoft", die bei der professionellen Programmierung eine marktführende Position einnimmt. Dieses Vorgehen soll dem Leser vermitteln, wie sich der Programmierer heutzutage bei der Lösung von Problemstellungen unterstützen lassen kann. Der Einsatz dieser Programmierumgebung stellt keine Einschränkung im Hinblick auf die *grundlegenden* Problemlösungen dar, deren Entwicklung den Leser dieses Einführungsbuches an die Basistechniken der C++-Programmierung heranführen soll.

... und übrigens: Die Programmzeilen der grundlegenden Programme, die in diesem Buch vorgestellt werden, sind unter der WWW-Adresse "www.uni-bremen.de/~cppkurs" abrufbar.

Den Herren cand. inf. M. Skibbe und Dipl.-Biologe M. Ellola danken wir für die kritische Durchsicht des Manuskriptes und die zahlreichen Verbesserungsvorschläge.

Bremen/ Ritterhude
im August 2001

Peter P. Bothner und Wolf-Michael Kähler

Inhaltsverzeichnis

Kapitel 1

Problemstellung und Planung der Lösung

In diesem Kapitel stellen wir die Begriffe vor, die bei der objekt-orientierten Programmierung grundlegend sind. Zur Verdeutlichung erläutern wir sie bei der Lösung einer Problemstellung, die in den nachfolgenden Kapiteln Schritt für Schritt erweitert wird. Durch diese Vorgehensweise lassen sich die Vorteile der objekt-orientierten Programmierung demonstrieren.

1.1 Problemstellung und Problemanalyse

Um eine *Problemstellung* durch den Einsatz der Datenverarbeitung zu lösen, ist zunächst eine *Problemanalyse* durchzuführen. Hierbei ist eine komplexe Problemstellung in möglichst überschaubare Teilprobleme zu gliedern und eine Strategie für einen *Lösungsplan* zu entwickeln.

- Da wir die Lösung einer Problemstellung unter Einsatz der objekt-orientierten Programmiersprache C++ beschreiben wollen, setzen wir uns im Folgenden zum Ziel, sowohl die Leitlinien des objekt-orientierten Programmierens als auch die Grundlagen der Programmiersprache C++ kennenzulernen.

  Hinweis: C++ ist eine Erweiterung der Programmiersprache C. Zum Verständnis der nachfolgenden Ausführungen werden jedoch keine Kenntnisse von C vorausgesetzt.

Im Hinblick auf diese Zielsetzung orientieren wir uns an einer einfachen Problemstellung und betrachten den folgenden Sachverhalt:

- Schüler einer Jahrgangsstufe führen Sportwettkämpfe in mehreren Disziplinen durch, bei denen die erreichten Leistungen durch ganzzahlige Punktwerte gekennzeichnet werden.

Im Rahmen des Wettkampfvergleichs möchten wir uns über die durchschnittliche Leistung der jeweiligen Jahrgangsstufe informieren.

Wir formulieren daher die folgende Problemstellung:

- PROB-0:
  Die erreichten Punktwerte sind interaktiv, d.h. im Dialog mit dem Anwender, zu erfassen und einer Auswertung zu unterziehen. Dabei sind die Punktwerte zunächst am Bildschirm anzuzeigen, und anschließend ist aus den individuellen Punktwerten der jeweilige jahrgangsstufen-spezifische Leistungsdurchschnitt zu ermitteln und auszugeben!

Die interaktive Erfassung stellen wir uns so vor (siehe Abbildung 1.1), dass zunächst durch die Bildschirmanzeige des Textes "Gib Jahrgangsstufe (11/12):" die Eingabe von "11" bzw. "12" zur Kennzeichnung der Jahrgangsstufe angefragt wird. Nach der Eingabe des Jahrgangstufenwertes soll der erste Punktwert eingegeben werden. Hierzu soll die Anzeige des Textes "Gib Punktwert:" auffordern. Nach der Eingabe des Punktwertes muss angefragt werden, ob noch ein weiterer Punktwert eingegeben werden soll. Dazu dient die Anzeige des Textes "Ende(J/N):". Um die Dateneingabe zu beenden, soll diese Anfrage mit der Eingabe des Zeichens "J" beantwortet werden. Andernfalls ist das Zeichen "N" einzugeben.
Wird die Erfassung durch die Eingabe von "N" fortgesetzt, so soll der Text "Gib Punktwert:" den nächsten Punktwert anfordern. Dieser Vorgang ist solange fortzusetzen, bis die Erfassung durch die Eingabe von "J" – auf die Anfrage "Ende(J/N):" hin – beendet wird.

Um nach der Erfassung den Leistungsdurchschnitt zu ermitteln, sind die eingegebenen Punktwerte zu summieren und die hieraus resultierende Summe durch die Anzahl der Punktwerte zu teilen.

1.2 Ansatz für einen Lösungsplan

Um die Problemstellung PROB-0 zu lösen, geben wir zunächst eine verbal gehaltene Beschreibung des Lösungsplans an.
Um den Erfassungsprozess durchzuführen, hat die folgende Handlung zu erfolgen:

- "Durchführen der Erfassung":
  Es sind Aufforderungen zur Eingabe des Jahrgangsstufenwertes, der Punktwerte und des Erfassungsendes am Bildschirm anzuzeigen und die über die Tastatur schrittweise bereitgestellten Eingabewerte zu übernehmen.

Zur Sicherung der eingegebenen Werte wird ein *Behälter* benötigt, in den der Jahrgangsstufenwert zu übertragen ist. Ferner muss ein geeigneter *Sammel-Behälter* zur Verfügung stehen, in dem die erfassten Punktwerte – zur weiteren Verarbeitung – gesammelt werden können. Um diese Sammlung durchzuführen, ist die folgende Handlung vorzunehmen:

- "Sammeln eines Wertes":
  Übertragung eines eingegebenen Punktwertes in den Sammel-Behälter.

Zur Anzeige der insgesamt erfassten Punktwerte und der jeweiligen Jahrgangsstufe sehen wir die folgende Handlung vor:

- "Anzeige der erfassten Werte":
  Anzeige der insgesamt gesammelten Punktwerte des Sammel-Behälters und des zugehörigen Jahrgangsstufenwertes.

Damit nach dem Erfassungsende der Durchschnittswert für die im Sammel-Behälter enthaltenen Werte ermittelt wird, ist die folgende Handlung durchzuführen:

- "Berechnen des Durchschnittswertes":
  Es sind alle im Sammel-Behälter aufbewahrten Werte zu summieren. Anschließend ist die resultierende Summe durch die Anzahl der Summanden zu teilen und der Ergebniswert anzuzeigen.

Zusammenfassend lässt sich der Lösungsplan wie folgt skizzieren:

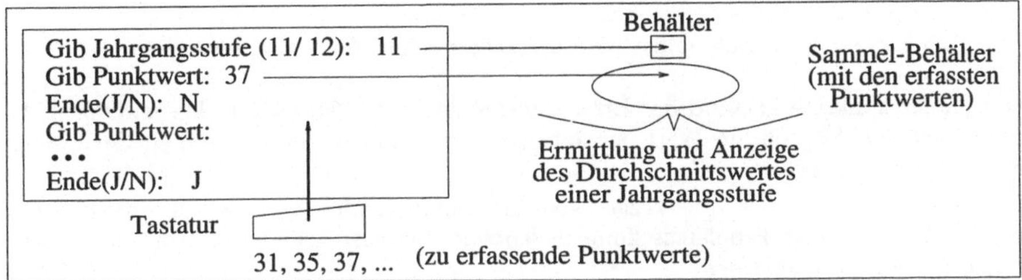

Abbildung 1.1: Ansatz für einen Lösungsplan

Es ist erkennbar, dass sich die Problemstellung PROB-0 in die beiden folgenden Teilprobleme gliedern lässt:

- 1. Teilproblem PROB-1:
  Es soll der Jahrgangsstufenwert in einen Behälter und die Punktwerte dieser Jahrgangsstufe in einen Sammel-Behälter erfasst und anschließend am Bildschirm angezeigt werden!

- 2. Teilproblem PROB-2:
  Der Durchschnittswert aller Punktwerte, die in dem Sammel-Behälter aufbewahrt werden, ist zu berechnen und zusammen mit dem Jahrgangsstufenwert auszugeben!

Der Lösungsplan von PROB-2, der die Weiterverarbeitung der zuvor erfassten Daten beschreibt, basiert auf der Lösung von PROB-1. Haben wir PROB-1 gelöst, so können wir diesen Lösungsplan zur Grundlage jedes Lösungsplans machen, bei dem eine statistische Kennziffer für die erfassten Punktwerte zu berechnen ist.

Soll zu einem späteren Zeitpunkt z.B. der am häufigsten aufgetretene Punktwert oder der mittlere Punktwert (im Hinblick auf die Reihenfolge, die die Punktwerte nach einer Sortierung einnehmen) ermittelt werden, so können wir uns auf den Lösungsplan von PROB-1 stützen.

Um die Problemstellung PROB-1 zu lösen, ist zunächst der Jahrgangsstufenwert in einen Behälter zu übertragen. Anschließend sind die zugehörigen Punktwerte dieser Jahrgangsstufe schrittweise von der Tastatur in einen Sammel-Behälter zu übernehmen. Nach dem Erfassungsende sind die gesammelten Punktwerte am Bildschirm anzuzeigen.

1.3 Formulierung des Lösungsplans

1.3.1 Der Begriff des "Objekts"

Um die Erfassung zu programmieren, geben wir ein geeignetes Modell des Erfassungsprozesses an. Dazu vergegenwärtigen wir uns, durch welche Komponenten die Erfassung gekennzeichnet wird.

Den Erfassungsprozess können wir dadurch modellieren, dass wir den Behälter für die Jahrgangsstufe und den Sammel-Behälter für die Punktwerte als eine *Einheit* ansehen. Der jeweilige Inhalt dieser Behälter kennzeichnet die konkreten Eigenschaften, die der Erfassungsprozess zu einem bestimmten Zeitpunkt besitzt.

- Derartige Eigenschaften, mit denen sich die Inhalte der Behälter kennzeichnen lassen, werden als *Attribute* bezeichnet.
  Der Erfassungsprozess selbst wird als *Träger* seiner Attribute angesehen.

Der jeweils konkrete Zustand des Erfassungsprozesses spiegelt sich in den jeweiligen *Attributwerten* wider, d.h. im Wert der Jahrgangsstufe und in der Gesamtheit der bislang gesammelten Punktwerte.

Dieses Vorgehen, bei dem die Träger von Attributen ermittelt werden, die im Hinblick auf die Lösung einer Problemstellung bedeutsam sind, ist grundlegend für die objektorientierte Programmierung.

- Der Träger eines oder mehrerer Attribute, der im Rahmen eines Lösungsplans Gegenstand der Betrachtung ist, wird *Objekt* genannt.
  Der jeweilige Zustand eines Objektes wird durch die Gesamtheit seiner Attributwerte verkörpert.

- Die Attribute und die zugehörigen Attributwerte werden unter einer gemeinsamen "Schale" zusammengefasst und gekapselt, so dass sie "nach außen hin" nicht sichtbar sind. Dies bedeutet, dass nur die Objekte selbst ihre jeweils aktuellen Attributwerte preisgeben und ändern können, wozu sie durch spezifische Anforderungen gezielt aufgefordert werden müssen. Dieser Sachverhalt wird als "Geheimnisprinzip" oder auch als "Prinzip der Datenkapselung" bezeichnet.

Damit Objekte innerhalb eines Lösungsplans angegeben und ihre Zustände – zur Lösung einer Problemstellung – verändert werden können, müssen sie über einen Namen angesprochen werden können.

Generell gilt:

- Damit ein Objekt benannt werden kann, muss es an einen geeignet gewählten *Bezeichner* gebunden werden. Eine derartige *Bindung* an einen Bezeichner wird durch eine *Variable* festgelegt.
  Da der Bezeichner durch den Namen der Variablen bestimmt ist, wird anstelle des Bezeichners auch vom *Variablennamen* gesprochen.

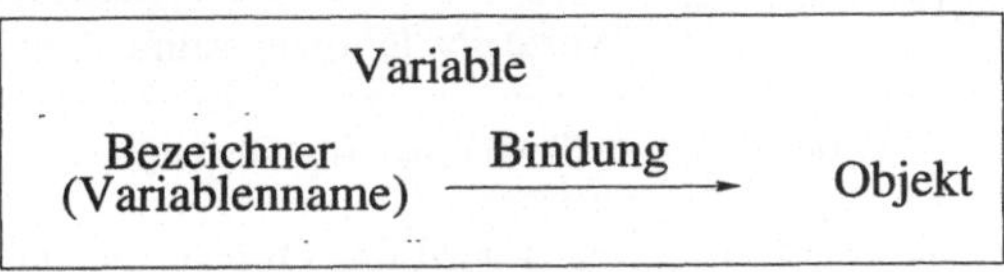

Abbildung 1.2: Variable

Obwohl der Begriff "Variable" nicht nur den Namen, sondern gleichzeitig die Bindung an das zugehörige Objekt beinhaltet, wird der Begriff "Variable" im Folgenden – aus Gründen der Vereinfachung – auch als Synonym für "Variablenname" verwendet.

Eine Variable kann zu einem bestimmten Zeitpunkt immer nur ein Objekt bezeichnen. Allerdings ist es zulässig, dass verschiedene ("gleichartige") Objekte – nacheinander – an ein und denselben Variablennamen gebunden werden können.

- Variablennamen dürfen beliebig lang sein. Sie müssen mit einem Buchstaben oder dem Unterstrich "_" beginnen. Daran anschließend sind Klein- und Großbuchstaben sowie Ziffern und Unterstriche (nicht aber die Sonderzeichen des deutschen Alphabets wie "ö", "ß" usw.) erlaubt. Dabei wird zwischen Groß- und Kleinschreibung unterschieden.

Zur Benennung von Variablen dürfen die folgenden Wörter nicht verwendet werden, da es sich bei ihnen um reservierte Schlüsselwörter von C++ handelt:

- asm, auto, bool, break, case, catch, char, class, const, continue, default, delete, do, double, else, enum, explicit, extern, false, float, for, friend, goto, if, inline, int, long, mutable, namespace, new, operator, private, protected, public, register, return, short, signed, sizeof, static, struct, switch, template, this, throw, true, try, typedef, typeid, typename, union, unsigned, using, virtual, void, volatile und while.

Es empfehlenswert, stets "sprechende" Variablennamen zu verwenden, aus denen ersichtlich ist, welche Bedeutung das jeweilige Objekt im Lösungsplan besitzt.
Sofern Namen aus Wörtern bzw. Wortfragmenten zusammengesetzt werden, ist es üblich, den jeweiligen Wortanfang mit einem Großbuchstaben einzuleiten.

Da in unserer Situation nur die Punktwerte einer einzigen Jahrgangsstufe erfasst werden sollen, können wir den Erfassungsprozess z.B. durch die Variable "werteErfassungJahr" kennzeichnen.

Sofern wir beabsichtigen, die Erfassung für die Jahrgangsstufen "11" und "12" *parallel* auszuführen, wäre z.B. die Wahl der folgenden Bezeichner sinnvoll:

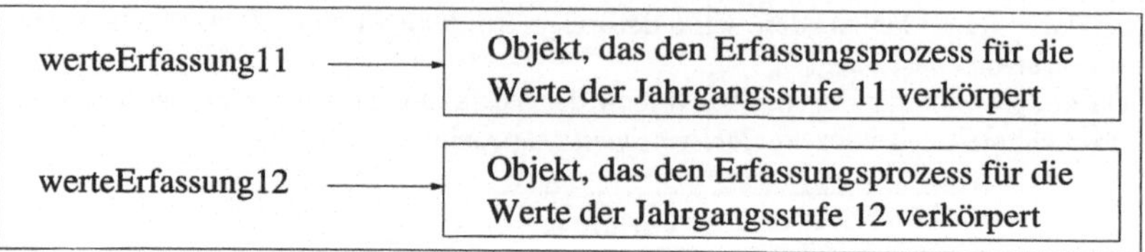

Abbildung 1.3: Bezeichner für Objekte

Bei der Durchführung unseres Lösungsplans wird das Objekt, das den Erfassungsprozess verkörpert, schrittweise dadurch verändert, dass die jeweils gesammelten Punktwerte um einen weiteren erfassten Wert ergänzt werden. Für dieses Objekt erfolgt daher eine dynamische Zustandsänderung.

Diese Art der Veränderung ist bei der objekt-orientierten Programmierung grundlegend:

- Bei der Durchführung eines Lösungsplans werden die Objekte *dynamischen Zustandsänderungen* unterworfen.
- Eine derartige Zustandsänderung muss das betreffende Objekt *selbst* vornehmen, indem es eine ihm bekannte *Handlung* ausführt.

Damit es bei einem Objekt zu einer dynamischen Zustandsänderung kommt, muss innerhalb des Lösungsplans eine geeignete Anforderung formuliert werden, durch die das betreffende Objekt zur Ausführung der erforderlichen Handlung veranlasst wird. Dies liegt daran, dass – wegen des Geheimnisprinzips – nur die Objekte selbst ihre jeweils aktuellen Attributwerte ändern dürfen.

1.3.2 Der Begriff der "Klasse"

Als Ergebnis der bisherigen Erörterungen ist festzustellen, dass zur Lösung von PROB-1 ein geeignetes Objekt – gekennzeichnet z.B. durch die Variable "werteErfassungJahr" – einzurichten ist und diejenigen Handlungen festzulegen sind, die die gewünschten Zustandsänderungen des Objekts bewirken können.

Dieses Vorgehen ist grundsätzlich beim objekt-orientierten Programmieren:

- Die Entwicklung eines Lösungsplans basiert auf geeignet einzurichtenden Objekten und der Festlegung derjenigen Handlungen, die von den Objekten auszuführen sind, damit ihre Zustände im Sinne des Lösungsplans verändert werden können.

Im Hinblick auf die Lösung von PROB-1 ist es unerheblich, ob Werte für die Jahrgangsstufe 11 oder für die Jahrgangsstufe 12 zu erfassen sind. Daher lassen sich die Erfassungsprozesse für die eine oder die andere Jahrgangsstufe in gleicher Weise modellieren, d.h. durch ein und dasselbe Modell beschreiben.

Es gibt daher ein einheitliches *Muster*, nach dem die Objekte, die einen Erfassungsprozess für die Jahrgangsstufe 11 bzw. für die Jahrgangsstufe 12 verkörpern, aufgebaut sein müssen.
Dieses Muster muss – als *Bauplan* – die folgenden Informationen enthalten:

- Angaben über die Attribute, durch die sich der Zustand eines einzelnen nach diesem Muster eingerichteten Objekts kennzeichnen lässt.
- Beschreibungen von Handlungen, die ein nach diesem Muster eingerichtetes Objekt ausführen kann, um Änderungen an seinem Zustand bewirken zu können.

Der Bauplan für einen Erfassungsprozess kann in seiner Grobstruktur in der folgenden Form beschrieben werden:

Angaben über Attribute
Beschreibung der durchführbaren Handlungen: Durchführen der Erfassung Sammeln eines Wertes Anzeige der erfassten Werte

Abbildung 1.4: Bauplan für einen Erfassungsprozess

Dieser Bauplan ist als Vorlage zu verstehen, nach der sich der Erfassungsprozess modellieren und als Objekt einrichten lässt.

Grundsätzlich gilt:

- Die Zusammenfassung aller Angaben, die als Bauplan zur Einrichtung einzelner Objekte dienen, wird als *Klasse* bezeichnet.
- Eine Klasse legt fest, über welche Attribute ein eingerichtetes Objekt verfügt und welche Handlungen dieses Objekt ausführen kann.
- Um eine Klasse zu kennzeichnen, wird ein Bezeichner als *Klassenname* benutzt. Klassennamen müssen eindeutig und sollten "sprechend" sein. Ansonsten gilt für ihren Aufbau dieselbe Vorschrift, die wir beim Aufbau von Variablennamen kennengelernt haben.
  Es ist üblich, den Namen einer Klasse durch einen Großbuchstaben einzuleiten.

In unserer Situation ist es sinnvoll, der von uns konzipierten Klasse den Klassennamen "WerteErfassung" zu geben.

Hinweis: Diese Namenswahl steht im Einklang mit dem oben gewählten Variablennamen "werteErfassungJahr", durch den ein Objekt gekennzeichnet wurde, das einen Erfassungsprozess verkörpern soll.

1.3.3 Der Begriff der "Instanz"

Beschreibung der Instanziierung

Damit ein Erfassungsprozess zur Ausführung gelangt, muss ein Objekt aus der Klasse "WerteErfassung" eingerichtet werden. Der Vorgang, bei dem ein Objekt - nach den innerhalb der Klasse gemachten Angaben - erzeugt wird, heißt *Instanziierung.* Ein durch eine Instanziierung eingerichtetes Objekt wird *Instanz* genannt. Für die Instanzen, die aus einer Klasse erzeugt wurden, sind die folgenden Sachverhalte grundlegend:

- Da jede Instanziierung zu einem neuen *individuellen* Objekt führt, unterscheidet sich jede Instanz einer Klasse von jeder weiteren Instanz derselben Klasse.
- Verschiedene Instanzen derselben Klasse können sich in gleichen oder in unterschiedlichen Zuständen befinden. Die Zustandsänderung einer Instanz wird dadurch bewirkt, dass eine Instanz ihre Attributwerte durch die Ausführung einer geeigneten Handlung ändert.

Der Variablenname, an den eine Instanz gebunden werden soll, wird bei der Instanziierung festgelegt.

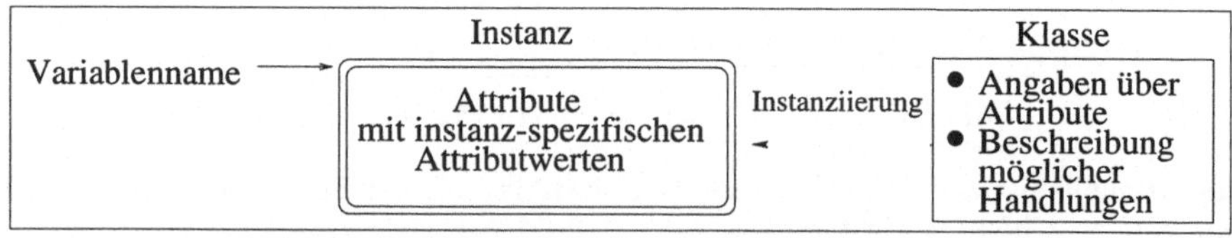

Abbildung 1.5: Instanziierung

Nach der Instanziierung lässt sich die eingerichtete Instanz über den gewählten Variablennamen eindeutig kennzeichnen. Somit kann diese Instanz über den festgelegten Namen *referenziert* (angesprochen) werden. Der Variablenname bildet daher die *Referenz* auf die Instanz. Wird die Instanz über ihren Variablennamen referenziert, so erfolgt eine *Referenzierung* dieser Instanz.

Wie bereits oben erwähnt, ist es sinnvoll, eine Instanz der Klasse "WerteErfassung" durch den Variablennamen "werteErfassungJahr" zu referenzieren. Die Instanz "werteErfassung Jahr" besitzt zwei Attribute. Das eine Attribut wird durch einen Behälter repräsentiert, der den jeweiligen Jahrgangsstufenwert aufnimmt. Das andere Attribut wird durch einen Sammel-Behälter repräsentiert, in dem die erfassten Punktwerte gesammelt werden.

Als Träger des Jahrgangsstufenwertes bzw. der bereits erfassten Punktwerte stellen diese beiden Behälter ebenfalls Instanzen dar, die jeweils über einen Variablennamen referenzierbar sein müssen.

Sofern "m_jahrgangsstufe" zur Referenzierung des Behälters mit dem jeweiligen Jahrgangsstufenwert und "m_werteListe" zur Referenzierung des Sammel-Behälters mit den erfassten Punktwerten gewählt wird, ergibt sich der folgende Sachverhalt:

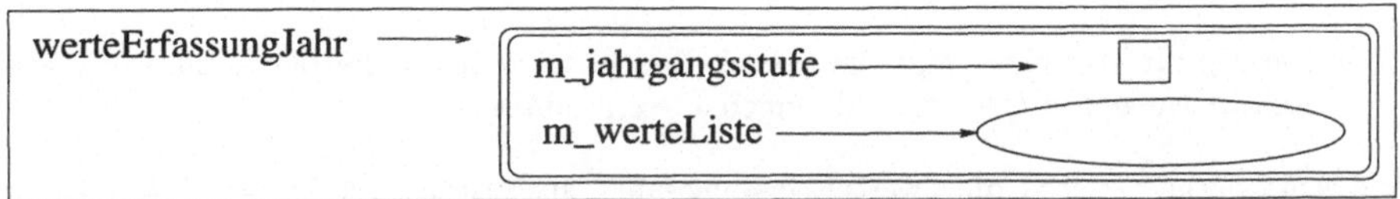

Abbildung 1.6: Referenzierungen

Hinweis: Der im Variablennamen "m_werteListe" enthaltene Namensbestandteil "Liste" soll darauf hinweisen, dass die Aufbewahrung der erfassten Punktwerte in einer listen-ähnlichen Reihenfolge vorgenommen wird.

Der Abbildung 1.6 ist zu entnehmen, dass es sich bei der Instanz "werteErfassungJahr" um ein Objekt handelt, das zwei Instanzen enthält, die durch die Variablennamen "m_jahr gangsstufe" und "m_werteListe" referenziert werden. Diese beiden Instanzen verkörpern konkrete Attributwerte der Instanz "werteErfassungJahr".
Damit Variablen, über die Instanzen referenziert werden, sich bezeichnungs-technisch von denjenigen Variablen abgrenzen lassen, die *innerhalb* von Instanzen für instanz-spezifische Attributwerte verwendet werden, treffen wir die folgenden Verabredungen:

- Die Variablen, die Instanzen referenzieren, heißen *lokale Variablen.* Den Variablennamen für eine lokale Variable leiten wir stets durch einen Kleinbuchstaben ein.
- Die Variablen, die die Attributwerte einer Instanz referenzieren, werden *Member-Variablen* (Instanz-Variablen) genannt.
  Den Variablennamen einer Member-Variablen leiten wir durch die Vorsilbe "m_" ein.

Wir fassen die vorausgegangenen Darstellungen zusammen und können somit z.B. den Erfassungsprozess, durch den die Werte einer Jahrgangsstufe erfasst werden sollen, durch eine Instanziierung der folgenden Form kennzeichnen:

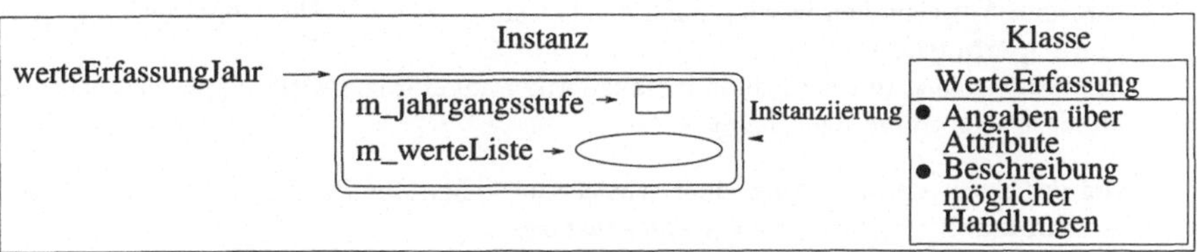

Abbildung 1.7: Instanziierung eines Erfassungsprozesses

Bei der abgebildeten Instanziierung wird eine lokale Variable namens "werteErfassung Jahr" eingerichtet, die auf eine Instanz der Klasse "WerteErfassung" weist, deren Zustand durch die Member-Variablen "'m_werteListe" und "m_jahrgangsstufe" gekennzeichnet ist.

Formulierung einer Instanziierung

Um die in der Abbildung 1.7 angegebene Instanziierung durchzuführen, ist eine geeignete Anforderung gemäß der Syntax der Programmiersprache C++ zu stellen.

- Die *Syntax* von C++ legt die Sprach-Regeln fest, durch die bestimmt wird, wie Anforderungen in C++ formal aufgebaut sein müssen.

Die Anforderung, durch die "werteErfassungJahr" als Instanz der Klasse "WerteErfas sung" eingerichtet wird, muss in der Form

```
WerteErfassung  werteErfassungJahr;
```

formuliert werden.
Zur Durchführung einer Instanziierung sind grundsätzlich die folgenden Vorschriften zu beachten:

- Zuerst ist der Name der Klasse anzugeben, aus der die Instanziierung erfolgen soll. Anschließend muss der Variablenname aufgeführt werden, der die einzurichtende Instanz bezeichnen soll.

  Diese Vorschrift lässt sich formal wie folgt angeben:

klassenname variablenname ;

Diese Syntax zur Anforderung einer Instanziierung ist ein Beispiel dafür, wie eine Anforderung in C++ zu formulieren ist.

- Gemäß der Syntax von C++ ist jede Anforderung in Form einer *Anweisung* festzulegen.
- Eine Anweisung ist grundsätzlich durch das *Semikolon* ";" abzuschließen.
- Einzelne Anweisungen werden nach der Leistung unterschieden, die durch ihre Ausführung erbracht wird.
  Eine Anweisung, durch die eine Instanziierung angefordert wird, bezeichnen wir fortan als *Deklarations-Anweisung.*
- Bei der Syntax-Darstellung einer Anweisung geben wir die Platzhalter für Namen stets in kursiv geschriebenen *Kleinbuchstaben* an.

Um nicht nur eine, sondern zwei Instanziierungen aus der Klasse "WerteErfassung" anzufordern, können wir z.B. die Variablennamen "werteErfassung11" und "werteErfassung12" verwenden. Damit die lokalen Variablen "werteErfassung11" und "werteErfassung12" eingerichtet werden, lassen sich die folgenden Deklarations-Anweisungen angeben:

```
WerteErfassung  werteErfassung11;
WerteErfassung  werteErfassung12;
```

- Grundsätzlich können mehrere Instanziierungen, die aus derselben Klasse vorgenommen werden, innerhalb *einer* Deklarations-Anweisung festgelegt werden.
  Eine Deklarations-Anweisung kann demnach gemäß der folgenden Syntax formuliert werden:

klassenname variablenname-1 [, *variablenname-2*] ... ;

  Die in dieser Syntax-Darstellung angegebenen Klammern "[" und "]" stellen *Optionalklammern* dar. Dies sind Symbole einer formalen künstlichen Sprache, die als *Metasprache* bezeichnet wird und durch deren Einsatz sich die Struktur von Sprachelementen der Programmiersprache C++ beschreiben lässt.
  Durch die beiden Optionalklammern wird bestimmt, dass deren Inhalt angegeben werden kann oder auch fehlen darf.
  Die der schließenden Klammer "]" nachfolgenden drei Punkte "..." sind ebenfalls Symbole der Metasprache. Sie besagen, dass der Inhalt der Optionalklammern nicht nur in einfacher, sondern in mehrfacher Ausfertigung auftreten darf.

Gemäß der angegebenen Syntax dürfen somit in einer Deklarations-Anweisung mehrere Variablennamen aufgeführt werden, die paarweise durch jeweils ein Komma zu trennen sind.
Zum Beispiel können wir anstelle der beiden oben angegebenen Deklarations-Anweisungen abkürzend auch

```
WerteErfassung  werteErfassung11, werteErfassung12;
```

schreiben.
Die beiden Instanzen "werteErfassung11" und "werteErfassung12" besitzen jeweils die Member-Variablen "m_jahrgangsstufe" und "m_werteListe". Eine derartige Namensgleichheit von Member-Variablen, die Bestandteile unterschiedlicher Objekte sind, ist völlig unproblematisch. Dies liegt daran, dass jedes Objekt eigene Attribute besitzt, die nach "aussen" – entsprechend dem Geheimnis-Prinzip – durch seine "Objekt-Schale" abgeschirmt werden.
Grundsätzlich lässt sich feststellen:

- Alle Instanzen einer Klasse verfügen über Member-Variablen gleichen Namens. Jede einzelne Instanz hat lediglich Kenntnis von den eigenen Member-Variablen, die bei ihrer Instanziierung – gemäß dem Bauplan ihrer Klasse – eingerichtet wurden.

1.3.4 Der Begriff der "Member-Funktion"

Nachdem wir kennengelernt haben, dass der Bauplan für die Erfassungsprozesse in Form einer *Klasse* festzulegen ist, wenden wir uns jetzt den Handlungen zu, die von den Erfassungsprozessen ausführbar sein müssen.

- Damit eine Handlung von einer Instanz durchgeführt werden kann, muss diese Handlung als *Member-Funktion* innerhalb einer Klasse festgelegt sein.
  Durch die Ausführung einer Member-Funktion ist es möglich, die Attributwerte einer Instanz preiszugeben oder ändern zu lassen. Um eine derartige Änderung "von außen" herbeizuführen, muss die Instanz veranlasst werden, die jeweils erforderliche Member-Funktion selbst auszuführen.

- Damit eine Member-Funktion für eine Instanz ausführbar ist, muss die Instanz diese Member-Funktion *kennen.*
  Eine Member-Funktion ist einer Instanz immer dann bekannt, wenn die Member-Funktion innerhalb derjenigen Klasse vereinbart ist, aus der diese Instanz instanziiert ist.

- Zur Identifizierung der Member-Funktionen, die für eine Instanz ausführbar sein sollen, werden *Funktionsnamen* verwendet.

Im Abschnitt 1.2 haben wir die Handlungen konzipiert, die für die Instanzen der Klasse "WerteErfassung" ausführbar sein sollen. In Anlehnung an die gewählten Bezeichnungen legen wir für die Member-Funktionen der Klasse "WerteErfassung" die folgenden Funktionsnamen fest:

- "durchfuehrenErfassung":
  Zur Durchführung des Erfassungsprozesses, bei der der eingegebene Jahrgangsstufenwert der Member-Variablen "m_jahrgangsstufe" zugeordnet wird und die eingegebenen Punktwerte zur Übertragung in den Sammel-Behälter "m_werteListe" bereitgestellt werden.

- "sammelnWerte":
  Zur Übertragung eines eingegebenen Punktwertes in den Sammel-Behälter "m_wer teListe".

- "anzeigenWerte":
  Zur Anzeige der in "m_werteListe" gesammelten Punktwerte und des der Member-Variablen "m_jahrgangsstufe" zugeordneten Jahrgangsstufenwertes.

Damit diese Member-Funktionen einer Instanz der Klasse "WerteErfassung" bekannt sind, werden wir sie innerhalb dieser Klasse vereinbaren.

Aus didaktischen Gründen beschränken wir uns zunächst darauf, die insgesamt erforderlichen Angaben stichwortartig zusammenzufassen:

<u>Name der Klasse:</u> WerteErfassung
<u>Member-Variablen:</u>
- m_jahrgangsstufe
- m_werteListe

<u>Member-Funktionen:</u>
- <u>"durchfuehrenErfassung"</u>
  - Ausführen des Erfassungsprozesses.
  - Übertragung des Jahrgangsstufenwertes nach "m_jahrgangsstufe".
  - Veranlassen der Übertragung eines eingegebenen Punktwertes nach "m_werteListe".
- <u>"sammelnWerte"</u>
  - Übertragung eines eingegebenen Punktwertes nach "m_werteListe".
- <u>"anzeigenWerte"</u>
  - Anzeige der erfassten Punktwerte und des zugeordneten Jahrgangsstufenwertes.

Hinweis: Die Member-Funktion "sammelnWerte" wird dann ausgeführt, wenn die Member-Funktion "durchfuehrenErfassung" zur Ausführung gelangt.

Diese ausführliche Beschreibung der Klasse "WerteErfassung" kürzen wir durch die folgende Grafik ab:

WerteErfassung	
Member-Variablen:	m_jahrgangsstufe m_werteListe
Member-Funktionen:	durchfuehrenErfassung sammelnWerte anzeigenWerte

Abbildung 1.8: Grafische Beschreibung der Klasse "WerteErfassung"

Dies ist ein Beispiel für die folgende generelle Darstellung einer Klassen-Beschreibung:

Klassenname	
Member-Variable(n):	Variablenname(n)
Member-Funktion(en):	Funktionsname(n)

Abbildung 1.9: Grafische Beschreibung einer Klasse

Entsprechend dieser Form einer Klassen-Beschreibung kennzeichnen wir die Situation, in der eine Instanz einer Klasse über einen Variablennamen referenziert wird, wie folgt:

Variablenname : Klassenname
Member-Variablenname(n)

Abbildung 1.10: Grafische Beschreibung einer Instanz

- Diese grafischen Beschreibungen sind nach den Regeln der Sprache UML (abkürzend für: unified modeling language) aufgebaut. Diese Sprache wird in zunehmendem Maße eingesetzt, um die Entwicklung von Software bei der Problemanalyse, bei der Modellierung der Lösungskomponenten sowie bei der Konzeption und Dokumentation des Lösungsplans zu unterstützen.

Im Hinblick darauf, dass Member-Funktionen innerhalb einer Klasse vereinbart und damit von den Instanzen dieser Klasse ausgeführt werden können, sind die folgenden Aussagen wichtig:

- Alle Member-Funktionen lagern in der Klasse, in der sie vereinbart sind.
- Die Member-Funktionen werden bei der Instanziierung *nicht* in die Instanzen übernommen, so dass sie *nicht* als Bestandteil einer Instanz anzusehen sind.
  Da jede Instanz "weiß", aus welcher Klasse sie instanziiert wurde, kann sie Einblick in die Gesamtheit aller Member-Funktionen nehmen, die von Instanzen dieser Klasse ausgeführt werden können.

Am Beispiel einer Instanziierung namens "instanzK" aus der Klasse "K" können wir uns diesen Sachverhalt wie folgt veranschaulichen:

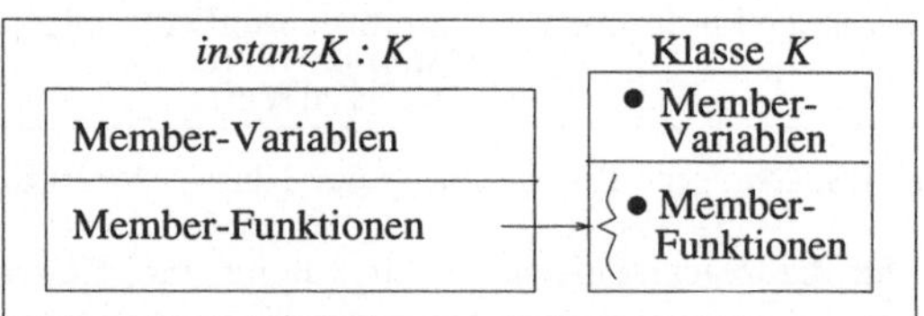

Abbildung 1.11: Instanz und Member-Funktionen

1.3.5 Der Begriff der "Message"

Damit eine Instanz zur Ausführung einer Member-Funktion veranlasst wird, muss ihr eine Nachricht (Botschaft, engl.: "message") zugestellt werden.

- Diese Nachricht ist in Form einer *Message* an die Instanz zu richten. Bei der Programmierung in C++ wird eine Message formal durch einen *Funktions-Aufruf* angegeben. Der Funktions-Aufruf bewirkt, dass diejenige Member-Funktion ausgeführt wird, deren Funktionsname in der Message aufgeführt ist.

Diejenige Instanz, die Empfänger einer Message ist, wird als *Empfänger-Objekt* bezeichnet.

Instanz als Empfänger-Objekt	⟵	Message in Form eines Funktions-Aufrufs

Abbildung 1.12: Benachrichtigung einer Instanz durch eine Message

Hierdurch wird eine charakteristische Eigenschaft des objekt-orientierten Programmierens beschrieben:

- Um die Leistungen zu erbringen, die zur Lösung einer Problemstellung erforderlich sind, müssen Objekte mittels Messages miteinander *kommunizieren.*
- Jedes Objekt, das Empfänger-Objekt einer Message ist, kann wiederum eine Message an ein *anderes* Objekt senden.

  Hinweis: Es ist darüberhinaus möglich, dass ein Objekt eine Message an sich *selbst* richtet (siehe Abschnitt 2.3.7).

Damit erkennbar ist, was durch eine Message bewirkt werden soll, ist der folgende Sachverhalt wichtig:

- Der Funktions-Aufruf besteht aus einem Funktionsnamen, dem eine öffnende Klammer "(" und eine schließende Klammer ")" folgen.
- Sofern ergänzende Informationen, die für die auszuführende Handlung benötigt werden, bereitzustellen sind, müssen diese Angaben im Funktions-Aufruf aufgeführt werden. Sie sind im Anschluss an den Funktionsnamen – zwischen der öffnenden und der schließenden Klammer – als *Funktions-Argumente* einzutragen.

  Hinweis: Wie ein Funktions-Aufruf mit einem oder mehreren Argumenten formuliert werden muss, erläutern wir im Abschnitt 4.1.2.

Nach der Zustellung einer Message wird geprüft, welche Member-Funktion zur Ausführung gelangen soll. Dazu wird der Funktionsname in der Message mit denjenigen Funktionsnamen abgeglichen, die dem Empfänger-Objekt bekannt sind. Es gelangt diejenige Member-Funktion zur Ausführung, deren Funktionsname mit dem Funktionsnamen in der Message übereinstimmt.

Zur Ausführung der Member-Funktion "durchfuehrenErfassung" ist keine ergänzende Information bereitzustellen. Daher ist in dem zugehörigen Funktions-Aufruf der Message, die sich an die Instanz "werteErfassungJahr" der Klasse "WerteErfassung" richtet, keine Angabe innerhalb des Klammernpaares "()" aufzuführen. Dies bedeutet, dass die Message wie folgt anzugeben ist:

```
werteErfassungJahr.durchfuehrenErfassung();
```

Für die Form, in der eine Instanz durch eine Message benachrichtigt wird, damit sie eine Member-Funktion zur Ausführung bringt, gilt:

- Der Name der Instanz ist – gefolgt von dem *Punkt-Operator* "." – der Message voranzustellen. Die Message ist in Form eines Funktions-Aufrufs anzugeben und durch ein *Semikolon* ";" abzuschließen.
  Eine derartige Anweisung, deren Struktur durch die Syntax

instanz . funktions-aufruf ;

  festgelegt ist, wird *Ausdrucks-Anweisung* genannt.

Durch die Ausdrucks-Anweisung

```
werteErfassungJahr.durchfuehrenErfassung();
```

wird der Instanz "werteErfassungJahr" die Message "durchfuehrenErfassung()" zugestellt. Die Instanz "werteErfassungJahr" erkennt, dass die Member-Funktion "durchfuehrenEr fassung" innerhalb der Klasse "WerteErfassung" enthalten ist. Somit wird der Funktions-Aufruf "durchfuehrenErfassung()" zur Ausführung gebracht.

1.3.6 Programmierumgebung und Klassen

Programmierumgebung

Damit Instanzen – wie z.B. die Instanz "werteErfassungJahr" aus der Klasse "WerteEr fassung" – eingerichtet und geeignete Messages an diese Instanz gerichtet werden können, muss ein Programm – als formaler Lösungsplan – angegeben und zur Ausführung gebracht werden.

Bei der Entwicklung eines Programms können wir uns durch den Einsatz einer *Programmierumgebung* unterstützen lassen.

Zur Basisausstattung einer Programmierumgebung zählt ein Editierer, ein Compiler und ein Linker. Ergänzt wird eine komfortable Programmierumgebung durch das Werkzeug GUI-Builder ("GUI" ist die Abkürzung von "graphical user interface"), mit dem sich Fenster interaktiv aufbauen lassen.

Nachdem der zu einer Problemstellung entwickelte Lösungsplan formalisiert ist, kann das daraus resultierende (Quell-)*Programm* als Inhalt einer oder mehrerer Dateien bereitgestellt werden. Zur Übertragung der *Programmzeilen* dient der *Editierer*, mit dem sich das Programm als Text bearbeiten lässt.

Damit aus dem Programm ein ausführbares Programm erstellt wird, müssen die Programmzeilen des Quell-Programms zunächst durch den *Compiler* (Übersetzer) analysiert und in maschinen-nahe Instruktionen umgewandelt werden. Die durch den Compiler erzeugten maschinen-nahen Instruktionen sind anschließend vom *Linker* zum ausführbaren Programm zusammenzufügen. Das daraus resultierende Programm stellt den umgeformten Lösungsplan dar, dessen Ausführung sich durch den *Programmstart* auslösen lässt.

Zur Umsetzung (Start des Compilers und des Linkers) und Ausführung (Programmstart) der von uns entwickelten Lösungspläne werden wir als Programmierumgebung das Software-Produkt *Microsoft Visual C++ 6.0* (abkürzende Bezeichnung: "Visual C++") verwenden. Wie dies im einzelnen zu geschehen hat, erörtern wir im Kapitel 3.

Basis-Klassen

Durch den Einsatz der Programmierumgebung Visual C++ können wir uns auf eine Grundausstattung von Klassen stützen, die zur Programmierung zur Verfügung gestellt wird. Um die Klassen, die seitens Visual C++ bereitgehalten werden, von den Klassen, die wir selbst verabreden, begrifflich unterscheiden zu können, treffen wir die folgende Verabredung:

- Die Gesamtheit aller Klassen, die unmittelbar nach der Installation der Programmierumgebung zur Verfügung stehen, werden als *Basis-Klassen* (System-Klassen) bezeichnet. Entsprechend wird eine Member-Funktion dann eine *Basis-Member-Funktion* (System-Member-Funktion) genannt, wenn sie in einer Basis-Klasse vereinbart ist.

Hinweis: Die Basis-Klassen, die in der Programmierumgebung Visual C++ zur Verfügung stehen, werden als "MFC" (Abkürzung für "Microsoft Foundation Classes") bezeichnet.
Die Namen der Basis-Klassen von Visual C++ werden – bis auf wenige Ausnahmen – durch den Großbuchstaben "C" eingeleitet.

Die Gesamtheit der bereitstehenden Klassen lässt sich schrittweise erweitern. Dabei wird eine Ergänzung der Basis-Klassen durch die Vereinbarung derjenigen Klassen vorgenommen, die zur Lösung von Problemstellungen benötigt werden.
In unserer Situation wird eine erste Erweiterung dadurch geschehen, dass wir die Klasse "WerteErfassung" zur Lösung von PROB-1 verabreden.
Bei der Vereinbarung einer Klasse muss für die im Bauplan enthaltenen Member-Variablen festgelegt werden, wie sie zu instanziieren sind, falls eine Instanziierung aus dieser Klasse vorgenommen werden soll.
Bei der Vereinbarung der Klasse "WerteErfassung" ist daher zu bestimmen, aus welchen Klassen "m_jahrgangsstufe" und "m_werteListe" zu instanziieren sind, wenn eine Instanz aus der Klasse "WerteErfassung" eingerichtet wird.

- Aus welcher Klasse eine Member-Variable – bei der Einrichtung einer Instanz – instanziiert werden soll, muss bei der Klassen-Vereinbarung durch eine *Deklarations-Vorschrift* festgelegt werden.
  Eine Deklarations-Vorschrift genügt der gleichen Syntax wie eine Deklarations-Anweisung und hat daher die folgende Form:

  klassenname variablenname ;

In der Deklarations-Vorschrift für die Member-Variable "m_werteListe" soll festgelegt werden, dass sie einen Sammler referenziert, in dem die Punktwerte gesammelt werden können.

- Jeder Sammel-Behälter, der bei einer Modellierung als Objekt des Lösungsplans konzipiert wurde, muss bei der Programmierung als *Sammler* eingerichtet werden.
  Bei einem Sammler handelt es sich grundsätzlich um eine Instanz, in der beliebig viele gleichartige Instanzen aufbewahrt werden können.

Im Hinblick auf die Form, in der die Aufbewahrung der Punktwerte erfolgen soll, wollen wir uns alle Optionen für zukünftige Anforderungen offenhalten. Daher sollen die erfassten Punktwerte nicht als ganze Zahlen, sondern als Strings aufbewahrt werden.

Hinweis: Denkbar wäre z.B. die zusätzliche Erfassung des Geschlechts der Schüler durch die Eingabe der Kennungen "w" (für weiblich) und "m" (für männlich), um eventuell später eine geschlechts-spezifische Auswertung durchführen zu können.

- Ein *String* besteht aus einem einzelnen Zeichen oder aus einer Zeichenkette, bei der mehrere Zeichen aneinander gereiht sind.

Um "m_werteListe" zur Referenzierung eines Sammlers für Strings einzurichten, muss eine Instanziierung aus der Basis-Klasse "CStringList" vorgenommen werden. Dies erreichen wir dadurch, dass wir die Deklarations-Vorschrift zur Einrichtung der Variablen "m_werteListe" wie folgt formulieren:

```
CStringList m_werteListe;
```

Wie wir später sehen werden, kann eine Instanz aus "CStringList" Basis-Member-Funktionen zur Ausführung bringen, die in dieser Basis-Klasse vereinbart und für die Lösung von PROG-1 unmittelbar verwendbar sind.

Hinweis: Beispielsweise stehen in "CStringList" die folgenden Basis-Member-Funktionen zur Verfügung: "AddTail" (Hinzufügen eines Strings zum Sammler), "GetCount" (Ermittlung der Anzahl der gesammelten Strings), "GetHeadPosition" (Ermittlung der Anfangsposition im Sammler) und "GetNext" (Zugriff auf einen String im Sammler).

Standard-Klassen

Im Hinblick auf die Lösung der Problemstellung PROB-1 ist der Wert "11" bzw. "12" als Kennzeichnung der Jahrgangsstufe über die Tastatur bereitzustellen.

Im Gegensatz zu den Punktwerten, die als Strings in einem Sammler aufbewahrt werden sollen, wollen wir den Jahrgangsstufenwert als *ganze Zahl* ablegen.

Da der Jahrgangsstufenwert durch die Member-Variable "m_jahrgangsstufe" referenziert werden soll, muss eine geeignete Basis-Klasse festgelegt werden, aus der "m_jahrgangsstufe" zu instanziieren ist.

Indem wir die erforderliche Deklarations-Vorschrift in der Form

```
int m_jahrgangsstufe;
```

festlegen, bestimmen wir, dass – bei der Einrichtung einer Instanz aus der Klasse "Werte Erfassung" – deren Member-Variable "m_jahrgangsstufe" aus der Basis-Klasse "int" einzurichten ist.

- Eine Instanz der Basis-Klasse "int" hat die Eigenschaft, dass sich ihr eine *ganze Zahl* – als Attributwert – zuordnen lässt.
- Mit dem Variablennamen, der bei der Instanziierung aus der Basis-Klasse "int" festgelegt wird, lässt sich nicht nur die Instanz selbst, sondern auch ihr Attributwert referenzieren.

Diese Verabredung entspricht der Vorgehensweise, wie innerhalb der Programmiersprache C auf Variablen vom *elementaren* (einfachen) Datentyp "ganze Zahl" zugegriffen wird.

- Fortan bezeichnen wir diejenigen Basis-Klassen, die mit den "elementaren Datentypen" des Sprachumfangs der Programmiersprache C korrespondieren, als *Standard-Klassen.* Entsprechend handelt es sich bei einer *Standard-Funktion* um eine Funktion, die zum Sprachumfang von C zählt.

Neben Instanziierungen aus der Standard-Klasse "int" setzen wir zur Lösung unserer Problemstellung auch Instanziierungen der Standard-Klassen "char" und "float" ein.

- Jeder Instanz der Standard-Klasse "char" kann jeweils ein einzelnes *Zeichen* – wie z.B. das Zeichen "N" oder das Zeichen "J" – zugeordnet werden.
- Jeder Instanz der Standard-Klasse "float" oder "double" lässt sich eine *Dezimalzahl*, d.h. eine Zahl mit einem Dezimalpunkt, – wie z.B. "3.25" – zuordnen.
  Anstelle des im deutschen Sprachgebrauch üblichen Dezimalkommas ist der Dezimalpunkt zu verwenden.

1.3.7 Zusammenfassung

In den vorausgehenden Abschnitten haben wir grundlegende Begriffe vorgestellt, die bei der objekt-orientierten Programmierung von zentraler Bedeutung sind.

Als Basis diente die Modellierung eines Lösungsplans zur Datenerfassung. Hierbei haben wir als erstes die Objekte identifiziert, die die Träger der problem-spezifischen Daten bei unserem Erfassungsprozess sind.

Wir haben beschrieben, dass der Erfassungsprozess als Instanziierung einer Klasse einzurichten ist, deren Klassenname mit "WerteErfassung" festgelegt ist. Die charakteristischen Eigenschaften dieser Instanz sind durch deren Member-Variablen bestimmt. Die Namen dieser Variablen und die Vorschriften, aus welchen Klassen sie zu instanziieren sind, wenn eine Instanziierung aus der Klasse "WerteErfassung" erfolgt, sind in der Beschreibung von "WerteErfassung" aufgeführt.

Die Vereinbarung der Klassen, durch deren Instanziierungen die Objekte eingerichtet werden, die Gegenstand der Problemlösung sein sollen, stellt die Basis der Programmierung dar und gibt daher die *statische Sicht* auf den Lösungsplan wider.

Durch die Programmierung des Lösungsplans ist festzulegen, welche Instanzen in welcher Form veranlasst werden sollen, geeignete Handlungen durchzuführen. Die diesbezüglichen Anforderungen müssen durch Aufrufe von Member-Funktionen angegeben werden. Welche Member-Funktionen eine Instanz zur Ausführung bringen darf, wird durch die Beschreibung der Klasse bestimmt, aus der die Instanz eingerichtet wurde.

Die Abfolge, in der die Instanzen durch Funktions-Aufrufe von Member-Funktionen zur Durchführung bestimmter Handlungen veranlasst werden können, lässt sich als *funktionale Sicht* auf den Lösungsplan ansehen.

Im Hinblick auf unser Beispiel beschreibt diese Sicht, dass zur Lösung unserer Problemstellung eine Instanz aus der Klasse "WerteErfassung" einzurichten ist, die die Handlungen "Durchführung der Erfassung", "Sammeln eines Wertes" und "Anzeige der erfassten

Werte" ausführen können soll. Diese Forderung wird dadurch erfüllt, dass die Member-Funktionen "durchfuehrenErfassung", "sammelnWerte" und "anzeigenWerte" Bestandteil der Klasse "WerteErfassung" sind.

Die Durchführung des Lösungsplans wird dadurch bewirkt, dass die eingerichteten Instanzen untereinander kommunizieren und hierbei die jeweils benötigten Member-Funktionen in geeigneter Abfolge zur Ausführung bringen. Um diese *dynamische Sicht* in der benötigten Form festzulegen, müssen Anweisungen – in der Syntax der Programmiersprache C++ – programmiert werden.

Zu diesen Anweisungen zählen die Deklarations-Anweisung und die Ausdrucks-Anweisung, durch die eine Instanziierung bzw. ein Funktions-Aufruf kenntlich gemacht wird. Weitere Formen von Anweisungen und Vorschriften, die im Zusammenhang mit der Beschreibung von Klassen wichtig sind, lernen wir im nächsten Kapitel kennen.

Kapitel 2

Entwicklung des Lösungsplans

Nachdem wir im Kapitel 1 grundlegende Elemente der objekt-orientierten Programmierung vorgestellt haben, setzen wir in den nachfolgenden Abschnitten den zuvor skizzierten Lösungsplan in ein Programm um, durch dessen Ausführung sich die Punktwerte erfassen lassen. Hierzu lernen wir kennen, wie Klassen deklariert und die Definitionen der in den Klassen festgelegten Member-Funktionen programmiert werden. Im Hinblick auf diese Programmierung stellen wir den Einsatz der Initialisierungs-Anweisung, der Zuweisung sowie der while- und for-Anweisungen zur Umsetzung von Programmschleifen vor.

2.1 Vereinbarung der Klasse "WerteErfassung"

2.1.1 Deklaration der Member-Funktionen

Im Abschnitt 1.3.4 haben wir festgelegt, dass wir die Member-Funktionen "durchfuehren Erfassung", "sammelnWerte" und "anzeigenWerte" zur Lösung von PROB-1 verwenden wollen. Damit wir diese Vorgaben umsetzen können, müssen wir kennenlernen, wie sich Member-Funktionen festlegen und zur Ausführung bringen lassen.
Hierzu ist zunächst die folgende Feststellung zu treffen:

- Für jede Member-Funktion ist durch eine *Funktions-Deklaration* festzulegen, wie ihr Funktions-Aufruf formuliert werden muss.

Hinweis: Welche Anweisungen bei der Ausführung einer Member-Funktion bearbeitet werden sollen, wird innerhalb einer zugehörigen Funktions-Definition angegeben (siehe Abschnitt 2.3).

Die Struktur einer Funktions-Deklaration legen wir wie folgt fest:

void *funktionsname* () ;

Hinter dem Schlüsselwort "void" muss der *Funktionsname* zur Kennzeichnung der Funktion angegeben werden. Das Bildungsgesetz für diesen Namen entspricht der Vorschrift, die wir beim Aufbau eines Variablennamens kennengelernt haben (siehe Abschnitt 1.3.1). Der gewählte Funktionsname ist durch das Klammernpaar "()" und das abschließende Semikolon ";" zu ergänzen.

Hinweis: Sowohl beim Funktions-Aufruf als auch bei der Funktions-Deklaration und der Funktions-Definition (siehe unten) können zwischen dem Funktionsnamen und dem Klammernpaar ein

oder mehrere Leerzeichen angegeben werden.
In dem Fall, in dem ein Funktions-Aufruf zu einem Funktions-Ergebnis führen soll, ist statt des Schlüsselwortes "void" eine andere Angabe zu machen. Dies werden wir im Abschnitt 4.2.2 kennenlernen.

- Wie innerhalb der zuvor aufgeführten Syntax erkennbar ist, werden Schlüsselwörter innerhalb einer Syntax-Darstellung grundsätzlich in normaler Schrift angegeben.

Innerhalb des Klammernpaares dürfen Angaben zu einem oder mehreren Funktions-Argumenten aufgeführt werden, sofern beim Funktions-Aufruf ergänzende Information für die Ausführung der Member-Funktion bereitgestellt werden soll.
Um die Member-Funktionen "durchfuehrenErfassung" und "anzeigenWerte" zu deklarieren, ist folgendes anzugeben:

```
void durchfuehrenErfassung();
void anzeigenWerte();
```

Anders ist die Situation bei der Member-Funktion "sammelnWerte". Da ein ganzzahliger Wert, der über die Tastatur eingegeben wird, durch die Ausführung von "sammelnWerte" in den Sammler "m_werteListe" übertragen werden soll, muss dieser Wert beim Funktions-Aufruf – als Argument – zur Verarbeitung bereitgestellt werden.
Die Deklaration der Member-Funktion "sammelnWerte" werden wir deshalb wie folgt vornehmen:

```
void sammelnWerte(int punktwert);
```

Durch die Angabe von

```
int punktwert
```

wird bestimmt, dass beim Funktions-Aufruf ein Argument anzugeben ist, das aus der Standard-Klasse "int" instanziiert sein muss.
Insgesamt können wir die für die Klasse "WerteErfassung" erforderlichen Funktions-Deklarationen in der Form

```
void durchfuehrenErfassung();
void sammelnWerte(int punktwert);
void anzeigenWerte();
```

zusammenfassen.

2.1.2 Deklaration der Konstruktor-Funktion

Diesen Angaben stellen wir eine weitere Funktions-Deklaration der Form

```
WerteErfassung();
```

voran, bei der wir das Schlüsselwort "void" *nicht* verwenden.

Durch diese Funktions-Deklaration wird die Funktion "WerteErfassung" als *Konstruktor-Funktion* (Konstruktor) festgelegt. Eine derartige argumentlose Konstruktor-Funktion wird als ***Standard-Konstruktor-Funktion*** (Standard-Konstruktor) bezeichnet. Es handelt sich um diejenige Funktion, die bei jeder Instanziierung aus der Klasse "WerteErfassung" automatisch zur Ausführung gelangt.

- Konstruktor-Funktionen werden nicht zu den Member-Funktionen einer Klasse gerechnet. Der Name der Konstruktor-Funktion *muss* mit dem Namen der Klasse übereinstimmen.

Wird z.B. eine Instanziierung aus der Klasse "WerteErfassung" durch die Deklarations-Anweisung

```
WerteErfassung werteErfassungJahr;
```

ausgelöst, so wird automatisch ein Funktions-Aufruf der Standard-Konstruktor-Funktion "WerteErfassung" veranlasst.
Die Ausführung dieser Konstruktor-Funktion bewirkt, dass bei der Einrichtung einer Instanz geeigneter Speicherplatz für die Member-Variablen dieser Instanz zur Verfügung gestellt wird. Sofern keine unmittelbare *Initialisierung* der Member-Variablen erfolgt, indem ihnen sofort bei der Einrichtung der Instanz geeignete Werte zugeordnet werden, sind die Attributwerte der Member-Variablen undefiniert.
Hinweis: Wie sich eine Initialisierung von Member-Variablen bei der Instanziierung durchführen lässt, lernen wir im Abschnitt 4.1.6 kennen.

2.1.3 Deklaration einer Klasse

Im Abschnitt 1.3.4 haben wir dargestellt, dass zur Vereinbarung einer Klasse die zugehörigen Member-Funktionen und Member-Variablen festzulegen sind.
Um die Klasse "WerteErfassung" formal beschreiben zu können, sind die zuvor getroffenen Funktions-Deklarationen

```
WerteErfassung();
void durchfuehrenErfassung();
void sammelnWerte(int punktwert);
void anzeigenWerte();
```

durch die Deklarations-Vorschriften für die Member-Variablen zu ergänzen.
Im Abschnitt 1.3.3 wurde von uns bestimmt, dass der ganzzahlige Jahrgangsstufenwert der Member-Variablen "m_jahrgangsstufe" zugeordnet werden soll. Ferner wurde von uns festgelegt, dass die erfassten Punktwerte – in Form von Strings – innerhalb der Member-Variablen "m_werteListe" gesammelt werden sollen.
Daher legen wir bei der Klassen-Vereinbarung die Member-Variablen "m_werteListe" und "m_jahrgangsstufe" durch die folgenden Deklarations-Vorschriften fest:

```
CStringList m_werteListe;
int m_jahrgangsstufe;
```

Diese Vorschriften bewirken, dass bei einer Instanziierung aus der Klasse "WerteErfas sung" für diese Instanz zwei Member-Variablen eingerichtet werden, wobei "m_werteListe" aus der Basis-Klasse "CStringList" und "m_jahrgangsstufe" aus der Standard-Klasse "int" instanziiert werden.

Grundsätzlich gilt:

- Um eine Klasse zu vereinbaren, muss eine *Klassen-Deklaration* angegeben werden. Dabei sind die Konstruktor-Funktion, die Member-Funktionen und die Member-Variablen wie folgt festzulegen:

```
class klassenname {
  public:
    Deklaration der Konstruktor-Funktion
    Deklaration der Member-Funktion(en)
  protected:
    Deklarations-Vorschrift(en) der Member-Variablen
};
```

Abbildung 2.1: Klassen-Deklaration

Eine Klassen-Deklaration ist durch das Schlüsselwort "class" mit nachfolgendem Klassennamen einzuleiten. Anschließend sind die Deklarationen und die Deklarations-Vorschriften aufzuführen. Sie müssen im Anschluss an die öffnende geschweifte Klammer "{" angegeben werden und sind durch die schließende geschweifte Klammer "}" – mit nachfolgendem Semikolon ";" – abzuschließen.

- Die Deklaration der Konstruktor-Funktion und der Member-Funktionen leiten wir durch das Schlüsselwort "public" mit einem nachfolgenden Doppelpunkt ":" ein.
- Vor den Deklarations-Vorschriften der Member-Variablen führen wir das Schlüsselwort "protected" mit nachfolgendem Doppelpunkt ":" auf.
- Die Reihenfolge, in der die Konstruktor- und die Member-Funktionen bzw. die Member-Variablen deklariert werden, ist beliebig.

Im Hinblick auf dieses Schema können wir die zuvor getroffenen Verabredungen wie folgt als Klassen-Deklaration von "WerteErfassung" zusammenfassen:

```
class WerteErfassung {
 public:
  WerteErfassung();
  void durchfuehrenErfassung();
  void sammelnWerte(int punktwert);
  void anzeigenWerte();
 protected:
  CStringList m_werteListe;
  int m_jahrgangsstufe;
};
```

Diese Klassen-Deklaration wird in Kurzform durch das folgende Schaubild wiedergegeben:

WerteErfassung	
Member-Variablen:	m_werteListe m_jahrgangsstufe
Konstruktor-Funktion: Member-Funktionen:	WerteErfassung durchfuehrenErfassung sammelnWerte anzeigenWerte

Abbildung 2.2: Klassen-Deklaration von "WerteErfassung"

2.1.4 Header-Dateien und Direktiven

Damit wir diese Klassen-Deklaration zur Durchführung unseres Lösungsplans verwenden können, tragen wir sie in eine spezielle Datei ein, die als Header-Datei bezeichnet wird.

- Der Inhalt einer *Header-Datei* besteht aus einer oder mehreren Deklarationen. Diese Angaben werden vom Compiler benötigt, um prüfen zu können, ob die Anweisungen, durch deren Ausführung der Lösungsplan realisiert werden soll, vollständig und korrekt sind. Als Namensergänzung einer Header-Datei wird der Buchstabe "h" verwendet.

Da in unserer Klassen-Deklaration von "WerteErfassung" eine Instanziierung aus der Basis-Klasse "CStringList" aufgeführt ist, muss die Klassen-Deklaration dieser Basis-Klasse bekannt gemacht werden. Dies geschieht durch die folgende Anforderung, die durch das Symbol "#" (Raute, Lattenkreuz) und das Schlüsselwort "include" eingeleitet wird:

```
#include <afx.h>
```

Durch die Verwendung der Zeichen "<" und ">" wird mitgeteilt, dass die Header-Datei "afx.h" im System-Ordner von Visual C++ enthalten ist.

Diese Anforderung, durch die der Inhalt einer Header-Datei bekannt gemacht wird, richtet sich an ein weiteres Werkzeug der Programmierumgebung, das "Precompiler" genannt wird.

- Bevor der Compiler die Analyse der umzuformenden Programmzeilen beginnt, wird der *Precompiler* zur Ausführung gebracht. Der Precompiler führt diejenigen Anforderungen aus, die in Form von *Direktiven* in den Programmzeilen enthalten sind.
- Bei der angegebenen Anforderung an den Precompiler handelt es sich um eine *include-Direktive*. Durch diese Direktive wird der Precompiler veranlasst, die Programmzeilen der Header-Datei, deren Dateiname in der jeweiligen include-Direktive aufgeführt ist, in das Programm einzufügen.

Bei der Verwendung mehrerer Header-Dateien ist sicherzustellen, dass die Deklaration einer Klasse namens "Klassenname" dem Compiler nur ein einziges Mal bekanntgemacht wird.

Dazu stellen wir der Klassen-Deklaration die ifndef-Direktive und die define-Direktive in der Form

```
#ifndef _Klassenname_H
#define _Klassenname_H
```

voran und schließen sie durch die endif-Direktive

```
#endif
```

ab. Der hinter "ifndef" und "define" aufgeführte Name ist *frei* wählbar. Es ist üblich, den Klassennamen zu verwenden und ihn durch ein einleitendes Unterstreichungszeichen und die abschließende Zeichenfolge "_H" einzurahmen.

Hinweis: Durch die ifndef-Direktive wird bestimmt, dass der weitere Inhalt der Header-Datei – bis zum Auftreten der ersten endif-Direktive – bedeutungslos ist, sofern der hinter "ifndef" aufgeführte Name dem Precompiler bereits bekannt ist.
Durch die define-Direktive wird das hinter "define" aufgeführte Wort dem Precompiler bekanntgemacht.

Für die Header-Datei, die die Klassen-Deklaration von "WerteErfassung" enthalten soll, legen wir – in Anlehnung an die Verwendung des Klassennamens "WerteErfassung" – den Dateinamen "WerteErfassung.h" fest.

In diese Header-Datei tragen wir insgesamt die folgenden Programmzeilen ein:

```
#ifndef _WerteErfassung_H
#define _WerteErfassung_H
#include <afx.h>
class WerteErfassung {
 public:
  WerteErfassung();
  void durchfuehrenErfassung();
  void sammelnWerte(int punktwert);
  void anzeigenWerte();
 protected:
  CStringList m_werteListe;
  int m_jahrgangsstufe;
};
#endif
```

Hierdurch ist die Klassen-Deklaration von "WerteErfassung" vollständig bestimmt.

- Bei einer Klassen-Deklaration werden wir die Programmzeilen der zugehörigen Header-Datei fortan stets durch eine ifndef- und eine define-Direktive einleiten und durch eine endif-Direktive beenden.
  Bei der Darstellung von Programmausschnitten werden wir diese Direktiven in der nachfolgenden Beschreibung *nicht* mehr gesondert aufführen.

Um die oben angegebenen Programmzeilen in die Header-Datei "WerteErfassung.h" einzutragen, setzen wir ein uns geläufiges Editierprogramm ein.

Aus Gründen einer besseren Übersicht unterstellen wir für das folgende, dass wir sämtliche Dateien zur Lösung einer Problemstellung in *einem* Ordner einrichten.

Hinweis: Im Kapitel 3 werden wir eine elegantere Möglichkeit kennenlernen, mit der sich Dateien erstellen und mit Programmzeilen füllen lassen.

2.2 Vereinbarung von Ausführungs-Funktion und Bibliotheks-Funktionen

2.2.1 Die Ausführungs-Funktion "main"

Im Abschnitt 1.3.3 haben wir festgelegt, dass zur Lösung von PROB-1 zunächst eine Instanziierung aus der Klasse "WerteErfassung" erfolgen muss. Der hieraus resultierenden Instanz "werteErfassungJahr" müssen anschließend die Messages mit den Funktions-Aufrufen der Member-Funktionen "durchfuehrenErfassung" und "anzeigenWerte" zugestellt werden.

Nach dem bisherigen Kenntnisstand lässt sich dies durch die folgenden Anweisungen beschreiben:

```
WerteErfassung werteErfassungJahr;
werteErfassungJahr.durchfuehrenErfassung();
werteErfassungJahr.anzeigenWerte();
```

- Grundsätzlich wird ein Lösungsplan von der Programmierumgebung dadurch zur Ausführung gebracht, dass – zum Programmstart – ein Aufruf der *Ausführungs-Funktion* "main" erfolgt. Deren Anweisungen sind innerhalb der *Funktions-Definition* von "main" nach dem folgenden Schema festzulegen:

```
void main() {
  anweisung-1 ;
 [ anweisung-2 ; ] ...
}
```

- Es ist es *nicht* zulässig, eine Funktions-Deklaration der Ausführungs-Funktion "main" anzugeben.

Um den von uns entwickelten Lösungsplan zu beschreiben, können wir die Funktions-Definition von "main" daher wie folgt angeben:

```
void main() {
 WerteErfassung werteErfassungJahr;
 werteErfassungJahr.durchfuehrenErfassung();
 werteErfassungJahr.anzeigenWerte();
}
```

Innerhalb dieser Funktions-Definition sind drei Anweisungen enthalten. Sie werden durch die öffnende geschweifte Klammer "{" eingeleitet und durch die schließende geschweifte Klammer "}" beendet.

- Eine oder mehrere Anweisungen, die durch diese geschweiften Klammern zusammengefasst sind, werden als *Anweisungs-Block* bezeichnet. Ein Anweisungs-Block wird syntaktisch als *eine* Anweisung behandelt und daher auch als *zusammengesetzte Anweisung* bezeichnet.
  Im Unterschied zu einer Anweisung wird ein Anweisungs-Block *nicht* durch das Semikolon ";" abgeschlossen.
- Es ist zulässig, Anweisungs-Blöcke zu verschachteln.

Wie oben angegeben, müssen die Anweisungen bei der Funktions-Definition der Ausführungs-Funktion "main" stets in Form eines Anweisungs-Blockes festgelegt werden.
In einem Anweisungs-Block dürfen auch Variablen deklariert sein. Deren Geltungsbereich erstreckt sich allein auf den Block, in dem sie vereinbart sind. Derartige Variablen werden jedesmal, wenn der Anweisungs-Block durchlaufen wird, erneut eingerichtet.
Sofern es zwei gleichnamige Variablen gibt, von denen die eine innerhalb und die andere ausserhalb eines Blockes deklariert ist, geschieht folgendes:
Für die Zeitdauer, in der die Anweisungen des Blockes ausgeführt werden, überdeckt die im Block deklarierte Variable die ausserhalb des Blocks deklarierte Variable.
Zum Beispiel gilt für eine Ausführungs-Funktion, die gemäß der Struktur

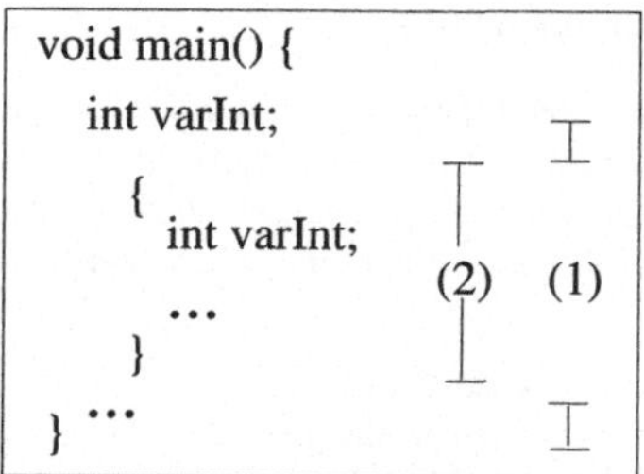

vereinbart ist, dass die Variable "varInt" aus dem Block "(2)" die Variable "varInt" aus "(1)" innerhalb von "(2)" überdeckt. Außerhalb von "(2)" wird mit "varInt" die in "(1)" deklarierte Variable gekennzeichnet.

Generell gilt:

- Ist in einem Anweisungs-Block die Deklarations-Anweisung einer lokalen Variablen enthalten, so steht diese Variable den *nachfolgenden* Anweisungen innerhalb dieses Anweisungs-Blockes zur Verfügung.

Daher steht die im äußeren Block deklarierte Variable "varInt" allen Anweisungen ausserhalb des Blocks "(2)" zur Verfügung. Der Geltungsbereich der namensgleichen Variablen "varInt", die im inneren Block deklariert ist, erstreckt sich dagegen allein auf die Anweisungen des Blocks "(2)".

2.2.2 Kommentare

Um den Lösungsplan zu kennzeichnen, wollen wir der Ausführungs-Funktion "main" einen erläuternden Text voranstellen.
Damit ein derartiger Text vom Compiler als ergänzende Information interpretiert wird, muss er als *Kommentar* angegeben werden.

- Grundsätzlich lassen sich einzeilige Kommentare dadurch festlegen, dass dem Text die beiden Schrägstriche "//" vorangestellt werden.
  Bei einem mehrzeiligen Kommentar muss vor dem ersten Textzeichen die Angabe "/*" (Kommentaranfang) und hinter dem letzten Textzeichen die Angabe "*/" (Kommentarende) erfolgen.

Da wir unser erstes Programm – in Anlehnung an die durch PROB-1 beschriebene Problemstellung – durch den Text "Prog_1" kennzeichnen wollen, leiten wir die Funktions-Definition von "main" durch die Programmzeile

```
//Prog_1
```

ein.

2.2.3 Programm-Dateien

Um dem Compiler die Funktions-Definition von "main" bekanntzumachen, tragen wir die Programmzeilen

```
//Prog_1
void main() {
 WerteErfassung werteErfassungJahr;
 werteErfassungJahr.durchfuehrenErfassung();
 werteErfassungJahr.anzeigenWerte();
}
```

in eine Datei mit der Namensergänzung "cpp" ein.

- Eine Datei, deren Dateiname die Namensergänzung "cpp" besitzt, wird *Programm-Datei* genannt.

  Hinweis: Die Namensergänzung "cpp" steht stellvertretend für die (als Namensergänzung nicht zulässige) Bezeichnung "C++".

Für die Programm-Datei, in die wir die Funktions-Definition von "main" eintragen, vergeben wir den Dateinamen "Main.cpp". Dies soll verdeutlichen, dass diese Datei die Ausführungs-Funktion "main" enthält.

Damit die Funktions-Definition von "main" korrekt ist, müssen wir gewährleisten, dass "WerteErfassung" vom Compiler als Name einer von uns vereinbarten Klasse aufzufassen ist und "durchfuehrenErfassung" und "anzeigenWerte" als Member-Funktionen der Klasse "WerteErfassung" erkannt werden.

Dies erreichen wir dadurch, dass wir der Funktions-Definition von "main" die include-Direktive

```
#include "WerteErfassung.h"
```

voranstellen.
Durch die Verwendung der Anführungszeichen """ wird deutlich gemacht, dass die Header-Datei nicht im System-Ordner von Visual C++, sondern in demjenigen Ordner enthalten ist, in dem unsere Programm- und Header-Dateien verwaltet werden.
Hinweis: Wird eine innerhalb der Anführungszeichen """ angegebene Header-Datei nicht in diesem Ordner gefunden, so wird nach ihr zusätzlich im System-Ordner von Visual C++ gesucht.

Somit müssen wir insgesamt die folgenden Programmzeilen in die Programm-Datei "Main. cpp" eintragen:

```
//Prog_1
#include "WerteErfassung.h"
void main() {
 WerteErfassung werteErfassungJahr;
 werteErfassungJahr.durchfuehrenErfassung();
 werteErfassungJahr.anzeigenWerte();
}
```

Um einen Lösungsplan zur Ausführung bringen zu können, sind nicht nur die Ausführungs-Funktion "main", sondern die Funktions-Definitionen sämtlicher Member-Funktionen, die innerhalb einer Klassen-Deklaration enthalten sind, in Programm-Dateien einzutragen.

- Grundsätzlich muss zu jeder Funktions-Deklaration festgelegt werden, welche Anweisungen in welcher Abfolge durch einen Funktions-Aufruf ausgeführt werden sollen. Die hierzu erforderliche Beschreibung ist in Form einer *Funktions-Definition* anzugeben.

Wir werden – weiter unten – eine Programm-Datei namens "WerteErfassung.cpp" einrichten, innerhalb der wir die Funktions-Definitionen für die Klasse "WerteErfassung" eintragen. Mit dieser Programm-Datei korrespondiert die oben festgelegte Header-Datei "WerteErfassung.h", die die Klassen-Deklaration von "WerteErfassung" enthält.

- Im Folgenden werden wir grundsätzlich so verfahren, dass eine Programm-Datei mit den Funktions-Definitionen sich namensmäßig nur in der Ergänzung des Dateinamens – "cpp" im Gegensatz zu "h" – von der zugehörigen Header-Datei unterscheidet.

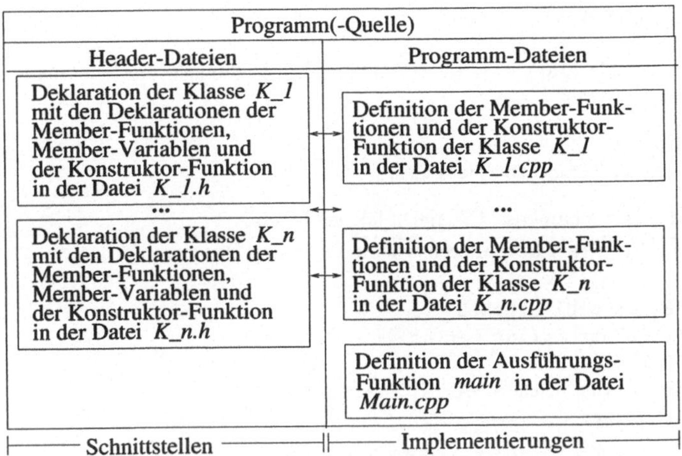

Abbildung 2.3: Schnittstellen und Implementierungen

- Grundsätzlich gliedern wir die *Programm-Quelle*, d.h. die Gesamtheit der den Lösungsplan beschreibenden Dateien, in zwei Teile auf. Der eine Teil besteht aus den Deklarationen, die von uns in eine oder mehrere Header-Dateien eingetragen werden. Der andere Teil enthält die zugehörigen Definitionen. Sie werden in Programm-Dateien bereitgestellt, von denen jede – mit Ausnahme der Programm-Datei "Main. cpp" – mit jeweils einer Header-Datei korrespondiert.

Durch diese Gliederung spiegelt sich die Trennung in *Schnittstellen* und *Implementierungen* wider. Dabei wird durch die Schnittstelle – in Form von Funktions-Deklarationen – beschrieben, wie ein Funktions-Aufruf formal aufgebaut sein muss. Wie die Ausführung einer Funktion erfolgen soll, d.h. welche Anweisungen im einzelnen zu durchlaufen sind, wird durch die Implementierung der Funktion – in Form ihrer Funktions-Definition – bestimmt.
Durch die Trennung von Funktions-Deklarationen und Funktions-Definitionen lassen sich Implementierungsdetails verbergen und problemlos ändern, ohne dass die restlichen Programm-Dateien modifiziert werden müssen. Durch diese Strukturierung wird das *Prototyping* bei einer Programmentwicklung unterstützt. Bei diesem Vorgehen wird zunächst die Grobstruktur eines Lösungsplans durch die Deklaration der benötigten Klassen festgelegt. Die Definitionen der hierdurch bestimmten Member-Funktionen, die die Feinstruktur des Lösungsplans ausmachen, können zu einem späteren Zeitpunkt ergänzt werden.

2.2.4 Bibliotheks-Funktionen

In unserem Lösungsplan für PROB-1 haben wir zuvor festgelegt, dass jeder Punktwert als String gesammelt werden soll. Da ein über die Tastatur eingegebener ganzzahliger Punktwert nicht unmittelbar als String bereitgestellt wird, sorgen wir dafür, dass der ganzzahlige Wert in einen String gewandelt wird.

Um diese Umwandlung durchführen zu können, wollen wir einen Funktions-Aufruf der folgenden Form einsetzen:

```
intAlsCString(punktwert);
```

Die Funktions-Deklaration von "intAlsCString" sowie die erforderliche include-Direktive tragen wir in der Form

```
#include <afx.h>
CString intAlsCString(int varInt);
```

in eine Header-Datei namens "EigeneBibliothek.h" ein.
Als Funktions-Definition formulieren wir die folgenden Programmzeilen:

```
#include "EigeneBibliothek.h"
CString intAlsCString(int varInt) {
 char varChar[5];
 CString varString = itoa(varInt, varChar, 10);
 return varString;
}
```

Diese Programmzeilen tragen wir in einer mit der Header-Datei korrespondierenden Programm-Datei ein, der wir den Namen "EigeneBibliothek.cpp" geben.
Hinweis: Warum durch diese Funktions-Definition die geforderte Umwandlung geschieht, können wir mit den bisherigen Kenntnissen nicht klären. Wir holen die ausstehende Erläuterung der angegebenen Programmzeilen im Abschnitt 9.6 nach.

- Eine Funktion wie z.B. "intAlsCString", die von uns *nicht* als Member-Funktion einer Klasse vereinbart wird, bezeichnen wir als *Bibliotheks-Funktion.*
  Jede weitere derartige Funktion, die von uns zur Beschreibung eines Lösungsplans benötigt und deren Deklaration *nicht* Bestandteil einer Klassen-Deklaration sein soll, werden wir zukünftig in der Header-Datei "EigeneBibliothek.h" deklarieren. Die jeweils zugehörigen Funktions-Definitionen tragen wir in die Programm-Datei "EigeneBibliothek.cpp" ein.

Bislang haben wir für das Programm, durch das der Lösungsplan für PROB-1 umgesetzt werden soll, die Header-Dateien "WerteErfassung.h" und "EigeneBibliothek.h" sowie die Programm-Dateien "Main.cpp" und "EigeneBibliothek.cpp" erstellt.
Insgesamt werden die folgenden fünf Dateien benötigt, um die Lösung von PROB-1 angeben zu können:

Main.cpp:	Definition der Ausführungs-Funktion "main"
EigeneBibliothek.h:	Deklaration der Bibliotheks-Funktionen
EigeneBibliothek.cpp:	Definition der Bibliotheks-Funktionen
WerteErfassung.h:	Deklaration der Klasse "WerteErfassung" mit den Deklarations-Vorschriften der Member-Variablen sowie den Deklarationen der Member-Funktionen und der Konstruktor-Funktion
WerteErfassung.cpp:	Definition der Member-Funktionen und der Konstruktor-Funktion der Klasse "WerteErfassung"

Um den Lösungsplan zu vervollständigen, müssen wir noch die Programm-Datei "WerteEr fassung.cpp" mit den bislang fehlenden Funktions-Definitionen einrichten. Hierzu benötigen wir weitere Kenntnisse, die wir in den folgenden Abschnitten erwerben.

2.3 Entwicklung der Konstruktor- und Member-Funktionen

2.3.1 Definition der Konstruktor-Funktion

Im Abschnitt 2.1.2 haben wir die Deklaration einer Konstruktor-Funktion namens "Wer teErfassung" angegeben. Diese Funktion wird immer dann implizit (automatisch) aufgerufen, wenn durch eine Deklarations-Anweisung der Form

```
WerteErfassung variablenname ;
```

eine Instanziierung aus der Klasse "WerteErfassung" angefordert wird.

Durch den Aufruf einer derartigen Konstruktor-Funktion lassen sich eine oder mehrere Anweisungen zur Ausführung bringen. Wir werden später sehen, wie wir hierdurch die Member-Variablen der jeweiligen Instanz *initialisieren*, d.h. mit Werten vorbesetzen, können.

- Diejenigen Anweisungen, die bei einer Instanziierung auszuführen sind, müssen – als Anweisungs-Block – innerhalb der Funktions-Definition der Konstruktor-Funktion in der folgenden Form festgelegt werden:

```
klassenname :: klassenname () {
  [ anweisung ; ] ...
}
```

Der Klassenname ist von dem gleichlautenden Namen der Konstruktor-Funktion durch zwei aufeinanderfolgende Doppelpunkte "::" – dem sog. *Scope-Operator* (Geltungsbereichs-Operator) – zu trennen.

Da wir in unserer Situation bei der Instanziierung aus der Klasse "WerteErfassung" keine Anweisungen zur Ausführung bringen lassen wollen, geben wir die Definition der Konstruktor-Funktion von "WerteErfassung" wie folgt an:

```
WerteErfassung::WerteErfassung() {
}
```

- Bei dem hier verwendeten Anweisungs-Block handelt es sich um den *leeren Anweisungs-Block*, der allein aus der öffnenden und schließenden geschweiften Klammer besteht.

Hinweis: Die von uns angegebene Definition der Konstruktor-Funktion entspricht der voreingestellten Standard-Konstruktor-Funktion. Wir hätten somit auf die Vereinbarung der Konstruktor-Funktion verzichten können.

Wir deklararieren und definieren die Konstruktor-Funktion deswegen explizit, weil wir später die Member-Variable "m_jahrgangsstufe" bereits bei der Instanziierung initialisieren werden. Im Hinblick auf diese Zielsetzung ist es vorteilhaft, bereits Grundkenntnisse im Umgang mit der Konstruktor-Funktion zu besitzen.

2.3.2 Die speziellen Instanzen "cin", "cout" und Literalkonstanten

In einem Lösungsplan lassen sich die beiden Instanzen "cin" und "cout" verwenden, ohne dass deren Instanziierung explizit vorgenommen werden muss.
Bei "cin" handelt es sich um eine Instanz aus der Basis-Klasse "istream" und bei "cout" um eine Instanz aus der Basis-Klasse "ostream". Während die Instanz "cin" das Eingabe-Medium "Tastatur" kennzeichnet, wird der Bildschirm als Ausgabe-Medium über die Instanz "cout" charakterisiert.

Hinweis: Weitere Angaben zu den Variablen "cin" und "cout" machen wir im Abschnitt 2.3.12.

Zunächst geben wir an, wie eine Bildschirmanzeige angefordert werden kann.

- Wird ein Aufruf der Basis-Member-Funktion *"operator<<"* in der Form

  cout.operator<<(*argument*) ;

  von der Instanz "cout" veranlasst, so erfolgt die Anzeige des Funktions-Argumentes am Bildschirm.

Zum Beispiel bewirkt die Ausdrucks-Anweisung

```
cout.operator<<("Gib Punktwert: ");
```

die Bildschirm-Anzeige des Textes "Gib Punktwert: ".
Bei der in Klammern aufgeführten Größe handelt es sich um eine Instanz aus der Basis-Klasse "CString", die als Literalkonstante angegeben ist.
Grundsätzlich gilt:

- Eine *Literalkonstante* stellt eine verkürzte Darstellung für eine Instanz aus einer speziellen Klasse dar, durch deren Schreibweise ihr Attributwert und die Zugehörigkeit zur jeweiligen Klasse vollständig gekennzeichnet ist.
  So wird eine Literalkonstante aus der Standard-Klasse "int" durch eine *ganze Zahl* in Form aufeinanderfolgender Ziffern dargestellt, denen das Vorzeichen "+" bzw. "−" vorangestellt sein kann.
  Eine Literalkonstante aus der Standard-Klasse "char" besteht aus einem *Zeichen*, das durch das Apostroph-Zeichen (') einzuleiten und abzuschließen ist.
  Werden ein oder mehrere Zeichen durch das Anführungszeichen (") begrenzt, so handelt es sich um eine Literalkonstante aus der Basis-Klasse "CString".
  In Anlehnung an die in Abschnitt 1.3.6 getroffene Verabredung bezeichnen wir eine derartige Literalkonstante als *String*.

Um die Erfassung der Punktwerte beenden zu können, soll der Text "Ende (J/N): " angezeigt werden. Dazu kann die Literalkonstante "Ende (J/N): " als Argument der Member-Funktion "operator<<" innerhalb der Ausdrucks-Anweisung

```
cout.operator<<("Ende (J/N): ");
```

aufgeführt werden.

- Damit eine Eingabe von der Tastatur angefordert werden kann, muss die Basis-Member-Funktion *"operator>>"* in der Form

cin.operator>>(*variable*) ;

  von der Instanz "cin" aufgerufen werden.

Durch den Funktions-Aufruf der Member-Funktion "operator>>" wird der über die Tastatur eingegebene Wert derjenigen Variablen zugeordnet, die beim Funktions-Aufruf als Argument innerhalb des Klammernpaares "()" angegeben ist.
Zum Beispiel wird durch die Ausdrucks-Anweisung

```
cin.operator>>(m_jahrgangsstufe);
```

bewirkt, dass "m_jahrgangsstufe" der über die Tastatur eingegebene Wert zugeordnet wird.
Entsprechend erfolgt durch die Ausführung von

```
int punktwert;
cin.operator>>(punktwert);
```

zunächst eine Instanziierung aus der Standard-Klasse "int". Der lokalen Variablen "punkt wert" wird anschließend diejenige ganze Zahl zugeordnet, die über die Tastatur eingegeben wurde.

2.3.3 Beschreibung der Datenerfassung

In der Klassen-Vereinbarung von "WerteErfassung" haben wir "durchfuehrenErfassung" als Member-Funktion deklariert. Im Folgenden erläutern wir, wie diese Funktion zu definieren ist, damit sich die Erfassung der Punktwerte durchführen lässt.
Zunächst geben wir den Lösungsplan durch eine grafische Beschreibung an:

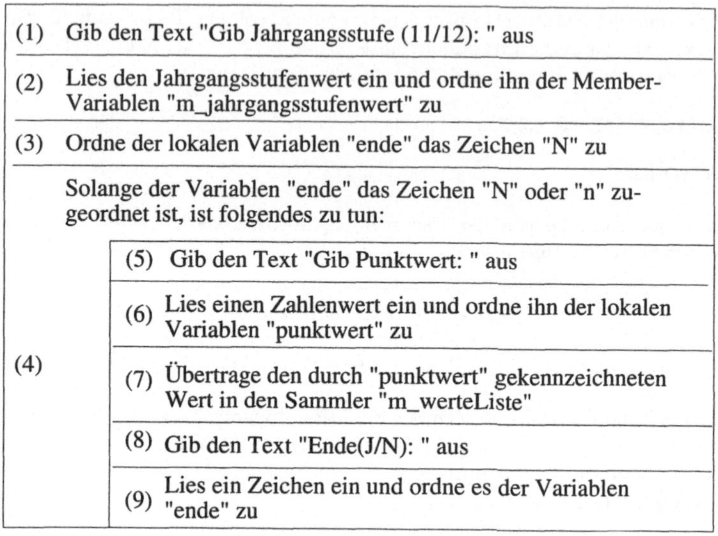

(1) Gib den Text "Gib Jahrgangsstufe (11/12): " aus

(2) Lies den Jahrgangsstufenwert ein und ordne ihn der Member-Variablen "m_jahrgangsstufenwert" zu

(3) Ordne der lokalen Variablen "ende" das Zeichen "N" zu

(4) Solange der Variablen "ende" das Zeichen "N" oder "n" zugeordnet ist, ist folgendes zu tun:

- (5) Gib den Text "Gib Punktwert: " aus
- (6) Lies einen Zahlenwert ein und ordne ihn der lokalen Variablen "punktwert" zu
- (7) Übertrage den durch "punktwert" gekennzeichneten Wert in den Sammler "m_werteListe"
- (8) Gib den Text "Ende(J/N): " aus
- (9) Lies ein Zeichen ein und ordne es der Variablen "ende" zu

Abbildung 2.4: Struktogramm zur Beschreibung des Erfassungsprozesses

Diese grafische Darstellung wird *Struktogramm* genannt. Ein Struktogramm ist in *Strukturblöcke* gegliedert, die von oben nach unten ausgeführt werden.

Das angegebene Struktogramm besteht aus den drei einleitenden *einfachen Strukturblöcken* (1), (2) und (3) sowie einem abschließenden *Schleifenblock* (4), durch den die wiederholte Ausführung der fünf in seinem Innern eingetragenen einfachen Strukturblöcke (5), (6), (7), (8) und (9) gekennzeichnet wird.

Die *Schleifen-Bedingung*, mit der festgelegt wird, wie oft die Blöcke (5) bis (9) zu durchlaufen sind, ist zu Beginn des Schleifenblockes eingetragen.

Im Folgenden stellen wir dar, wie die einfachen Strukturblöcke und der Schleifenblock umgeformt werden müssen.

Die ersten beiden Strukturblöcke lassen sich durch die folgenden Ausdrucks-Anweisungen umsetzen:

```
cout.operator<<("Gib Jahrgangsstufe (11/12): ");
cin.operator>>(m_jahrgangsstufe);
```

Hinweis: Aus Gründen der vereinfachten Darstellung unterstellen wir bei dem hier beschriebenen Dialog sowie allen nachfolgend vorgestellten Dialogen, dass die Tastatur-Eingaben korrekt – in Form von Ziffern – erfolgen.

Eine professionelle Programmierung muss mögliche Eingabefehler berücksichtigen und daher Programmzeilen vorsehen, durch deren Ausführung geeignet auf entsprechende Fehler reagiert werden kann (siehe Kapitel 9).

2.3.4 Initialisierungs-Anweisung

Der im oben abgebildeten Struktogramm durch (3) gekennzeichnete Strukturblock lässt sich wie folgt umformen:

```
char ende = 'N';
```

Hierdurch wird eine Instanz aus der Standard-Klasse "char" eingerichtet, die durch die lokale Variable "ende" gekennzeichnet ist.
Bei dem durch das Struktogramm beschriebenen Lösungsplan soll über den Wert, der "ende" zugeordnet ist, das Ende des Erfassungsprozesses gesteuert werden. Die anfängliche Zuordnung des Zeichens "N" wird durch den Zuweisungs-Operator erreicht.

- Beim Einsatz des *Zuweisungs-Operators* (Zuordnungs-Operators) "=" wird der Wert, der auf der rechten Seite dieses Operators – in Form eines Ausdrucks (siehe unten) – ermittelt wird, derjenigen Variablen zugeordnet, die auf der linken Seite des Operators aufgeführt ist.

Im Hinblick auf diese Möglichkeit der Vorbesetzung erweitern wir den Begriff der *Deklarations-Anweisung* und sprechen bei einer Anweisung der Form

klassenname variablenname = ausdruck ;

von einer *Initialisierungs-Anweisung*.

2.3.5 Zuweisung und Ausdrücke

Der Zuweisungs-Operator

Bevor wir die Kenntnisse vermitteln, die wir zur weiteren Programmierung unseres Lösungsplans benötigen, geben wir zunächst einen kurzen Überblick über Sachverhalte, deren Kenntnis von grundlegender Bedeutung für die Zuordnung von Werten sind.
Um Werte zuzuordnen, ist eine *Zuweisung* in der folgenden Form einzusetzen:

variablenname = ausdruck ;

Durch die Ausführung einer Zuweisung wird der Variablen, die auf der linken Seite des *Zuweisungs-Operators* "=" angegeben ist, ein Wert zugeordnet. Dieser Wert resultiert aus der Auswertung eines Ausdrucks, der auf der rechten Seite von "=" aufgeführt ist. Hierbei ist zu beachten, dass die beiden Klassen, aus der die Variable und der ermittelte Wert instanziiert sind, übereinstimmen sollten.
Anstelle der von uns eingesetzten Initialisierungs-Anweisung

```
char ende = 'N';
```

könnten wir daher auch die beiden folgenden Anweisungen verwenden:

```
char ende;
ende = 'N';
```

In diesem Fall haben wir als Ausdruck das Zeichen “N” in der Form 'N' – innerhalb der Zuweisung – eingetragen.

- Ein *Ausdruck* kann allein aus einer Literalkonstanten oder einer einzelnen Variablen bestehen. Enthält ein Ausdruck mehrere *Operanden* – in Form von Literalkonstanten und/oder Variablen –, so legt er fest, wie die einzelnen Operanden miteinander verknüpft werden sollen.

  Hinweis: Als Operanden können auch Funktions-Ergebnisse verwendet werden, die aus Funktions-Aufrufen resultieren (siehe Abschnitt 4.2.2).

Die jeweilige Art der Verknüpfung wird als *Operation* bezeichnet. Jede Operation ist durch einen *Operator* festgelegt, der bestimmt, zu welchem Ergebnis die Verknüpfung der jeweils beteiligten Operanden führt.

- Um Rechen-Operationen mit Zahlen zu beschreiben, müssen *arithmetische Operatoren* eingesetzt werden. Zur Kennzeichnung dieser Operatoren sind die Symbole “+” (Addition), “–” (Subtraktion), “*” (Multiplikation) und “/” (Division) zu verwenden.

Zum Beispiel wird für die Instanz “i” aus der Standard-Klasse “int” durch die Zuweisung

```
i = i + 1;
```

festgelegt, dass die “i” zugeordnete ganze Zahl um “1” erhöht werden soll.

Wandlung von Operanden

In bestimmten Situationen müssen die Operanden zunächst geeignet gewandelt werden, bevor die gewünschte arithmetische Operation durchgeführt werden kann.
Zur Division zweier ganzzahliger Werte können wir die Standard-Funktion “float” z.B. wie folgt einsetzen:

```
float(summe) / float(anzahl)
```

Dadurch wird erreicht, dass – vor der Division – die den Variablen “summe” und “anzahl” jeweils zugeordneten ganzen Zahlen in die wert-gleichen Dezimalzahlen gewandelt werden.
Hinweis: Führen wir diese Wandlung *nicht* durch, so wird eine ganzzahlige Division durchgeführt, da *beide* Operanden ganzzahlig sind.

- Eine derartige Konvertierung, d.h. Wandlung von einer Darstellung in eine andere, wird als *Cast* bezeichnet.

Eine Übersicht über häufig benötigte Standard-Funktionen für einen Cast gibt die folgende Tabelle:

float	Konvertierung einer ganzen Zahl in eine Dezimalzahl
int	Konvertierung einer Dezimalzahl in eine ganze Zahl (Abschneiden der Nachkommastellen)
unsigned	Konvertierung einer ganzen Zahl in eine vorzeichenlose ganze Zahl
atoi	Konvertierung eines Strings aus Ziffern (mit Vorzeichen) in eine ganze Zahl
atof	Konvertierung eines Strings aus Ziffern (mit Vorzeichen und Dezimalpunkt) in eine Dezimalzahl

Nachdem wir kennengelernt haben, wie wir die jeweils gewünschten Rechen-Operationen durch arithmetische Ausdrücke festlegen können, stellen wir im Folgenden dar, wie sich die Programmausführung mit Hilfe von Bedingungen steuern lässt.

Einfache und zusammengesetzte Bedingungen

Um den Programmablauf zu beeinflussen, werden *logische Ausdrücke* eingesetzt, die aus einfachen bzw. zusammengesetzten Bedingungen bestehen können.

- *Einfache* Bedingungen lassen sich unter Einsatz der folgenden *Vergleichs-Operatoren* beschreiben:

  "==" (gleich), "!=" (ungleich), "<" (kleiner als), "<=" (kleiner gleich), ">" (größer als) und ">=" (größer gleich)

Zum Beispiel lässt sich für eine Instanz namens "ende", die aus der Standard-Klasse "char" eingerichtet wurde, durch die einfache Bedingung

```
ende == 'N'
```

prüfen, ob das Zeichen, das der Variablen "ende" zugeordnet ist, gleich dem Zeichen "N" ist.

- Eine einfache Bedingung wird daraufhin untersucht, ob sie zutrifft oder nicht zutrifft. Die Bedingung besitzt dann den *Wahrheitswert* "wahr", wenn der Vergleich zutreffend ist. Ansonsten besitzt sie den Wahrheitswert "falsch".

  Um Wahrheitswerte zuordnen zu können, lassen sich Instanziierungen aus der Basis-Klasse "BOOL" verwenden. Besondere Instanzen aus dieser Klasse sind die Literalkonstanten "TRUE" und "FALSE" , die die Wahrheitswerte "wahr" bzw. "falsch" kennzeichnen.

Zum Beispiel wird durch die Initialisierungs-Anweisung

```
BOOL varBool = FALSE;
```

eine Instanziierung aus der Basis-Klasse "BOOL" vorgenommen. Dieser Instanz, die durch den Variablennamen "varBool" referenziert wird, wird der Wahrheitswert "falsch" zugeordnet.

- Um *zusammengesetzte* Bedingungen aus einfachen Bedingungen aufzubauen, können die folgenden *logischen Operatoren* eingesetzt werden:

  "&&" (logisches UND), "||" (logisches ODER) und "!" (logische Negation)

Eine zusammengesetzte Bedingung, bei der zwei Bedingungen durch das logische UND verbunden sind, besitzt immer dann den Wahrheitswert "wahr", wenn beide Bedingungen den Wahrheitswert "wahr" besitzen. Ansonsten hat sie den Wahrheitswert "falsch".
Wenn eine zusammengesetzte Bedingung aus zwei Bedingungen durch das logische ODER aufgebaut ist, besitzt sie immer dann den Wahrheitswert "wahr", wenn mindestens eine der Bedingungen zutrifft. Ansonsten hat sie den Wahrheitswert "falsch".

Zum Beispiel lässt sich für die aus der Standard-Klasse "char" eingerichtete Instanz "ende" durch die zusammengesetzte Bedingung

```
ende == 'N' || ende == 'n'
```

abprüfen, ob das Zeichen, das der Variablen "ende" zugeordnet ist, mit dem Zeichen "N" oder "n" übereinstimmt.

Wird auf eine Bedingung die logische Negation angewandt, so besitzt die zusammengesetzte Bedingung den Wahrheitswert "wahr" ("falsch"), sofern die Bedingung den Wahrheitswert "falsch" ("wahr") hat.

Auswertungsreihenfolge

Sind in einem Ausdruck mehrere Operatoren enthalten, so bestimmt die Priorität der einzelnen Operatoren die Auswertungsreihenfolge.
Eine Übersicht über die Priorität ausgewählter Operatoren gibt die folgende Aufstellung:

	Operator:	Bezeichnung:
höchste Priorität →	"!"	Negations-Operator
	"*"	Multiplikations-Operator
	"/"	Divisions-Operator
	"+"	Additions-Operator
	"–"	Subtraktions-Operator
	"==" "!=" "<" "<=" ">" ">="	Vergleichs-Operatoren
	"&&"	Logisches UND
	"||"	Logisches ODER
niedrigste Priorität →	"="	Zuweisungs-Operator

Um die Auswertungsreihenfolge zu ändern, lassen sich die öffnende "(" und die schließende Klammer ")" verwenden.
Beim Einsatz von Klammern muss die Anzahl der öffnenden Klammern "(" insgesamt gleich der Anzahl der schließenden Klammern ")" sein. Außerdem muss das Klammergebirge ausbalanciert sein, d.h. die öffnenden und schließenden Klammern müssen paarweise einander – in sinnvoller Form – zugeordnet sein.

2.3.6 Die while-Anweisung

Zur Umsetzung der Programmschleife, die innerhalb des Struktogramms (siehe Abbildung 2.4) durch den Schleifenblock (4) beschrieben wird, lässt sich die *while-Anweisung* in der folgenden Form einsetzen:

```
while ( bedingung ) {
    anweisung-1 ;
    [ anweisung-2 ; ] ...
}
```

Hinter dem Schlüsselwort "while" ist die *Schleifen-Bedingung* aufzuführen, durch die die wiederholte Ausführung der im Schleifenblock enthaltenen Anweisungen gesteuert wird. Diese Bedingung muss durch eine öffnende Klammer "(" eingeleitet und durch eine schliessende Klammer ")" beendet werden.
Die angegebene Bedingung wird vor der erstmaligen und vor jeder weiteren Ausführung der Anweisung(en) geprüft.
Trifft die Bedingung zu, so werden die im Anweisungs-Block aufgeführten Anweisungen zur Ausführung gebracht. Diese Anweisungen müssen die Handlungen beschreiben, die im *Wiederholungsteil* des Schleifenblocks eingetragen sind.

Ist die letzte Anweisung des Anweisungs-Blocks ausgeführt worden, so wird die Schleifen-Bedingung erneut geprüft. Trifft sie nach wie vor zu, so werden die Anweisungen des Anweisungs-Blocks wiederum durchlaufen.

Dieser Vorgang wiederholt sich solange, bis die Schleifen-Bedingung erstmalig nicht mehr erfüllt ist. In dieser Situation ist die Ausführung der while-Anweisung beendet. Die Programmausführung wird anschließend mit derjenigen Anweisung fortgesetzt, die unmittelbar auf den Anweisungs-Block der while-Anweisung folgt.

Hinweis: Da die Schleifen-Bedingung vor der Ausführung der Anweisung(en) geprüft wird, ist es möglich, dass der Wiederholungsteil einer "while"-Anweisung kein einziges Mal durchlaufen wird.

Es ist darauf zu achten, dass Endlosschleifen vermieden werden. Dazu ist sicherzustellen, dass der Wahrheitswert der Bedingung durch die auszuführenden Anweisungen verändert wird und die Bedingung zu irgendeinem Zeitpunkt nicht mehr erfüllt ist.

Die zuvor erworbenen Kenntnisse setzen wir ein, um den von uns entwickelten Schleifenblock (Abbildung 2.4) in eine while-Anweisung umzuformen.

Da wir die Schleifen-Bedingung durch die zusammengesetzte Bedingung

```
ende == 'N' || ende == 'n'
```

wiedergeben und die beiden Instanzen "cin" und "cout" sowie die Basis-Member-Funktionen "operator<<" und "operator>>" zur Programmierung der Ein-/Ausgabe verwenden können, lässt sich der Schleifenblock insgesamt wie folgt umformen:

```
while (ende == 'N' || ende == 'n') {
 cout.operator<<("Gib Punktwert: ");
 int punktwert;
 cin.operator>>(punktwert);
 this->sammelnWerte(punktwert);
 cout.operator<<("Ende(J/N): ");
 cin.operator>>(ende);
}
```

2.3.7 Die Pseudo-Variable "this"

Im oben angegebenen Wiederholungsteil der while-Anweisung ist die folgende Ausdrucks-Anweisung enthalten:

```
this->sammelnWerte(punktwert);
```

Hierdurch soll der Wert, der der lokalen Variablen "punktwert" zugeordnet ist, in den Sammler mit den erfassten Werten übertragen werden.

- Mit dem Schlüsselwort *"this"* wird eine *Pseudo-Variable* bezeichnet. Diese Pseudo-Variable kennzeichnet diejenige Instanz, die den Aufruf der Funktion "durchfuehren Erfassung" bewirkt hat.

Durch die Anweisung

```
this->sammelnWerte(punktwert);
```

wird daher festgelegt, dass die Funktion "sammelnWerte" von derselben Instanz aufgerufen werden soll, die zuvor die Funktion "durchfuehrenErfassung" zur Ausführung gebracht hat.

- Dies bedeutet, dass diejenige Instanz, die den Funktions-Aufruf von "durchfuehren Erfassung" veranlasst hat, eine Message an sich selbst richtet. Durch diese Message fordert sie sich selbst dazu auf, die Funktion "sammelnWerte" aufzurufen.

Grundsätzlich gilt:

- Damit eine Instanz eine Message an sich selbst richten kann, ist die Pseudo-Variable "this" – unter Einsatz des *Pfeil-Operators* "– >" – in der Form

this -> *funktions-aufruf*

  zu verwenden.
  Die Pseudo-Variable "this" dient innerhalb einer *aufgerufenen* Member-Funktion als Platzhalter für diejenige Instanz, die den Funktions-Aufruf dieser Member-Funktion bewirkt hat.

Die Pseudo-Variable "this" lässt sich innerhalb einer Member-Funktion auch in der Form

this -> *member-variable*

verwenden. Durch diese Angabe wird eine Member-Variable derjenigen Instanz gekennzeichnet, die die Ausführung der Member-Funktion veranlasst hat.
Zum Beispiel können wir anstelle der Ausführungs-Anweisung

```
cin.operator>>(m_jahrgangsstufe);
```

auch

```
cin.operator>>(this->m_jahrgangsstufe);
```

schreiben.
Diese ausführliche Kennzeichnung derjenigen Instanz, zu der die Member-Variable "m_jahr gangsstufe" gehört, werden wir jedoch nicht weiter verwenden. Dies liegt daran, dass innerhalb einer Member-Funktion automatisch immer die Member-Variablen derjenigen Instanz referenziert werden, die den Funktions-Aufruf dieser Member-Funktion bewirkt hat.
In diesem Zusammenhang ist grundsätzlich der folgende Sachverhalt zu beachten:

- Sofern eine Member-Funktion, die von einer Instanz zur Ausführung gebracht wird, in derjenigen Klasse vereinbart ist, aus der diese Instanz instanziiert ist, gilt:
  Bei der Ausführung dieser Member-Funktion kann diese Instanz auf jede ihrer Member-Variablen zugreifen.

2.3.8 Die Member-Funktion "durchfuehrenErfassung"

Insgesamt lassen sich die Anweisungen, die den durch das oben dargestellte Struktogramm (siehe Abbildung 2.4) beschriebenen Erfassungsprozess wiedergeben, wie folgt zusammenfassen:

```
cout.operator<<("Gib Jahrgangsstufe (11/12): ");
cin.operator>>(m_jahrgangsstufe);
char ende = 'N';
while (ende == 'N' || ende == 'n') {
 cout.operator<<("Gib Punktwert: ");
 int punktwert;
 cin.operator>>(punktwert);
 this->sammelnWerte(punktwert);
 cout.operator<<("Ende(J/N): ");
 cin.operator>>(ende);
}
```

Diese Anweisungen sind beim Aufruf der Member-Funktion "durchfuehrenErfassung" zur Ausführung zu bringen. Um dies festzulegen, müssen sie innerhalb der Funktions-Definition von "durchfuehrenErfassung" eingetragen werden.

- Grundsätzlich muss zu jeder Funktions-Deklaration eine zugehörige *Funktions-Definition* festgelegt werden. In dieser Definition sind die Anweisungen anzugeben, die bei der Funktions-Ausführung zu durchlaufen sind.

  Ist eine Member-Funktion namens "funktionsname" innerhalb der Klasse "klassenname" deklariert, so ist ihre Definition nach dem folgenden Schema vorzunehmen:

  void *klassenname* ::*funktionsname* () {
  anweisung-1 ;
  [*anweisung-2* ;] ...
  }

  Hierbei ist der Klassenname vom Funktionsnamen durch den Scope-Operator "::" zu trennen. Hinter dem Klammernpaar "()" sind die auszuführenden Anweisungen in Form eines Anweisungs-Blocks anzugeben.

- Die angegebenen Form einer Funktions-Definition geht davon aus, dass der Funktions-Aufruf keine Argumente enthalten und aus dem Funktions-Aufruf *kein* Funktions-Ergebnis resultieren soll.
  Wie Funktions-Definitionen in andersgearteten Fällen aufgebaut sein müssen, geben wir zu einem späteren Zeitpunkt an (siehe Abschnitt 4.1.2).

Gemäß dem angegebenen Schema legen wir die Definition der Member-Funktion "durch fuehrenErfassung" insgesamt wie folgt fest:

```
void WerteErfassung::durchfuehrenErfassung() {
 cout.operator<<("Gib Jahrgangsstufe (11/12): ");
 cin.operator>>(m_jahrgangsstufe);
 char ende = 'N';
 while (ende == 'N' || ende == 'n') {
  cout.operator<<("Gib Punktwert: ");
  int punktwert;
  cin.operator>>(punktwert);
  this->sammelnWerte(punktwert);
  cout.operator<<("Ende(J/N): ");
  cin.operator>>(ende);
 }
}
```

2.3.9 Die Member-Funktion "sammelnWerte"

Innerhalb der Klassen-Deklaration von "WerteErfassung" haben wir die Member-Funktion "sammelnWerte" wie folgt deklariert:

```
void sammelnWerte(int punktwert);
```

Hierdurch wird festgelegt, dass beim Funktions-Aufruf eine ganze Zahl als Argument anzugeben ist.

Durch den Funktions-Aufruf von "sammelnWerte" sollen die folgenden Handlungen zur Ausführung gelangen:

(1)	Wandle die ganze Zahl, die dem Argument "punktwert" zugeordnet ist, in einen String um
(2)	Ergänze den Inhalt des Sammlers "m_werteListe" durch den ermittelten String

Abbildung 2.5: Struktogramm für die Member-Funktion "sammelnWerte"

Der Strukturblock (1) lässt sich – unter Einsatz der Bibliotheks-Funktion "intAlsCString" – in die folgende Initialisierungs-Anweisung umformen:

```
CString wert = intAlsCString(punktwert);
```

Hierdurch wird die lokale Variable "wert" aus der Basis-Klasse "CString" instanziiert und ihr derjenige String zugeordnet, der durch den Funktions-Aufruf

```
intAlsCString(punktwert);
```

bestimmt ist.

- Im Gegensatz zu den bislang vorgestellten Funktions-Aufrufen resultiert aus dem Aufruf der Funktion "intAlsCString" eine Instanz (der Basis-Klasse "CString") als *Funktions-Ergebnis*. Dieses Ergebnis lässt sich geeignet – z.B. in einem Ausdruck innerhalb einer Zuweisung – einsetzen.

Ein Funktions-Ergebnis wird nicht nur bei der Bibliotheks-Funktion "intAlsCString", sondern auch bei den Basis-Member-Funktionen "GetCount", "GetHeadPosition" und "GetNext" erhalten, die sämtlich in der Basis-Klasse "CStringList" vereinbart sind.
Bevor wir diese Funktionen verwenden, beschreiben wir zunächst die Form und das Ergebnis des jeweiligen Funktions-Aufrufs.

- **"GetCount()"**:
  Als Funktions-Ergebnis wird die Anzahl der Elemente ermittelt, die in dem Sammler (Instanziierung aus der Basis-Klasse "CStringList") enthalten sind, der den Funktions Aufruf von "GetCount" bewirkt hat.

- **"GetHeadPosition()"**:
  Für den Sammler (Instanziierung aus der Basis-Klasse "CStringList"), der die Funktion "GetHeadPosition" aufruft, wird als Funktions-Ergebnis eine *Index-Position* ermittelt, die auf dessen erstes Element weist. Bei dieser Index-Position handelt es sich um eine Instanz aus der Basis-Klasse "POSITION".

- Instanziierungen aus der Basis-Klasse "POSITION" dienen zur Kennzeichnung von Index-Positionen in Sammlern, die aus der Basis-Klasse "CStringList" instanziiert sind.

- **"GetNext(POSITION varIndPos)"**:
  Es wird derjenige String als Funktions-Ergebnis ermittelt, auf den die "varIndPos" zugeordnete *Index-Position* – in Form einer Instanz aus der Basis-Klasse "POSITION" – innerhalb desjenigen Sammlers (Instanziierung aus der Basis-Klasse "CStringList") weist, der den Funktions-Aufruf von "GetNext" veranlasst hat. Anschließend wird "varIndPos" diejenige Index-Position zugeordnet, die auf das nächste Element des Sammlers weist.

Für nachfolgende Beschreibungen von Funktions-Aufrufen beachten wir stets den folgenden Sachverhalt:

- Besitzt eine Member-Funktion ein oder mehrere Funktions-Argumente, so geben wir – zusammen mit dem jeweiligen Namen für das Argument – auch diejenige Klasse an, aus der das Argument bei einem Funktions-Aufruf instanziiert sein muss.

Neben den zuvor vorgestellten Basis-Member-Funktionen benötigen wir zusätzlich die Basis-Member-Funktion "AddTail":

- **"AddTail(CString varString)"**:
  Es wird das im Funktions-Aufruf aufgeführte Argument als weiteres Element demjenigen Sammler (Instanziierung aus der Basis-Klasse "CStringList") angefügt, der den Funktions-Aufruf von "AddTail" bewirkt hat.

Da diese Funktion von sämtlichen Instanzen der Basis-Klasse "CStringList" aufgerufen werden kann, ist z.B. die folgende Ausdrucks-Anweisung zulässig:

```
m_werteListe.AddTail(wert);
```

Diese Kenntnis setzt uns in die Lage, das oben abgebildete Struktogramm (siehe Abbildung 2.5) umzuformen.
Damit durch den Funktions-Aufruf von "sammelnWerte" die Handlungen ausgeführt werden, die durch dieses Struktogramm beschrieben sind, legen wir die Funktions-Definition der Member-Funktion "sammelnWerte" insgesamt wie folgt fest:

```
void WerteErfassung::sammelnWerte(int punktwert) {
 CString wert = intAlsCString(punktwert);
 m_werteListe.AddTail(wert);
}
```

2.3.10 Die Member-Funktion "anzeigenWerte"

Die von uns deklarierte Member-Funktion "anzeigenWerte" soll dazu dienen, die gesammelten Punktwerte am Bildschirm anzuzeigen. Damit die Ausgabe durch einen erläuternden Text mit dem zugehörigen Jahrgangsstufenwert eingeleitet wird, verwenden wir die folgenden Ausdrucks-Anweisungen:

```
cout.operator<<("Jahrgangsstufe: ");         // (a)
cout.operator<<(m_jahrgangsstufe);           // (b)
cout.operator<<(endl);                       // (c)
cout.operator<<("Erfasste Werte: ");         // (d)
cout.operator<<(endl);                       // (e)
```

Durch die Anweisungen (a) und (d) werden die Texte "Jahrgangsstufe: " und "Erfasste Werte: " am Bildschirm ausgegeben. Die Ausführung der Anweisung (b) bewirkt, dass diejenige ganze Zahl angezeigt wird, die der Member-Variablen "m_jahrgangsstufe" zugeordnet ist.

- Bei der Ausführung der – als (c) und (e) – angegebenen Anweisung

  ```
  cout.operator<<(endl);
  ```

  wird ein Zeilenwechsel durchgeführt, so dass eine unmittelbar nachfolgende Bildschirmausgabe mit Beginn der nächsten Bildschirmzeile vorgenommen wird.

Wie die erfassten Punktwerte am Bildschirm angezeigt werden können, lässt sich durch das folgende Struktogramm beschreiben:

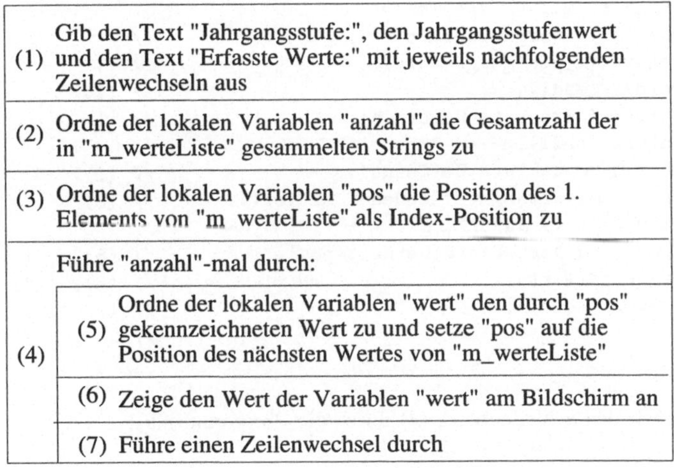

Abbildung 2.6: Struktogramm für die Member-Funktion "anzeigenWerte"

Unter Einsatz der oben angegebenen Basis-Member-Funktionen können die einfachen Strukturblöcke, d.h. alle Strukturblöcke bis auf den Schleifenblock (4), wie folgt umgeformt werden:

```
(1) { cout.operator<<("Jahrgangsstufe: ");
      cout.operator<<(m_jahrgangsstufe);
      cout.operator<<(endl);
      cout.operator<<("Erfasste Werte: ");
      cout.operator<<(endl);
(2)   int anzahl = m_werteListe.GetCount();
(3)   POSITION pos = m_werteListe.GetHeadPosition();
```

```
(5) CString wert = m_werteListe.GetNext(pos);
(6) cout.operator<<(wert);
(7) cout.operator<<(endl);
```

Die Funktions-Definition von "anzeigenWerte" können wir insgesamt durch die folgenden Programmzeilen festlegen:

```
void WerteErfassung::anzeigenWerte() {
 cout.operator<<("Jahrgangsstufe: ");                    //  -
 cout.operator<<(m_jahrgangsstufe);                      //  |
 cout.operator<<(endl);                                  // (1)
 cout.operator<<("Erfasste Werte: ");                    //  |
 cout.operator<<(endl);                                  //  -
 int anzahl = m_werteListe.GetCount();                   // (2)
 POSITION pos = m_werteListe.GetHeadPosition();          // (3)
 for (int i = 1; i <= anzahl; i = i + 1) {               //          -
  CString wert = m_werteListe.GetNext(pos);              // (5)      |
  cout.operator<<(wert);                                 // (6)     (4)
  cout.operator<<(endl);                                 // (7)      |
 }                                                       //          -
}
```

Dabei haben wir den Schleifenblock (4) durch die Programmzeilen

```
for (int i = 1; i <= anzahl; i = i + 1) {
 CString wert = m_werteListe.GetNext(pos);
 cout.operator<<(wert);
 cout.operator<<(endl);
}
```

in eine for-Anweisung umgeformt, deren Bedeutung im Folgenden Abschnitt erläutert wird.

2.3.11 Die for-Anweisung

Die *for-Anweisung* wird – im Gegensatz zu einer while-Anweisung – grundsätzlich dann zur Umsetzung eines Schleifenblockes eingesetzt, wenn von vornherein feststeht, wie oft der Wiederholungsteil zu durchlaufen ist.

Eine for-Anweisung ist gemäß der folgenden Syntax anzugeben:

```
for ( anfangswert-setzung ; abbruch-bedingung ; inkrementierung ) {
  anweisung-1 ;
  [ anweisung-2 ; ] ...
}
```

Durch die *Anfangswert-Setzung* wird eine lokale Variable als *Laufvariable* deklariert und ihr ein Anfangswert zugeordnet.

Anschließend wird die aufgeführte *Abbruch-Bedingung* geprüft. Diese Bedingung ist in Form einer Vergleichs-Bedingung anzugeben, durch die der aktuelle Wert der Laufvariablen mit einem Grenzwert verglichen wird. Trifft die Vergleichs-Bedingung zu, so wird der Wiederholungsteil durchlaufen. Am Ende des Wiederholungsteils wird der Laufvariablen ein neuer Wert durch die Vorschrift zugeordnet, die zur Änderung der Laufvariablen innerhalb der for-Anweisung – in der Form "inkrementierung" – aufgeführt ist. Nachdem der Laufvariablen ein neuer Wert zugeordnet ist, wird wiederum die Vergleichs-Bedingung geprüft. Trifft diese Bedingung immer noch zu, so wird der Wiederholungsteil erneut durchlaufen, usw.

In der Situation, in der die Vergleichs-Bedingung erfüllt ist, wird die Ausführung der for-Anweisung beendet und die Programmausführung mit derjenigen Anweisung fortgesetzt, die der for-Anweisung folgt.

Die for-Anweisung muss so programmiert werden, dass die Vergleichs-Bedingung zu irgendeinem Zeitpunkt erfüllt wird, so dass eine Endlosschleife vermieden wird.

In unserer Situation haben wir die for-Anweisung mit dem Wiederholungsteil

```
CString wert = m_werteListe.GetNext(pos);
cout.operator<<(wert);
cout.operator<<(endl);
```

in der folgenden Form eingesetzt:

```
for (int i = 1; i <= anzahl; i = i + 1) {
 CString wert = m_werteListe.GetNext(pos);
 cout.operator<<(wert);
 cout.operator<<(endl);
}
```

Durch die Anfangswert-Setzung "int i = 1" wird "i" als Laufvariable aus der Standard-Klasse "int" instanziiert und "1" als Anfangswert zugeordnet. Die Schrittweite hat den ganzzahligen Wert "1", da die Inkrementierung der Form "i = i + 1" bestimmt, dass der Laufvariablen "i" – am Ende des Wiederholungsteils – diejenige ganze Zahl zugeordnet

werden soll, die sich durch die Erhöhung um den Wert "1" aus der zuvor der Variablen "i" zugeordneten Zahl ergibt.
Die Abbruch-Bedingung ist in der Form "i <= anzahl" angegeben. Dies bedeutet, dass vor der Ausführung des Wiederholungsteils geprüft wird, ob die der Laufvariablen zugeordnete ganze Zahl kleiner oder gleich derjenigen Zahl ist, die – vor der Ausführung der for-Anweisung – der Variablen "anzahl" zugeordnet worden ist. Somit wird der Wiederholungsteil insgesamt "anzahl"-mal ausgeführt.
Hinweis: Beim Einsatz der for-Anweisung ist zu beachten, dass die Laufvariable unter Visual C++ als lokale Variable des Anweisungs-Blocks, der die for-Anweisung enthält, eingerichtet wird und somit allen nachfolgend aufgeführten Anweisungen desselben Anweisungs-Blocks bekannt ist.

Zur Umsetzung des Schleifenblocks (siehe Abbildung 2.6) haben wir die for-Anweisung in der Form

```
for (int i = 1; i <= anzahl; i = i + 1)
```

eingesetzt. Wir hätten stattdessen z.B. auch die folgende Anweisung verwenden können:

```
for (int i = 0; i < anzahl; i = i + 1)
```

Es ist erkennbar, dass die geänderte Anfangswert-Setzung und die geänderte Abbruch-Bedingung nichts an der Häufigkeit ändern, mit der der Wiederholungsteil durchlaufen werden soll.

2.3.12 Einsatz globaler Variablen

Damit die für die Ein- und Ausgabe verwendeten Instanzen "cin" und "cout" – samt der zugehörigen Basis-Member-Funktionen "operator>>" und "operator<<" – bekannt sind, müssen wir die include-Direktive

```
#include <iostream.h>
```

einsetzen.
Hinweis: In C++ müssen sämtliche Ein-/Ausgabe-Operationen durch die Ausführung von Funktionen angefordert werden. Diese Funktionen sind in speziellen Header-Dateien – wie z.B. "io stream.h" oder auch "stdio.h" – vereinbart.

Durch diese include-Direktive wird bewirkt, dass "cin" und "cout" als globale Variablen vereinbart sind.

- Bei einer *globalen* Variablen handelt es sich um eine Variable, die am Anfang einer Programm-Datei – vor der ersten Funktions-Definition – deklariert ist.
  Im Unterschied zu lokalen Variablen, deren Geltungsbereich sich auf denjenigen Anweisungs-Block beschränkt, in dem sie deklariert sind, ist der Geltungsbereich von globalen Variablen nicht auf einen Anweisungs-Block eingeschränkt. Globale Varia-

blen sind von ihrer Deklaration bis hin zur letzten Programmzeile der jeweiligen Programm-Datei bekannt.

- Wird innerhalb einer Member-Funktion eine lokale Variable deklariert, deren Name mit einer globalen Variablen übereinstimmt, so kennzeichnet der Variablenname innerhalb der Anweisungen der Funktion stets die lokale Variable.

  Hinweis: Soll die globale Variable innerhalb der Funktion angesprochen werden, so ist dem Variablennamen der Scope-Operator "::" voranzustellen.

Werden globale Variablen in Form von Instanzen aus Standard-Klassen – wie z.B. "int" – eingesetzt, so widerspricht dies den Prinzipien der objekt-orientierten Programmierung, da auf derartige Variablen unkontrolliert zugegriffen werden kann. Es ist zu empfehlen, den Einsatz globaler Variablen soweit wie möglich zu vermeiden und an deren Stelle sog. Klassen-Variablen zu verwenden (siehe Abschnitt 11).

2.3.13 Zusammenstellung der Funktions-Definitionen

Um den Lösungsplan zur Ausführung bringen zu können, tragen wir alle für die Klasse "WerteErfassung" zuvor entwickelten Funktions-Definitionen in eine Programm-Datei ein. Dieser Datei geben wir – in Anlehnung an den Dateinamen der Header-Datei "WerteEr fassung.h" – den Namen "WerteErfassung.cpp".

Als erste Programmzeile tragen wir

```
#include <iostream.h>
```

in die Datei "WerteErfassung.cpp" ein.

Um die Deklarationen aus der Header-Datei "WerteErfassung.h" und die Deklaration der Bibliotheks-Funktion "intAlsCString" (eingetragen in "EigeneBibliothek.h") bekanntzumachen, geben wir im Anschluss an die include-Direktive

```
#include <iostream.h>
```

die include-Direktiven

```
#include "WerteErfassung.h"
#include "EigeneBibliothek.h"
```

an.

Die Konstruktor-Funktion von "WerteErfassung" definieren wir wie folgt in der im Abschnitt 2.3.1 vorgestellten Form:

```
WerteErfassung::WerteErfassung() {
}
```

Daran fügen wir die Funktions-Definitionen der Member-Funktionen "durchfuehrenErfas sung", "sammelnWerte" und "anzeigenWerte" an, so dass die Programm-Datei "WerteEr fassung.cpp" insgesamt die folgenden Programmzeilen enthält:

```
#include <iostream.h>
#include "WerteErfassung.h"
#include "EigeneBibliothek.h"
WerteErfassung::WerteErfassung() {
}
void WerteErfassung::durchfuehrenErfassung() {
 cout.operator<<("Gib Jahrgangsstufe (11/12): ");
 cin.operator>>(m_jahrgangsstufe);
 char ende = 'N';
 while (ende == 'N' || ende == 'n') {
  cout.operator<<("Gib Punktwert: ");
  int punktwert;
  cin.operator>>(punktwert);
  this->sammelnWerte(punktwert);
  cout.operator<<("Ende(J/N): ");
  cin.operator>>(ende);
 }
}
void WerteErfassung::sammelnWerte(int punktwert) {
 CString wert = intAlsCString(punktwert);
 m_werteListe.AddTail(wert);
}
void WerteErfassung::anzeigenWerte() {
 cout.operator<<("Jahrgangsstufe: ");
 cout.operator<<(m_jahrgangsstufe);
 cout.operator<<(endl);
 cout.operator<<("Erfasste Werte: ");
 cout.operator<<(endl);
 int anzahl = m_werteListe.GetCount();
 POSITION pos = m_werteListe.GetHeadPosition();
 for (int i = 1; i <= anzahl; i = i + 1) {
  CString wert = m_werteListe.GetNext(pos);
  cout.operator<<(wert);
  cout.operator<<(endl);
 }
}
```

Hinweis: Wir weisen darauf hin, dass bei der Definition der Member-Funktionen keine Reihenfolge einzuhalten ist. So könnten wir z.B. die Member-Funktion "sammelnWerte" auch vor der Definition von "durchfuehrenErfassung" angeben.

Der Lösungsplan von PROB-1 setzt sich aus dieser Programm-Datei "WerteErfassung.cpp", der zugehörigen Header-Datei "WerteErfassung.h", der Programm-Datei "EigeneBiblio thek.cpp" und der damit korrespondierenden Header-Datei "EigeneBibliothek.h" sowie der Programm-Datei "Main.cpp" mit der Ausführungs-Funktion "main" zusammen.
Um den Lösungsplan von PROB-1 zur Ausführung zu bringen, müssen diese fünf Dateien der Programmierumgebung Visual C++ bekannt gemacht werden. Wie dies zu geschehen hat, erörtern wir im nachfolgenden Kapitel.

Kapitel 3

Durchführung des Lösungplans

In den ersten beiden Kapiteln haben wir grundlegende Kenntnisse darüber erworben, wie sich ein Erfassungsprozess – im Hinblick auf den Einsatz der objekt-orientierten Programmiersprache C++ – modellieren und programmieren lässt. Auf der Basis der dabei entwickelten Header- und Programm-Dateien soll jetzt erläutert werden, wie die Programmausführung veranlasst werden kann.

Das Visual C++-Fenster

Zur Lösung der Problemstellung PROB-1 haben wir die Dateien "Main.cpp", "WerteErfas sung.cpp", "WerteErfassung.h", "EigeneBibliothek.cpp" und "EigeneBibliothek.h" durch ein Editierprogramm eingerichtet. Um aus diesen Dateien ein ausführbares Programm zu erstellen, dessen Ablauf zur Lösung von PROB-1 führt, setzen wir die Programmierumgebung Visual C++ ein.

Nach dem Start dieser Software erhalten wir das folgende Visual C++-Fenster angezeigt:

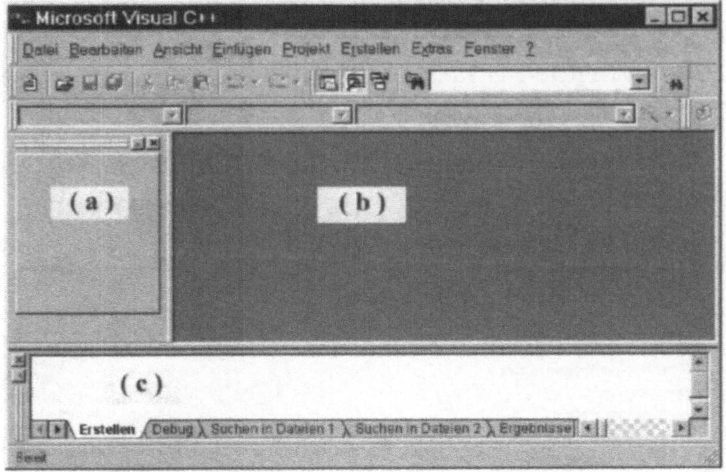

Abbildung 3.1: Gliederung des Visual C++-Fensters

Dieses Fenster ist in die folgenden Bereiche gegliedert:

- Navigations-Bereich (a):
  In diesem Bereich lässt sich die Sicht auf die jeweils zur Verfügung gehaltenen Klassen oder die Sicht auf die jeweils bereitgestellten Dateien einstellen.
- Editier-Bereich (b):
  In diesem Bereich lassen sich – je nach eingestellter Sichtweise – Klassen anzeigen oder Dateiinhalte editieren.
- Ausgabe-Bereich (c) :
  In diesem Bereich werden Meldungen des Compilers bzw. des Linkers bei der Erstellung eines ausführbaren Programms eingetragen.

Um die fünf von uns zur Verfügung gehaltenen Programm- und Header-Dateien zur Bearbeitung bereitzustellen, müssen wir zunächst ein Projekt einrichten.

- In einem *Projekt* sind sämtliche Dateien zusammenzufassen, die zur Lösung einer Problemstellung erforderlich sind. Ein oder mehrere Projekte lassen sich in einem übergeordneten *Arbeitsbereich* verwalten.

Einrichten des Arbeitsbereichs

Um die Lösung von PROB-1 in Form eines Projektes namens "Prog_1" zu realisieren, richten wir zunächst – innerhalb des Ordners "Temp" auf dem Laufwerk "C:" – einen Arbeitsbereich mit dem Namen "Bereich" ein. Dazu fordern wir im Visual C++-Fenster über die Menü-Option "Neu..." des Menüs "Datei" das folgende Dialogfeld "Neu" an:

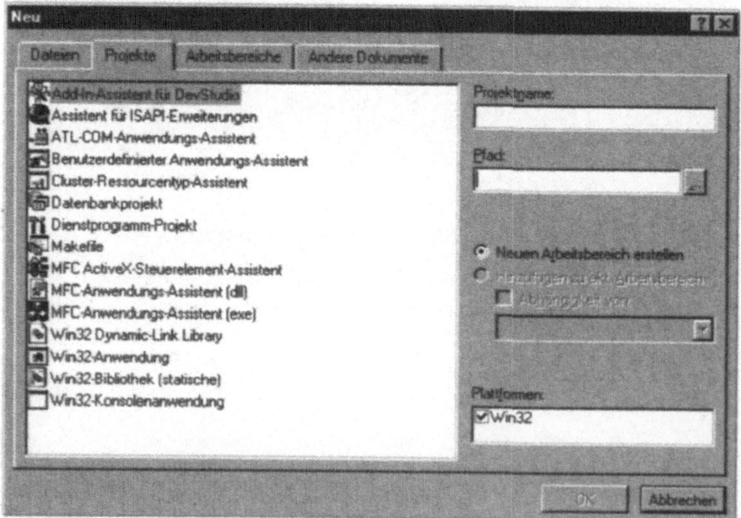

Abbildung 3.2: Dialogfeld "Neu" zur Einrichtung von Arbeitsbereich und Projekt

Nachdem wir den Kartenreiter "Arbeitsbereiche" aktiviert und in die Eingabefelder "Pfad:" und "Name des Arbeitsbereichs:" den Text "C:\Temp\" bzw. den Text "Bereich" eingetragen haben, erhalten wir den folgenden Bildschirminhalt:

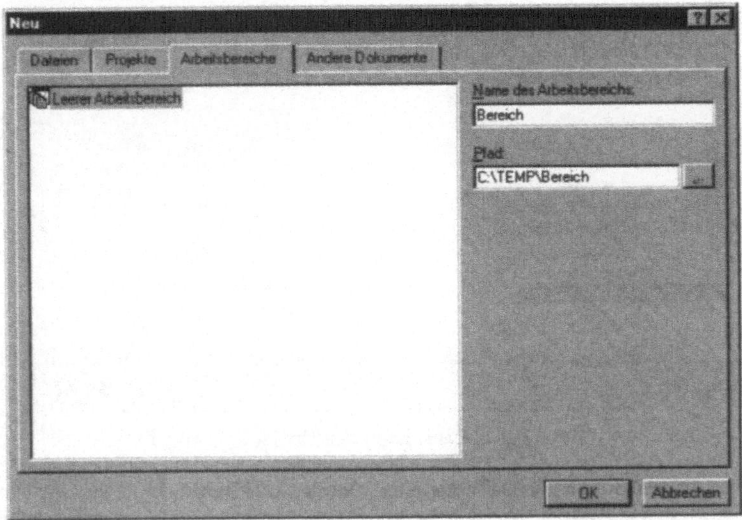

Abbildung 3.3: Einrichten des Arbeitsbereichs "Bereich"

Einrichten eines Projekts

Nach der Bestätigung mittels der Schaltfläche "OK" richten wir das Projekt "Prog_1" ein. Dazu wählen wir im Visual C++-Fenster wiederum die Menü-Option "Neu..." des Menüs "Datei" aus. Anschließend aktivieren wir den Kartenreiter "Projekte" und tragen im Eingabefeld "Projektname:" den Text "Prog_1" ein.
Da das Projekt "Prog_1" dem Arbeitsbereich "Bereich" untergeordnet werden soll, aktivieren wir das Optionsfeld "Hinzufügen zu akt. Arbeitsbereich".
Um die Lösung von PROB-1 zur Ausführung bringen zu können, wählen wir das Listenelement "Win32-Konsolenanwendung" aus.

Dies führt zur folgenden Anzeige des Dialogfeldes "Neu":

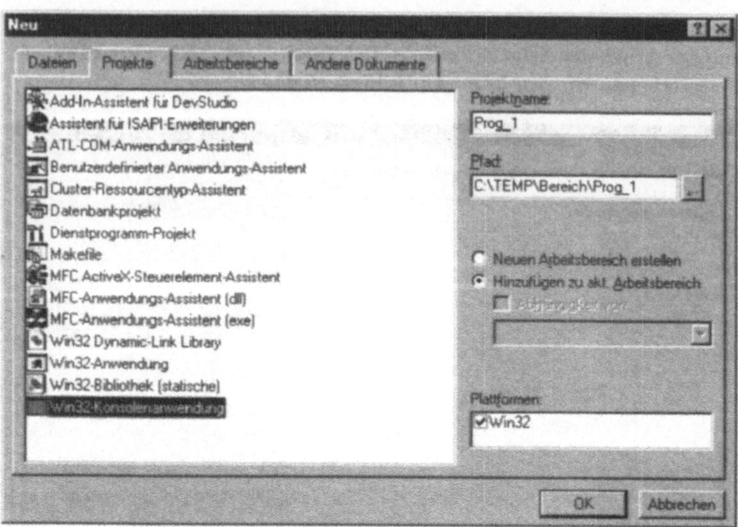

Abbildung 3.4: Einrichten des Projekts "Prog_1"

Bestätigen wir den Inhalt dieses Dialogfeldes durch die Schaltfläche "OK", so wird daraufhin das Dialogfeld "Win32-Konsolenanwendung – Schritt 1 von 1" wie folgt angezeigt:

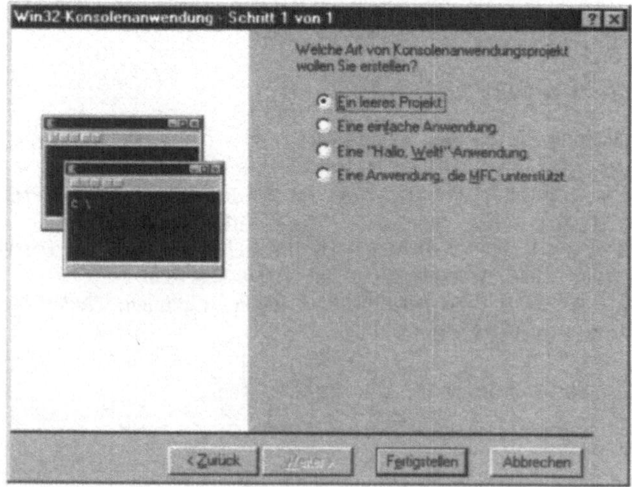

Abbildung 3.5: Das Dialogfeld "Win32-Konsolenanwendung"

Nachdem wir das aktivierte Optionsfeld "Ein leeres Projekt" durch die Schaltfläche "Fertigstellen" bestätigt haben, erscheint die folgende Bildschirmanzeige mit den Informationen zum Projekt "Prog_1":

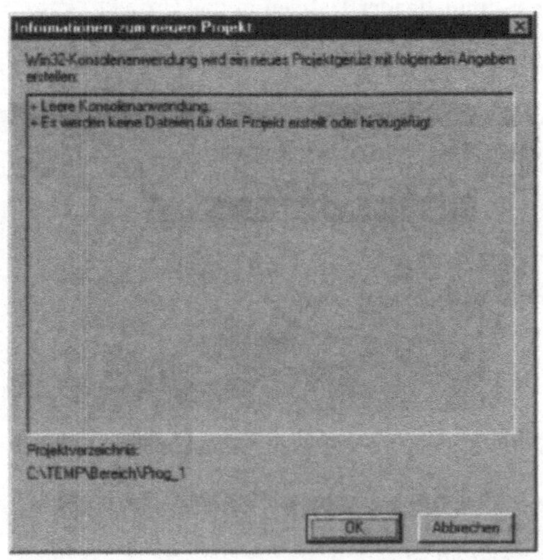

Abbildung 3.6: Informationen zum Projekt "Prog_1"

Wir beenden die Einrichtung des Projekts "Prog_1" durch einen Mausklick auf die Schaltfläche "OK".

- In dieser Situation beziehen sich Anforderungen zur Kompilierung und Programmausführung, die innerhalb des Visual C++-Fensters gestellt werden können, auf das Projekt "Prog_1", weil dieses Projekt – wie jedes Projekt unmittelbar nach seiner Erstellung – automatisch als *aktives* Projekt eingestellt ist. Dies hat zur Folge, dass jede Anforderung – wie z.B. eine Kompilierung bzw. eine Programmausführung – sich stets auf dieses Projekt bezieht.

Einbinden von Dateien in ein Projekt

Um die Dateien "Main.cpp", "WerteErfassung.cpp", "WerteErfassung.h", "EigeneBiblio thek.cpp" und "EigeneBibliothek.h" in das aktive Projekt einzubinden, kopieren wir sie – z.B. durch den Einsatz des "Windows Explorers" – in den Ordner "Prog_1", der dem Verzeichnis "C:\Temp\Bereich" untergeordnet ist.

Sowohl der Ordner "Bereich" als auch der diesem Ordner untergeordnete Ordner "Prog_1" sind – durch den zuvor durchgeführten Aufbau des Arbeitsbereichs und des Projekts – automatisch eingerichtet worden.

Damit unsere Programm- und Header-Dateien in das Projekt "Prog_1" eingebunden werden können, aktivieren wir im Visual C++-Fenster das Menü "Projekt" und bestätigen die Menü-Option "Dem Projekt hinzufügen". Daraufhin erhalten wir die folgende Anzeige:

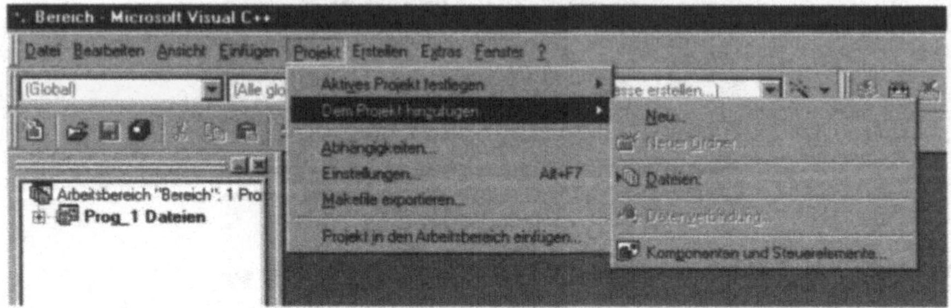

Abbildung 3.7: Anzeige der Menü-Option "Dateien:"

Nach einem Mausklick auf die Menü-Option "Dateien:" wird das Dialogfeld "Dateien in Projekt einfügen" angezeigt.
Nachdem wir im Listenfeld "Suchen in:" den Ordner "Prog_1" eingestellt haben, markieren wir die angezeigten Dateinamen unserer Header- und Programm-Dateien:

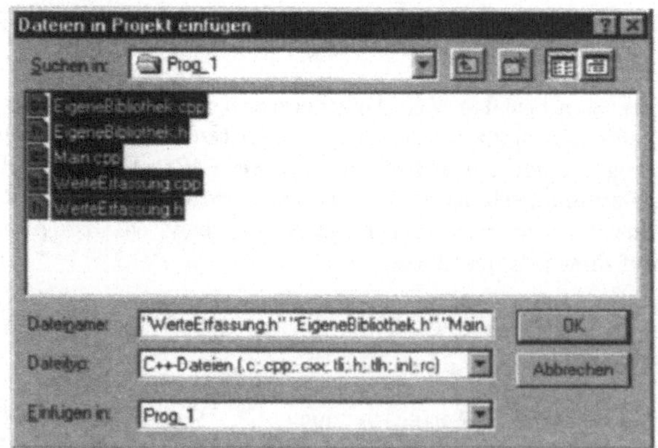

Abbildung 3.8: Anforderung zur Projekt-Einbindung von Dateien

Nach der Bestätigung durch die Schaltfläche "OK" klappen wir im Navigations-Bereich des Visual C++-Fensters den Ordner "Quellcodedateien" und "Header-Dateien" auf, indem wir zunächst einen Mausklick auf das Symbol "+" vor dem Text "Prog_1 Dateien" und anschließend auf die "+"-Symbole vor den Texten "Quellcodedateien" und "Header-Dateien" durchführen.

Klicken wir in dieser Situation mit der Maus auf den Text "Main.cpp", wird der Inhalt der Datei "Main.cpp" in der folgenden Form im Editier-Bereich angezeigt:

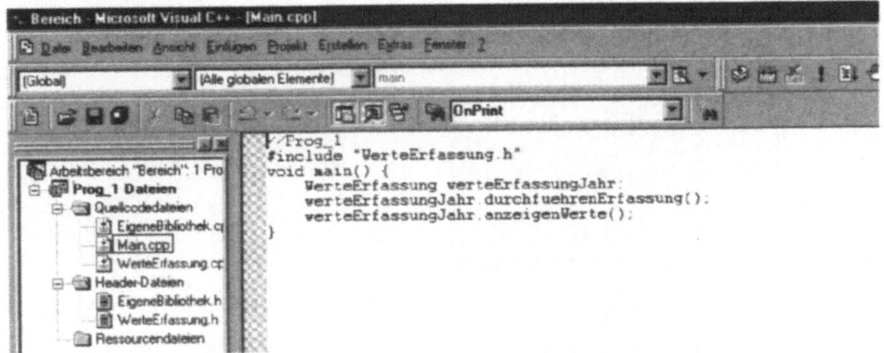

Abbildung 3.9: Inhalt von "Main.cpp" im Editier-Bereich

Da sich in dieser Situation Änderungen am Inhalt der Datei "Main.cpp" vornehmen lassen, kann der angezeigte Arbeitsrahmen grundsätzlich dazu genutzt werden, weitere Programm- und Header-Dateien unter Einsatz der Programmierumgebung Visual C++ zu erstellen. Dazu ist im Menü "Datei" die Menü-Option "Neu..." zu wählen und im daraufhin angezeigten Dialogfeld "Neu" der Kartenreiter "Dateien" einzustellen. Um eine Header-Datei (Programm-Datei) einzurichten, ist das Listenelement "C/C++Header-Datei" ("C++Quellcodedatei") zu aktivieren und im Eingabefeld "Dateiname:" der jeweils zu verwendende Dateiname einzutragen.

Es ist zulässig, die Programm-Quelle innerhalb einer einzigen Programm-Datei – z.B. namens "Prog_1.cpp" – einzutragen. Dazu können wir z.B. die Inhalte von "WerteErfas sung.h", "EigeneBibliothek.h" und "Main.cpp" (ohne die include-Direktive zur Integration der Header-Datei "WerteErfassung.h") sowie die Inhalte von "EigeneBibliothek.cpp" und "WerteErfassung.cpp" (ohne die include-Direktiven für die Header-Dateien "Werte Erfassung.h" und "EigeneBibliothek.h") – in dieser Reihenfolge – hintereinander angeben. Durch die Einhaltung dieser Reihenfolge ist garantiert, dass die Deklaration der Klasse "WerteErfassung" mit den Deklarationen ihrer Member-Variablen und Member-Funktionen sowie die Deklaration der Bibliotheks-Funktion "intAlsCString" dann bekannt sind, wenn die Anweisungen innerhalb der Funktionen (einschließlich der Ausführungs-Funktion "main") vom Compiler analysiert werden.

Kompilierung und Ausführung eines Programms

Da "Prog_1" das aktive Projekt ist, können wir die Kompilierung und die Erstellung des ausführbaren Programms (als Inhalt der Datei "Prog_1.exe") unmittelbar anfordern.

Weil wir – bei der Lösung von PROB-1 – die erfassten Punktwerte in einer Instanziierung der Basis-Klasse "CStringList" sammeln lassen wollen, müssen wir bestimmen, dass das ausführbare Programm unter Einbeziehung der *MFC-Klassen-Bibliothek* erstellt werden soll. Dazu markieren wir im Navigations-Bereich den Text "Prog_1 Dateien" und rufen über die rechte Maus-Taste ein Kontext-Menü ab, das wie folgt angezeigt wird:

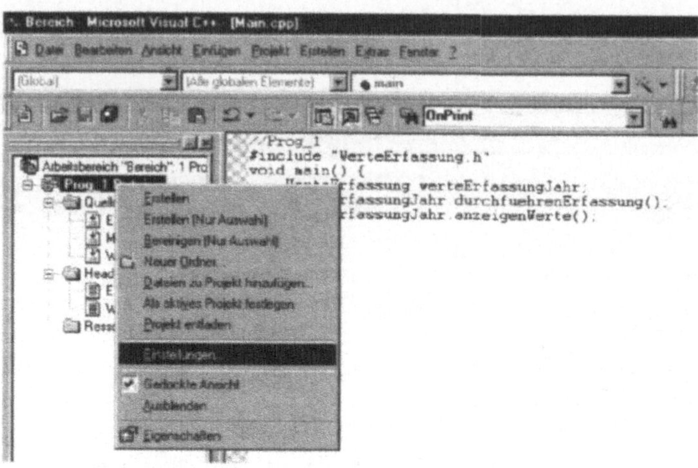

Abbildung 3.10: Anzeige eines Kontext-Menüs

Hinweis: Um ein Projekt – bei mehreren vorhandenen Projekten – als aktives Projekt einzustellen, kann der Projektname im Navigations-Bereich markiert und im – über die rechte Maus-Taste – angeforderten Kontext-Menü die Menü-Option "Als aktives Projekt festlegen" bestätigt werden.

Nachdem wir die Menü-Option "Einstellungen..." aktiviert haben, wird das Dialogfeld "Projekteinstellungen" in der folgenden Form angezeigt:

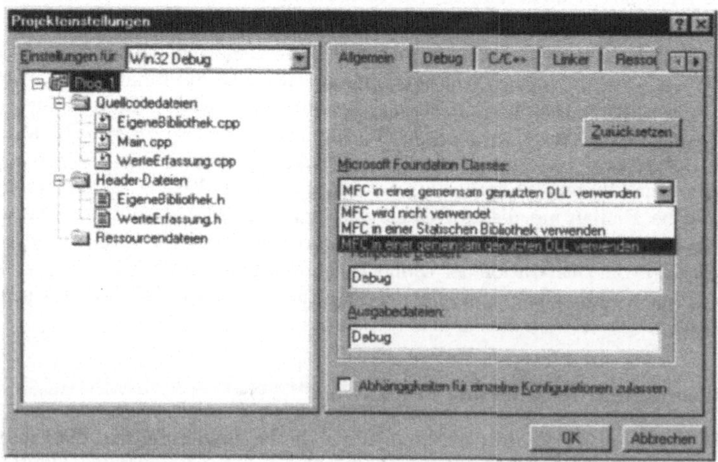

Abbildung 3.11: Das Dialogfeld "Projekteinstellungen"

Im Listenfeld "Microsoft Foundation Classes:" aktivieren wir das Listenelement "MFC in einer gemeinsam genutzten DLL verwenden" und bestätigen dies durch "OK".

Um die Kompilierung und die Erstellung des ausführbaren Programms anzufordern, führen wir einen Mausklick auf die Symbol-Schaltfläche "Ausrufungszeichen" (Symbol "!") durch, das im Visual C++-Fenster oberhalb des Editier-Bereichs platziert ist. Anschließend erhalten wir die folgende Anzeige, die wir durch einen Klick auf die Schaltfläche "Ja" bestätigen:

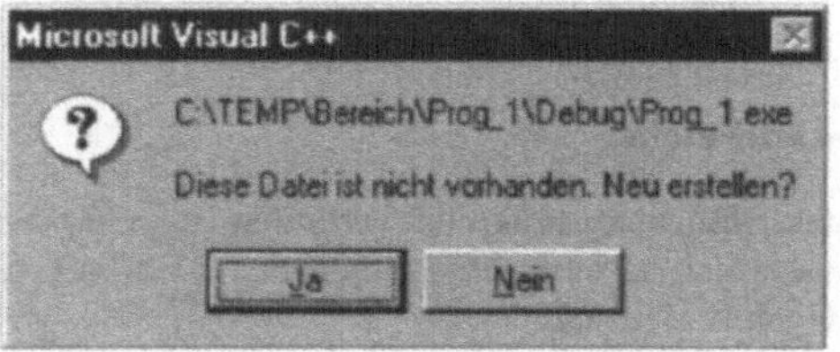

Abbildung 3.12: Einrichtung eines ausführbaren Programms

Dadurch wird das Programm kompiliert, das ausführbare Programm erstellt und dieses Programm zur Ausführung gebracht.
Dass die Kompilierung erfolgreich verlaufen ist, zeigen die folgenden Eintragungen im Ausgabe-Bereich an:

```
WerteErfassung.cpp
EigeneBibliothek.cpp
Linker-Vorgang läuft...

Prog_1.exe - 0 Fehler, 0 Warnung(en)
```

Abbildung 3.13: Protokoll im Ausgabe-Bereich

Werden vom Compiler Fehler festgestellt, so werden sie im Ausgabe-Bereich angezeigt. Wird eine Fehlermeldung durch einen Doppelklick mit der Maus aktiviert, so wird der Inhalt der zugehörigen Datei im Editier-Bereich angezeigt und der Cursor in der fehlerhaften Zeile positioniert.
Die Eingabe und Anzeige der Punktwerte erfolgt in einem DOS-Fenster, in dem sich z.B. der folgende Dialog durchführen lässt:

```
"C:\TEMP\Bereich\Prog_1\Debug\Prog_1.exe"
Gib Jahrgangsstufe (11/12): 11
Gib Punktwert: 31
Ende(J/N): n
Gib Punktwert: 33
Ende(J/N): j
Jahrgangsstufe: 11
Erfasste Werte:
31
33
Press any key to continue
```

Abbildung 3.14: Dialog zur Erfassung und Anzeige der Punktwerte

Die Anzeige des Textes "Press any key to continue" ist nicht durch das ausgeführte Programm bewirkt worden. Der Text signalisiert, dass das angezeigte DOS-Fenster solange erhalten bleibt, bis der Text durch einen Tastendruck bestätigt wird.

Sicherung des Arbeitsbereichs

Nachdem die Programmausführung erfolgreich verlaufen ist, muss eine Sicherung des Arbeitsbereichs erfolgen. Dazu ist im Visual C++-Fenster das Menü "Datei" zu aktivieren. Hieraus resultiert die folgende Anzeige:

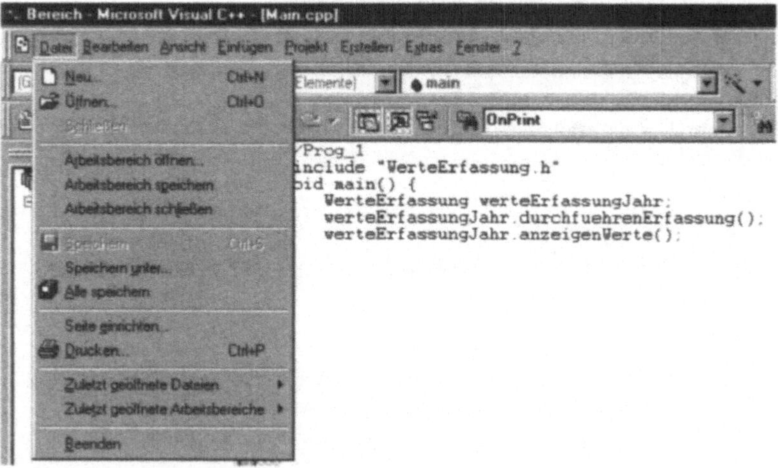

Abbildung 3.15: Das "Datei"-Menü des Visual C++-Fensters

Nachdem die Menü-Option "Arbeitsbereich speichern" – zur Sicherung des gesamten Arbeitsbereichs – aktiviert wurde, kann der Dialog mit der Programmierumgebung Visual C++ durch die Aktivierung der Menü-Option "Beenden" abgeschlossen werden.

Beim nächsten Aufruf der Programmierumgebung ist im Menü "Datei" die Menü-Option "Arbeitsbereich öffnen..." auszuwählen. Anschließend ist im daraufhin angezeigten Dialogfeld der Ordner "Temp" einzustellen und zunächst ein Doppelklick auf den Namen "Bereich" sowie anschließend ein Doppelklick auf den Dateinamen "Bereich.dsw" durchzuführen.

Hinweis: In der Datei "Bereich.dsw" sind alle Informationen über die Projekte gespeichert, die im Arbeitsbereich "Bereich" eingerichtet worden sind.

Anschließend lässt sich die Programmausführung von "Prog_1" veranlassen oder es können Änderungen an den Programmzeilen vorgenommen werden. Dabei ist zu beachten, dass hierzu "Prog_1" als aktives Projekt eingestellt sein muss.

Nachdem wir gelernt haben, wie sich die Kompilierung und Ausführung eines Programms anfordern lässt, stellen wir im folgenden Kapitel eine Erweiterung des Lösungsplans vor.

Kapitel 4

Erweiterung des Lösungsplans

Nachdem wir ein erstes Programm zur Ausführung gebracht haben, erweitern wir die zugrundeliegende Problemstellung. Wir erörtern, wie Erfassungsprozesse parallel durchgeführt und Durchschnittswerte aus den erfassten Punktwerten berechnet werden können. Mit der Kenntnis, wie sich Klassen-Funktionen verwenden und Verzweigungen durch if-Anweisungen programmieren lassen, ändern wir den ersten Lösungsplan, indem wir die Klassen-Deklaration um die zusätzlich benötigten Member-Funktionen ergänzen.

4.1 Parallele Erfassung

4.1.1 Ansatz zur Änderung der Lösungs-Strategie

Um einen ersten Lösungsplan zu entwickeln, haben wir bislang die Punktwerte einer einzigen Jahrgangsstufe erfasst. Wollen wir eine *parallele* Erfassung – d.h. die unabhängige Erfassung mehrerer Jahrgangsstufen in beliebiger Abfolge – durchführen, so ist der bisherige Lösungsplan zu modifizieren.
Um die Punktwerte einer Jahrgangsstufe zu sammeln, haben wir festgelegt, dass innerhalb der Ausführungs-Funktion "main" die Instanz "werteErfassungJahr" aus der Klasse "WerteErfassung" eingerichtet wird und diese Instanz den Funktions-Aufruf der Member-Funktion "durchfuehrenErfassung" bewirken soll.
Dies haben wir durch die Deklarations-Anweisung

```
WerteErfassung werteErfassungJahr;
```

und durch die Ausdrucks-Anweisung

```
werteErfassungJahr.durchfuehrenErfassung();
```

beschrieben.
Die Übertragung der Punktwerte in den Sammler "m_werteListe" wird dadurch veranlasst, dass innerhalb der Member-Funktion "durchfuehrenErfassung" die Ausdrucks-Anweisung

```
this->sammelnWerte(punktwert);
```

ausgeführt wird.
Damit nicht nur *eine* jahrgangsstufen-spezifische, sondern auch eine *parallele* Erfassung ermöglicht wird, muss dafür gesorgt werden, dass die Member-Funktion "sammelnWerte"

durch beliebige Instanziierungen der Klasse "WerteErfassung" zur Ausführung gebracht werden kann.
Zur Vorbereitung einer Lösung für die parallele Erfassung werden wir – in einem ersten Schritt – die folgende Problemstellung bearbeiten:

- PROB-1-1:
  Das Projekt "Prog_1" ist derart zu modifizieren, dass die Member-Funktion "sam melnWerte" (innerhalb von "durchfuehrenErfassung") von einer beliebigen Instanz der Klasse "WerteErfassung" zur Ausführung gebracht werden kann!

Es ist naheliegend, diese Problemstellung dadurch zu lösen, dass diejenige Instanz, die den Funktions-Aufruf von "sammelnWerte" bewirken soll, beim Funktions-Aufruf von "durch fuehrenErfassung" als Argument bereitgestellt wird.
Bevor wir nähere Angaben zu diesem Sachverhalt machen, treffen wir die folgende grundlegende Verabredung:

- Um den Lösungsplan einer neuen Problemstellung beschreiben zu können, richten wir stets ein neues Projekt ein.
- Sofern wir die Lösung der neuen Problemstellung auf einem Programm aufbauen wollen, das den Lösungsplan einer zuvor bearbeiteten Problemstellung wiedergibt, übernehmen wir in das neu eingerichtete Projekt die Kopien sämtlicher Programm- und Header-Dateien der ursprünglichen Lösung.

In der jetzigen Situation richten wir daher zunächst das Projekt "Prog_1_1" ein. Daraufhin kopieren wir alle Programm- und Header-Dateien des Projekts "Prog_1" und binden diese Kopien sämtlich in das Projekt "Prog_1_1" ein.

4.1.2 Funktions-Aufruf mit Argumenten

Wert-Aufruf

Bei der Definition der Member-Funktion "durchfuehrenErfassung" haben wir die Ausdrucks-Anweisung

```
this->sammelnWerte(punktwert);
```

mit dem Funktions-Aufruf "sammelnWerte(punktwert)" verwendet.
Dem Funktions-Argument "punktwert" ist diejenige Zahl zugeordnet, die zuvor als Punktwert über die Tastatur eingegeben wurde.
Um diesen Punktwert für eine Verarbeitung innerhalb der Member-Funktion "sammeln Werte" bereitzustellen, haben wir in der Funktions-Definition

```
void WerteErfassung::sammelnWerte(int punktwert) {
 CString wert = intAlsCString(punktwert);
 m_werteListe.AddTail(wert);
}
```

einen *Parameter* namens "punktwert" – als Platzhalter – vereinbart.

Durch die Angabe

```
int punktwert
```

haben wir für diesen Parameter durch den ihm vorangestellten Klassennamen festgelegt, aus welcher Klasse (hier: Standard-Klasse "int") das zugeordnete Argument beim Funktions-Aufruf instanziiert sein muss.

Hinweis: Der Name des Arguments aus dem Funktions-Aufruf kann – muss aber nicht – mit dem Bezeichner für den Parameter übereinstimmen.

Entsprechend der im Beispiel vorliegenden Situation setzen wir – zunächst – voraus, dass das Argument aus einer Standard-Klasse oder aus der Basis-Klasse "CString" instanziiert ist.

Beim Funktions-Aufruf erfolgt eine *Parameter-Übergabe*, d.h. es wird für das aufgeführte Argument der zugehörige Attributwert ermittelt und dem Parameter zugeordnet (übergeben). Diese Situation lässt sich folgendermaßen beschreiben:

allgemein:

Funktions-Aufruf:	funktionsname(argument)
	↓ Ermittlung des Wertes
Deklaration/ Definition:	... funktionsname(klassenname parameter)

konkret:

Funktions-Aufruf:	sammelnWerte(punktwert)
	↓
Deklaration/ Definition:	void sammelnWerte(int punktwert)

Abbildung 4.1: Parameter-Übergabe beim Wert-Aufruf

In dieser Abbildung werden die Punkte "..." als Platzhalter für zusätzlich erforderliche Angaben verwendet, mit denen die Funktion näher zu kennzeichnen ist. Zum Beispiel muss in bestimmten Fällen das Schlüsselwort "void" an dieser Stelle aufgeführt werden.

Sofern beim Funktions-Aufruf kein Argument verwendet werden soll, entfällt die Vereinbarung des Parameters. Dies hat zur Folge, dass bei der Funktions-Deklaration, der Funktions-Definition und beim Funktions-Aufruf die beiden Klammern "()" unmittelbar aufeinanderfolgen.

- Durch die Parameter-Übergabe wird der Wert des Arguments ermittelt und eine Kopie dieses Wertes an den Parameter gebunden. Bei der Ausführung der Funktion wird in allen Anweisungen, in denen der Parameter enthalten ist, mit diesem Wert gearbeitet.
  Dieser *lesende* Zugriff auf den durch das Argument gekennzeichneten Wert und die dadurch bewirkte Bindung an den Parameter wird als *Wert-Aufruf* ("call by value") bezeichnet.

- Es ist zu beachten, dass insbesondere Instanziierungen aus einer der Standard-Klassen – wie z.B. "int" – sowie aus speziellen Basis-Klassen – wie z.B. aus der Basis-Klasse "CString" – bei einem Wert-Aufruf als Argumente verwendet werden können.
- Ferner ist zu berücksichtigen, dass der Parametername nicht mit dem Namen einer lokalen Variablen übereinstimmen darf.

Die zuvor gemachten Angaben gelten in gleicher Weise für den Fall, dass beim Funktions-Aufruf nicht nur ein, sondern mehrere Attributwerte durch Wert-Aufrufe übergeben werden sollen. In dieser Situation sind mehrere Argumente für eine Parameter-Übergabe zur Verfügung zu stellen, so dass die Syntax für die allgemeine Form eines Funktions-Aufrufs die folgende Struktur besitzt:

funktionsname (*argument-1* [, *argument-2*] ...)

Entsprechend ist die Funktion in der folgenden Form zu deklarieren:

... *funktionsname* (*klassenname-1* *parameter-1*
[, *klassenname-2* parameter-2] ...) ;

Dabei korrespondiert die Reihenfolge der Argumente des Funktions-Aufrufs mit der Reihenfolge, in der die Parameter bei der Funktions-Deklaration aufgeführt sind. Das i-te Argument "argument-i" korrespondiert daher mit der an der i-ten Parameter-Position enthaltenen Angabe "klassenname-i parameter-i".

Durch den Klassennamen "klassenname-i" wird bestimmt, aus welcher Klasse diejenige Instanz instanziiert sein muss, die – beim Funktions-Aufruf – an der Position des i-ten Argumentes "argument-i" aufgeführt ist.

Hinweis: Bei der Parameter-Übergabe per Wert-Aufruf wird intern ein klassen-spezifischer *Kopier-Konstruktor* gestartet. Die Ausführung dieses Konstruktors sorgt dafür, dass die Member-Variablen einer Instanz mit den korrespondierenden Attributwerten einer anderen Instanz initialisiert werden.
Falls für die betreffende Klasse kein Kopier-Konstruktor implementiert ist, muss ein derartiger Konstruktor explizit vereinbart werden. Da wir zukünftig grundsätzlich sämtliche Argumente, die *nicht* aus Standard-Klassen oder aus der Basis-Klasse "CString" instanziiert sind, per Referenz-Aufruf (siehe unten) übergeben werden, verzichten wir auf die Erläuterung dieses speziellen Konstruktors.

Referenz-Aufruf

Zur Lösung unserer Problemstellung PROB-1-1 müssen wir die Funktion "durchfuehren Erfassung" zur Ausführung bringen. Hierbei muss es möglich sein, eine Instanz aus der Klasse "WerteErfassung" derart als Argument bereitzustellen, dass sie innerhalb der Funktion "durchfuehrenErfassung" die Ausführung der Funktion "sammelnWerte" veranlassen kann.

Um Instanzen beliebiger Klassen als Funktions-Argument angeben und bei der Ausführung der Funktion referenzieren zu können, ist bei der Funktions-Deklaration festzulegen, dass – anstelle eines Wert-Aufrufs – ein Referenz-Aufruf erfolgen soll.

- Ein *Referenz-Aufruf* ("call by reference") wird innerhalb einer Funktions-Deklaration dadurch festgelegt, dass für den betreffenden Parameter – unter Einsatz des *Referenz-Operators* "&" – eine Angabe der folgenden Form gemacht wird:

funktionsname(... , klassenname-i & parameter-i , ...) ;

Hierdurch ist bestimmt, dass "parameter-i" innerhalb der Funktions-Definition als *Aliasname* für diejenige Instanz verwendet werden kann, die beim Funktions-Aufruf als Argument in der folgenden Form aufgeführt wird:

funktionsname (... , instanz-i , ...) ;

Hinweis: Ein Aliasname ist als zusätzlicher Name für eine existierende Variable anzusehen.

Für die Instanz "instanz-i" ist festgelegt, dass sie aus der Klasse "klassenname-i" instanziiert sein muss. Bei der Angabe von "klassenname-i" sind – im Rahmen eines Referenz-Aufrufs – sowohl Standard-Klassen als auch Basis-Klassen und ebenfalls selbst vereinbarte Klassen – wie z.B. die Klasse "WerteErfassung" – zulässig.

- Innerhalb der Funktion kann die Instanz "instanz-i", die sich über den Aliasnamen "parameter-i" referenzieren lässt, ihre Attributwerte *lesen* und *verändern*.

Da wir beim Einsatz der Member-Funktion "durchfuehrenErfassung" erreichen wollen, dass das beim Funktions-Aufruf aufgeführte Argument – während der Ausführung dieser Funktion – seine Attributwerte durch den Aufruf der Funktion "sammelnWerte" ändern soll, müssen wir die Member-Funktion "durchfuehrenErfassung" daher wie folgt deklarieren:

```
void durchfuehrenErfassung(WerteErfassung & instanz);
```

Als Parameter haben wir den Namen "instanz" verwendet. Dies soll unterstreichen, dass der Parameter als Platzhalter für eine Instanz verwendet wird. Um welche konkrete Instanz es sich dabei handelt, muss beim Funktions-Aufruf durch das jeweils angegebene Argument festgelegt werden.

- Sofern bei einem Funktions-Aufruf Argumente verwendet werden sollen, die *nicht* aus einer der Standard-Klassen oder der Basis-Klasse "CString" instanziiert sind, werden wir diese Argumente fortan grundsätzlich per Referenz-Aufruf übergeben.

4.1.3 Vereinbarung einer Klassen-Funktion

Auf der Grundlage der angegebenen Funktions-Deklaration ist die ursprünglich innerhalb von "durchfuehrenErfassung" verwendete Ausdrucks-Anweisung

```
this->sammelnWerte(punktwert);
```

konsequenterweise durch die Ausdrucks-Anweisung

```
instanz.sammelnWerte(punktwert);
```

zu ersetzen.
Durch diese Änderung wird es – innerhalb von "durchfuehrenErfassung" – möglich, die Member-Funktion "sammelnWerte" von einer beliebigen Instanz der Klasse "WerteErfassung" zur Ausführung bringen zu lassen.
Da wir jetzt nicht mehr auf diejenige Instanz zurückgreifen, die den Funktions-Aufruf von "durchfuehrenErfassung" bewirkt hat, ist es auch nicht mehr sinnvoll, den Funktions-Aufruf von "durchfuehrenErfassung" in der Form

```
werteErfassungJahr.durchfuehrenErfassung(werteErfassungJahr);
```

durch eine Instanz zu veranlassen.

Wir machen in dieser Situation davon Gebrauch, dass ein Funktions-Aufruf nicht zwingend von einer Instanz ausgelöst werden muss.

- Soll sich eine Message *nicht* an eine konkrete Instanz richten, so dass der Funktions-Aufruf unabhängig von einer Instanz erfolgen kann, so ist eine *Klassen-Funktion* in der Form

  static void *funktionsname* ([*klassenname-1* [&] *parameter-1*
  [, *klassenname-2* [&] *parameter-2*] ...]) ;

  zu deklarieren. Es ist zu beachten, dass das Schlüsselwort " static" lediglich bei der Funktions-Deklaration und nicht bei der Funktions-Definition zu verwenden ist.

- Damit eine Klassen-Funktion zur Ausführung gelangt, ist der zugehörige Funktions-Aufruf – unter Einsatz des *Scope-Operators* "::" – in der Form

  klassenname :: *funktionsname*([*argument-1*
  [, *argument-2*] ...]) ;

  als Ausdrucks-Anweisung anzugeben.

  Hinweis: Der Aufruf einer Klassen-Funktion lässt sich auch durch eine Instanz der jeweiligen Klasse bewirken.

Eine Klassen-Funktion kann – im Unterschied zu einer Member-Funktion – jederzeit aufgerufen werden – auch wenn noch keine Instanziierung aus der jeweiligen Klasse erfolgt ist.

Da innerhalb einer Klassen-Funktion die Pseudo-Variable "this" *nicht* aufgeführt werden darf, kann innerhalb einer Klassen-Funktion nicht auf eine instanz-spezifische Member-Variable zugegriffen werden.

Um die angestrebte Änderung im Projekt “Prog_1_1” vorzunehmen, werden wir “durchfueh renErfassung” als Klassen-Funktion in der Form

```
static void durchfuehrenErfassung(WerteErfassung & instanz);
```

innerhalb der Klasse “WerteErfassung” deklarieren. Zur Lösung von PROB-1-1 soll die Klasse “WerteErfassung” daher die folgende Struktur besitzen:

WerteErfassung	
Member-Variablen:	m_werteListe m_jahrgangsstufe
Konstruktor-Funktion: Klassen-Funktion: Member-Funktionen:	WerteErfassung durchfuehrenErfassung sammelnWerte anzeigenWerte

Abbildung 4.2: Struktur der Klasse “WerteErfassung” zur Lösung von PROB-1-1

- Zukünftig werden wir in der grafischen Beschreibung einer Klasse diejenigen Member-Variablen und Funktionen – wie hier die Member-Funktion “durchfuehrenErfassung” – optisch hervorheben, wenn sie geändert oder ergänzt werden.

Zur Ausführung der Klassen-Funktion “durchfuehrenErfassung” ist der Funktions-Aufruf innerhalb der Ausführungs-Funktion “main” in der Form

```
WerteErfassung::durchfuehrenErfassung(werteErfassungJahr);
```

anzugeben. Dieser Aufruf ermöglicht es, dass die Instanz “werteErfassungJahr” innerhalb der Funktion “durchfuehrenErfassung” referenziert und daher durch sie der Funktions-Aufruf von “sammelnWerte” – zur Änderung ihrer Attributwerte – ausgelöst werden kann.

4.1.4 Änderung des bisherigen Lösungsplans

Um “durchfuehrenErfassung” in der zuvor entwickelten Form als Klassen-Funktion der Klasse “WerteErfassung” zu deklarieren, ist der Inhalt der Header-Datei “WerteErfas sung.h” wie folgt zu modifizieren:

```
#include <afx.h>
class WerteErfassung {
 public:
  WerteErfassung();
  static void durchfuehrenErfassung(WerteErfassung & instanz);
  void sammelnWerte(int punktwert);
  void anzeigenWerte();
 protected:
  CStringList m_werteListe;
  int m_jahrgangsstufe;
};
```

- Genau wie bei dieser Änderung der Klassen-Deklaration "WerteErfassung" werden wir fortan die Programmzeilen, die geändert oder ergänzt wurden, durch eine Schattierung unterlegen.

Da die Klassen-Funktion "durchfuehrenErfassung" eingesetzt wird, enthält die Programm-Datei "Main.cpp" jetzt die folgenden Programmzeilen:

```
//Prog_1_1
#include "WerteErfassung.h"
void main() {
 WerteErfassung werteErfassungJahr;
 WerteErfassung::durchfuehrenErfassung(werteErfassungJahr);
 werteErfassungJahr.anzeigenWerte();
}
```

Da die Member-Funktionen "sammelnWerte" und "anzeigenWerte" von dem neuen Lösungsplan nicht betroffen sind, ist innerhalb der Programm-Datei "WerteErfassung.cpp" allein die Definition von "durchfuehrenErfassung" zu ändern.
Um die Instanz, die zur Ausführung von "sammelnWerte" bereitzustellen ist, als Argument der Klassen-Funktion "durchfuehrenErfassung" angeben zu können, definieren wir die Funktion "durchfuehrenErfassung" wie folgt:

```
void WerteErfassung::durchfuehrenErfassung(WerteErfassung & instanz){
 cout.operator<<("Gib Jahrgangsstufe (11/12): ");
 cin.operator>>(instanz.m_jahrgangsstufe);
 char ende = 'N';
 int punktwert;
 while (ende == 'N' || ende == 'n') {
  cout.operator<<("Gib Punktwert: ");
  cin.operator>>(punktwert);
  instanz.sammelnWerte(punktwert);
  cout.operator<<("Ende(J/N): ");
  cin.operator>>(ende);
 }
}
```

Wir haben – als zusätzliche Änderung – die lokale Variable "punktwert" *vor* der while-Anweisung deklariert. Dies ist vorteilhaft, da hierdurch verhindert wird, dass diese Variable bei jedem neuen Schleifendurchlauf wieder neu eingerichtet werden muss.
Es ist zu beachten, dass die Ausdrucks-Anweisung

```
cin.operator>>(instanz.m_jahrgangsstufe);
```

mit der instanz-spezifischen Qualifizierung von "m_jahrgangsstufe" – mittels des Parameters "instanz" – zu verwenden ist. Durch die alleinige Angabe von "m_jahrgangsstufe" wäre jetzt – beim Einsatz als Klassen-Funktion – *nicht* mehr diejenige Instanz bestimmt, auf deren Member-Variable zugegriffen werden soll.

4.1.5 Entwicklung eines Lösungsplans für die parallele Erfassung

Als erste Vorbereitung für die Durchführung einer parallelen Erfassung haben wir beschrieben, wie der Lösungsplan von PROB-1 zu ändern ist, um durch den Einsatz einer Klassen-Funktion die Punktwerte einer einzigen Jahrgangsstufe zu erfassen. Auf dieser Grundlage wollen wir jetzt die folgende Problemstellung lösen:

- PROB-1-2:
  Es sollen die Punktwerte der Jahrgangsstufen 11 und 12 parallel erfasst und anschließend angezeigt werden!

Hinweis: Die Spezialisierung auf den Fall zweier Jahrgangsstufen ist keine Einschränkung, da sich der Lösungsplan unmittelbar auf beliebig viele Jahrgangsstufen ausweiten lässt.

Da die Punktwerte der Jahrgangsstufen 11 und 12 parallel erfasst werden sollen, benötigen wir zwei Instanzen, die innerhalb der Ausführungs-Funktion "main" durch die Deklarations-Anweisungen

```
WerteErfassung werteErfassung11;
WerteErfassung werteErfassung12;
```

eingerichtet und danach – innerhalb von "main" – in der folgenden Form als Argumente der Klassen-Funktion "durchfuehrenErfassung" verwendet werden können:

```
WerteErfassung::durchfuehrenErfassung(werteErfassung11,
                                       werteErfassung12);
```

Bevor wir die hierzu erforderliche Änderung von "durchfuehrenErfassung" vornehmen, betrachten wir den folgenden Sachverhalt:
Da von vornherein feststeht, dass die eine Instanz den Jahrgangsstufenwert "11" und die andere Instanz den Jahrgangsstufenwert "12" innerhalb ihrer jeweiligen Member-Variablen "m_jahrgangsstufe" aufnehmen soll, brauchen diese Werte nicht erst während der Ausführung von "durchfuehrenErfassung" festgelegt, sondern können schon vorab zugeordnet werden.
Um die jeweilige Jahrgangsstufe festzulegen, muss die Instanziierung von "werteErfas sung11" und "werteErfassung12" in einer besonderen Weise vorgenommen werden.

4.1.6 Konstruktor-Funktion mit Initialisierungsliste

Initialisierung ohne Initialisierungsliste

Damit Member-Variablen bereits während einer Instanziierung initialisiert werden können, müssen wir eine weitere Möglichkeit kennenlernen, wie sich eine Konstruktor-Funktion vereinbaren lässt.

Um z.B. bei einer Instanziierung aus der Klasse "WerteErfassung" die Member-Variable

```
m_jahrgangsstufe
```

mit einer ganzen Zahl zu initialisieren, ist die bisherige Deklaration des Standard-Konstruktors

```
WerteErfassung();
```

durch die Angabe von

```
WerteErfassung(int jahrgangswert);
```

zu ersetzen. Ergänzend ist die bisherige Definition des Standard-Konstruktors

```
WerteErfassung::WerteErfassung() {
}
```

wie folgt zu modifizieren:

```
WerteErfassung::WerteErfassung(int jahrgangswert) {
 m_jahrgangsstufe = jahrgangswert;
}
```

Hierdurch wird die Konstruktor-Funktion "WerteErfassung" mit einem Parameter der Standard-Klasse "int" vereinbart. Als Parameter ist "jahrgangswert" festgelegt, so dass bei einem Funktions-Aufruf der Konstruktor-Funktion durch die Zuweisung

```
m_jahrgangsstufe = jahrgangswert;
```

der Wert, der beim Funktions-Aufruf als Argument aufgeführt ist, der Member-Variablen "m_jahrgangsstufe" zugeordnet wird.
Mit dieser Definition der Konstruktor-Funktion lässt sich für den Erfassungsprozess der Jahrgangsstufe 11 eine Instanziierung durch die Ausführung der Anweisung

```
WerteErfassung werteErfassung11(11);
```

abrufen. Entsprechend lässt sich durch

```
WerteErfassung werteErfassung12(12);
```

der Jahrgangsstufenwert "12" bei der Instanziierung zuordnen.

Allgemein gilt:

- Bei einer Anweisung der Form

  ```
  klassenname  variable (argument-1  [ , argument-2  ] ... ) ;
  ```

  bei der hinter dem Variablennamen innerhalb des Klammerpaares "()" ein oder mehrere Argumente angegeben sind, erfolgt neben der Einrichtung einer Instanz zusätzlich die Initialisierung von Member-Variablen.
  Daher bezeichnen wir derartige Anweisungen – genau wie eine Anweisung der Form

  ```
  klassenname variable = ausdruck ;
  ```

  – als *Initialisierungs-Anweisung.*

- Sofern eine Konstruktor-Funktion namens "klassenname" mit einem oder mehreren Argumenten verwendet werden soll, ist deren *Deklaration* in der folgenden Form festzulegen:

  ```
  klassenname ( klassenname-1  [&]  parameter-1
                  [ , klassenname-2  [&]  parameter-2  ] ... ) ;
  ```

  Die zugehörige *Funktions-Definition* ist wie folgt anzugeben:

  ```
  klassenname :: klassenname ( klassenname-1  [&]  parameter-1
                                 [ , klassenname-2  [&]  parameter-2  ] ... ) {
      [ anweisung-1  ;
        [ anweisung-2  ; ] ... ]
  }
  ```

Bei dieser Form der Konstruktor-Definition müssen wir innerhalb des Anweisungs-Blocks dafür sorgen, dass die Member-Variablen durch geeignete Zuweisungen vorbesetzt werden.

Initialisierung mit Initialisierungsliste

Das bisherige Vorgehen lässt sich verbessern, indem wir die Initialisierung der Member-Variablen durch den Einsatz einer *Initialisierungsliste* festlegen. Hierdurch ist unmittelbar erkennbar, welche Zuordnungen an die Member-Variablen erfolgen sollen.

Setzen wir eine derartige Initialisierungsliste ein, so ist die zugehörige Konstruktor-Funktion wie folgt zu definieren:

klassenname :: *klassenname* (*klassenname-1* [&] *parameter-1*
[, *klassenname-2* [&] *parameter-2*] ...)
: *initialisierungsliste* {
[*anweisung-1* ;
[*anweisung-2* ;] ...]
}

Dabei hat die Initialisierungsliste "initialisierungsliste" die folgende Form:

member-variable-1 (*ausdruck-1*) [, *member-variable-2* (*ausdruck2*)] ...

Es ist zu beachten, dass eine Initialisierungsliste *nicht* bei der Deklaration einer Konstruktor-Funktion angegeben werden darf.
Durch die Initialisierungsliste werden den Member-Variablen diejenigen Werte zugeordnet, die sich – beim Aufruf der Konstruktor-Funktion – aus der Auswertung der jeweils als Argumente aufgeführten korrespondierenden Ausdrücke "ausdruck_i" ergeben. Dabei korrespondiert ein Ausdruck dann mit einer Member-Variablen, wenn er – in Klammern – hinter der Member-Variablen angegeben ist.

Hinweis: In den meisten Fällen wird – beim Einsatz einer Initialisierungsliste – statt eines Ausdrucks der Name eines Parameters angegeben, so dass die Initialisierungsliste die folgende Form hat:

```
member-variable-1(parameter-1) [ , member-variable-2(parameter-2) ]...
```

Grundsätzlich gilt:

- Die Member-Variablen werden in der Reihenfolge initialisiert, in der sie bei der Deklaration innerhalb der Klasse, zu der die Konstruktor-Funktion gehört, vereinbart wurden. Somit ist die Reihenfolge der Member-Variablen innerhalb der Initialisierungsliste *nicht* relevant.
- Die Initialisierung der Member-Variablen findet vor der Ausführung derjenigen Anweisungen statt, die im Anweisungs-Block der Konstruktor-Funktion enthalten sind.

Es ist zulässig, für eine Klasse mehr als eine Konstruktor-Funktion zu vereinbaren. Dies ist immer dann erforderlich, wenn bei einer Instanziierung – in Abhängigkeit von den jeweiligen Rahmenbedingungen – die Member-Variablen in unterschiedlicher Weise initialisiert werden sollen.
In unserer Situation deklarieren wir die Konstruktor-Funktion der Klasse "WerteErfas sung" durch

```
WerteErfassung(int jahrgangswert);
```

und geben zur Initialisierung der Member-Variablen "m_jahrgangsstufe" die folgende Definition – mit einer Initialisierungsliste – an:

```
WerteErfassung::WerteErfassung(int jahrgangswert)
                  : m_jahrgangsstufe(jahrgangswert) {
}
```

Setzen wir auf dieser Basis die beiden Initialisierungs-Anweisungen

```
WerteErfassung werteErfassung11(11);
WerteErfassung werteErfassung12(12);
```

ein, so werden zwei Instanziierungen eingerichtet und die jeweilige Member-Variable "m_jahrgangsstufe" mit dem Attributwert "11" bzw. "12" vorbesetzt.

Generell ist zu beachten:

- Wird eine Instanz aus einer Klasse instanziiert, in der Member-Variablen vereinbart sind, so wird jede Member-Variable gemäß ihrer Deklarations-Vorschrift eingerichtet, indem der jeweils zugehörige Konstruktor-Aufruf zur Ausführung gelangt. Vorbesetzungen von Member-Variablen können in dieser Situation allein durch Zuweisungen bewirkt werden, die Bestandteil einer Konstruktor-Definition sind.
- Es ist zu beachten, dass der Standard-Konstruktor dann definiert werden muss, wenn ein Konstruktor explizit vereinbart wird und der – parameterlose – Standard-Konstruktor für eine Instanziierung zusätzlich benötigt wird.

Beim Einsatz von Konstruktor-Funktionen mit Initialisierungslisten ist ferner die folgende Einschränkung zu beachten:

- Innerhalb einer Klassen-Deklaration darf die Deklarations-Vorschrift für eine Member-Variable *keine* Initialisierungs-Angabe enthalten. Dies bedeutet, dass als Deklarations-Vorschriften *keine* Initialisierungs-Anweisungen verwendet werden dürfen.

Dies liegt daran, dass die Zuordnung eines Wertes nur dann erfolgen kann, wenn die betreffende Member-Variable existiert. Deren Existenz ist erst dann gegeben, wenn eine Instanziierung erfolgt ist.
Sollen z.B. die Erfassungsprozesse der beiden Jahrgangsstufen 11 und 12 zu einer Einheit zusammengefasst werden, so ist gemäß dieser Einschränkung eine Klassen-Deklaration der folgenden Form *nicht* zulässig:

```
class WerteErfassungZusammen {
 public:
  WerteErfassungZusammen();
  ...
 protected:
  WerteErfassung werteErfassung_1(11);
  WerteErfassung werteErfassung_2(12);
};
```

Zusammenfassung zweier Erfassungsprozesse

Um die Erfassungsprozesse der Jahrgangsstufen 11 und 12 zu einer Einheit zusammenzufassen, kann z.B. eine Klasse namens "WerteErfassungZusammen" durch die Deklaration

```
class WerteErfassungZusammen {
 public:
  WerteErfassungZusammen(int jahrgangswert_1, int jahrgangswert_2);
  ...
 protected:
  WerteErfassung werteErfassung_1;
  WerteErfassung werteErfassung_2;
};
```

vereinbart und die Definition der Konstruktor-Funktion wie folgt festgelegt werden:

```
WerteErfassungZusammen::WerteErfassungZusammen(int jahrgangswert_1,
                                               int jahrgangswert_2)
                          : werteErfassung_1(jahrgangswert_1)
                            , werteErfassung_2(jahrgangswert_2) {
}
```

Diese Definition setzt allerdings voraus, dass die Konstruktor-Funktion der Klasse "WerteErfassung" in der folgenden Form verabredet ist:

```
WerteErfassung::WerteErfassung(int jahrgangswert)
                : m_jahrgangsstufe(jahrgangswert) {
}
```

Um eine Instanziierung der Klasse "WerteErfassungZusammen" durchzuführen und die Member-Variablen "m_jahrgangsstufe" von "werteErfassung_1" und "werteErfassung_2" mit den Werten "11" bzw. "12" vorbesetzen zu lassen, ist die Initialisierungs-Anweisung

```
WerteErfassungZusammen werteErfassungZusammen(11, 12);
```

innerhalb der Ausführungs-Funktion "main" anzugeben.

4.1.7 Änderungen in "WerteErfassung.h" und "Main.cpp"

Für die parallele Erfassung der Punktwerte zweier Jahrgangsstufen wollen wir die zuvor vorgestellte Konstruktor-Funktion "WerteErfassung" mit einer Initialisierungsliste einsetzen. Daher tragen wir die Deklaration der Klasse "WerteErfassung" – innerhalb der Header-Datei "WerteErfassung.h" – in der folgenden Form ein:

```
#include <afx.h>
class WerteErfassung {
 public:
  WerteErfassung(int jahrgangswert);
  static void durchfuehrenErfassung(WerteErfassung & instanz11,
                                    WerteErfassung & instanz12);
  void sammelnWerte(int punktwert);
  void anzeigenWerte();
 protected:
  CStringList m_werteListe;
  int m_jahrgangsstufe;
};
```

Um Instanziierungen von "werteErfassung11" und "werteErfassung12" anzufordern und dem geänderten Funktions-Aufruf der Klassen-Funktion "durchfuehrenErfassung" Rechnung zu tragen, bringen wir die Ausführungs-Funktion "main" in die folgende Form:

```
//Prog_1_2
#include "WerteErfassung.h"
void main() {
 WerteErfassung werteErfassung11(11);
 WerteErfassung werteErfassung12(12);
 WerteErfassung::durchfuehrenErfassung(werteErfassung11,
                                       werteErfassung12);
 werteErfassung11.anzeigenWerte();
 werteErfassung12.anzeigenWerte();
}
```

4.1.8 Die if-Anweisung

Auf der Basis des im Abschnitt 2.3.3 angegebenen Struktogramms mit einem Schleifenblock, durch den die Tastatureingabe der Punktwerte und die Übertragung in den Sammler "m_werteListe" beschrieben wird, wollen wir jetzt erläutern, welche Änderungen - zur Lösung von PROB-1-2 - bei der Funktions-Definition von "durchfuehrenErfassung" in der Programm-Datei "WerteErfassung.cpp" vorzunehmen sind.

Da die Zuordnung der Jahrgangsstufenwerte "11" und "12" bereits durch die Instanziierungen erfolgt und die Zuordnung eines eingegebenen Punktwertes von der jeweils mitgeteilten Jahrgangsstufe abhängig ist, ändern wir die ursprüngliche Form des Schleifenblockes wie folgt ab:

<table>
<tr><td colspan="2">Ordne der lokalen Variablen "ende" das Zeichen "N" zu</td></tr>
<tr><td colspan="2">Solange der Variablen "ende" das Zeichen "N" oder "n" zugeordnet ist, ist folgendes zu tun:</td></tr>
<tr><td colspan="2">Gib den Text "Gib Jahrgangsstufe (11/12): " aus</td></tr>
<tr><td colspan="2">Lies einen Zahlenwert ein und ordne ihn der lokalen Variablen "jahrgangsstufe" zu</td></tr>
<tr><td colspan="2">Gib den Text "Gib Punktwert: " aus</td></tr>
<tr><td colspan="2">Lies einen Zahlenwert ein und ordne ihn der lokalen Variablen "punktwert" zu</td></tr>
<tr><td colspan="2">Wert von "jahrgangsstufe" ist "11"
ja / nein</td></tr>
<tr><td>Übertrage den Wert von "punktwert" in den Sammel-Behälter "m_werteListe" der Jahrgangsstufe 11</td><td>Übertrage den Wert von "punktwert" in den Sammel-Behälter "m_werteListe" der Jahrgangsstufe 12</td></tr>
<tr><td colspan="2">Gib den Text "Ende(J/N): " aus</td></tr>
<tr><td colspan="2">Lies ein Zeichen ein und ordne es der Variablen "ende" zu</td></tr>
</table>

Abbildung 4.3: Struktogramm zur Beschreibung paralleler Erfassungsprozesse

In diesem Schleifenblock haben wir einen *Bedingungs-Strukturblock* gemäß der folgenden Form verwendet:

<table>
<tr><td colspan="2">Bedingung
trifft zu / trifft nicht zu</td></tr>
<tr><td>(1) Ja-Zweig</td><td>(2) Nein-Zweig</td></tr>
</table>

Abbildung 4.4: Bedingungs-Strukturblock

Bei der Ausführung dieses Blockes wird zunächst die *Bedingung* geprüft. Der Struktur-Block des *Ja-Zweiges* (1) wird dann zur Ausführung gebracht, wenn die aufgeführte Bedingung zutrifft. Ist diese Bedingung nicht erfüllt, so wird der Struktur-Block des *Nein-Zweiges* (2) ausgeführt.

Um die durch die Bedingung bewirkte Verzweigung formal umzuformen, lässt sich eine *if-Anweisung* in der folgenden Form einsetzen:

```
if ( bedingung ) {
 [anweisung-1 ; [ anweisung-2 ; ] ... ]
}
 else {
 [ anweisung-3 ; [ anweisung-4 ; ] ... ]
}
```

Die if-Anweisung wird durch das Schlüsselwort *"if"* eingeleitet. Ihm folgt die in runde Klammern eingefasste Bedingung.
Trifft die Bedingung zu, so werden die Anweisungen des ersten Anweisungs-Blocks – "if-Teil" genannt – durchlaufen, der vor dem Schlüsselwort *"else"* angegeben ist. Ist die Bedingung nicht erfüllt, so werden die hinter dem Schlüsselwort "else" angegebenen Anweisungen des zweiten Anweisungs-Blocks – "else-Teil" genannt – ausgeführt.
In dem Fall, in dem ein Zweig nur aus einer Anweisung besteht, können die Klammern des zugehörigen Anweisungs-Blocks entfallen.
Sind innerhalb eines Zweiges keine Anweisungen enthalten, so ist der leere Anweisungs-Block "{ }" anzugeben. Sofern der else-Teil aus einem leeren Anweisungs-Block besteht, kann auf die Angabe von "else { }" verzichtet werden.
Unter Einsatz der if-Anweisung formen wir den im Struktogramm enthaltenen Bedingungs-Strukturblock wie folgt um:

```
if (jahrgangsstufe == 11)
 instanz11.sammelnWerte(punktwert);
else
 instanz12.sammelnWerte(punktwert);
```

Ist die der lokalen Variablen "jahrgangsstufe" zugeordnete ganze Zahl gleich der Zahl "11", so soll die Instanz, die durch den Aliasnamen "instanz11" gekennzeichnet ist, den Funktions-Aufruf "sammelnWerte(punktwert)" ausführen. Andernfalls ist dieser Funktions-Aufruf durch diejenige Instanz vorzunehmen, die dem Aliasnamen "instanz12" zugeordnet ist. Ist der Jahrgangsstufenwert gleich "11", so wird der eingegebene Punktwert folglich in den Sammler "m_werteListe" der Instanz "werteErfassung11" übernommen – andernfalls in den Sammler "m_werteListe" der Instanz "werteErfassung12".

Es ist zulässig, if-Anweisungen zu verschachteln. Dabei gilt die Regel, dass jeder else-Teil dem letzten vorhergehenden if-Teil zugeordnet ist.
Wird z.B. für die aus der Standard-Klasse "int" instanziierten Variablen "varInt1", "var Int2" und "varInt3" die verschachtelte if-Anweisung

```
if (varInt1 > varInt2)
  if (varInt1 <= 0)  varInt3 = varInt1;
     else varInt3 = varInt2;
else varInt3 = varInt1 + varInt2;
```

ausgeführt, so erfolgt die Zuweisung "varInt3 = varInt2" im ersten else-Teil nur dann, wenn die Bedingung "varInt1 > 0" und gleichzeitig die Bedingung "varInt1 > varInt2" erfüllt sind.

4.1.9 Lösungsplan für die parallele Erfassung

Durch die Umformung des oben angegebenen Schleifenblockes ergibt sich für die Klassen-Funktion "durchfuehrenErfassung" die folgende Funktions-Definition:

```
void WerteErfassung::durchfuehrenErfassung(WerteErfassung & instanz11,
                                          WerteErfassung & instanz12) {
  char ende = 'N';
  int jahrgangsstufe;
  int punktwert;
  while (ende == 'N' || ende == 'n') {
   cout.operator<<("Gib Jahrgangsstufe (11/12): ");
   cin.operator>>(jahrgangsstufe);
   cout.operator<<("Gib Punktwert: ");
   cin.operator>>(punktwert);
   if (jahrgangsstufe == 11)
     instanz11.sammelnWerte(punktwert);
    else
     instanz12.sammelnWerte(punktwert);
   cout.operator<<("Ende(J/N): ");
   cin.operator>>(ende);
   }
}
```

Die Programm-Datei "WerteErfassung.cpp", in der diese Funktions-Definition einzutragen ist, muss im Hinblick auf die veränderte Definition der Konstruktor-Funktion "WerteErfassung" durch die folgenden Programmzeilen eingeleitet werden:

```
#include <iostream.h>
#include "WerteErfassung.h"
#include "EigeneBibliothek.h"
WerteErfassung::WerteErfassung(int jahrgangswert)
                   : m_jahrgangsstufe(jahrgangswert) {
}
```

Da keine Änderungen an den Member-Funktionen "sammelnWerte" und "anzeigenWerte" vorgenommen werden müssen, können wir die Definitionen dieser Funktionen unverändert aus dem Lösungsplan von PROB-1 übernehmen.
Unter Berücksichtigung der zuvor angegebenen neuen Klassen-Vereinbarung von "WerteErfassung" und der neuen Funktions-Definition von "main" ist der Lösungsplan für PROB-1-2 damit vollständig beschrieben.

Nachdem wir sämtliche Programm- und Header-Dateien innerhalb des Projekts "Prog_1_2" zusammengefügt haben, können wir das Programm, mit dem sich Punktwerte parallel erfassen lassen, zur Ausführung bringen.

4.2 Berechnung und Anzeige des Durchschnittswertes

4.2.1 Lösungsplan zur Berechnung des Durchschnittswertes

Wir greifen das ursprünglich innerhalb der Problemstellung PROB-0 formulierte Teilproblem auf und erläutern nachfolgend, wie sich aus den gesammelten Punktwerten der zugehörige Durchschnittswert ermitteln und anzeigen lässt. Dazu erweitern wir das ursprüngliche Teilproblem wie folgt auf den Fall der parallelen Erfassung:

- PROB-2:
  Es sollen Punktwerte der Jahrgangsstufen 11 und 12 parallel erfasst und anschliessend jahrgangsstufen-spezifisch angezeigt werden! Zusätzlich sollen für die erfassten Punktwerte die jahrgangsstufen-spezifischen Durchschnittswerte ermittelt und angezeigt werden!

Auf der Grundlage des zuvor erstellten Projekts "Prog_1_2", durch das eine parallele Erfassung der Punktwerte zweier Jahrgangsstufen beschrieben wird, müssen folglich die beiden folgenden Handlungen ergänzend zur Durchführung gelangen:

- Berechnen eines Durchschnittswertes
- Anzeigen eines Durchschnittswertes

Die erste Handlung soll durch die Ausführung der Member-Funktion "berechnenDurch schnitt" und die zweite Handlung durch die Ausführung der Member-Funktion "anzeigen Durchschnitt" ermöglicht werden.

Für unseren Lösungsplan konzipieren wir für die Klasse "WerteErfassung" somit die folgende Struktur:

WerteErfassung	
Member-Variablen:	m_werteListe m_jahrgangsstufe
Konstruktor-Funktion: Klassen-Funktion: Member-Funktionen:	WerteErfassung durchfuehrenErfassung sammelnWerte anzeigenWerte berechnenDurchschnitt anzeigenDurchschnitt

Abbildung 4.5: Die Klasse "WerteErfassung" zur Lösung von PROB-2

Genau wie in der oben angegebenen Darstellung werden wir jetzt – und jeweils auch bei der Lösung zukünftiger Problemstellungen – auf einen bereits entwickelten Lösungsplan zurückgreifen. Durch diese Vorgehensweise können wir unmittelbar erfahren, wie sich bei der objekt-orientierten Programmierung die Lösungen neuer Problemstellungen auf der Basis von zuvor aufgebauten Klassen entwickeln lassen.

Um PROB-2 zu lösen, brauchen wir – auf der Basis des Projekts "Prog_1_2" – daher allein die folgende Zielsetzung zu bearbeiten:

Durch die Ausführung der Member-Funktion "berechnenDurchschnitt" soll der jeweilige instanz-spezifische Durchschnittswert errechnet und derart übermittelt werden, dass er als Argument der Member-Funktion "anzeigenDurchschnitt" verwendet und zur Anzeige gebracht werden kann.

Damit dieser Plan umsetzbar ist, müssen wir zunächst lernen, wie sich eine Instanz mittels eines Funktions-Aufrufs erzeugen lässt.

4.2.2 Funktions-Ergebnis und return-Anweisung

Wir haben uns die Aufgabe gestellt, dass durch den Funktions-Aufruf von "berechnen Durchschnitt" ein errechneter Durchschnittswert weiterverarbeitet werden soll.

Im Hinblick auf diese Zielsetzung ist der folgende Sachverhalt wichtig:

- Soll durch die Ausführung einer Funktion eine Instanz ermittelt werden, so ist diese Instanz als *Funktions-Ergebnis* festzulegen. Dazu ist innerhalb der Funktions-Definition eine *return-Anweisung* der Form

  return *ausdruck* ;

  anzugeben. Durch die Ausführung dieser Anweisung wird der Ausdruck ausgewertet und die resultierende Instanz als *Funktions-Ergebnis* erhalten.

Nachdem das Funktions-Ergebnis ermittelt ist, wird die Funktions-Ausführung beendet. Anschließend wird die Ausführung des Programms an der Stelle fortgesetzt, an der der Funktions-Aufruf erfolgt ist. Das aus dem Funktions-Aufruf resultierende Funktions-Ergebnis lässt sich innerhalb der Anweisung mit dem Funktions-Aufruf zur weiteren Bearbeitung verwenden.

- Wir setzen beim zukünftigen Einsatz der return-Anweisung voraus, dass es sich beim Funktions-Ergebnis um Werte aus einer der Standard-Klassen oder aus der Basis-Klasse "CString" handelt.

Hinweis: Wie wir ein Funktions-Ergebnis in Form einer Instanz zurückmelden können, die *nicht* aus einer Standard-Klasse oder aus der Basis-Klasse "CString" eingerichtet ist, erläutern wir im Abschnitt 9.4.

Um die Klasse festzulegen, aus der ein Funktions-Ergebnis instanziiert sein muss, ist der jeweilige Klassenname "klasse-ergebnis" innerhalb der Funktions-Deklaration und Funktions-Definition aufzuführen. Dies bedeutet, dass eine Funktions-Deklaration nach der folgenden Syntax angegeben werden muss:

klasse-ergebnis funktionsname ([*klassenname-1* [&] *parameter-1*
[, *klassenname-2* [&] *parameter-2*] ...]) ;

Die zugehörige Funktions-Definition ist dementsprechend wie folgt einzuleiten:

klasse-ergebnis klassenname :: *funktionsname* ([*klassenname-1* [&] *parameter-1*
[, *klassenname-2* [&] *parameter-2*] ...])

4.2.3 Vereinbarung der Klasse "WerteErfassung"

Wir haben zuvor festgelegt, dass durch die Ausführung der Member-Funktion "berechnen Durchschnitt" der Durchschnittswert der Punktwerte ermittelt und zur weiteren Verarbeitung innerhalb der Ausführungs-Funktion "main" bereitgestellt werden soll. Da es sich bei einem Durchschnittswert normalerweise um einen nicht-ganzzahligen Wert handelt, hat die Member-Funktion "berechnenDurchschnitt" – als Resultat des Funktions-Aufrufs – ein Funktions-Ergebnis zu liefern, das aus der Standard-Klasse "float" instanziiert ist.
Demzufolge ist die Member-Funktion "berechnenDurchschnitt" in der Form

```
float berechnenDurchschnitt();
```

innerhalb der Klasse "WerteErfassung" zu deklarieren.
Um den ermittelten Durchschnittswert am Bildschirm anzuzeigen, setzen wir die Member-Funktion "anzeigenDurchschnitt" ein. Diese Funktion deklarieren wir mit einem Argument. Da es sich bei diesem Argument um eine Instanz der Standard-Klasse "float" handelt, ist die Deklaration in der Form

```
void anzeigenDurchschnitt(float durchschnittswert);
```

vorzunehmen.
Ergänzen wir die ursprüngliche Vereinbarung der Klasse "WerteErfassung" durch die Funktions-Deklarationen von "berechnenDurchschnitt" und "anzeigenDurchschnitt", so erhalten wir als neuen Inhalt der Header-Datei "WerteErfassung.h" die folgenden Programmzeilen:

```
#include <afx.h>
class WerteErfassung {
 public:
  WerteErfassung(int jahrgangswert);
  static void durchfuehrenErfassung(WerteErfassung & instanz11,
                                    WerteErfassung & instanz12);
  void sammelnWerte(int punktwert);
  void anzeigenWerte();
  float berechnenDurchschnitt();
  void anzeigenDurchschnitt(float durchschnittswert);
 protected:
  CStringList m_werteListe;
  int m_jahrgangsstufe;
};
```

4.2.4 Änderung der Programm-Dateien

Zur Lösung von PROB-2 tragen wir – im Anschluss an die Einrichtung der Instanzen "werteErfassung11" und "werteErfassung12" – die Anweisungen

```
float durchschnittswert = werteErfassung11.berechnenDurchschnitt();
werteErfassung11.anzeigenDurchschnitt(durchschnittswert);
```

und

```
durchschnittswert = werteErfassung12.berechnenDurchschnitt();
werteErfassung12.anzeigenDurchschnitt(durchschnittswert);
```

in die Ausführungs-Funktion "main" ein.
Die Programm-Datei "Main.cpp" besteht somit aus den folgenden Programmzeilen:

```
//Prog_2
#include "WerteErfassung.h"
void main() {
 WerteErfassung werteErfassung11(11);
 WerteErfassung werteErfassung12(12);
 WerteErfassung::durchfuehrenErfassung(werteErfassung11,
                                        werteErfassung12);
 werteErfassung11.anzeigenWerte();
float durchschnittswert = werteErfassung11.berechnenDurchschnitt();
werteErfassung11.anzeigenDurchschnitt(durchschnittswert);
 werteErfassung12.anzeigenWerte();
durchschnittswert = werteErfassung12.berechnenDurchschnitt();
werteErfassung12.anzeigenDurchschnitt(durchschnittswert);
}
```

Der Lösungsplan für PROB-2 ist daher insgesamt beschrieben, wenn der bisherige Inhalt der Programm-Datei "WerteErfassung.cpp" durch die Definitionen der Member-Funktionen "berechnenDurchschnitt" und "anzeigenDurchschnitt" ergänzt wird.

4.2.5 Definition der Member-Funktion "berechnenDurchschnitt"

Zur Definition der Member-Funktion "berechnenDurchschnitt" greifen wir den Lösungsplan auf, durch den die Anzeige der Punktwerte beschrieben wurde. Genau wie bei diesem Plan, bei dem iterativ, d.h. schrittweise, auf den Inhalt des Sammlers "m_werteListe" zugegriffen wird, wählen wir zur Beschreibung der Summation ebenfalls einen iterativen Ansatz. Hierzu betrachten wir die folgende Skizze:

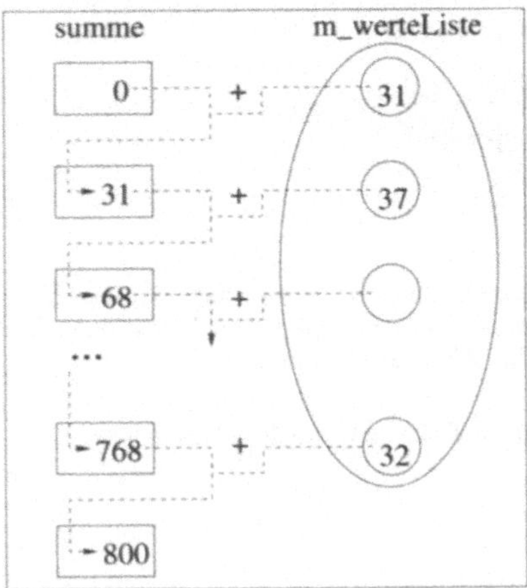

Abbildung 4.6: Prinzip zur Summation der Punktwerte

Wir benötigen somit eine lokale Variable "summe", der die Zahl "0" als Anfangswert und das jeweilige Zwischenergebnis der Summation zugeordnet werden kann.
Unter Einsatz dieser Variablen lässt sich die Summation wie folgt beschreiben:

Initialisiere die lokale Variable "anzahl" mit der Anzahl der in "m_werteListe" gesammelten Werte
Initialisiere die lokale Variable "pos" mit derjenigen Index-Position, die auf den Anfang des Sammlers "m_werteListe" weist
Initialisiere die lokale Variable "summe" mit dem Wert "0"
Richte die lokalen Variablen "punktwert" und "wert" ein
Für alle innerhalb von "m_werteListe" gesammelten Werte tue folgendes:
Ordne "wert" den durch "pos" gekennzeichneten String aus dem Sammler "m_werteListe" zu
Ordne "punktwert" die aus "wert" ermittelte ganze Zahl zu
Erhöhe "summe" um den Wert von "punktwert"

Abbildung 4.7: Struktogramm zur Summation der Punktwerte

Wie im Schleifenblock angegeben, müssen wir jeden Punktwert, der als String gesammelt wurde, einer arithmetischen Verarbeitung zugänglich zu machen.
Zur Umwandlung eines Strings in eine ganze Zahl verwenden wir eine weitere Bibliotheks-Funktion namens "cstringAlsInt", die wir in der Header-Datei "EigeneBibliothek.h" durch

```
int cstringAlsInt(CString varString);
```

deklarieren und in der Programm-Datei "EigeneBibliothek.cpp" wie folgt definieren:

```
int cstringAlsInt(CString varString) {
 int varInt = atoi(varString);
 return varInt;
}
```

Hinweis: Warum durch diese Funktions-Definition die geforderte Umwandlung geschieht, können wir mit den bisherigen Kenntnissen nicht klären. Wir holen die ausstehende Erläuterung der angegebenen Programmzeilen im Abschnitt 9.6 nach.

Auf dieser Basis kann in dem Fall, dass die Instanziierungen

```
int punktwert;
CString wert;
```

durchgeführt und der Variablen "wert" durch die Zuweisung

```
wert = m_werteListe.GetNext(pos);
```

ein String zugeordnet ist, die Wandlung in eine ganze Zahl durch die folgende Zuweisung vorgenommen werden:

```
punktwert = cstringAlsInt(wert);
```

Insgesamt lässt sich das oben angegebene Struktogramm wie folgt umformen:

```
int anzahl = m_werteListe.GetCount();
POSITION pos = m_werteListe.GetHeadPosition();
int summe = 0;
int punktwert;
CString wert;
for (int i = 1; i <= anzahl; i = i + 1) {
 wert = m_werteListe.GetNext(pos);
 punktwert = cstringAlsInt(wert);
 summe = summe + punktwert;
}
```

Nachdem die for-Anweisung ausgeführt ist, muss der ermittelte Summenwert durch die Anzahl der Summanden geteilt werden. Hierzu verwenden wir die folgende Initialisierungs-Anweisung:

```
float durchschnitt = float(summe) / float(anzahl);
```

Um den ermittelten Wert als Funktions-Ergebnis der Member-Funktion "berechnenDurch schnitt" zurückzumelden, setzen wir die return-Anweisung in der folgenden Form ein:

```
return durchschnitt;
```

Insgesamt können wir daher die Member-Funktion "berechnenDurchschnitt" wie folgt innerhalb der Programm-Datei "WerteErfassung.cpp" definieren:

```
float WerteErfassung::berechnenDurchschnitt() {
 int anzahl = m_werteListe.GetCount();
 POSITION pos = m_werteListe.GetHeadPosition();
 int summe = 0;
 int punktwert;
 CString wert;
 for (int i = 1; i <= anzahl; i = i + 1) {
  wert = m_werteListe.GetNext(pos);
  punktwert = cstringAlsInt(wert);
  summe = summe + punktwert;
 }
 float durchschnitt = float(summe) / float(anzahl);
 return durchschnitt;
}
```

4.2.6 Definition der Member-Funktion "anzeigenDurchschnitt"

Um den ermittelten Durchschnittswert am Bildschirm anzuzeigen, haben wir die Member-Funktion "anzeigenDurchschnitt" mit einem Argument – in Form einer Instanz der Standard-Klasse "float" – deklariert.

Auf dieser Basis können wir die Member-Funktion "anzeigenDurchschnitt" wie folgt innerhalb der Programm-Datei "WerteErfassung.cpp" definieren:

```
void WerteErfassung::anzeigenDurchschnitt(float durchschnittswert) {
 cout.operator<<("Der Durchschnittswert ist: ");
 cout.operator<<(durchschnittswert);
 cout.operator<<(endl);
}
```

Aus Gründen der Vereinfachung werden wir im Folgenden für alle Aufrufe der Basis-Member-Funktionen "operator<<" und "operator>>", die von den Instanzen "cout" bzw. "cin" ausgeführt werden sollen, eine Kurzschreibweise verwenden.

Soll ein Ausdruck ausgewertet und anschließend am Bildschirm angezeigt werden, so lässt sich die Anweisung

cout.operator<<(*ausdruck*) ;

wie folgt abkürzen:

cout << *ausdruck* ;

Um einen über die Tastatur eingegebenen Wert an eine Variable zu binden, kann anstelle von

```
cin.operator>>( variable ) ;
```

die folgende Schreibweise verwendet werden:

```
cin >> variable ;
```

Somit können wir die Anweisung

```
cout.operator<<("Der Durchschnittswert ist: ");
```

durch die Anweisung

```
cout << "Der Durchschnittswert ist: ";
```

abkürzen und daher für "anzeigenDurchschnitt" insgesamt die folgende Definition treffen:

```
void WerteErfassung::anzeigenDurchschnitt(float durchschnittswert) {
 cout << "Der Durchschnittswert ist: ";
 cout << durchschnittswert;
 cout << endl;
}
```

Da mehrere Ausgabe-Informationen *hintereinander* aufgeführt werden dürfen, lässt sich diese Definition wie folgt vereinfachen:

```
void WerteErfassung::anzeigenDurchschnitt(float durchschnittswert) {
 cout << "Der Durchschnittswert ist: " << durchschnittswert << endl;
}
```

Hinweis: Dies liegt daran, dass durch diese Schreibweise drei ineinander verschachtelte Funktions-Aufrufe angegeben sind, die von "links" nach "rechts" zur Ausführung gebracht werden (siehe Abschnitt 4.3.3).

Da wir fortan die Eingabe- und Ausgabe-Anforderungen abkürzend beschreiben wollen, führen wir auch bei den Definitionen der Member-Funktionen "durchfuehrenErfassung" und "anzeigenWerte" die jeweils erforderlichen Änderungen durch.

4.3 Wandlung und Verarbeitung der erfassten Werte

4.3.1 Einsatz eines Sammlers der Basis-Klasse "CUIntArray"

Bei der Berechnung des Durchschnittswertes haben wir die Instanzen aus der Basis-Klasse "CString" nach und nach in ganzzahlige Werte gewandelt. Jetzt soll der Lösungsplan dahingehend geändert werden, dass die erforderlichen Umwandlungen insgesamt – *vor* der Durchschnittsbildung – durchgeführt werden.

Wir formulieren daher die folgende Problemstellung:

- PROB-2-1:
  Das Projekt "Prog_2" ist derart – in ein Projekt namens "Prog_2_1" – zu ändern, dass die Durchschnittsbildung auf der Basis eines Sammlers mit ganzzahligen Werten durchgeführt wird!

Zur Aufnahme der umgewandelten Werte sehen wir für die Instanzen aus der Klasse "Wer teErfassung" eine zusätzliche Member-Variable namens "m_werteArray" vor, die aus der Basis-Klasse "CUIntArray" instanziiert sein soll.

- Bei den Instanzen aus der Basis-Klasse "CUIntArray" handelt es sich um Sammler, in denen *vorzeichenlose* ganze Zahlen gesammelt werden können.
- Bei vorzeichenlosen ganzen Zahlen handelt es sich um Instanzen der Standard-Klasse "unsigned int".

Obwohl wir die erfassten Punktwerte von vornherein in einer Instanz der Basis-Klasse "CUIntArray" hätten sammeln und uns damit die Umwandlung von ganzen Zahlen in Strings – sowie die für die Summation erforderliche Rückwandlung – hätten sparen können, haben wir die Basis-Klasse "CStringList" bewusst verwendet. Dies ist deswegen geschehen, weil sich Instanzen dieser Klasse auch zur Sammlung nichtnumerischer Werte einsetzen lassen.

Damit die im Sammler "m_werteListe" enthaltenen Strings in Elemente von "m_werte Array" umgeformt werden können, sehen wir eine Member-Funktion namens "bereitstel lenWerte" vor. Erst nach dem Funktions-Aufruf dieser Member-Funktion soll der Durchschnittswert – durch den Einsatz der Member-Funktion "berechnenAnzeigenDurchschnitt" – berechnet und angezeigt werden.

An dieser Stelle ließe sich einwenden, dass die Ermittlung des Durchschnittswertes bereits auf der Basis des Sammlers "m_werteListe" durchgeführt werden könnte. Dies ist natürlich richtig! Aber durch den Einsatz der Member-Funktion "bereitstellenWerte" ist man – orientiert am ursprünglichen Lösungsplan – besser gerüstet, wenn im Rahmen einer anders gearteten Erfassung nicht nur die Punktwerte, sondern weitere Daten – wie z.B. das Geschlecht eines Schülers in Form des Zeichens "m" bzw. "w" – in den Sammler "m_werteListe" zu übernehmen wären.

Hinweis: In dieser Situation könnte z.B. ein Punktwert und die zugehörige Geschlechtsangabe als geordnetes Paar – in Form einer Zeichenkette wie z.B. "(31,w)" – im Sammler "m_werteListe" abgelegt werden.

In einem derartigen Fall müsste die Funktions-Definition der Member-Funktion "berech nenAnzeigenDurchschnitt" geändert werden, damit die Punktwerte – im Zuge der Durchschnittsberechnung – in geeigner Form aus dem Sammler "m_werteListe" entnommen werden. Da der Inhalt von "m_werteListe" nicht mehr direkt bearbeitet werden kann, müssten alle Member-Funktionen, mit denen Auswertungen vorgenommen werden, neu definiert werden. Derartig erforderliche Änderungen erübrigen sich, wenn in der von uns konzipierten Weise, die Bearbeitung zweistufig vorzunehmen, verfahren wird.

In Abänderung unseres bisherigen Lösungsplans ersetzen wir in der Klasse "WerteEr fassung" die Vereinbarungen der Member-Funktionen "berechnenDurchschnitt" und "an zeigenDurchschnitt" durch die Vereinbarung der Member-Funktion "berechnenAnzeigen-Durchschnitt".

Zur Lösung von PROB-2-1 besitzt die Klasse "WerteErfassung" somit den folgenden Aufbau:

WerteErfassung	
Member-Variablen:	m_werteListe m_jahrgangsstufe m_werteArray
Konstruktor-Funktion: Klassen-Funktion: Member-Funktionen:	WerteErfassung durchfuehrenErfassung sammelnWerte anzeigenWerte bereitstellenWerte berechnenAnzeigenDurchschnitt

Abbildung 4.8: Struktur der Klasse "WerteErfassung" zur Lösung von PROB-2-1

Gemäß dieser Vorgaben müssen wir den Inhalt der Header-Datei "WerteErfassung.h" wie folgt modifizieren:

```
#include <afx.h>
class WerteErfassung {
 public:
  WerteErfassung(int jahrgangswert);
  static void durchfuehrenErfassung(WerteErfassung & instanz11,
                                    WerteErfassung & instanz12);
  void sammelnWerte(int punktwert);
  void anzeigenWerte();
  void bereitstellenWerte();
  void berechnenAnzeigenDurchschnitt();
 protected:
  CStringList m_werteListe;
  int m_jahrgangsstufe;
  CUIntArray m_werteArray;
};
```

Zur Lösung von PROB-2-1 legen wir für die Ausführungs-Funktion "main" die folgenden Programmzeilen fest:

```
//Prog_2_1
#include "WerteErfassung.h"
void main() {
 WerteErfassung werteErfassung11(11);
 WerteErfassung werteErfassung12(12);
 WerteErfassung::durchfuehrenErfassung(werteErfassung11,
                                         werteErfassung12);
 werteErfassung11.anzeigenWerte();
 werteErfassung11.bereitstellenWerte();
 werteErfassung11.berechnenAnzeigenDurchschnitt();
 werteErfassung12.anzeigenWerte();
 werteErfassung12.bereitstellenWerte();
 werteErfassung12.berechnenAnzeigenDurchschnitt();
}
```

4.3.2 Ergänzung der Bibliotheks-Funktionen

Um einen String in eine vorzeichenlose ganze Zahl, d.h. eine Instanz der Standard-Klasse "unsigned int" umzuformen, werden wir eine Bibliotheks-Funktion namens "cstringAls UInt" verwenden. Durch deren Funktions-Deklaration ergänzen wir den Inhalt der Header-Datei "EigeneBibliothek.h" wie folgt:

```
#include <afx.h>
CString intAlsCString(int varInt);
int cstringAlsInt(CString varString);
unsigned int cstringAlsUInt(CString varString);
```

Die zugehörige Funktions-Definition tragen wir innerhalb der Programm-Datei "Eigene Bibliothek.cpp" ein, die damit insgesamt die folgenden Programmzeilen enthält:

```
#include "EigeneBibliothek.h"
CString intAlsCString(int varInt) {
 char varChar[5];
 CString varString = itoa(varInt, varChar, 10);
 return varString;
}
int cstringAlsInt(CString varString) {
 int varInt = atoi(varString);
 return varInt;
}
unsigned int cstringAlsUInt(CString varString) {
 unsigned int varUInt = unsigned(atoi(varString));
 return varUInt;
}
```

Hinweis: Die neu hinzugefügten Programmzeilen erläutern wir im Abschnitt 9.6.

4.3.3 Verschachtelung von Funktions-Aufrufen

Damit wir das Projekt "Prog_2_1" vervollständigen können, müssen wir zunächst kennenlernen, wie sich Funktions-Aufrufe verschachteln lassen.

Grundsätzlich können mehrere Funktions-Aufrufe ineinander verschachtelt werden. Die Bearbeitung einer zugehörigen Ausdrucks-Anweisung erfolgt von "links" nach "rechts". Dabei muss gesichert sein, dass aus jedem Funktions-Aufruf eine Instanz als Funktions-Ergebnis resultiert, die den Aufruf eines unmittelbar "rechts" aufgeführten Funktions-Aufrufs bewirken kann.

Im Rahmen der Verschachtelung gibt es grundsätzlich die beiden folgenden Möglichkeiten, ein Funktions-Ergebnis weiterzuverarbeiten:

- Das Funktions-Ergebnis kann einen Funktions-Aufruf auslösen.
- Das Funktions-Ergebnis wird als Argument eines Funktions-Aufrufs verwendet.

Als Beispiel für die Verschachtelung von drei Funktions-Aufrufen betrachten wir die folgende von uns verwendete Ausgabe-Anweisung:

```
cout << "Der Durchschnittswert ist: " << durchschnittswert << endl;
```

Zuerst wird der Funktions-Aufruf

```
operator<<("Der Durchschnittswert ist: ")
```

durch die Instanz "cout" zur Ausführung gebracht.

Da die Basis-Member-Funktion "operator<<" innerhalb der Basis-Klasse "ostream" so definiert ist, dass aus ihrem Funktions-Aufruf die Instanz "cout" als Funktions-Ergebnis resultiert, wird der zweite Funktions-Aufruf durch die Instanz "cout" ausgelöst. Demzufolge wird von "cout" der Funktions-Aufruf

```
operator<<(durchschnittswert)
```

bewirkt, aus dem wiederum "cout" als Funktions-Ergebnis resultiert und daher den dritten Funktions-Aufruf in der Form

```
operator<<(endl);
```

auslöst.

Grundsätzlich ist bei der Ausführung von verschachtelten Funktions-Aufrufen die folgende Regel zu beachten:

- Sofern die standardmäßige Reihenfolge "von links nach rechts" bei der Abarbeitung verschachtelter Funktions-Aufrufe beeinflusst werden soll, ist eine Klammerung mit den öffnenden und schließenden Klammern "(" und ")" vorzunehmen. Dabei können die Funktions-Aufrufe beliebig tief geklammert werden.

Soll ein Funktions-Ergebnis als Argument eines Funktions-Aufrufs verwendet werden, so gilt:

- Die Funktions-Aufrufe werden stets von "innen" nach "aussen" abgearbeitet. Dabei muss gewährleistet sein, dass aus der Ausführung jedes in einer derartigen Verschachtelung enthaltenen Funktions-Aufrufs jeweils eine Instanz als Funktions-Ergebnis resultiert, die aus einer für die betreffende Argument-Position vorgesehenen Klasse instanziiert ist.

Zum Beispiel enthält die Ausdrucks-Anweisung

```
m_werteArray.Add(cstringAlsUInt(m_werteListe.GetNext(pos)));
```

den verschachtelten Funktions-Aufruf

```
Add(cstringAlsUInt(m_werteListe.GetNext(pos)))
```

bei dem als erstes der Funktions-Aufruf

```
GetNext(pos)
```

durch die Instanz "m_werteListe" zur Ausführung gelangt.
Ist "pos" eine Instanz aus der Basis-Klasse "POSITION", so resultiert aus

```
m_werteListe.GetNext(pos)
```

ein String als Funktions-Ergebnis. Dieser String dient in der Form

```
cstringAlsUInt(m_werteListe.GetNext(pos))
```

als Argument der Bibliotheks-Funktion "cstringAlsUInt".
Da als Funktions-Ergebnis des Funktions-Aufrufs von "cstringAlsUInt" eine Instanz der Standard-Klasse "unsigned int" resultiert, lässt sich diese Instanz in der Form

```
m_werteArray.Add(cstringAlsUInt(m_werteListe.GetNext(pos)));
```

als Argument der Basis-Member-Funktion "Add" verwenden.

- **"Add(unsigned int varUInt)"**:
  Es wird das im Funktions-Aufruf aufgeführte Argument in Form einer vorzeichenlosen ganze Zahl als weiteres Element in demjenigen Sammler aus der Basis-Klasse "CUIntArray" ergänzt, der den Funktions-Aufruf von "Add" veranlasst hat.

4.3.4 Ergänzung der Programm-Datei "WerteErfassung.cpp"

Nachdem wir die Möglichkeit, Funktions-Aufrufe verschachteln zu können, kennengelernt haben, vervollständigen wir das Projekt "Prog_2_1" durch die Vereinbarung der Member-Funktionen "bereitstellenWerte" und "berechnenAnzeigenDurchschnitt".
Die von uns vorgesehene Member-Funktion "bereitstellenWerte" soll sämtliche in "m_wer teListe" gesammelten Strings in den Sammler "m_werteArray" übertragen und sie dort als vorzeichenlose ganze Zahlen ablegen.

Unter Einsatz der Ausdrucks-Anweisung

```
m_werteArray.Add(cstringAlsUInt(m_werteListe.GetNext(pos)));
```

lässt sich die Definition der Member-Funktion "bereitstellenWerte" wie folgt angeben:

```
void WerteErfassung::bereitstellenWerte() {
 int anzahl = m_werteListe.GetCount();
 POSITION pos = m_werteListe.GetHeadPosition();
 for (int i = 1; i <= anzahl; i = i + 1)
  m_werteArray.Add(cstringAlsUInt(m_werteListe.GetNext(pos)));
}
```

Um nach der Ausführung der Funktion "bereitstellenWerte" auf die in "m_werteArray" gesammelten Werte zugreifen zu können, ist der folgende Sachverhalt zu berücksichtigen:

- Jedem Element eines Sammlers, der aus der Basis-Klasse "CUIntArray" instanziiert ist, ist ein ganzzahliger Positions-Index zugeordnet. Das erste Element korrespondiert mit dem Positions-Index "0", das zweite Element mit dem Positions-Index "1", usw.

Da auf das erste Element über den Positions-Index "0" zugegriffen werden muss, können die gesammelten Punktwerte wie folgt summiert werden:

```
int summe = 0;
int anzahl = m_werteArray.GetSize();
for (int i = 0; i < anzahl; i = i + 1)
 summe = summe + m_werteArray.GetAt(i);
```

Für den Zugriff auf die vorzeichenlosen ganzen Zahlen, die im Sammler "m_werteArray" enthalten sind, haben wir die Member-Funktionen "GetSize" und "GetAt" der Basis-Klasse "CUIntArray" eingesetzt.

- **"GetSize()"**:
  Es wird die Anzahl der Elemente als Funktions-Ergebnis ermittelt, die in dem Sammler (Instanziierung aus der Basis-Klasse "CUIntArray") enthalten sind, der den Funktions-Aufruf von "GetSize" veranlasst hat.

- **"GetAt(int varInt)"**:
  Es wird ein Element des Sammlers (Instanziierung aus der Basis-Klasse "CUIntAr ray"), der den Funktions-Aufruf von "GetAt" bewirkt hat, als Funktions-Ergebnis ermittelt. Dabei handelt es sich um dasjenige Element, dem der als Argument aufgeführte Positions-Index "varInt" zugeordnet ist.

Nachdem die for-Anweisung ausgeführt ist, lässt sich die Berechnung des Durchschnittswertes durch den Ausdruck

```
float(summe) / float(anzahl)
```

beschreiben und die Bildschirmanzeige wie folgt anfordern:

```
cout << "Der Durchschnittswert ist:"
     << float(summe) / float(anzahl) << endl;
```

Die Definition der Member-Funktion "berechnenAnzeigenDurchschnitt" lässt sich somit durch die folgenden Programmzeilen festlegen:

```
void WerteErfassung::berechnenAnzeigenDurchschnitt() {
 int summe = 0;
 int anzahl = m_werteArray.GetSize();
 for (int i = 0; i < anzahl; i = i + 1)
  summe = summe + m_werteArray.GetAt(i);
 cout << "Der Durchschnittswert ist: "
      << float(summe) / float(anzahl) << endl;
}
```

Nachdem wir die Programm-Datei "WerteErfassung.cpp" durch die angegebenen Funktions-Definitionen ergänzt haben, kann der Lösungsplan für PROB-2-1 in Form des Projekts "Prog_2_1" zur Ausführung gebracht werden.

Kapitel 5

Spezialisierung des Lösungsplans

Motiviert durch eine Erweiterung der bisherigen Problemstellungen werden in diesem Kapitel die "Vererbung" und der "Polymorphismus" als wichtige Grundprinzipien des objekt-orientierten Programmierens erläutert. Dabei lernen wir, wie Klassen aus vorhandenen Klassen abgeleitet werden können. Im Hinblick auf den Aufruf von Member-Funktionen erörtern wir, wie sich Member-Funktionen überladen oder überdecken bzw. als virtuelle Member-Funktionen einrichten lassen.
Wir stellen ferner die Bedeutung von abstrakten Klassen dar und erläutern deren Einsatz am Beispiel unserer Klasse "WerteErfassung", indem wir einen Lösungsplan für die Sortierung der erfassten Punktwerte vorstellen.

5.1 Vererbung

Bei der Lösung der Problemstellung PROB-2-1, durch die eine parallele Erfassung von Punktwerten sowie deren Anzeige und die Anzeige des Durchschnittswertes gefordert war, haben wir einen *gestuften* Lösungsplan programmiert.
Als Basis diente derjenige Lösungsplan, durch den die Werte erfasst und am Bildschirm angezeigt werden können. Aufbauend auf diesem Plan haben wir vorgestellt, wie sich der Durchschnittswert der Punktwerte berechnen und anzeigen lässt.
Diese Aufteilung beruht auf der folgenden Sichtweise:

- Die objekt-orientierte Programmierung basiert auf Basis-Klassen, die sich zur Lösung von Problemstellungen durch neue Klassen ergänzen lassen.
- Jede aus einer Problemlösung resultierende Klasse erweitert die Gesamtheit der vorhandenen Klassen um eine neue Klasse.
- Durch objekt-orientiertes Programmieren lässt sich daher die jeweilige Programmierumgebung schrittweise durch zusätzliche Klassen-Vereinbarungen ergänzen.

Auf der Grundlage aller Basis-Klassen sowie der Möglichkeit, neue Klassen einrichten zu können, sollte folglich jeder objekt-orientierte Lösungsplan unter dem Gesichtspunkt entworfen werden, dass die Programmierung als *Spezialisierung* auf der Basis bereits zur Verfügung stehender Klassen erfolgen soll.

Dieses Vorgehen lässt sich durch die Forderung "Erweiterung durch Spezialisierung" kennzeichnen. Es bedeutet, dass eine geeignete Auswahl von *allgemein* zur Verfügung stehenden Klassen derart durch neue Klassen zu erweitern ist, dass der neue Lösungsplan als Spezialisierung eines zuvor entwickelten Lösungsplans beschrieben werden kann.

Da der Lösungsplan zur Erfassung von Punktwerten die Grundlage für die Auswertung der erfassten Werten darstellt, wollen wir als Spezialisierung des Lösungsplans für PROB-2-1 die folgende Problemstellung lösen:

- PROB-2-2:
  Das Projekt "Prog_2_1" ist derart zu ändern, dass zur Berechnung und Anzeige des Durchschnittswertes eine *neue* Klasse eingerichtet wird, die als Spezialisierung der Klasse "WerteErfassung" angesehen werden kann!

Im Hinblick auf diese Zielsetzung löschen wir zunächst die Deklaration der Member-Funktion "berechnenAnzeigenDurchschnitt" in der Header-Datei "WerteErfassung.h" und die zugehörige Definition dieser Member-Funktion in der Programm-Datei "WerteErfassung.cpp". Anschließend besitzt die Klasse "WerteErfassung" die folgende Struktur:

WerteErfassung	
Member-Variablen:	m_werteListe m_jahrgangsstufe m_werteArray
Konstruktor-Funktion: Klassen-Funktion: Member-Funktionen:	WerteErfassung durchfuehrenErfassung sammelnWerte anzeigenWerte bereitstellenWerte

Abbildung 5.1: Die Klasse "WerteErfassung" zur Lösung von PROB-2-2

Damit wir den zu entwickelnden Lösungsplan als Spezialisierung eines bereits vorliegenden Lösungsplans angeben können, müssen wir zuvor klären, in welcher Beziehung eine Klasse, die neu eingerichtet wird, zu sämtlichen bereits von der Programmierumgebung zur Verfügung gestellten Klassen steht. Dazu sind die folgenden Aussagen von grundlegender Bedeutung:

- Eine neue Klasse kann als *Unterklasse* einer bereits vorhandenen Klasse eingerichtet werden, die als direkte *Oberklasse* der neuen Klasse bezeichnet wird – man sagt, dass die Unterklasse aus der Oberklasse *abgeleitet* wird.
  Es ist zu beachten, dass aus den Standard-Klassen keine Unterklassen abgeleitet werden können.

- Durch die Ableitung erfolgt eine *Vererbung*. Dies bedeutet, dass die neue Unterklasse – implizit – sämtliche Member-Variablen der ihr übergeordneten Klasse übernimmt und jede Instanz der Unterklasse Kenntnis von sämtlichen Member-Funktionen besitzt, die innerhalb der Oberklasse vereinbart oder bekannt sind.

Der Sachverhalt, dass eine Klasse "U" aus einer Klasse "O" abgeleitet ist, lässt sich wie folgt veranschaulichen:

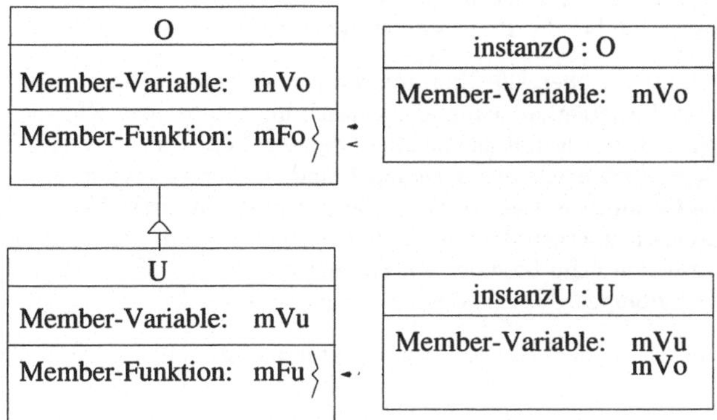

Abbildung 5.2: Spezialisierung durch Vererbung

Um zu verdeutlichen, dass "O" die Oberklasse und "U" die Unterklasse darstellt, ist das Vererbungs-Symbol Bestandteil der Verbindungslinie zwischen diesen beiden Klassen. Es "zeigt" von der Unterklasse "U" in die Richtung der Oberklasse "O".

Die Klasse "O" vererbt ihre Member-Variable und die Zugriffsmöglichkeit auf ihre Member-Funktion an die Klasse "U". Somit besitzt jede Instanz der Klasse "U" die Member-Variable "mVu" und die Member-Variable "mVo". Sie kennt nicht nur die Member-Funktion "mFu", sondern auch die Member-Funktion "mFo".
Jede Instanz der Klasse "O" besitzt die Member-Variable "mVo" und kennt die Member-Funktion "mFo". Sie verfügt *nicht* über die Member-Variable "mVu" und kennt auch *nicht* die Member-Funktion "mFu".
Die Klasse "U" stellt eine *Spezialisierung* der Klasse "O" dar, da in der Unterklasse "U" eine zusätzliche Member-Variable vereinbart und eine weitere Member-Funktion bekannt ist. Bei einer Spezialisierung ist es möglich, dass in einer Unterklasse nur Member-Variablen oder auch nur Member-Funktionen vereinbart sind.

5.2 Klassen-Hierarchie und Polymorphismus

Das Prinzip der Vererbung wirkt nicht nur einstufig im Hinblick auf die unmittelbare Unterordnung, sondern über *alle* Stufen einander untergeordneter Klassen.

Im Hinblick auf die Form, in der wir neue Klassen durch eine Klassen-Vereinbarung einrichten, ist der folgende Sachverhalt von Bedeutung:

- Die Klassen der Programmierumgebung sind *hierarchisch* geordnet, so dass eine Klasse mehr als einer Klasse untergeordnet sein kann. Dabei hat jede Klasse – im Normalfall – genau eine direkte Oberklasse.
  Diese Art von Vererbung wird als *Einfachvererbung* bezeichnet.
  Hinweis: Es lässt sich auch eine Mehrfachvererbung durchführen, bei der eine Klasse zwei oder mehrere direkte Oberklassen haben kann. Dieser Sachverhalt wird im Abschnitt 7.5 erläutert.

- Innerhalb der Hierarchie der Basis-Klassen, die durch die Programmierumgebung Visual C++ zur Verfügung gestellt werden, gibt es eine besondere Klasse namens "CObject". Diese Klasse ist die Oberklasse *aller* Basis-Klassen sowie die Oberklasse *aller* Klassen, die bei der Programmierung neu eingerichtet werden.

- Die Vererbung ist über alle Hierarchiestufen wirksam, so dass jede Klasse sämtliche Member-Variablen aller ihr hierarchisch übergeordneten Klassen erbt und jede Instanz einer Klasse Kenntnis von allen Member-Funktionen besitzt, die in hierarchisch übergeordneten Klassen vereinbart sind. Daher verkörpert jede Instanz einer Klasse die Gesamtheit aller Member-Variablen, die in dieser Klasse und sämtlichen ihr hierarchisch übergeordneten Klassen festgelegt sind. Ferner kann jede Instanz einer Klasse sämtliche Member-Funktionen ausführen, die in dieser Klasse und in hierarchisch übergeordneten Klassen vereinbart sind.

- Es ist zu beachten, dass Konstruktor-Funktionen *nicht* an abgeleitete Klassen vererbt werden.

- Jede Instanz ist immer derjenigen Klasse zugeordnet, aus der sie instanziiert wurde. Eine nachträgliche Veränderung dieser Zuordnung – im Hinblick auf die Klassen-Hierarchie – ist *nicht* möglich.

Sind z.B. die Klassen "K1", "K2" bis "Kn" der Klasse "K0" hierarchisch untergeordnet, so können wir dies folgendermaßen darstellen:

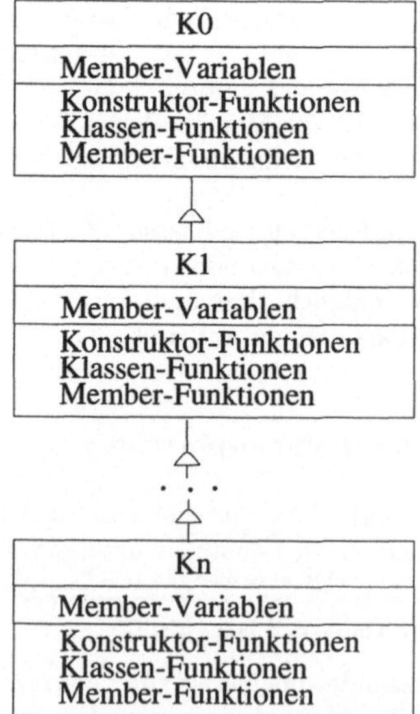

Abbildung 5.3: Spezialisierung durch hierarchische Unterordnung

Jede Instanz der Klasse "Kn" enthält sämtliche Member-Variablen der Klassen "K0", "K1" bis hin zu "Kn" und kann – ausser den eigenen Funktionen – jede Member-Funktion ausführen, die innerhalb einer dieser Oberklassen vereinbart ist.

Im Hinblick auf die Ausführung von Funktionen hat die Klassen-Hierarchie die folgende Auswirkung:

- Wird ein Funktions-Aufruf von einer Instanz ausgelöst, so wird die zugehörige Member-Funktion zunächst in der Klasse gesucht, aus der die Instanz instanziiert wurde. Ist die Suche erfolgreich, so wird die ermittelte Member-Funktion von der Instanz ausgeführt. Wird jedoch die gesuchte Member-Funktion nicht in dieser Klasse gefunden, so wird die Suche in der *unmittelbar* übergeordneten Klasse fortgesetzt, bei erneut erfolgloser Suche anschließend in der nächst übergeordneten Klasse, usw.
- Gleichlautende Funktions-Aufrufe können daher die Ausführung völlig unterschiedlicher Member-Funktionen auslösen. Zu welcher Wirkung ein Funktions-Aufruf führt, wird durch die Instanz bestimmt, die den Funktions-Aufruf veranlasst. Dieses Grundprinzip, nach der die Ausführung einer Funktion erfolgt, wird *Polymorphismus* (Mehrgestaltigkeit) genannt.
- Beim Aufruf einer Klassen-Funktion beginnt die Suche in der Klasse, die durch den Namen gekennzeichnet ist, der beim Funktions-Aufruf vor dem Scope-Operator "::" angegeben ist.

Im Rahmen der hierarchischen Gliederung können einer Klasse nicht nur eine, sondern auch zwei oder mehrere Klassen auf *derselben* Hierarchiestufe untergeordnet werden.

Sind z.B. der Klasse "K0" die Klassen "K1", "K2" bis "Kn" auf derselben Hierarchiestufe untergeordnet, so können wir diesen Sachverhalt folgendermaßen darstellen:

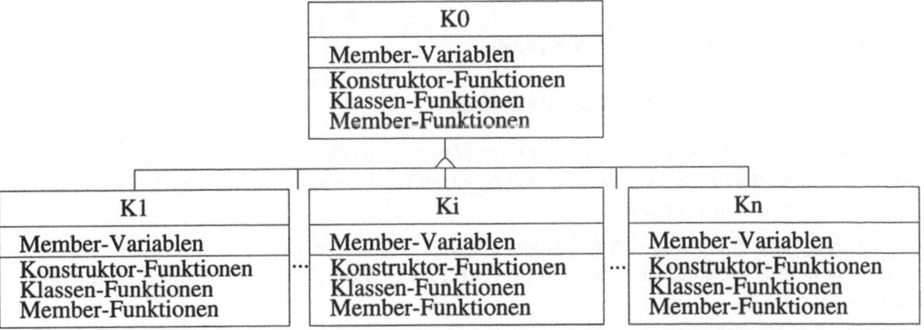

Abbildung 5.4: Unterordnung auf derselben Hierarchiestufe

Eine Instanz der Klasse "Ki" kann nur diejenigen Member-Funktionen ausführen, die innerhalb der Klasse "Ki" und in der Oberklasse "K0" (sowie den "K0" übergeordneten Klassen) vereinbart und bekannt sind. Eine Instanz von "Ki" verfügt nicht über alle Member-Variablen der Klassen, die "K0" untergeordnet sind, sondern sie enthält nur die Member-Variablen, die in "Ki" und "K0" (sowie den "K0" übergeordneten Klassen) festgelegt sind.

Im Hinblick auf die Möglichkeiten der hierarchischen Strukturierung ist für die objekt-orientierte Programmierung die folgende Feststellung von grundlegender Bedeutung:

- Da die Vererbung nicht nur über eine, sondern über alle Hierarchiestufen wirkt, gehört zur Entwicklung eines Lösungsplans nicht nur die Fähigkeit, eine geeignete Klasse zu vereinbaren, sondern in besonderem Maße auch die Kenntnis von Member-Variablen und Member-Funktionen (sowie Klassen-Funktionen), die als Bestandteil bereits vorhandener Klassen für die Programmierung zur Verfügung stehen. Erst durch diese Kenntnisse lassen sich objekt-orientierte Programmentwicklungen effizient durchführen.

Für einen Anfänger ist es *nicht* einfach, die Programmierung einer Problemlösung durchzuführen. Dies liegt im besonderen Maße daran, dass er sich zunächst einmal einen Kenntnisstand über eine Vielzahl von Basis-Klassen und Basis-Member-Funktionen verschaffen muss. Erst anschließend kann er beurteilen, ob eine für eine Problemlösung benötigte Member-Funktion bereits als Basis-Member-Funktion zur Verfügung steht oder aus geeigneten Basis-Member-Funktionen zu entwickeln ist.

Um zu wissen, welche Member-Funktionen von den Instanzen einer Klasse ausgeführt werden können, muss man einen Einblick in die Gesamtheit der Member-Funktionen nehmen, die in dieser oder in den ihr hierarchisch übergeordneten Klassen vereinbart sind.

In den nachfolgend vorgestellten Programmen werden wir ausgewählte Basis-Member-Funktionen kennenlernen. Diese Funktionen sind nicht nur bei der Lösung der vorgestellten Problemstellungen nützlich, sondern deren Kenntnis ermöglicht es auch, Lösungspläne zu ähnlich gestellten Aufgaben programmieren zu können.

5.3 Entwicklung eines Lösungsplans

5.3.1 Strukturierung des Lösungsplans

Nachdem wir das Prinzip der Vererbung kennengelernt haben, greifen wir das durch PROB-2-2 formulierte Ziel wieder auf, einen *gestuften* Lösungsplan auf der Basis der Klasse "WerteErfassung" zu realisieren.

Um den Durchschnittswert der erfassten Punktwerte berechnen und anzeigen zu können, wollen wir eine Klasse entwickeln, die als Unterklasse der Klasse "WerteErfassung" eingerichtet werden soll.

Hinweis: Zur Bezeichnung einer Unterklasse sollte man einen Namen wählen, in dem der Name der Oberklasse enthalten ist.

- Als Klassennamen für die einzurichtende Unterklasse von "WerteErfassung" wählen wir den Namen "InWerteErfassung".

  Die Vorsilbe "In", die wir dem Namen der Oberklasse voranstellen, soll eine Eigenschaft der Daten kennzeichnen, die durch Instanziierungen aus der Klasse "InWerte Erfassung" gesammelt werden können.

  Durch "In" wird das Wort "Intervallskaliert" abgekürzt. Die Eigenschaft, intervallskaliert zu sein, bedeutet, dass gleiche Unterschiede in den Leistungen durch gleiche Differenzen in den Punktwerten widergespiegelt werden – man sagt, dass die

Differenzen von Punktwerten ***empirisch bedeutsam*** sind. Diese Eigenschaft ist eine wesentliche Voraussetzung dafür, dass bestimmte Rechen-Operationen, die mit den Daten durchgeführt werden, zu inhaltlich interpretierbaren Ergebnissen führen. Nur wenn die erfassten Punktwerte "intervallskaliert" sind, ist es sinnvoll, den *Durchschnittswert* zu ermitteln.

Für die abgeleitete Klasse "InWerteErfassung" sehen wir eine Member-Funktion namens "durchschnitt" zur Berechnung des Durchschnittswertes und eine Member-Funktion namens "anzeigenDurchschnittswert" zur Anzeige des Durchschnittswertes vor.
Ferner soll der Durchschnittswert einer Member-Variablen namens "m_durchschnittswert" zugeordnet werden.

Hinweis: Dies soll deswegen geschehen, weil wir zu einem späteren Zeitpunkt eine Auswertung der erfassten Punktwerte durchführen wollen, bei der auf den zuvor ermittelten Durchschnittswert zurückgegriffen werden soll.

Für die Oberklasse "WerteErfassung" und die Unterklasse "InWerteErfassung" sehen wir somit die folgende Strukturierung vor:

WerteErfassung	
Member-Variablen:	m_werteListe m_jahrgangsstufe m_werteArray
Konstruktor-Funktion: Klassen-Funktion: Member-Funktionen:	WerteErfassung durchfuehrenErfassung sammelnWerte anzeigenWerte bereitstellenWerte

InWerteErfassung	
Member-Variable:	m_durchschnittswert
Konstruktor-Funktion: Member-Funktionen:	InWerteErfassung durchschnitt anzeigenDurchschnittswert

Abbildung 5.5: "InWerteErfassung" als Unterklasse von "WerteErfassung"

Durch eine Instanziierung der Klasse "InWerteErfassung" wird eine Instanz eingerichtet, die die Member-Variablen "m_werteListe", "m_jahrgangsstufe", "m_werteArray" und "m_durchschnittswert" umfasst und die sowohl die in "InWerteErfassung" als auch die in "WerteErfassung" vereinbarten Member-Funktionen kennt.

Nach der Erfassung der Punktwerte soll der Durchschnittswert – durch die Ausführung der Member-Funktionen "durchschnitt" und "anzeigenDurchschnittswert" – errechnet und angezeigt werden. Gleichzeitig soll der ermittelte Durchschnittswert der Member-Variablen "m_durchschnittswert" zugeordnet werden.

Um diese Anforderungen zu erfüllen, definieren wir die Member-Funktionen "durchschnitt" und "anzeigenDurchschnittswert" wie folgt:

```
void InWerteErfassung::durchschnitt() {
 int summe = 0;
 int anzahl = m_werteArray.GetSize();
 for (int i = 0; i < anzahl; i = i + 1)
  summe = summe + m_werteArray.GetAt(i);
 m_durchschnittswert = float(summe) / float(anzahl);
}
void InWerteErfassung::anzeigenDurchschnittswert() {
 cout << "Der Durchschnittswert ist: " << m_durchschnittswert << endl;
}
```

Hinweis: Da der ermittelte Durchschnittswert der Member-Variablen "m_durchschnittswert" zugeordnet wird, kann die Member-Funktion "anzeigenDurchschnittswert" ohne Parameter vereinbart werden.

5.3.2 Vereinbarung einer Unterklasse

Um die Klassen-Hierarchie mit der Oberklasse "WerteErfassung" und der aus ihr abgeleiteten Unterklasse "InWerteErfassung" aufzubauen, legen wir den folgenden Inhalt der Programm-Datei "WerteErfassung.cpp" zugrunde:

```
#include <afx.h>
class WerteErfassung {
 public:
  WerteErfassung(int jahrgangswert);
  static void durchfuehrenErfassung(WerteErfassung & instanz11,
                                    WerteErfassung & instanz12);
  void sammelnWerte(int punktwert);
  void anzeigenWerte();
  void bereitstellenWerte();
 protected:
  CStringList m_werteListe;
  int m_jahrgangsstufe;
  CUIntArray m_werteArray;
};
```

Um "InWerteErfassung" als Unterklasse von "WerteErfassung" einrichten zu können, müssen wir den folgenden Sachverhalt berücksichtigen:

- Soll eine Klasse namens "unterklasse" aus einer bereits vereinbarten Klasse namens "oberklasse" abgeleitet werden, so ist die Klassen-Deklaration von "unterklasse" wie folgt festzulegen:

```
class unterklasse : public oberklasse {
  public:
    Deklaration der Konstruktor-Funktion(en)
    von "unterklasse"
    Deklaration der Klassen-Funktion(en)
    von "unterklasse"
    Deklaration der Member-Funktion(en)
    von "unterklasse"
  protected:
    Deklarations-Vorschrift(en) der Member-Variablen
    von "unterklasse"
};
```

Gemäß dieser Vorgaben deklarieren wir die Klasse "InWerteErfassung" folgendermaßen innerhalb der Header-Datei "InWerteErfassung.h":

```
#include "WerteErfassung.h"
class InWerteErfassung : public WerteErfassung {
 public:
  InWerteErfassung(int jahrgangswert);
  void durchschnitt();
  void anzeigenDurchschnittswert();
 protected:
  float m_durchschnittswert;
};
```

Durch diese Programmzeilen haben wir die Deklaration der Konstruktor-Funktion "InWer teErfassung" festgelegt. Deren Definition stellen wir im nächsten Abschnitt dar.

5.3.3 Instanziierung aus einer abgeleiteten Klasse

Vereinbarung der Konstruktor-Funktion

Im Hinblick auf unseren Lösungsplan soll bei einer Instanziierung aus der Klasse "InWerte Erfassung" die Member-Variable "m_jahrgangsstufe" der Klasse "WerteErfassung" initialisiert werden. Da diese Member-Variable durch den Aufruf der Konstruktor-Funktion der Klasse "WerteErfassung" eingerichtet wird, ist der jeweilige Jahrgangsstufenwert als Argument der Konstruktor-Funktion der Klasse "InWerteErfassung" aufzuführen und geeignet zu übergeben.
Um diese Forderung zu erfüllen, muss die Funktions-Definition der durch

```
InWerteErfassung(int jahrgangswert);
```

deklarierten Konstruktor-Funktion der Klasse "InWerteErfassung" sicherstellen, dass der bei einer Instanziierung aus der Klasse "InWerteErfassung" angegebene Jahrgangsstufenwert als Argument für den Aufruf der Konstruktor-Funktion der Klasse "WerteErfassung" bereitgestellt wird.

Dies lässt sich dadurch erreichen, dass wir die Konstruktor-Funktion wie folgt definieren:

```
InWerteErfassung::InWerteErfassung(int jahrgangswert)
                  : WerteErfassung(jahrgangswert) {
}
```

Auf dieser Basis lässt sich z.B., sofern Punktwerte der Jahrgangsstufe 11 erfasst werden sollen, eine Instanziierung aus der Klasse "InWerteErfassung" durch die Initialisierungs-Anweisung

```
InWerteErfassung inWerteErfassung11(11);
```

anfordern.
Die hierdurch eingerichtete Instanz haben wir durch den Variablennamen "inWerteErfas sung11" gekennzeichnet. Die am Ende aufgeführte "11" soll verdeutlichen, dass dieser Instanz bei ihrer Instanziierung der Wert "11" als Attributwert der Jahrgangsstufe zugeordnet wurde.
Grundsätzlich gilt:

- Soll eine Instanziierung aus einer abgeleiteten Klasse "unterklasse" durchgeführt werden und sind dabei Member-Variablen von "unterklasse" sowie einer oder mehrerer Oberklassen zu initialisieren, so ist die Deklaration der Konstruktor-Funktion "unterklasse" in der Form

  unterklasse ([*klassenname-1* [&] *parameter-1*
  [, *klassenname-2* [&] *parameter-2*] ...) ;

  und die zugehörige Funktions-Definition wie folgt vorzunehmen:

  unterklasse :: *unterklasse* (*klassenname-1* [&] *parameter-1*
  [, *klassenname-2* [&] *parameter-2*] ...)
  : *initialisierungsliste* {
  [*anweisung-1* ;
  [*anweisung-2* ;] ...]
  }

Initialisierung von Member-Variablen

Neben der bisher in Abschnitt 4.1.6 vorgestellten Initialisierungsliste der Form

member-variable-1 (*ausdruck-1*) [, *member-variable-2* (*ausdruck2*)] ...

mit der sich die Member-Variablen von "unterklasse" initialisieren lassen, kann in einer Initialisierungsliste auch die Konstruktor-Funktion der direkt übergeordneten Klasse namens "oberklasse" wie folgt aufgerufen werden:

oberklasse(ausdruck-1 [*, ausdruck-2*] ...)

Sofern eine Initialisierungsliste mehrere Angaben enthält, sind sie paarweise durch jeweils ein Komma voneinander zu trennen.

Hinweis: Innerhalb einer Initialisierungsliste ist die Reihenfolge von Konstruktor-Aufruf und Initialisierung der Member-Variablen beliebig.
Dabei darf die Initialisierungsliste einer Unterklasse *keine* Member-Variablen der Oberklassen enthalten.
Mehrere Konstruktor-Aufrufe dürfen in einer Initialisierungsliste nur im Falle einer Mehrfachvererbung (siehe Abschnitt 7.5) aufgeführt werden.

Die Reihenfolge, in der Angaben innerhalb einer Initialisierungsliste enthalten sind, hat keinen Einfluss auf die Abfolge, in der die Member-Variablen bei einer Instanziierung initialisiert werden.

Grundsätzlich gilt für die Initialisierungs-Reihenfolge:

- Zuerst werden die Member-Variablen derjenigen Oberklasse initialisiert, die innerhalb der Klassen-Hierarchie – aus der Sicht der Unterklasse – an der obersten Position angesiedelt ist. Dabei werden die Member-Variablen in der Reihenfolge initialisiert, in der sie innerhalb der Klassen-Deklaration der Oberklasse aufgeführt sind.
- Anschließend erfolgt die Initialisierung der Member-Variablen aus derjenigen Oberklasse, die in der Klassen-Hierarchie auf der nächst tieferen Hierarchie-Ebene angesiedelt ist. In dieser Reihenfolge wird solange fortgefahren, bis die Member-Variablen aller Oberklassen initialisiert sind.
- Schließlich werden die Member-Variablen der Unterklasse in der Reihenfolge ihrer Deklaration initialisiert.
- Die Initialisierung sämtlicher Member-Variablen findet vor der Ausführung derjenigen Anweisungen statt, die im Anweisungs-Block der jeweiligen Konstruktor-Funktion enthalten sind.

Falls die Initialisierungsliste keinen Konstruktor-Aufruf für die direkte Oberklasse enthält, wird der Standard-Konstruktor der Oberklasse zur Ausführung gebracht. Dabei ist zu beachten, dass der Compiler den Standard-Konstruktor einer Klasse nur dann automatisch generiert, wenn in dieser Klasse kein Konstruktor vereinbart ist. Somit kann es notwendig sein, dass ein benötigter Standard-Konstruktor explizit zu vereinbaren ist.

Ein Beispiel

Bei den bisher vorgestellten Programmen haben wir die Programmzeilen in Header- und Programm-Dateien aufgeteilt. Zum Austesten kleinerer Programme ist es empfehlenswert, das gesamte Programm innerhalb einer einzigen Programm-Datei einzutragen. In diesem Fall lassen sich anstelle der Funktions-Deklarationen direkt die Funktions-Definitionen innerhalb einer Klassen-Deklaration angeben. Dabei entfällt die Angabe des Klassennamens und des nachfolgenden Scope-Operators "::".

Wir unterstellen, dass die folgenden Programmzeilen in einer Programm-Datei namens "test.cpp" eingetragen sind:

```
#include <iostream.h>
class K1 {
 public:
  K1(int jahr) : m_jahr(jahr) {
    cout << "(K1) " << "Jahr: " << m_jahr << endl;
   }
 protected:
  int m_jahr;
};
class K2 : public K1 {
 public:
  K2(int jahr, int monat) : K1(jahr), m_monat(monat) {
    cout << "(K2) " << "Monat: " << m_monat << endl;
    cout << "(K2) " << "Jahr: " << m_jahr << endl;
   }
 protected:
  int m_monat;
};
class K3 : public K2 {
 public:
  K3(int jahr, int monat, int tag) : K2(jahr, monat), m_tag(tag) {
   cout << "(K3) " << "Tag: " << m_tag << endl;
   cout << "(K3) " << "Monat: " << m_monat << endl;
   cout << "(K3) " << "Jahr: " << m_jahr << endl;
  }
 protected:
  int m_tag;
};
```

Durch diese Programmzeilen ist "K3" als Unterklasse von "K2" und diese Klasse wiederum als Unterklasse von "K1" vereinbart. Ergänzen wir diese Programmzeilen durch die in der Form

```
void main() {
 K3 instanzK3(2001, 11, 30);
}
```

festlegte Ausführungs-Funktion "main", so erhalten wir die folgende Anzeige:

```
(K1) Jahr: 2001
(K2) Monat: 11
(K2) Jahr: 2001
(K3) Tag: 30
(K3) Monat: 11
(K3) Jahr: 2001
```

Hieraus ist erkennbar, dass beim Einrichten der Instanz "instanzK3" zunächst die Konstruktor-Funktion von "K1", dann die Konstruktor-Funktion von "K2" und erst abschliessend die Konstruktor-Funktion von "K3" ausgeführt wird.
Die folgende Darstellung gibt die Klassen-Hierarchie in Kurzform wieder:

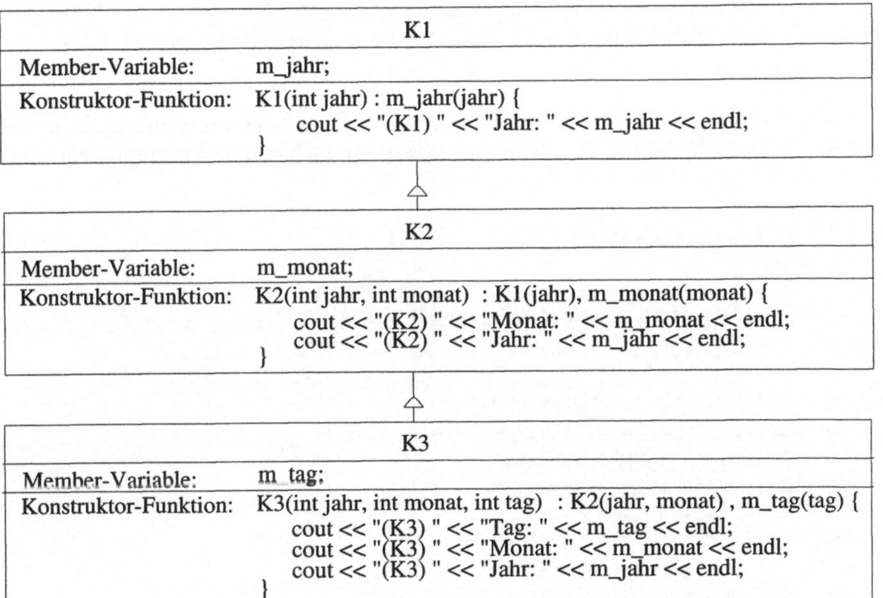

5.4 Der Lösungsplan

Nachdem wir erläutert haben, wie die zur Lösung von PROB-2-2 benötigte Konstruktor-Funktion "InWerteErfassung" und die Member-Funktion "durchschnitt" zu definieren sind, können wir den Inhalt der Programm-Datei "InWerteErfassung.cpp" insgesamt durch die folgenden Progammzeilen festlegen:

```
#include <iostream.h>
#include "InWerteErfassung.h"
InWerteErfassung::InWerteErfassung(int jahrgangswert)
                    : WerteErfassung(jahrgangswert) {
}
void InWerteErfassung::durchschnitt() {
 int summe = 0;
 int anzahl = m_werteArray.GetSize();
 for (int i = 0; i < anzahl; i = i + 1)
  summe = summe + m_werteArray.GetAt(i);
 m_durchschnittswert = float(summe) / float(anzahl);
}
void InWerteErfassung::anzeigenDurchschnittswert() {
 cout << "Der Durchschnittswert ist: " << m_durchschnittswert << endl;
}
```

Um den Lösungsplan von PROB-2-2 zu vervollständigen, müssen wir noch den Inhalt der Programm-Datei "Main.cpp" festlegen. Dazu sehen wir die folgenden Programmzeilen vor:

```
//Prog_2_2
#include "InWerteErfassung.h"
void main() {
 InWerteErfassung inWerteErfassung11(11);
 InWerteErfassung inWerteErfassung12(12);
 InWerteErfassung::durchfuehrenErfassung(inWerteErfassung11,
                                         inWerteErfassung12);
 inWerteErfassung11.anzeigenWerte();
 inWerteErfassung11.bereitstellenWerte();
 inWerteErfassung11.durchschnitt();
 inWerteErfassung11.anzeigenDurchschnittswert();
 inWerteErfassung12.anzeigenWerte();
 inWerteErfassung12.bereitstellenWerte();
 inWerteErfassung12.durchschnitt();
 inWerteErfassung12.anzeigenDurchschnittswert();
}
```

Damit die Deklaration der Klasse "InWerteErfassung" bekannt ist, haben wir die Programmzeilen durch die folgende include-Direktive eingeleitet:

```
#include "InWerteErfassung.h"
```

Es ist zu beachten, dass die Ausdrucks-Anweisung

```
InWerteErfassung::durchfuehrenErfassung(inWerteErfassung11,
                                        inWerteErfassung12);
```

eine Suche nach der Klassen-Funktion “durchfuehrenErfassung” innerhalb der Klasse “In WerteErfassung” auslöst. Da diese Suche erfolglos ist, wird sie – mit Erfolg – in der unmittelbar übergeordneten Klasse “WerteErfassung” fortgesetzt.

Ferner ist an dieser Stelle hervorzuheben, dass wir bei der Deklaration der Klassen-Funktion “durchfuehrenErfassung” festgelegt haben, dass deren Argumente aus der Klasse “WerteErfassung” zu instanziieren sind. Trotzdem verwenden wir beim Funktions-Aufruf von “durchfuehrenErfassung” Argumente, die aus der Klasse “InWerteErfassung” instanziiert sind.

Dieses Vorgehen ist aus folgendem Grunde zulässig:

- Ist für einen Parameter bei einer Funktions-Deklaration festgelegt, dass das beim Funktions-Aufruf aufgeführte Argument aus der Klasse “klassenname” zu instanzieren ist, so darf beim Funktions-Aufruf auch eine Instanz aus einer Unterklasse von “klassenname” als Argument verwendet werden.

Um die Lösungen neuer Problemstellungen auf der Basis von zuvor aufgebauten Klassen entwickeln zu können, benötigen wir weitere Kenntnisse, die wir in den nächsten Abschnitten erwerben und umgehend einsetzen werden.

5.5 Virtuelle Member-Funktionen

Im Hinblick auf den soeben vorgestellten Sachverhalt, dass als Funktions-Argument sowohl eine Instanz aus der für den Parameter festgelegten Klasse (hier: “WerteErfassung”) als auch aus einer abgeleiteten Klasse (hier: “InWerteErfassung”) verwendet werden kann, ist Folgendes zu beachten:

- Soll von einem Funktions-Argument die Ausführung einer Member-Funktion ausgelöst werden, so wird diese Member-Funktion grundsätzlich in derjenigen Klasse gesucht, die für den mit dem Argument korrespondierenden *Parameter* festgelegt ist.

Um ein Beispiel zu geben, betrachten wir die folgende Klassen-Hierarchie:

K1	
Klassen-Funktion:	static void kF(K1 & instanz) { instanz.mF(); }
Member-Funktion:	void mF() { cout << "mF von K1"; }

K2	
Member-Funktion:	void mF() { cout << "mF von K2"; }

Sofern wir die Ausführungs-Funktion "main" durch die Programmzeilen

```
void main() {
 K2 instanzK2;
 K1::kF(instanzK2);
}
```

festlegen, wird der Text "mF von K1" angezeigt. Dies liegt daran, dass die Instanziierung für den Parameter "instanz" der Klassen-Funktion "kF" durch die Angabe "K1 & instanz" festgelegt ist. Obwohl "instanzK2" aus der Klasse K2 eingerichtet wurde, wird durch diese Instanz die Member-Funktion "mF" aus der Klasse "K1" zur Ausführung gebracht.
Soll durch den Aufruf der Klassen-Funktion "kF"

```
K1::kF(instanzK2);
```

bewirkt werden, dass die in der Unterklasse "K2" definierte Member-Funktion "mF" ausgeführt wird, muss die durch die Deklaration "K1 & instanz" bestimmte Verabredung für den Funktions-Aufruf von "mF" außer Kraft gesetzt werden.
Um zu erreichen, dass durch

```
K1::kF(instanzK2);
```

die Member-Funktion "mF" aus der Unterklasse "K2" aufgerufen wird, muss die Funktion "mF" innerhalb der Klasse "K1" als virtuelle Funktion deklariert sein.

- Eine Member-Funktionen wird als *virtuelle* Member-Funktion vereinbart, wenn ihre Funktions-Deklaration durch das Schlüsselwort *"virtual"* eingeleitet wird.

virtual { void | *klassenname* }
funktionsname (*klassenname-1* [&] *parameter-1*
[, *klassenname-2* [&] *parameter-2*] ...) ;

  Es ist zu beachten, dass das Schlüsselwort "virtual" nur bei der Funktions-Deklaration und nicht bei der Funktions-Definition anzugeben ist. Im Unterschied zu Member-Funktionen lassen sich Klassen-Funktionen nicht als virtuelle Funktionen deklarieren.

- Nur wenn eine Member-Funktion als *virtuelle* Member-Funktion in einer Klasse vereinbart ist, wird beim Funktions-Aufruf die standardmäßige Suchstrategie nach dieser Funktion geändert:
  Die Suche nach derjenigen Funktion, die von einem Funktions-Argument zur Ausführung gebracht werden soll, beginnt in der Klasse, aus der dieses Argument instanziiert ist – und nicht in derjenigen Klasse, die für den zugehörigen Parameter bei der Funktions-Deklaration festgelegt wurde.

Hinweis: Das vorgestellte Prinzip ist auch bei einer mehr als zweistufigen Klassen-Hierarchie gültig. Wird eine virtuelle Member-Funktion in einer Oberklasse deklariert, so braucht das Schlüsselwort "virtual" in den untergeordneten Klassen bei der Deklaration der gleichnamigen Member-Funktionen nicht wiederholt zu werden.

Somit würde in dem oben angegebenen Beispiel der Text "mF von K2" angezeigt werden, wenn die Klasse "K1" wie folgt vereinbart wäre:

K1	
Klassen-Funktion:	static void kF(K1 & instanz) { instanz.mF(); }
Member-Funktion:	virtual void mF() { cout << "mF von K1"; }

Soll bei der Verwendung virtueller Member-Funktionen ein Funktions-Aufruf durch die Pseudo-Variable "this" ausgelöst werden, so ist Folgendes zu beachten:

- Innerhalb einer Funktions-Definition dient die Pseudo-Variable "this" nicht nur als Platzhalter für diejenige Instanz, die den Funktions-Aufruf bewirkt hat, sondern sie kennzeichnet zusätzlich die Klasse, aus der diese Instanz eingerichtet wurde.

Um die hieraus resultierende Wirkung nachzuvollziehen, betrachten wir das folgende Beispiel mit den beiden einander untergeordneten Klassen "K1" und "K2":

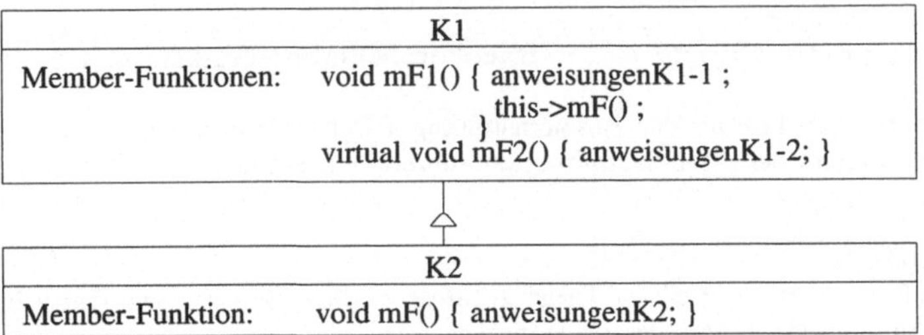

Falls auf dieser Basis – für die Instanziierung "instanzK2" aus "K2" – die Ausdrucks-Anweisung

```
instanzK2.mF1();
```

ausgeführt wird, werden die Anweisungen "anweisungenK1-1" von "mF1" und zusätzlich die Anweisungen "anweisungenK2" von "mF" aus "K2" zur Ausführung gebracht.

Sofern jedoch die Member-Funktion, die unter Einsatz der Pseudo-Variablen "this" aufgerufen wird, *keine* virtuelle Member-Funktion ist, erfolgt ein anderes Verhalten.
Wäre die Member-Funktion "mF" *nicht* als virtuelle Member-Funktion vereinbart worden, so würde die Ausführung der Anweisung

```
instanzK2.mF1();
```

bewirken, dass die Anweisungen "anweisungenK1-1" von "mF1" und zusätzlich die Anweisungen "anweisungenK1-2" von "mF" aus "K1" zur Ausführung gebracht werden.
In dieser Situation wird die Suche nach der auszuführenden Member-Funktion *nicht* in der Klasse "K2" begonnen, aus der die Instanz "instanzK2" eingerichtet wurde. Vielmehr wird die Suche jetzt ab der Klasse "K1" durchgeführt, in der die Member-Funktion "mF1" vereinbart wurde.

Ergänzend ist Folgendes festzustellen:

- Beim Einsatz virtueller Member-Funktionen erfolgt die Suche und Identifizierung der jeweils auszuführenden Member-Funktion *nicht* durch den Compiler, sondern erst zum Zeitpunkt der Programmausführung. In dieser Situation spricht man von einer ***späten Bindung*** ("late binding" bzw. "dynamic binding").
- In den Fällen, in denen bereits der Compiler feststellen kann, welche Member-Funktion auszuführen ist, handelt es sich um eine ***frühe Bindung*** ("early binding" bzw. "static binding").

Hinweis: Auch bei der späten Bindung wird die Vorbereitung für den Funktions-Aufruf grundsätzlich durch den Compiler vorgenommen. Der Unterschied zur frühen Bindung besteht darin, dass der Funktions-Aufruf bei einer späten Bindung indirekt bewirkt wird, indem erst zum Zeitpunkt der Programmausführung die jeweils zur Instanz "passende" Member-Funktion ermittelt und zur Ausführung gebracht wird. "Passend" heißt, dass zur jeweils referenzierten Instanz diejenige Klasse ermittelt wird, aus der diese Instanz eingerichtet wurde.

5.6 Lösung unter Einsatz einer virtuellen Member-Funktion

Sofern wir bei der Lösung der Problemstellung PROB-2-2 daran interessiert sind, die Punktwerte bereits bei ihrer Sammlung zu summieren, können wir PROB-2-2 wie folgt abwandeln:

- PROB-2-3:
  Das Projekt "Prog_2_2" ist derart zu ändern, dass die erfassten Werte bereits bei der Sammlung der Punktwerte summiert werden!

Da wir die ursprüngliche Vereinbarung der Member-Funktion "sammelnWerte" in der Klasse "WerteErfassung" nicht verändern wollen, bringen wir den Inhalt der Header-Datei "InWerteErfassung.h" in die folgende Form:

```
#include "WerteErfassung.h"
class InWerteErfassung : public WerteErfassung {
 public:
  InWerteErfassung(int jahrgangswert);
  void durchschnitt();
  void anzeigenDurchschnittswert();
  void sammelnWerte(int punktwert);
 protected:
  float m_durchschnittswert;
  int m_summe;
};
```

Zur Sammlung der Punktwerte und zur schrittweisen Berechnung des Summenwertes definieren wir die Member-Funktion "sammelnWerte" wie folgt innerhalb der Programm-Datei "InWerteErfassung.cpp":

```
void InWerteErfassung::sammelnWerte(int punktwert) {
 if (m_werteListe.IsEmpty()) m_summe = punktwert;
  else m_summe = m_summe + punktwert;
 CString wert = intAlsCString(punktwert);
 m_werteListe.AddTail(wert);
}
```

Damit die Funktion "intAlsCString" innerhalb der Programm-Datei "InWerteErfassung. cpp" verwendet werden kann, machen wir den Inhalt der Datei "EigeneBibliothek.h" mit der folgenden include-Direktive bekannt:

```
#include "EigeneBibliothek.h"
```

Zur Prüfung, ob bereits ein Wert gesammelt wurde, haben wir die Basis-Member-Funktion "IsEmpty" eingesetzt.

- **"IsEmpty()"**:
  Enthält der Sammler (eine Instanz aus der Basis-Klasse "CStringList"), der die Ausführung von "IsEmpty" bewirkt, mindestens einen String, so ergibt sich als Funktions-Ergebnis der Wahrheitswert "falsch". Andernfalls resultiert der Wahrheitswert "wahr".

Da die Summe der gesammelten Punktwerte jetzt der Member-Variablen "m_summe" zugeordnet ist, reduziert sich die Funktions-Definition von "durchschnitt" auf die folgende Form:

```
void InWerteErfassung::durchschnitt() {
 m_durchschnittswert = float(m_summe) / float(m_werteListe.GetCount());
}
```

Ferner deklarieren wir die Member-Funktion "sammelnWerte" innerhalb der Klasse "Wer teErfassung" durch die Angabe von

```
virtual void sammelnWerte(int punktwert);
```

als virtuelle Member-Funktion.
Dadurch ist bei der innerhalb von "durchfuehrenErfassung" enthaltenen if-Anweisung

```
if (jahrgangsstufe == 11)
   instanz11.sammelnWerte(punktwert);
else
   instanz12.sammelnWerte(punktwert);
```

gesichert, dass "sammelnWerte" aus der Klasse "InWerteErfassung" – und *nicht* aus der Klasse "WerteErfassung" – aufgerufen wird.

Hinweis: An dieser Stelle erinnern wir noch einmal daran, dass wir grundsätzlich von einer korrekten Eingabe des Jahrgangsstufenwertes ausgehen. Bei der professionellen Programmierung muss nach der Dateneingabe eine geeignete Prüfung durchgeführt werden, so dass die Korrektheit des eingegebenen Wertes sichergestellt ist.

Da wir zur Berechnung des Durchschnittswertes die Punktwerte nicht mehr vom Sammler "m_werteListe" in den Sammler "m_werteArray" – durch die Ausführung der Member-Funktion "bereitstellenWerte" – übertragen müssen, bringen wir den Inhalt der Programm-Datei "Main.cpp" in die folgende Form:

```
//Prog_2_3
#include "InWerteErfassung.h"
void main() {
 InWerteErfassung inWerteErfassung11(11);
 InWerteErfassung inWerteErfassung12(12);
 InWerteErfassung::durchfuehrenErfassung(inWerteErfassung11,
                                          inWerteErfassung12);
 inWerteErfassung11.anzeigenWerte();
 inWerteErfassung11.durchschnitt();
 inWerteErfassung11.anzeigenDurchschnittswert();
 inWerteErfassung12.anzeigenWerte();
 inWerteErfassung12.durchschnitt();
 inWerteErfassung12.anzeigenDurchschnittswert();
}
```

Durch die Ausführung dieser Programmzeilen wird die Lösung von PROB-2-3 bewirkt.

5.7 Ausführung von überdeckten Member-Funktionen

Sind Member-Funktionen bzw. Klassen-Funktionen aus verschiedenen hierarchisch untergeordneten Klassen gleichnamig, so wird jede dieser Funktionen durch diejenige Funktion einer Unterklasse *überdeckt* (verdeckt), die ihr in der Klassen-Hierarchie untergeordnet ist. Dies liegt daran, dass beim Suchprozess, der die jeweils auszuführende Funktion bestimmt, immer von "unten nach oben" gesucht wird.

Damit eine überdeckte Funktion zur Ausführung gebracht werden kann, muss beim Funktions-Aufruf diejenige Klasse angegeben werden, *ab* der der Suchprozess begonnen werden soll.

- Um eine Klasse *explizit* als Ausgangspunkt der Suche nach einer Member-Funktion festzulegen, ist der Funktions-Aufruf wie folgt anzugeben:

klassenname :: *funktions-aufruf*

  Bei dieser Qualifizierung ist der Klassenname dem Funktionsnamen voranzustellen und von ihm durch den Scope-Operator "::" zu trennen.

Als Beispiel betrachten wir die folgende Klassen-Hierarchie:

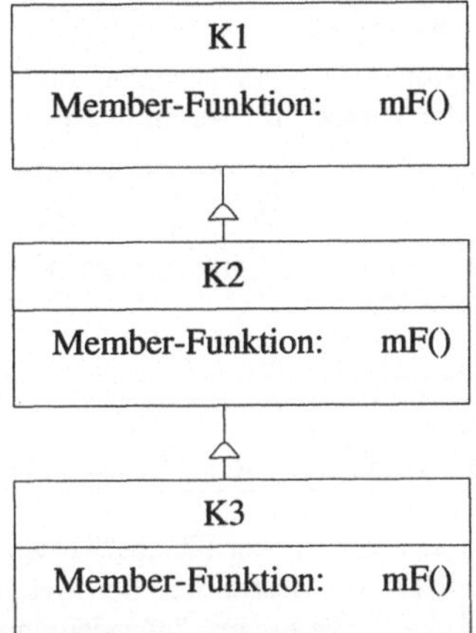

Soll auf dieser Basis eine aus der Klasse "K3" eingerichtete Instanz namens "instanzK3" die Member-Funktion "mF" der Klasse "K2" zur Ausführung bringen, so gelingt dies durch die folgende Ausdrucks-Anweisung:

```
instanzK3.K2::mF();
```

Ohne die Qualifizierung mittels "K2::" würde die Member-Funktion "mF" der Klasse "K3" zur Ausführung gebracht werden.
Durch den Einsatz des Scope-Operators "::" können wir die zur Lösung von PROB-2-3 (siehe oben) innerhalb der Klasse "InWerteErfassung" angegebene Definition der Member-Funktion "sammelnWerte" vereinfachen.
Wir geben die Funktions-Definition jetzt wie folgt an:

```
void InWerteErfassung::sammelnWerte(int punktwert) {
 if (m_werteListe.IsEmpty()) m_summe = punktwert;
   else m_summe = m_summe + punktwert;
 this->WerteErfassung::sammelnWerte(punktwert);
}
```

Die Sammlung der Punktwerte wird durch die folgende Ausdrucks-Anweisung bewirkt:

```
this->WerteErfassung::sammelnWerte(punktwert);
```

Dies liegt daran, dass hierdurch die in der Klasse "WerteErfassung" vereinbarte Member-Funktion "sammelnWerte" aufgerufen wird und dadurch die Anweisungen

```
CString wert = intAlsCString(punktwert);
m_werteListe.AddTail(wert);
```

zur Ausführung gelangen.

Grundsätzlich ist die Ausführung einer überdeckten Member-Funktion dann sinnvoll, wenn eine namensgleiche Member-Funktion, die innerhalb einer untergeordneten Klasse vereinbart ist, um weitere Anweisungen ergänzt werden soll.
Hierfür ist die Member-Funktion "mF" ein Beispiel, die auf der Basis der folgenden Klassen-Hierarchie innerhalb der Klasse "U" vereinbart ist:

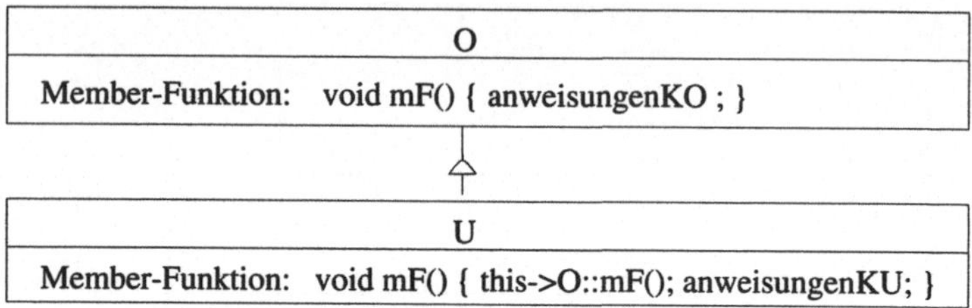

Wird die Funktion "mF" von einer Instanz der Klasse "U" aufgerufen, so werden zunächst die Anweisungen "anweisungenKO", die Bestandteil der Member-Funktion "mF" der Klasse "O" sind, und anschließend die Anweisungen "anweisungenKU" ausgeführt.

5.8 Überladen von Member-Funktionen und Signatur von Funktionen

Überladen von Member-Funktionen

Es ist erlaubt, gleichnamige Member-Funktionen bzw. Klassen-Funktionen nicht nur in unterschiedlichen Klassen, sondern auch innerhalb *einer* Klasse zu vereinbaren. In dieser Situation spricht man davon, dass diese Funktionen einander *überladen*.
Ein Überladen von Funktionen ist z.B. dann sinnvoll, wenn ähnliche Leistungen von unterschiedlichen Funktionen einer Klasse erbracht werden sollen und für jede zusätzlich vereinbarte derartige Funktion *kein* neuer Funktionsname vergeben werden soll.
Um ein Überladen von Funktionen zu ermöglichen, muss mindestens eine der folgenden Voraussetzungen für jeweils zwei gleichnamige Funktionen erfüllt sein:

- Die Funktionen besitzen eine unterschiedliche Anzahl von Parametern.
- Die Parameter der Funktionen unterscheiden sich im Hinblick auf ihre Reihenfolge.
- An mindestens einer Parameter-Position unterscheiden sich die Klassen, die für die Parameter festgelegt sind.

Signatur von Funktionen

Um die Rahmenbedingungen, unter denen sich Funktionen überladen lassen, präziser beschreiben zu können, wird der Begriff der Signatur verwendet.

- Die *Signatur* einer Funktion legt die Anzahl und die Reihenfolge ihrer Parameter sowie die Klassen der Parameter fest.

Mit Hilfe des Signatur-Begriffs lässt sich feststellen:

- Die Überladung gleichnamiger Funktionen ist nur dann zulässig, wenn diese Funktionen paarweise unterschiedliche Signaturen besitzen.

  Es ist zu beachten, dass der Name der Klasse, aus der das ***Funktions-Ergebnis*** eines Funktions-Aufrufs instanziiert ist, *nicht* Bestandteil der Signatur ist.
  Außerdem ist zu beachten, dass es innerhalb einer Klasse *nicht* zulässig ist, gleichnamige Member-Funktionen mit gleicher Signatur zu deklarieren, die sich nur in der Klasse des Funktions-Ergebnisses unterscheiden.

Zum Beispiel enthält die in der folgenden Form festgelegte Klasse "K" fünf gleichnamige Member-Funktionen mit unterschiedlicher Signatur:

K	
Member-Funktionen:	mF() mF(int i) mF(float j) mF(int i, float j) mF(float i, int j)

Sind innerhalb einer Klassen-Hierarchie gleichnamige Member-Funktionen mit unterschiedlichen Signaturen in verschiedenen Klassen vereinbart, so beeinflussen diese Überdeckungen die Bestimmung einer ausführbaren Member-Funktion.

- In dem Fall, in dem die Signatur einer aufgerufenen Funktion zwar mit der Signatur einer gleichnamigen Member-Funktion der Oberklasse, aber nicht mit der Signatur einer gleichnamigen Member-Funktion derjenigen Klasse übereinstimmt, ab der der Suchvorgang beginnt, wird vom Compiler ein Fehler festgestellt.

Diesen Sachverhalt verdeutlichen wir auf der Basis der folgenden Klassen-Hierarchie:

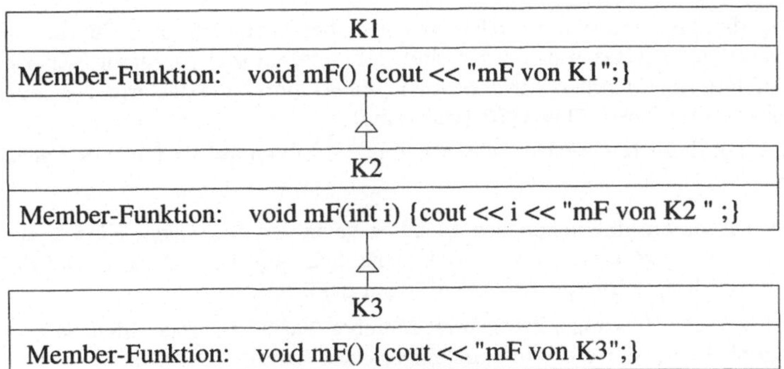

Für eine aus der Klasse "K3" eingerichtete Instanz "instanzK3" bewirkt die Anweisung

```
instanzK3.K2::mF();
```

dass die Member-Funktion “mF” ab der Klasse “K2” gesucht wird. Dies führt zu einer Fehlermeldung, da innerhalb von “K2” eine gleichnamige Member-Funktion vereinbart ist, deren Signatur nicht mit der Struktur des Funktions-Aufrufs übereinstimmt.
Die Anweisung

```
instanzK3.mF(1);
```

führt ebenfalls zu einer Fehlermeldung. Dies liegt daran, dass die innerhalb der Klasse “K3” vereinbarte parameterlose Member-Funktion “mF” die namensgleiche Member-Funktion “mF” der Klasse “K2”, die einen Parameter besitzt, überdeckt.
In dieser Situation ist Folgendes zu beachten:

- Um bei einer Überdeckung, bei der sich die Signaturen der gleichnamigen Member-Funktionen unterscheiden, die jeweils gewünschte Member-Funktion zur Ausführung zu bringen, ist beim Funktions-Aufruf die betreffende Klasse konkret anzugeben. Hierbei muss der Klassenname vom Namen der aufzurufenden Member-Funktion durch den Scope-Operator “::” getrennt werden.

Soll z.B. die Member-Funktion “mF” aus der Klasse “K2” von der Instanz “instanzK3” ausgeführt werden, so lässt sich dies durch die folgende Ausdrucks-Anweisung anfordern:

```
instanzK3.K2::mF(1);
```

Durch die Möglichkeit, Member-Funktionen überladen zu können, wird dem Programmierer ein weiteres Werkzeug zur Verfügung gestellt, um unterschiedliche Member-Funktionen über ein und denselben Funktionsnamen zur Ausführung bringen zu können. Im Hinblick auf den Vererbungsmechanismus ist jedoch – wie wir gezeigt haben – größte Vorsicht beim Einsatz derartiger Techniken geboten.

5.9 Überdeckung von Member-Variablen

Ebenso wie Member-Funktionen dürfen auch Member-Variablen, die in hierarchisch einander untergeordneten Klassen deklariert sind, gleichnamig sein. In dieser Situation spricht man davon, dass eine Member-Variable, die in einer Oberklasse deklariert ist, die Member-Variable einer Unterklasse überdeckt (verdeckt).
Im Hinblick auf diese *Überdeckung* von Member-Variablen ist der folgende Sachverhalt zu beachten:

- Jede Instanz enthält neben den Member-Variablen derjenigen Klasse, aus der ihre Instanziierung vorgenommen wurde, zusätzlich sämtliche Member-Variablen, die in den dieser Klasse übergeordneten Klassen deklariert sind.

  Wird von einer Instanz auf eine ihrer Member-Variablen zugegriffen, so ist die Klasse maßgeblich, aus der diese Instanz eingerichtet wurde.
  Gibt es in dieser Klasse keine Variable mit dem verwendeten Variablennamen, so weist dieser Variablenname auf diejenige Variable, die – im Hinblick auf die Klassen-Hierarchie – als erste namensgleiche Variable in einer übergeordneten Klasse deklariert ist.

Um auf eine gleichnamige Member-Variable aus einer übergeordneten Klasse zuzugreifen, ist diese Member-Variable – unter Einsatz des *Scope-Operators* "::" – durch den zugehörigen Klassennamen in der folgenden Form zu qualifizieren:

klassenname :: variablenname

Als Beispiel betrachten wir die folgende Klassen-Hierarchie:

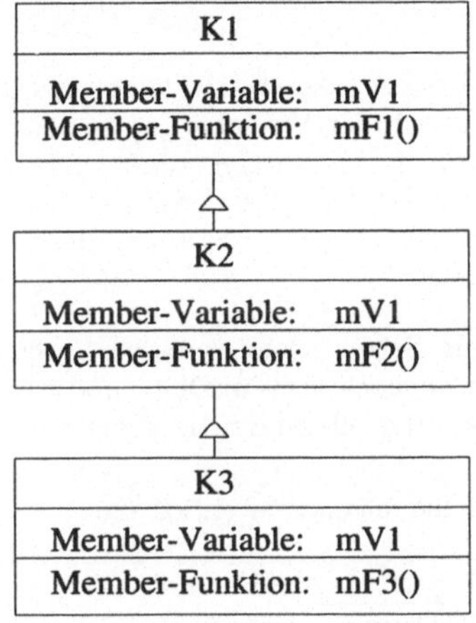

Auf dieser Basis besitzt jede Instanziierung der Klasse "K3" drei gleichnamige Member-Variablen namens "mV1". Von diesen Variablen lässt sich jede einzelne gezielt ansprechen, indem der Scope-Operator "::" in der Form "K1::mV1", "K2::mV1" bzw. "K3::mV1" eingesetzt wird.

Falls z.B. der Variablenname "mV1" – ohne eine Qualifizierung – in einer Anweisung der Member-Funktion "mF2" ("mF3") aufgeführt ist, wird auf die in der Klasse "K2" ("K3") deklarierte Member-Variable "mV1" zugegriffen, sofern der Funktions-Aufruf durch eine Instanziierung aus der Klasse "K2" ("K3") erfolgt ist.

Soll z.B. in einer Anweisung der Member-Funktion "mF3" (aufgerufen durch eine Instanziierung aus "K3") auf "mV1" aus "K1" zugegriffen werden, so muss in "mF3" die Qualifizierung "K1::mV1" verwendet werden.

Ist dagegen "mV1" z.B. in einer Anweisung der Member-Funktion "mF1" (aufgerufen durch eine Instanziierung aus "K1") – ohne eine Qualifizierung – enthalten, so wird auf die Member-Variable "mV1" der Klasse "K1" zugegriffen.

5.10 Abstrakte Klassen

Bei der Entwicklung unserer Lösungspläne wurden bislang alle Klassen deswegen deklariert, weil aus ihnen geeignete Instanzen eingerichtet werden sollten. Dieses Vorgehen ist der Normalfall. Allerdings gibt es Gründe, in bestimmten Fällen Klassen zu deklarieren, aus denen keine Instanziierungen vorgenommen werden sollen.

Durch den Aufbau einer Klassen-Hierarchie ist festgelegt, in welcher Reihenfolge die einzelnen Klassen nach einer auszuführenden Member-Funktion durchsucht werden.

Im Hinblick auf diese Suchreihenfolge kann es sinnvoll sein, innerhalb einer *gemeinsamen Oberklasse* alle diejenigen Member-Funktionen zusammenzufassen, deren Ausführung sich für Instanziierungen aus unterschiedlichen – innerhalb der Klassen-Hierarchie auf derselben Hierarchiestufe angeordneten – Unterklassen eignen.

Derartige Oberklassen haben eine grundlegende Bedeutung innerhalb der Klassen-Hierarchie.

- Eine Klasse – mit mindestens einer Unterklasse – wird dann *abstrakte* Klasse genannt, wenn sie vornehmlich der Vereinbarung von Member-Funktionen und/oder Member-Variablen dient, die für untergeordnete Klassen zur Verfügung gehalten werden sollen. Von dieser Art von Klassen können keine Instanzen erzeugt werden. Sie dienen in erster Linie zur zusammenfassenden Beschreibung gemeinsamer Eigenschaften ihrer Unterklassen.

Abstrakte Klassen werden zum Beispiel dann vereinbart, wenn Klassen zwar gewisse Gemeinsamkeiten besitzen, aber dennoch nicht in Ober- und Unterklassen gegliedert werden können. In diesem Fall ist es sinnvoll, eine neue gemeinsame Oberklasse als abstrakte Klasse festzulegen.

Diesen Sachverhalt stellt z.B. die folgende Situation dar:

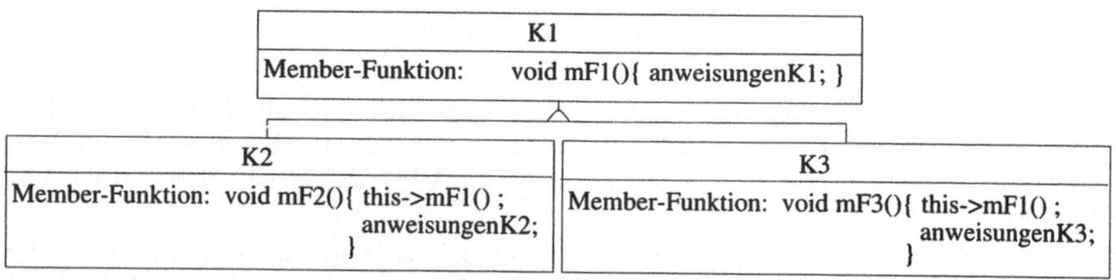

Mit der Member-Funktion "mF1" haben wir eine Funktion in der Klasse "K1" vereinbart, die von Instanzen der Unterklassen "K2" und "K3" ausgeführt werden kann.

Sofern für die Instanziierung "instanzK2" aus "K2" die Ausdrucks-Anweisung

```
instanzK2.mF2();
```

ausgeführt wird, werden die Anweisungen "anweisungenK1" von "mF1" und zusätzlich die Anweisungen "anweisungenK2" von "mF2" zur Ausführung gebracht.

Entsprechend werden die Anweisungen "anweisungenK1" von "mF1" und zusätzlich die Anweisungen "anweisungenK3" von "mF3" ausgeführt, sofern die Funktion "mF3" durch

```
instanzK3.mF3();
```

von der Instanziierung "instanzK3" aus "K3" aufgerufen wird.

Sofern keine Instanziierung aus "K1" vorgenommen werden soll, ist "K1" in dieser Situation als abstrakte Klasse anzusehen. Die Einrichtung von "K1" ist deswegen sinnvoll, weil ihre Member-Funktion "mF1" die Anweisungen "anweisungenK1" enthält, die für Instanzen aus "K2" und "K3" - bei den Funktions-Aufrufen von "mF2" bzw. von "mF2" - *einheitlich* auszuführen sind. Bei dieser Strukturierung der Klassen-Hierarchie müssen die Anweisungen "anweisungenK1" daher nur in einfacher Ausfertigung festgelegt werden.

Innerhalb von abstrakten Klassen sind häufig Member-Funktionen als virtuelle Member-Funktionen vereinbart. Durch diese Kennzeichnung wird darauf hingewiesen, dass namensgleiche Member-Funktionen innerhalb untergeordneter Klassen festgelegt sind, so dass die virtuelle Member-Funktion der abstrakten Oberklasse - in gewissem Sinne - die Funktion eines Platzhalters besitzt.
Eine in einer Oberklasse als virtuell vereinbarte Member-Funktion muss in keiner ihrer Unterklassen redefiniert werden.

5.11 Sortierung

Nachdem wir den Begriff der abstrakten Klasse kennengelernt haben, wollen wir die damit verbundenen Grundgedanken für einen effizienten Aufbau einer Klassen-Hierarchie an einer Erweiterung unseres Beispiels erläutern. Dabei werden wir - verglichen mit den bisherigen Lösungsplänen - etwas aufwändigere Verarbeitungsschritte durchführen müssen.

5.11.1 Problemstellung und Strukturierung des Lösungsplans

Im Folgenden wollen wir die Klasse "WerteErfassung" als abstrakte Klasse einsetzen. Den Grundstein für diese Zielsetzung haben wir durch den oben angegebenen Lösungsplan für PROB-2-2 gelegt, indem wir zur Klasse "WerteErfassung" eine Unterklasse namens "InWerteErfassung" eingerichtet haben. Bei der Ausführung des Lösungsplans haben wir keine Instanziierung mehr aus der Klasse "WerteErfassung", sondern nur noch aus der Unterklasse "InWerteErfassung" vorgenommen.
Sollen für diese Instanzen sowie für Instanzen, die aus weiteren, später einzurichtenden Unterklassen von "WerteErfassung" instanziiert sind, zusätzliche Handlungen - wie z.B. die Sortierung der erfassten Punktwerte - ermöglicht werden, so ist es sinnvoll, die dazu benötigten Member-Funktionen nicht in jeder einzelnen Unterklasse von "WerteErfas sung", sondern einheitlich in der zu allen abgeleiteten Klassen zugehörigen Oberklasse "WerteErfassung" zur Verfügung zu halten.
Im Hinblick auf diesen Ansatz formulieren wir die folgende Problemstellung:

- PROB-3:
  Für die Jahrgangsstufen 11 und 12 ist eine parallele Erfassung von Punktwerten durchzuführen! Wie bisher sind die Punktwerte jahrgangsstufen-spezifisch anzuzeigen und die zugehörigen Durchschnittswerte auszugeben!
  Darüberhinaus sind die erfassten Punktwerte jahrgangsstufen-spezifisch in aufsteigender Abfolge zu sortieren und am Bildschirm anzuzeigen!

Auf der Basis des bisherigen Lösungsplans von PROB-2-2 legen wir fest, dass die Sortierung durch den Aufruf von "sortieren" und die Anzeige der sortierten Werte durch den Aufruf von "anzeigenSortierteWerte" angefordert werden soll.

Um den Lösungsplan für PROB-3 zu formulieren, ist folglich die Ausführungs-Funktion "main" aus dem Projekt "Prog_2_2" durch diese Funktions-Aufrufe geeignet zu ergänzen. Hierzu verabreden wir, dass wir die Programmzeilen

```
inWerteErfassung11.sortieren();
inWerteErfassung11.anzeigenSortierteWerte();
```

vor den Funktions-Aufrufen eintragen, die durch die Instanz "inWerteErfassung12" bewirkt werden. Ferner legen wir fest, dass die Programmzeilen

```
inWerteErfassung12.sortieren();
inWerteErfassung12.anzeigenSortierteWerte();
```

von uns als letzte Anweisungen in die Ausführungs-Funktion "main" übernommen werden. Bevor wir die Funktions-Deklarationen und die zugehörigen Funktions-Definitionen entwickeln, die in die Header-Datei "WerteErfassung.h" und in die Programm-Datei "Werte Erfassung.cpp" einzutragen sind, erläutern wir zunächst, wie die Sortierung der Punktwerte durchgeführt werden soll.

5.11.2 Beschreibung des Lösungsplans

Zur Sortierung setzen wir ein einfaches Verfahren ein, bei dem die im Sammler "m_werteAr ray" enthaltenen Punktwerte schrittweise untersucht werden. Jeder einzelne Schritt orientiert sich an einem Bezugspunkt, der durch den jeweils aktuellen Punktwert bestimmt ist.

Beim ersten Schritt wird als *aktueller* Punktwert derjenige Punktwert angesehen, der dem Positions-Index "0" zugeordnet ist. Als *aktueller* Punktwert wird beim zweiten Schritt der dem Positions-Index "1" zugeordnete Punktwert angesehen, beim dritten Schritt der dem Positions-Index "2" zugeordnete Wert, usw.

Bei jedem Schritt finden Vergleiche und ein Austausch statt.

Beim Vergleichen wird aus dem jeweils *aktuellen* Punktwert und den Punktwerten, die einem höheren Positions-Index zugeordnet sind, der kleinste Punktwert ermittelt.

Beim Austausch wird dieser Wert demjenigen Positions-Index zugeordnet, dem ursprünglich der *aktuelle* Punktwert zugeordnet war.

Im nachfolgenden Schritt wird das Verfahren mit dem nächst höheren Positions-Index und dem dadurch bestimmten *aktuellen* Punktwert fortgesetzt. Dies geschieht solange, bis der Positions-Index den größten Wert erreicht hat, der für den Sammler "m_werteArray" zulässig ist.

Nach Abschluss des Verfahrens ist die Sortierung durchgeführt, d.h. dem Positions-Index "0" ist der kleinste Punktwert zugeordnet, dem Positions-Index "1" der nächst größere Punktwert, usw.

Bevor wir das angegebene Verfahren programmieren, machen wir uns noch einmal bewusst, dass jeder Schritt in die beiden folgenden Teilschritte gegliedert ist:

- Erster Teilschritt (Vergleichen): Ausgehend vom jeweils *aktuellen* Punktwert wird derjenige Positions-Index ermittelt, dem der kleinste Punktwert aller Punktwerte mit höherem Positions-Index zugeordnet ist.
- Zweiter Teilschritt (Austausch): Dieser kleinste Punktwert wird demjenigen Positions-Index zugeordnet, dem ursprünglich der aktuelle Punktwert zugeordnet war. Entsprechend wird der aktuelle Punktwert dem Positions-Index zugeordnet, dem ursprünglich der kleinste Punktwert zugeordnet war.

Wir legen für das folgende fest, dass bei der Ausführung der Member-Funktion "sortieren", die die Sortierung bewirken soll, die beiden Teilschritte durch die Funktions-Aufrufe der Member-Funktionen "minposSuch" bzw. "werteTausch" veranlasst werden sollen.

Im Hinblick auf diese Verabredung ergänzen wir die Klassen-Vereinbarung von "WerteEr fassung" durch die folgenden Funktions-Deklarationen:

```
int minposSuch(int suchanfang);{
void werteTausch(int pos1, int pos2);{
void sortieren();{
void anzeigenSortierteWerte();{
```

Durch diese Erweiterung stellt sich die Klasse "WerteErfassung" wie folgt dar:

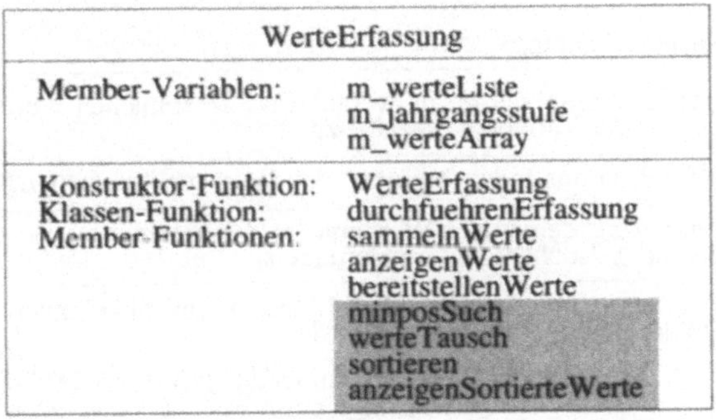

WerteErfassung	
Member-Variablen:	m_werteListe m_jahrgangsstufe m_werteArray
Konstruktor-Funktion: Klassen-Funktion: Member-Funktionen:	WerteErfassung durchfuehrenErfassung sammelnWerte anzeigenWerte bereitstellenWerte minposSuch werteTausch sortieren anzeigenSortierteWerte

Abbildung 5.6: Die Klasse "WerteErfassung" zur Lösung von PROB-3

In der Deklaration

```
int minposSuch(int suchanfang);
```

der Member-Funktion "minposSuch" legen wir durch "suchanfang" den Positions-Index für den jeweils *aktuellen* Punktwert fest. Von diesem Positions-Index an soll der kleinste Punktwert innerhalb von "m_werteArray" ermittelt und der zugehörige Positions-Index als Funktions-Ergebnis zurückgemeldet werden.

Entsprechend beschreiben wir durch die Deklaration

```
void werteTausch(int pos1, int pos2);
```

der Member-Funktion "werteTausch", dass die Punktwerte, deren Positions-Indizes durch die beiden Argumente gekennzeichnet sind, vertauscht werden sollen.

Wie die Sortierung der im Sammler "m_werteArray" enthaltenen Punktwerte im einzelnen vorzunehmen ist, beschreiben wir durch die drei folgenden Struktogramme:

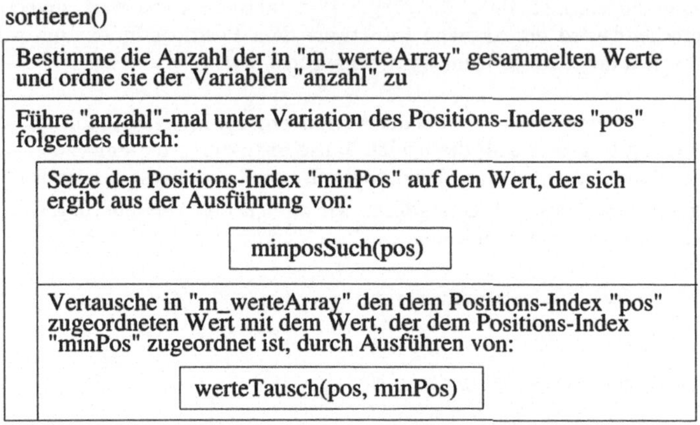

sortieren()

Bestimme die Anzahl der in "m_werteArray" gesammelten Werte und ordne sie der Variablen "anzahl" zu

Führe "anzahl"-mal unter Variation des Positions-Indexes "pos" folgendes durch:

Setze den Positions-Index "minPos" auf den Wert, der sich ergibt aus der Ausführung von:

minposSuch(pos)

Vertausche in "m_werteArray" den dem Positions-Index "pos" zugeordneten Wert mit dem Wert, der dem Positions-Index "minPos" zugeordnet ist, durch Ausführen von:

werteTausch(pos, minPos)

Abbildung 5.7: Struktogramm für die Member-Funktion "sortieren"

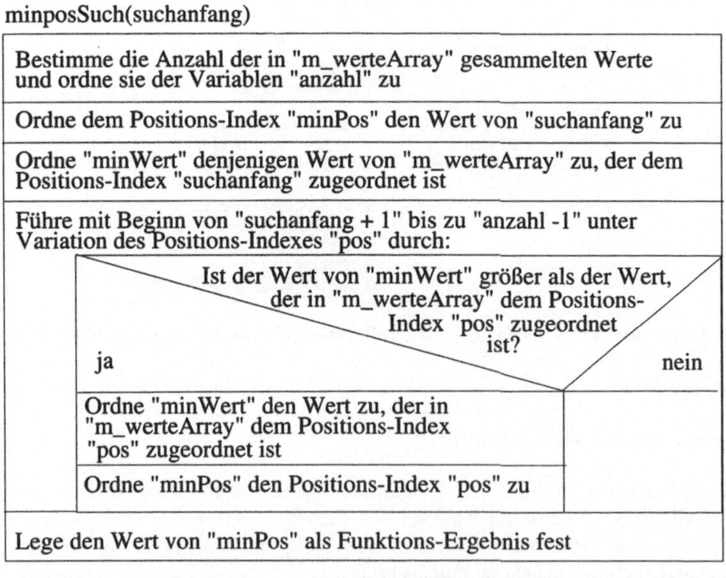

minposSuch(suchanfang)

Bestimme die Anzahl der in "m_werteArray" gesammelten Werte und ordne sie der Variablen "anzahl" zu

Ordne dem Positions-Index "minPos" den Wert von "suchanfang" zu

Ordne "minWert" denjenigen Wert von "m_werteArray" zu, der dem Positions-Index "suchanfang" zugeordnet ist

Führe mit Beginn von "suchanfang + 1" bis zu "anzahl -1" unter Variation des Positions-Indexes "pos" durch:

Ist der Wert von "minWert" größer als der Wert, der in "m_werteArray" dem Positions-Index "pos" zugeordnet ist?

ja

nein

Ordne "minWert" den Wert zu, der in "m_werteArray" dem Positions-Index "pos" zugeordnet ist

Ordne "minPos" den Positions-Index "pos" zu

Lege den Wert von "minPos" als Funktions-Ergebnis fest

Abbildung 5.8: Struktogramm für die Member-Funktion "minposSuch"

werteTausch(pos1, pos2)

Ordne der Variablen "merke" den Wert von "m_werteArray" zu, der durch den Positions-Index "pos2" gekennzeichnet ist
Ordne in "m_werteArray" dem Positions-Index "pos2" den Wert zu, der durch den Positions-Index "pos1" gekennzeichnet ist
Ordne in "m_werteArray" dem Positions-Index "pos1" den durch "merke" gekennzeichneten Wert zu

Abbildung 5.9: Struktogramm für die Member-Funktion “werteTausch”

5.11.3 Die Lösung

Die Handlungen, die durch den Funktions-Aufruf der Member-Funktion “sortieren” abgerufen werden sollen, haben wir durch das in der Abbildung 5.7 dargestellte Struktogramm beschrieben.
Durch dessen Umsetzung in die zugehörige Funktions-Definition von “sortieren” erhalten wir die folgenden Programmzeilen:

```
void WerteErfassung::sortieren() {
 int minPos;
 int anzahl = m_werteArray.GetSize();
 for (int pos = 0; pos < anzahl; pos = pos + 1 ) {
  minPos = this->minposSuch(pos);
  this->werteTausch(pos, minPos);
 }
}
```

Entsprechend resultiert aus dem Struktogramm für die Member-Funktion “minposSuch” (siehe Abbildung 5.8) die folgende Funktions-Definition:

```
int WerteErfassung::minposSuch(int suchanfang) {
 int anzahl = m_werteArray.GetSize();
 int minPos = suchanfang;
 unsigned int minWert = m_werteArray.GetAt(suchanfang);
 for (int pos = suchanfang + 1; pos < anzahl; pos = pos + 1) {
  if (minWert > m_werteArray.GetAt(pos)) {
    minWert = m_werteArray.GetAt(pos);
    minPos = pos;
   }
 }
 return minPos;
}
```

Das Struktogramm (siehe Abbildung 5.9), durch das die Member-Funktion "werteTausch" beschrieben wird, formen wir wie folgt um:

```
void WerteErfassung::werteTausch(int pos1, int pos2) {
 unsigned int merke = m_werteArray.GetAt(pos2);
 m_werteArray.SetAt(pos2, m_werteArray.GetAt(pos1));
 m_werteArray.SetAt(pos1, merke);
}
```

In den Anweisungen der Member-Funktion "werteTausch" haben wir die Basis-Member-Funktion "SetAt" eingesetzt:

- **"SetAt(int varInt, unsigned int varUInt)"**:
  In der Instanz der Basis-Klasse "CUIntArray", die den Funktions-Aufruf von "Set At" bewirkt hat, wird das zweite Argument ("varUInt") dem durch das erste Argument ("varInt") bestimmten Positions-Index zugeordnet.

Nachdem wir die Member-Funktionen entwickelt haben, durch die die Sortierung angefordert wird, müssen wir noch die Funktions-Definition der Member-Funktion "anzeigen SortierteWerte" festlegen, durch deren Ausführung die sortierten Werte angezeigt werden. Hierzu verwenden wir die folgende Funktions-Definition:

```
void WerteErfassung::anzeigenSortierteWerte() {
 cout << "Sortierte Werte: " << endl;
 int anzahl = m_werteArray.GetSize();
 for (int pos = 0; pos < anzahl; pos = pos + 1)
  cout << m_werteArray.GetAt(pos) << endl;
}
```

Nachdem wir die Programm-Datei "WerteErfassung.cpp" in der beschriebenen Form verändert und ergänzt haben, vervollständigen wir den Lösungsplan von PROB-3 dadurch, dass wir den bisherigen Inhalt der Programm-Datei "Main.cpp" und der Header-Datei "WerteErfassung.h" geeignet ändern.

Insgesamt haben die Header-Dateien und die Programm-Dateien von "Prog_3" den folgenden Inhalt:

Main.cpp

```
//Prog_3
#include "InWerteErfassung.h"
void main() {
 InWerteErfassung inWerteErfassung11(11);
 InWerteErfassung inWerteErfassung12(12);
 InWerteErfassung::durchfuehrenErfassung(inWerteErfassung11,
                                         inWerteErfassung12);
 inWerteErfassung11.anzeigenWerte();
 inWerteErfassung11.bereitstellenWerte();
 inWerteErfassung11.durchschnitt();
 inWerteErfassung11.anzeigenDurchschnittswert();
 inWerteErfassung11.sortieren();
 inWerteErfassung11.anzeigenSortierteWerte();
 inWerteErfassung12.anzeigenWerte();
 inWerteErfassung12.bereitstellenWerte();
 inWerteErfassung12.durchschnitt();
 inWerteErfassung12.anzeigenDurchschnittswert();
 inWerteErfassung12.sortieren();
 inWerteErfassung12.anzeigenSortierteWerte();
}
```

WerteErfassung.h

```
#include <afx.h>
class WerteErfassung {
 public:
  WerteErfassung(int jahrgangswert);
  static void durchfuehrenErfassung(WerteErfassung & instanz11,
                                    WerteErfassung & instanz12);
  void sammelnWerte(int punktwert);
  void anzeigenWerte();
  void bereitstellenWerte();
  int minposSuch(int suchanfang);
  void werteTausch(int pos1, int pos2);
  void sortieren();
  void anzeigenSortierteWerte();
 protected:
  CStringList m_werteListe;
  int m_jahrgangsstufe;
  CUIntArray m_werteArray;
};
```

WerteErfassung.cpp

```
#include <iostream.h>
#include "WerteErfassung.h"
#include "EigeneBibliothek.h"
WerteErfassung::WerteErfassung(int jahrgangswert)
                  : m_jahrgangsstufe(jahrgangswert) {
}
void WerteErfassung::durchfuehrenErfassung(WerteErfassung & instanz11,
                                           WerteErfassung & instanz12){
 char ende = 'N';
 int jahrgangsstufe;
 int punktwert;
 while (ende == 'N' || ende == 'n') {
 cout.operator<<("Gib Jahrgangsstufe (11/12): ");
 cin.operator>>(jahrgangsstufe);
  cout.operator<<("Gib Punktwert: ");
  cin.operator>>(punktwert);
  if (jahrgangsstufe == 11)
   instanz11.sammelnWerte(punktwert);
  else
   instanz12.sammelnWerte(punktwert);
  cout.operator<<("Ende(J/N): ");
  cin.operator>>(ende);
  }
}
void WerteErfassung::sammelnWerte(int punktwert) {
 CString wert = intAlsCString(punktwert);
 m_werteListe.AddTail(wert);
}
void WerteErfassung::anzeigenWerte() {
 cout << "Jahrgangsstufe: ";
 cout << m_jahrgangsstufe;
 cout << endl;
 cout << "Erfasste Werte: ";
 cout << endl;
 int anzahl = m_werteListe.GetCount();
 POSITION pos = m_werteListe.GetHeadPosition();
 for (int i = 1; i <= anzahl; i = i + 1) {
  CString wert = m_werteListe.GetNext(pos);
  cout << wert;
  cout << endl;
 }
}
```

```
void WerteErfassung::bereitstellenWerte() {
 int anzahl = m_werteListe.GetCount();
 POSITION pos = m_werteListe.GetHeadPosition();
 for (int i = 1; i <= anzahl; i = i + 1)
  m_werteArray.Add(cstringAlsUInt(m_werteListe.GetNext(pos)));
}
void WerteErfassung::sortieren() {
 int minPos;
 int anzahl = m_werteArray.GetSize();
 for (int pos = 0; pos < anzahl; pos = pos + 1 ) {
  minPos = this->minposSuch(pos);
  this->werteTausch(pos, minPos);
 }
}
int WerteErfassung::minposSuch(int suchanfang) {
 int anzahl = m_werteArray.GetSize();
 int minPos = suchanfang;
 unsigned int minWert = m_werteArray.GetAt(suchanfang);
 for (int pos = suchanfang + 1; pos < anzahl; pos = pos + 1) {
  if (minWert > m_werteArray.GetAt(pos)) {
    minWert = m_werteArray.GetAt(pos);
    minPos = pos;
   }
 }
 return minPos;
}
void WerteErfassung::werteTausch(int pos1, int pos2) {
 unsigned int merke = m_werteArray.GetAt(pos2);
 m_werteArray.SetAt(pos2, m_werteArray.GetAt(pos1));
 m_werteArray.SetAt(pos1, merke);
}
void WerteErfassung::anzeigenSortierteWerte() {
 cout << "Sortierte Werte: " << endl;
 int anzahl = m_werteArray.GetSize();
 for (int pos = 0; pos < anzahl; pos = pos + 1)
  cout << m_werteArray.GetAt(pos) << endl;
}
```

InWerteErfassung.h

```
#include "WerteErfassung.h"
class InWerteErfassung : public WerteErfassung {
 public:
  InWerteErfassung(int jahrgangswert);
```

```
  void durchschnitt();
  void anzeigenDurchschnittswert();
 protected:
  float m_durchschnittswert;
};
```

InWerteErfassung.cpp

```
#include <iostream.h>
#include "InWerteErfassung.h"
#include "EigeneBibliothek.h"
InWerteErfassung::InWerteErfassung(int jahrgangswert)
                 : WerteErfassung(jahrgangswert) {
}
void InWerteErfassung::durchschnitt() {
 int summe = 0;
 int anzahl = m_werteArray.GetSize();
 for (int pos = 0; pos < anzahl; pos = pos + 1)
  summe = summe + m_werteArray.GetAt(pos);
 m_durchschnittswert = float(summe) / float(anzahl);
}
void InWerteErfassung::anzeigenDurchschnittswert() {
 cout << "Der Durchschnittswert ist: " << m_durchschnittswert << endl;
}
```

EigeneBibliothek.h

```
#include <afx.h>
CString intAlsCString(int varInt);
int cstringAlsInt(CString varString);
unsigned int cstringAlsUInt(CString varString);
```

EigeneBibliothek.cpp

```
#include "EigeneBibliothek.h"
CString intAlsCString(int varInt) {
 char varChar[5];
 CString varString = itoa(varInt, varChar, 10);
 return varString;
}
int cstringAlsInt(CString varString) {
 int varInt = atoi(varString);
 return varInt;
}
unsigned int cstringAlsUInt(CString varString) {
 unsigned int varUInt = unsigned(atoi(varString));
 return varUInt;
}
```

Kapitel 6

Hierarchische Gliederung von Lösungsplänen

In diesem Kapitel entwickeln wir weitere Member-Funktionen, mit denen sich Kennzahlen für die erfassten Punktwerte ermitteln lassen. Um diese Kennzahlen in differenzierter Form abrufen zu können, ergänzen wir die bislang vereinbarte Klassen-Hierarchie durch die Deklaration weiterer Klassen. Dabei beachten wir, dass gleichartige Kennzahlen durch die Aufrufe namensgleicher Member-Funktionen angefordert werden können. Um im Hinblick auf die Differenzierung der erfassten Punktwerte eine Mehrfachverzweigung vornehmen zu können, lernen wir den Einsatz der switch-Anweisung kennen.

6.1 Berechnung der Kennzahl "Median"

6.1.1 Die Problemstellung

Im Abschnitt 5.3.1 haben wir zur Lösung von PROB-2-2 die Klasse "InWerteErfassung" eingerichtet, damit für deren Instanzen der Durchschnittswert der erfassten Punktwerte durch einen Funktions-Aufruf der Member-Funktion "durchschnitt" ermittelt werden kann. Hierdurch ist es uns möglich, das *Zentrum* der Punktwerte zu berechnen, d.h. eine Schätzung für den *typischen* Punktwert der erfassten Punktwerte zu bestimmen.

Damit sich der Durchschnittswert als geeignete Schätzung für das Zentrum der Daten interpretieren lässt, muss gesichert sein, dass Wertedifferenzen empirisch bedeutsam sind, d.h. gleiche Wertedifferenzen müssen auch gleiche Leistungsunterschiede widerspiegeln. Sofern die Daten dieses Qualitätskriterium erfüllen, spricht man von *intervallskalierten* Daten oder man sagt, dass die Daten das *Skalenniveau* "intervallskaliert" besitzen.

Sind die Wertedifferenzen *nicht* empirisch bedeutsam, sondern spiegeln die Werte allein eine *Ordnungsbeziehung* zwischen den Schülern wider (z.B.: ein Schüler ist "leistungsfähiger" als ein anderer Schüler), so handelt es sich um *ordinalskalierte* Daten.

Ordinalskalierte Daten liegen z.B. dann vor, wenn Schüler einen Turnwettkampf durchführen und die dabei erhaltenen Bewertungen in Form von (ganzzahligen) Punktwerten festgelegt sind.

Sofern die Daten ordinalskaliert sind, lässt sich deren Zentrum durch den *Median* kennzeichnen, der in Form eines "mittleren Wertes" zu errechnen ist.

Um den Median zu bestimmen, sind die Punktwerte nach ihrer Größe zu ordnen. Verabreden wir, dass die Anzahl der erfassten Punktwerte mit "n" gekennzeichnet ist, so können wir von der folgenden Reihenfolge der Werte ausgehen:

$$x_1 \leq x_2 \leq x_3 \leq ... \leq x_n$$

Dabei steht "x_1" stellvertretend für den kleinsten und "x_n" für den größten Wert.
Um den Median zu bestimmen, sind die Werte in zwei Hälften aufzuteilen. In Abhängigkeit davon, ob die Werteanzahl "n" geradzahlig oder ungeradzahlig ist, fällt die Berechnungsvorschrift unterschiedlich aus:

- Ist "n" eine *ungerade* Zahl, so ist der Median gleich demjenigen Wert, der in der Reihenfolge der Punktwerte an der Stelle "$\frac{n+1}{2}$" eingetragen ist.
- Ist "n" eine *gerade* Zahl, so ergibt sich der Median als Durchschnittswert zweier Punktwerte. Der eine Wert steht in der Reihenfolge der Punktwerte an der Stelle "$\frac{n}{2}$" und der andere Wert an der Stelle "$\frac{n}{2} + 1$".

Sind z.B. die Punktwerte 31, 31, 35, 37, 38, 38, 39 und 39 erfasst worden, so liegt eine gerade Anzahl von Werten vor. Da "n" in diesem Fall gleich "8" ist, müssen die Werte an den Positionen "4" und "5" gemittelt werden, d.h. es ist der Durchschnitt von "37" und "38" zu bilden. Der Median ergibt sich daher zu "37,5".
Betrachten wir die angegebenen Punktwerte ohne den Wert "37", so ist "n" gleich "7" und daher ungeradzahlig. Der Median ergibt sich daher zum Wert "38", weil dieser Wert an der Position "4" steht.

Da wir die Schätzung des Zentrums jeweils darauf ausrichten wollen, ob es sich bei den Punktwerten um intervallskalierte oder nur um ordinalskalierte Daten handelt, erweitern wir die bisherige Problemstellung PROB-3 wie folgt:

- PROB-4:
  Ergänzend zur Problemstellung PROB-3 soll für ordinalskalierte Daten die Bestimmung und Anzeige des Medians durchgeführt werden!

Zur Lösung werden wir ein Programm entwickeln, das auf dem für PROB-3 formulierten Lösungsplan aufbaut.

6.1.2 Festlegung der Klassen-Deklarationen

Da wir die Erfassung der Punktwerte im Folgenden – aus Gründen einer vereinfachten Darstellung – nur noch für eine einzige Jahrgangsstufe durchführen wollen, sehen wir für die Klassen-Funktion "durchfuehrenErfassung" nur noch einen Parameter vor.
Somit ist der ursprüngliche Inhalt der Header-Datei "WerteErfassung.h" wie folgt zu ändern:

```
#include <afx.h>
class WerteErfassung {
 public:
  WerteErfassung(int jahrgangswert);
  static void durchfuehrenErfassung(WerteErfassung & instanz);
  void sammelnWerte(int punktwert);
  void anzeigenWerte();
  void bereitstellenWerte();
  int minposSuch(int suchanfang);
  void werteTausch(int pos1, int pos2);
  void sortieren();
  void anzeigenSortierteWerte();
 protected:
  CStringList m_werteListe;
  int m_jahrgangsstufe;
  CUIntArray m_werteArray;
};
```

Entsprechend müssen wir die Definition der Klassen-Funktion "durchfuehrenErfassung" in die folgende Form bringen:

```
void WerteErfassung::durchfuehrenErfassung(WerteErfassung & instanz) {
  char ende = 'N';
  int punktwert;
  while (ende == 'N' || ende == 'n') {
   cout << "Gib Punktwert: ";
   cin >> punktwert;
   instanz.sammelnWerte(punktwert);
   cout << "Ende(J/N): ";
   cin >> ende;
  }
}
```

Um PROB-4 zu lösen, werden wir wiederum eine Spezialisierung der Klasse "WerteErfas sung" durchführen. Der neu einzurichtenden Klasse, die wir als Unterklasse von "Werte Erfassung" festlegen, geben wir den Namen "OrWerteErfassung".

Hinweis: Durch die Vorsilbe "Or" kürzen wir die Eigenschaft "ordinalskaliert" ab.

Für die Klasse "OrWerteErfassung" sehen wir eine Member-Variable namens "m_median wert" vor, der der jeweils errechnete Median zugeordnet werden soll.
Die Ermittlung des Medians soll von einer Member-Funktion namens "median" durchgeführt und dessen Anzeige von einer Member-Funktion namens "anzeigenMedianwert" vorgenommen werden.

Somit sehen wir zur Lösung von PROB-4 die folgende Klassen-Hierarchie vor:

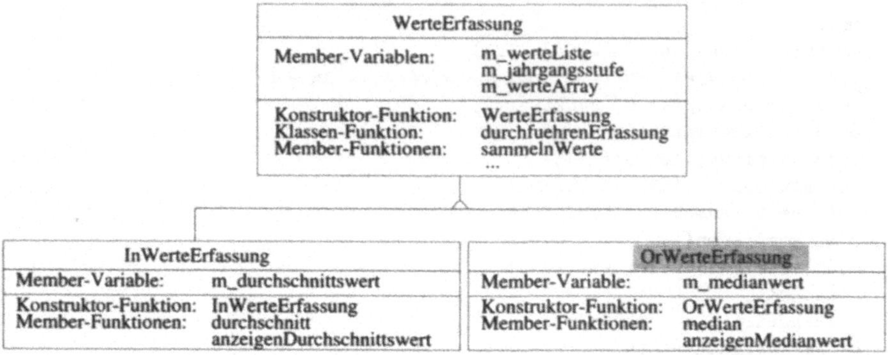

WerteErfassung	
Member-Variablen:	m_werteListe m_jahrgangsstufe m_werteArray
Konstruktor-Funktion: Klassen-Funktion: Member-Funktionen:	WerteErfassung durchfuehrenErfassung sammelnWerte ...

InWerteErfassung	
Member-Variable:	m_durchschnittswert
Konstruktor-Funktion: Member-Funktionen:	InWerteErfassung durchschnitt anzeigenDurchschnittswert

OrWerteErfassung	
Member-Variable:	m_medianwert
Konstruktor-Funktion: Member-Funktionen:	OrWerteErfassung median anzeigenMedianwert

Abbildung 6.1: "InWerteErfassung" und "OrWerteErfassung" auf derselben Stufe

In dieser Situation erbt jede Instanz der Klassen "InWerteErfassung" und "OrWerteErfassung" die Member-Variablen "m_werteListe", "m_jahrgangsstufe" und "m_werteArray". Zusätzlich besitzt eine Instanz von "InWerteErfassung" die Member-Variable "m_durchschnittswert" und eine Instanz von "OrWerteErfassung" die Member-Variable "m_medianwert".
Damit "OrWerteErfassung" als Unterklasse der Klasse "WerteErfassung" festgelegt ist, deklarieren wir sie wie folgt innerhalb der Header-Datei "OrWerteErfassung.h":

```
#include "WerteErfassung.h"
class OrWerteErfassung : public WerteErfassung {
 public:
  OrWerteErfassung(int jahrgangswert);
  void median();
  void anzeigenMedianwert();
 protected:
  float m_medianwert;
};
```

Für die Definition der Konstruktor-Funktion sehen wir die folgenden Programmzeilen vor:

```
OrWerteErfassung::OrWerteErfassung(int jahrgangswert)
                 : WerteErfassung(jahrgangswert) {
}
```

6.1.3 Definition der Member-Funktion "median"

Um die Funktions-Definition der Member-Funktion "median" festlegen zu können, müssen wir die folgende Problemstellung lösen:

- Bestimme den Median der durch die Instanz aus der Klasse "OrWerteErfassung" erfassten Werte, d.h. den Wert, der sich als mittlerer Wert auf der Basis der aufsteigend sortierten Punktwerte ergibt!

Die Grundidee für den Lösungsplan lässt sich wie folgt skizzieren:

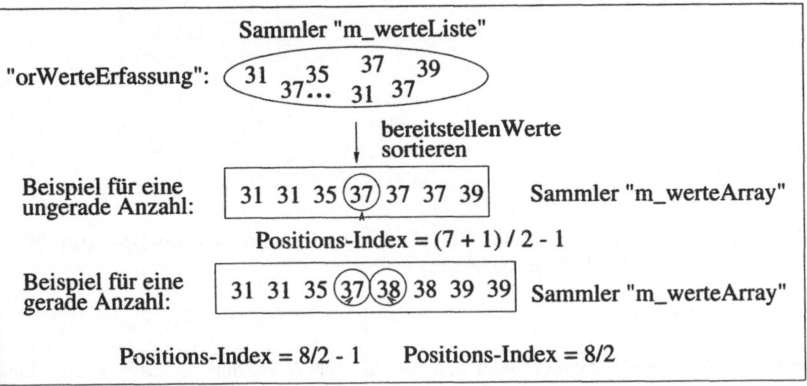

Abbildung 6.2: Grundidee zur Berechnung eines Medians

Gemäß dieser Skizzierung können wir den Lösungsplan durch das folgende Struktogramm angeben:

<table>
<tr><td colspan="2">Sortiere die in "m_werteArray" gesammelten Werte</td></tr>
<tr><td colspan="2">Bestimme die Anzahl der in "m_werteArray" gesammelten Werte und ordne sie der lokalen Variablen "anzahl" zu</td></tr>
<tr><td colspan="2">Wert von "anzahl" ist ungeradzahlig?
ja / nein</td></tr>
<tr><td>Ordne dem Positions-Index "pos" den Wert zu, der sich aus der Halbierung des um "1" erhöhten Wertes von "anzahl" ergibt</td><td>Ordne dem Positions-Index "pos" den Wert zu, der sich aus der Halbierung des Wertes von "anzahl" ergibt</td></tr>
<tr><td>Ordne "m_medianwert" den Wert zu, der in "m_werteArray" durch den Positions-Index "pos - 1" gekennzeichnet ist</td><td>Ordne "m_medianwert" den Mittelwert der Werte aus "m_werteArray" zu, die durch die Positions-Indizes "pos - 1" und "pos" gekennzeichnet sind</td></tr>
</table>

Abbildung 6.3: Struktogramm zur Berechnung eines Medians

Durch die Umformung dieses Struktogramms lässt sich die Member-Funktion "median" wie folgt definieren:

```
void OrWerteErfassung::median() {
 int anzahl, pos;
 this->sortieren();
 anzahl = m_werteArray.GetSize();
 if ((anzahl % 2) != 0) {
  pos = (anzahl + 1) / 2;
  m_medianwert = float(m_werteArray.GetAt(pos - 1));
 }
 else {
  pos = anzahl / 2;
  m_medianwert = (float(m_werteArray.GetAt(pos - 1)) +
                  float(m_werteArray.GetAt(pos))) / 2;
 }
}
```

Bei der Umformung des Bedingungs-Blockes haben wir den Modulo-Operator "%" und den Vergleichs-Operator "!=" in der Form

```
(anzahl % 2) != 0
```

verwendet. Bei diesem Vergleich wird geprüft, ob der Wert, der "anzahl" zugeordnet ist, ungeradzahlig ist. Dies ist dann der Fall, wenn sich bei einer ganzzahligen Division durch "2" der Rest "1" ergibt.

Um feststellen zu können, ob sich bei einer ganzzahligen Division ein Rest ergibt oder nicht, kann der Modulo-Operator eingesetzt werden.

- **Modulo-Operator "%":** Für zwei ganzzahlige Operanden wird durch den Ausdruck "operand-1 % operand-2" beschrieben, dass der Operand "operand-1" ganzzahlig durch den Operanden "operand-2" zu teilen ist. Bei der Auswertung des Ausdrucks wird der ganzzahlige Divisionsrest der beiden Operanden ermittelt.

Um den Median, der der Member-Variablen "m_medianwert" durch die Ausführung der Member-Funktion "median" zugeordnet wird, anzuzeigen, definieren wir die Member-Funktion "anzeigenMedianwert" wie folgt:

```
void OrWerteErfassung::anzeigenMedianwert() {
 cout << "Der Medianwert ist: " << m_medianwert << endl;
}
```

Damit der Inhalt der Programm-Datei "OrWerteErfassung.cpp" korrekt ist, ergänzen wir deren Programmzeilen noch um die beiden folgenden include-Direktiven:

```
#include <iostream.h>
#include "OrWerteErfassung.h"
```

6.1.4 Die Programm-Datei "Main.cpp" bei der Median-Berechnung

Um die Erfassung und Anzeige der Punktwerte abzurufen, gehen wir genauso vor, wie wir es zuvor bei den intervallskalierten Daten getan haben. In der Programm-Datei "Main.cpp" ergänzen wir daher die Anweisungen:

```
OrWerteErfassung orWerteErfassung(jahrgangsstufe);
OrWerteErfassung::durchfuehrenErfassung(orWerteErfassung);
orWerteErfassung.anzeigenWerte();
orWerteErfassung.bereitstellenWerte();
orWerteErfassung.sortieren();
orWerteErfassung.anzeigenSortierteWerte();
```

Zur Berechnung und Anzeige des Medians setzen wir die Anweisungen

```
orWerteErfassung.median();
orWerteErfassung.anzeigenMedianwert();
```

ein.

Um das Skalenniveau anzufragen, verwenden wir die beiden folgenden Anweisungen:

```
cout << "Gib Skalenniveau (intervall (1), ordinal (2)): ";
cin >> skalenniveau;
```

Dabei soll das Skalenniveau "intervallskaliert" durch die Eingabe der Zahl "1" und das Skalenniveau "ordinalskaliert" durch die Eingabe der Zahl "2" festgelegt werden. Welches Skalenniveau vorliegt, lässt sich durch eine if-Anweisung mit der Bedingung

```
skalenniveau == 1
```

prüfen. Da wir von einer korrekten Dateneingabe ausgehen, wird das Skalenniveau "ordinalskaliert" dadurch gekennzeichnet, dass die angegebene Bedingung nicht erfüllt ist.

Insgesamt können wir die Definition der Ausführungs-Funktion "main" wie folgt festlegen:

```
//Prog_4
#include <iostream.h>
#include "InWerteErfassung.h"
#include "OrWerteErfassung.h"
void main() {
  int jahrgangsstufe, skalenniveau;
  cout << "Gib Skalenniveau (intervall (1), ordinal (2)): ";
  cin >> skalenniveau;
  cout << "Gib Jahrgangsstufe: ";
  cin >> jahrgangsstufe;
```

```
 if (skalenniveau == 1) {
   InWerteErfassung inWerteErfassung(jahrgangsstufe);
   InWerteErfassung::durchfuehrenErfassung(inWerteErfassung);
   inWerteErfassung.anzeigenWerte();
   inWerteErfassung.bereitstellenWerte();
   inWerteErfassung.durchschnitt();
   inWerteErfassung.anzeigenDurchschnittswert();
   inWerteErfassung.sortieren();
   inWerteErfassung.anzeigenSortierteWerte();
 }
else {
  OrWerteErfassung orWerteErfassung(jahrgangsstufe);
  OrWerteErfassung::durchfuehrenErfassung(orWerteErfassung);
  orWerteErfassung.anzeigenWerte();
  orWerteErfassung.bereitstellenWerte();
  orWerteErfassung.median();
  orWerteErfassung.anzeigenMedianwert();
  orWerteErfassung.sortieren();
  orWerteErfassung.anzeigenSortierteWerte();
 }
}
```

Hinweis: Nach der Berechnung des Medians liegen die erfassten Werte im Sammler "m_werteArray" in sortierter Reihenfolge vor. Somit ist die Anweisung

`orWerteErfassung.sortieren();`

eigentlich entbehrlich.

6.1.5 Alternative Lösung

Unabhängig davon, ob das *Zentrum* der Werte in Form des Durchschnittswertes oder des Medians ermittelt werden soll, ist es wünschenswert, einen *einheitlichen* Namen wie z.B. "zentrum" zur Kennzeichnung derjenigen Member-Funktion zu verwenden, mit der sich das jeweilige Zentrum der Werte abrufen lässt.
Um einen Lösungsansatz für PROB-4 vorzustellen, bei dem das jeweilige Zentrum – unabhängig vom jeweils vorliegenden Skalenniveau – über einen einheitlichen Funktions-Aufruf angefordert wird, erweitern wir die ursprüngliche Problemstellung wie folgt:

- PROB-4-1:
  Ergänzend zur Problemstellung PROB-4 wird gefordert, dass sich die Berechnung des Durchschnittswertes für intervallskalierte Daten und die Berechnung des Medians für ordinalskalierte Daten *einheitlich* mittels des Funktionsnamens "zentrum" anfordern lässt. Zusätzlich soll die Anzeige des jeweiligen Zentrums *einheitlich* durch den Einsatz einer Member-Funktion namens "anzeigenZentrum" möglich sein.

Zur Lösung konzipieren wir die wie folgt um die beiden Member-Funktionen "zentrum" und "anzeigenZentrum" ergänzte Klassen-Hierarchie:

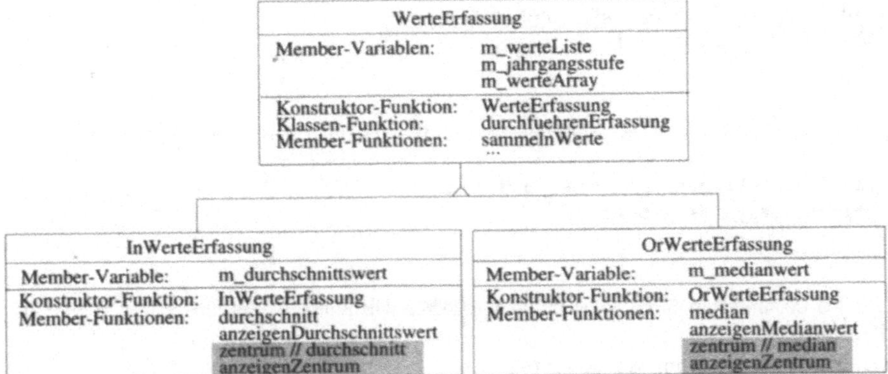

Abbildung 6.4: Klassen zur Lösung von PROB-4-1

Bei der Entwicklung des Lösungsplans für PROB-4-1 ist dafür zu sorgen, dass die Member-Funktion "durchschnitt" dann ausgeführt wird, wenn die Instanz, die den Funktions-Aufruf von "zentrum" bewirkt, aus der Klasse "InWerteErfassung" instanziiert ist. Entsprechend ist die Member-Funktion "median" dann zur Ausführung zu bringen, wenn die Instanz, die die Funktion "zentrum" aufruft, aus der Klasse "OrWerteErfassung" instanziiert ist.

Da die Member-Funktion "durchschnitt" in der Klasse "InWerteErfassung" vereinbart ist, lässt sich die Berechnung des Durchschnittswertes mittels der Member-Funktion "zen trum" dadurch erreichen, dass wir die Member-Funktion "zentrum" durch die Programmzeilen

```
void InWerteErfassung::zentrum() {
 this->durchschnitt();
}
```

definieren.

Zur Berechnung des Medians – mittels des Funktionsnamens "zentrum" – lässt sich entsprechend verfahren. Dazu ist die Member-Funktion "zentrum" wie folgt innerhalb der Klasse "OrWerteErfassung" zu definieren:

```
void OrWerteErfassung::zentrum() {
 this->median();
}
```

Um die Anzeige eines bereits errechneten Durchschnittswertes bzw. Medians einheitlich durch die Member-Funktion "anzeigenZentrum" abrufen zu können, legen wir die Definition der Member-Funktion "anzeigenZentrum" in der Klasse "InWerteErfassung" durch die Programmzeilen

```
void InWerteErfassung::anzeigenZentrum() {
 this->anzeigenDurchschnittswert();
}
```

und in der Klasse "OrWerteErfassung" durch die folgenden Programmzeilen fest:

```
void OrWerteErfassung::anzeigenZentrum() {
 this->anzeigenMedianwert();
}
```

Um den Lösungsplan zu vervollständigen, ersetzen wir in der Programm-Datei "Main.cpp" die Anweisungen

```
inWerteErfassung.durchschnitt();
inWerteErfassung.anzeigenDurchschnittswert();
```

durch die folgenden Programmzeilen::

```
inWerteErfassung.zentrum(); // durchschnitt
inWerteErfassung.anzeigenZentrum();
```

Ferner tragen wir die Anweisungen

```
orWerteErfassung.zentrum(); // median
orWerteErfassung.anzeigenZentrum();
```

anstelle der folgenden Programmzeilen ein:

```
orWerteErfassung.median();
orWerteErfassung.anzeigenMedianwert();
```

Das Projekt "Prog_4_1"

Die Programmzeilen von "Prog_4_1", durch deren Ausführung PROB-4-1 gelöst wird, sind in der angegebenen Form in die nachfolgend aufgeführten Header- und Programm-Dateien einzutragen:

Main.cpp

```
//Prog_4_1
#include <iostream.h>
#include "InWerteErfassung.h"
#include "OrWerteErfassung.h"
void main() {
 int jahrgangsstufe, skalenniveau;
 cout << "Gib Skalenniveau (intervall (1), ordinal (2)): ";
 cin >> skalenniveau;
 cout << "Gib Jahrgangsstufe: ";
 cin >> jahrgangsstufe;
```

```
if (skalenniveau == 1) {
  InWerteErfassung inWerteErfassung(jahrgangsstufe);
  InWerteErfassung::durchfuehrenErfassung(inWerteErfassung);
  inWerteErfassung.anzeigenWerte();
  inWerteErfassung.bereitstellenWerte();
  inWerteErfassung.zentrum(); // durchschnitt
  inWerteErfassung.anzeigenZentrum();
  inWerteErfassung.sortieren();
  inWerteErfassung.anzeigenSortierteWerte();
 }
else {
  OrWerteErfassung orWerteErfassung(jahrgangsstufe);
  OrWerteErfassung::durchfuehrenErfassung(orWerteErfassung);
  orWerteErfassung.anzeigenWerte();
  orWerteErfassung.bereitstellenWerte();
  orWerteErfassung.zentrum(); // median
  orWerteErfassung.anzeigenZentrum();
  orWerteErfassung.sortieren();
  orWerteErfassung.anzeigenSortierteWerte();
 }
}
```

WerteErfassung.h

```
#include <afx.h>
class WerteErfassung {
 public:
  WerteErfassung(int jahrgangswert);
  static void durchfuehrenErfassung(WerteErfassung & instanz11,
                                    WerteErfassung & instanz12);
  void sammelnWerte(int punktwert);
  void anzeigenWerte();
  void bereitstellenWerte();
  int minposSuch(int suchanfang);
  void werteTausch(int pos1, int pos2);
  void sortieren();
  void anzeigenSortierteWerte();
 protected:
  CStringList m_werteListe;
  int m_jahrgangsstufe;
  CUIntArray m_werteArray;
};
```

WerteErfassung.cpp

```
#include <iostream.h>
#include "WerteErfassung.h"
#include "EigeneBibliothek.h"
WerteErfassung::WerteErfassung(int jahrgangswert)
                  : m_jahrgangsstufe(jahrgangswert) {
}
void WerteErfassung::durchfuehrenErfassung(WerteErfassung & instanz11,
                                           WerteErfassung & instanz12){
 char ende = 'N';
 int jahrgangsstufe;
 int punktwert;
 while (ende == 'N' || ende == 'n') {
 cout.operator<<("Gib Jahrgangsstufe (11/12): ");
 cin.operator>>(jahrgangsstufe);
  cout.operator<<("Gib Punktwert: ");
  cin.operator>>(punktwert);
  if (jahrgangsstufe == 11)
   instanz11.sammelnWerte(punktwert);
  else
   instanz12.sammelnWerte(punktwert);
  cout.operator<<("Ende(J/N): ");
  cin.operator>>(ende);
  }
}
void WerteErfassung::sammelnWerte(int punktwert) {
 CString wert = intAlsCString(punktwert);
 m_werteListe.AddTail(wert);
}
void WerteErfassung::anzeigenWerte() {
 cout << "Jahrgangsstufe: ";
 cout << m_jahrgangsstufe;
 cout << endl;
 cout << "Erfasste Werte: ";
 cout << endl;
 int anzahl = m_werteListe.GetCount();
 POSITION pos = m_werteListe.GetHeadPosition();
 for (int i = 1; i <= anzahl; i = i + 1) {
  CString wert = m_werteListe.GetNext(pos);
  cout << wert;
  cout << endl;
 }
}
```

```
void WerteErfassung::bereitstellenWerte() {
 int anzahl = m_werteListe.GetCount();
 POSITION pos = m_werteListe.GetHeadPosition();
 for (int i = 1; i <= anzahl; i = i + 1)
  m_werteArray.Add(cstringAlsUInt(m_werteListe.GetNext(pos)));
}
void WerteErfassung::sortieren() {
 int minPos;
 int anzahl = m_werteArray.GetSize();
 for (int pos = 0; pos < anzahl; pos = pos + 1 ) {
  minPos = this->minposSuch(pos);
  this->werteTausch(pos, minPos);
 }
}
int WerteErfassung::minposSuch(int suchanfang) {
 int anzahl = m_werteArray.GetSize();
 int minPos = suchanfang;
 unsigned int minWert = m_werteArray.GetAt(suchanfang);
 for (int pos = suchanfang + 1; pos < anzahl; pos = pos + 1) {
  if (minWert > m_werteArray.GetAt(pos)) {
    minWert = m_werteArray.GetAt(pos);
    minPos = pos;
   }
 }
 return minPos;
}
void WerteErfassung::werteTausch(int pos1, int pos2) {
 unsigned int merke = m_werteArray.GetAt(pos2);
 m_werteArray.SetAt(pos2, m_werteArray.GetAt(pos1));
 m_werteArray.SetAt(pos1, merke);
}
void WerteErfassung::anzeigenSortierteWerte() {
 cout << "Sortierte Werte: " << endl;
 int anzahl = m_werteArray.GetSize();
 for (int pos = 0; pos < anzahl; pos = pos + 1)
  cout << m_werteArray.GetAt(pos) << endl;
}
```

InWerteErfassung.h

```
#include "WerteErfassung.h"
class InWerteErfassung : public WerteErfassung {
 public:
  InWerteErfassung(int jahrgangswert);
  void durchschnitt();
  void anzeigenDurchschnittswert();
  void zentrum(); // durchschnitt
  void anzeigenZentrum();
 protected:
  float m_durchschnittswert;
};
```

InWerteErfassung.cpp

```
#include <iostream.h>
#include "InWerteErfassung.h"
#include "EigeneBibliothek.h"
InWerteErfassung::InWerteErfassung(int jahrgangswert)
                   : WerteErfassung(jahrgangswert) {
}
void InWerteErfassung::durchschnitt() {
 int summe = 0;
 int anzahl = m_werteArray.GetSize();
 for (int pos = 0; pos < anzahl; pos = pos + 1)
  summe = summe + m_werteArray.GetAt(pos);
 m_durchschnittswert = float(summe) / float(anzahl);
}
void InWerteErfassung::anzeigenDurchschnittswert() {
 cout << "Der Durchschnittswert ist: "
      << m_durchschnittswert << endl;
}
void InWerteErfassung::zentrum() {
 this->durchschnitt();
}
void InWerteErfassung::anzeigenZentrum() {
 this->anzeigenDurchschnittswert();
}
```

OrWerteErfassung.h

```
#include "WerteErfassung.h"
class OrWerteErfassung : public WerteErfassung {
 public:
  OrWerteErfassung(int jahrgangswert);
  void median();
  void anzeigenMedianwert();
  void zentrum(); // median
  void anzeigenZentrum();
 protected:
  float m_medianwert;
};
```

OrWerteErfassung.cpp

```
#include <iostream.h>
#include "OrWerteErfassung.h"
OrWerteErfassung::OrWerteErfassung(int jahrgangswert)
                     : WerteErfassung(jahrgangswert) {
}
void OrWerteErfassung::median() {
 int anzahl, pos;
 this->sortieren();
 anzahl = m_werteArray.GetSize();
 if ((anzahl % 2) != 0) {
  pos = (anzahl + 1) / 2;
  m_medianwert = float(m_werteArray.GetAt(pos - 1));
 }
 else {
  pos = anzahl / 2;
  m_medianwert = (float(m_werteArray.GetAt(pos - 1)) +
                  float(m_werteArray.GetAt(pos))) / 2;
 }
}
void OrWerteErfassung::anzeigenMedianwert() {
 cout << "Der Medianwert ist: " << m_medianwert << endl;
}
void OrWerteErfassung::zentrum() {
 this->median();
}
void OrWerteErfassung::anzeigenZentrum() {
 this->anzeigenMedianwert();
}
```

EigeneBibliothek.h

```
#include <afx.h>
CString intAlsCString(int varInt);
int cstringAlsInt(CString varString);
unsigned int cstringAlsUInt(CString varString);
```

EigeneBibliothek.cpp

```
#include "EigeneBibliothek.h"
CString intAlsCString(int varInt) {
 char varChar[5];
 CString varString = itoa(varInt, varChar, 10);
 return varString;
}
int cstringAlsInt(CString varString) {
 int varInt = atoi(varString);
 return varInt;
}
unsigned int cstringAlsUInt(CString varString) {
 unsigned int varUInt = unsigned(atoi(varString));
 return varUInt;
}
```

6.2 Berechnung der Kennzahl "Modus"

6.2.1 Problemstellung und Strukturierung der Lösung

In bestimmten Fällen kann es vorkommen, dass die Kennzahlen "Durchschnittswert" und "Median" für eine sinnvolle Berechnung eines Zentrums *ungeeignet* sind. Dies ist z.B. dann der Fall, wenn durch die erfassten (ganzzahligen) Werte die Stilart gekennzeichnet wird, mit der ein Schüler seinen Schwimmwettkampf bestritten hat – z.B. "1" für Brustschwimmen, "2" für Rückenschwimmen und "3" für Schmetterlingsschwimmen. In dieser Situation kennzeichnen die Werte unterschiedliche Schwimmstile, so dass für diese Werte keine Vergleiche sinnvoll sind.
Derartige Daten, die allein eine *Gruppenzugehörigkeit* beschreiben, werden als *nominalskalierte* Daten bezeichnet.
Beim Skalenniveau "nominalskaliert" ist das Zentrum der Punktwerte durch den *Modus* gekennzeichnet, d.h. durch den Wert, der am häufigsten auftritt.
Im Hinblick auf diesen Sachverhalt betrachten wir die folgende Problemstellung:

- PROB-5:
  Als Ergänzung zur Problemstellung PROB-4-1 soll der Modus für nominalskalierte Daten ermittelt und angezeigt werden!

Auf der Grundlage der Lösung von PROB-4-1 ist es sinnvoll, nominalskalierte Daten mittels einer Instanz zu erfassen, die aus einer *neu* einzurichtenden Unterklasse von "WerteErfassung" namens "NoWerteErfassung" instanziiert wurde.
Hinweis: Die Vorsilbe "No" wird als Abkürzung von "nominalskaliert" verwendet.

Dieser Ansatz führt zur folgenden Konzeption der Klassen-Hierarchie:

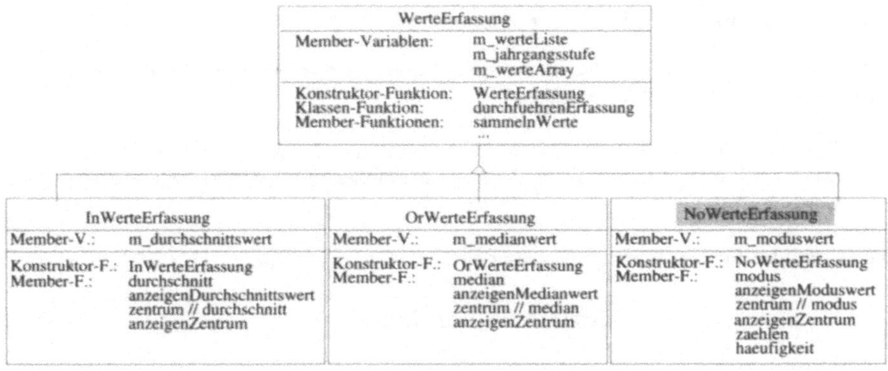

Abbildung 6.5: "InWerteErfassung", "OrWerteErfassung" und "NoWerteErfassung" auf derselben Hierarchiestufe

Hieraus ist erkennbar, dass wir den Modus durch die Ausführung der Member-Funktionen "modus" und "anzeigenModuswert" errechnen und anzeigen lassen wollen. Ferner ist ersichtlich, dass die Klasse "NoWerteErfassung" eine Member-Variable namens "m_moduswert" enthalten soll, der der errechnete Modus zugeordnet wird.

Zur Berechnung des Modus sehen wir zusätzlich die beiden Member-Funktionen "zaehlen" und "haeufigkeit" vor.

Um bei der Lösung die gleiche Struktur wie bei der Lösung von PROB-4-1 zu erhalten, müssen wir noch die beiden Member-Funktionen "zentrum" und "anzeigenZentrum" festlegen.

Damit die Klasse "NoWerteErfassung" als Unterklasse von "WerteErfassung" direkt abgeleitet wird, tragen wir die folgenden Programmzeilen in die Header-Datei "NoWerteEr fassung.h" ein:

```
#include "WerteErfassung.h"
class NoWerteErfassung : public WerteErfassung {
 public:
  NoWerteErfassung(int jahrgangswert);
  void modus();
  void anzeigenModuswert();
  void zentrum(); // modus
  void anzeigenZentrum();
  void zaehlen(int suchanfang, CUIntArray & hilfsSammler);
  int haeufigkeit();
 protected:
  float m_moduswert;
};
```

6.2.2 Definition der Member-Funktion "modus"

Um die Funktions-Definition der Member-Funktion "modus" festlegen zu können, müssen wir die folgende Problemstellung lösen:

- Bestimme den Modus der durch die Instanz aus der Klasse "NoWerteErfassung" erfassten Werte, d.h. den Wert, der sich als häufigster Wert der gesammelten Punktwerte ergibt!

Die Grundidee für den Lösungsplan lässt sich wie folgt skizzieren:

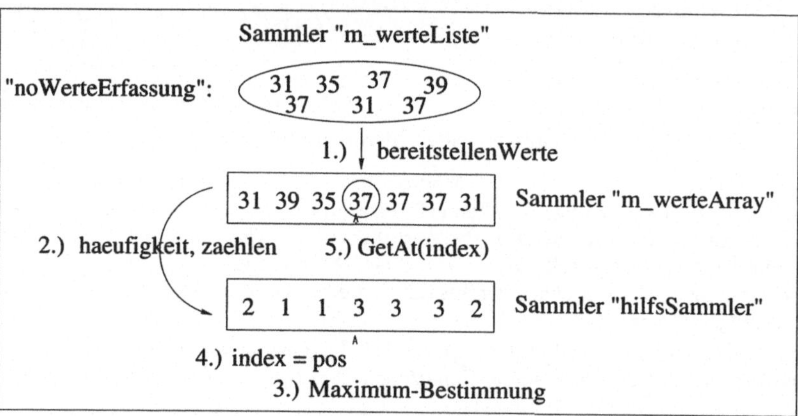

Abbildung 6.6: Grundidee zur Bestimmung eines Modus

Auf der Basis dieser Skizze lässt sich der Lösungsplan in Form der folgenden drei Struktogramme beschreiben:

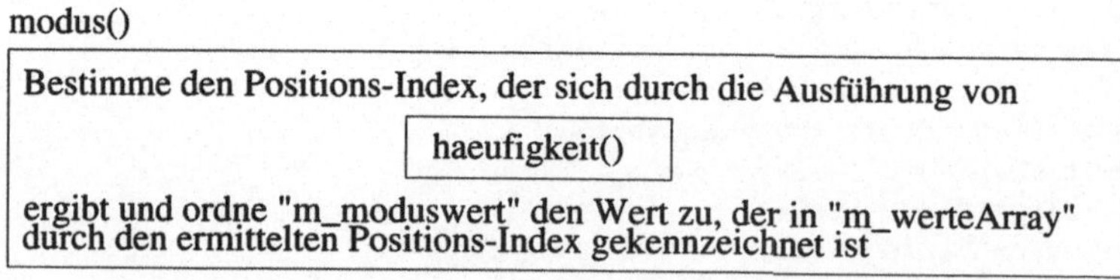

Abbildung 6.7: Struktogramm für die Member-Funktion "modus"

haeufigkeit()

Bestimme die Anzahl der in "m_werteArray" gesammelten Werte und ordne sie der lokalen Variablen "anzahl" zu

Richte den Sammler "hilfsSammler" für das Sammeln von "anzahl" Werten ein

Ordne allen Werten von "hilfsSammler" den Wert "1" zu

Führe "anzahl"-mal unter Variation des Positions-Indexes "pos" folgendes durch:

zaehlen(pos, hilfsSammler)

Ordne der Variablen "index" den Wert "0" zu

Ordne "maxwert" den Wert zu, der in "hilfsSammler" durch die Index-Position "0" gekennzeichnet ist

Führe für "pos" von "1" bis "anzahl-1" durch:

Der in "hilfsSammler" durch den Positions-Index "pos" gekennzeichnete Wert ist größer als "maxwert"?

ja

nein

Ordne "maxwert" den Wert zu, der in "hilfs-Sammler" durch den Positions-Index "pos" gekennzeichnet ist

Ordne "index" den Wert von "pos" zu

Lege den Wert von "index" als Funktions-Ergebnis fest

Abbildung 6.8: Struktogramm für die Member-Funktion "haeufigkeit"

zaehlen(suchanfang, hilfsSammler)

Bestimme die Anzahl der in "m_werteArray" gesammelten Werte und ordne sie der lokalen Variablen "anzahl" zu

Ordne der lokalen Variablen "wert" den Wert von "m_werteArray" zu, der durch den Positions-Index "suchanfang" gekennzeichnet ist

Führe für den Positions-Index "pos" von "suchanfang + 1" bis "anzahl -1" folgendes aus:

"wert" stimmt mit dem durch "pos" gekennzeichneten Wert in "m_werteArray" überein?

ja

nein

Erhöhe in "hilfsSammler" den durch "suchanfang" gekennzeichneten Wert um den Wert "1"

Ordne in "hilfsSammler" dem durch "pos" gekenn-zeichneten Wert den in "hilfsSammler" durch den Positions-Index "suchanfang" gekennzeichneten Wert zu

Abbildung 6.9: Struktogramm für die Member-Funktion "zaehlen"

Das erste Struktogramm (siehe Abbildung 6.7) lässt sich wie folgt in die Definition der Member-Funktion "modus" umwandeln:

```
void NoWerteErfassung::modus() {
 m_moduswert = float(m_werteArray.GetAt(this->haeufigkeit()));
}
```

Die Zuweisung basiert auf dem Einsatz der Member-Funktion "haeufigkeit", deren Definition sich durch die Umformung des zweiten oben angegebenen Struktogramms (siehe Abbildung 6.8) in der folgenden Form festlegen lässt:

```
int NoWerteErfassung::haeufigkeit() {
 int anzahl = m_werteArray.GetSize();
 CUIntArray hilfsSammler;
 hilfsSammler.SetSize(anzahl);
 for (int pos=0; pos < anzahl; pos=pos+1) hilfsSammler.SetAt(pos,1);
 for (pos = 0; pos < anzahl; pos = pos + 1)
  this->zaehlen(pos, hilfsSammler);
 int index = 0;
 unsigned int maxwert = hilfsSammler.GetAt(0);
 for (pos = 1; pos < anzahl; pos = pos + 1) {
  if (hilfsSammler.GetAt(pos) > maxwert) {
    maxwert = hilfsSammler.GetAt(pos);
    index = pos;
  }
 }
 return index;
}
```

Innerhalb dieser Programmzeilen wurde die folgende Basis-Member-Funktion verwendet:

- **"SetSize(int varInt)"**:
  Durch das Argument "varInt" wird für einen Sammler (eine Instanz der Basis-Klasse "CUIntArray") die maximale Anzahl seiner Elemente festgelegt.

Die angegebene Definition der Member-Funktion "haeufigkeit" stützt sich auf die Ausführung der Member-Funktion "zaehlen", die wir auf der Grundlage des dritten der oben angegebenen Struktogramme (siehe Abbildung 6.9) wie folgt festlegen können:

```
void NoWerteErfassung::zaehlen(int suchanfang,CUIntArray & hilfsSammler) {
 int anzahl = m_werteArray.GetSize();
 unsigned int wert = m_werteArray.GetAt(suchanfang);
 for (int pos = suchanfang + 1; pos < anzahl; pos = pos + 1) {
  if (wert == m_werteArray.GetAt(pos)) {
    hilfsSammler.SetAt(suchanfang,hilfsSammler.GetAt(suchanfang) + 1);
    hilfsSammler.SetAt(pos,hilfsSammler.GetAt(suchanfang));
  }
 }
}
```

Durch die Ausführung der Anweisung

```
hilfsSammler.SetAt(pos, hilfsSammler.GetAt(suchanfang));
```

erreichen wir, dass auch in dem Fall, in dem mehrere erfasste Werte übereinstimmen, die zugehörige Häufigkeit korrekt ermittelt wird. Ohne diese Anweisung würde – im Falle mehrerer gleicher Werte – lediglich die Häufigkeit für den jeweils zuerst untersuchten Wert in "hilfsSammler" richtig eingetragen werden.
So würden z.B. im Falle der erfassten Punktwerte "31", "39", "35", "37", "37", "37" und "31" die Häufigkeiten wie folgt ermittelt: "2", "1", "1", "3", "2", "1" und "1".
Unter Einsatz der Member-Funktion "modus" können wir die Member-Funktion "zen trum" wie folgt definieren:

```
void NoWerteErfassung::zentrum() {
 this->modus();
}
```

Durch die Ausführung der Member-Funktion "modus" bzw. der Member-Funktion "zen trum" lässt sich für eine Instanz von "NoWerteErfassung" der Modus errechnen und der Member-Variablen "m_moduswert" zuordnen.
Um sich den derart gesicherten Modus am Bildschirm anzeigen zu lassen, definieren wir die Member-Funktion "anzeigenModuswert" wie folgt:

```
void NoWerteErfassung::anzeigenModuswert() {
 cout << "Der Moduswert ist: " << m_moduswert << endl;
}
```

Aus Konsistenzgründen legen wir zusätzlich die Member-Funktion "anzeigenZentrum" durch die folgende Definition innerhalb der Klasse "NoWerteErfassung" fest:

```
void NoWerteErfassung::anzeigenZentrum() {
 this->anzeigenModuswert();
}
```

Die Programm-Datei "NoWerteErfassung.cpp" richten wir dadurch ein, dass wir die Definitionen der Member-Funktionen "modus", "anzeigenModuswert", "zentrum", "anzeigen Zentrum", "zaehlen" und "haeufigkeit" in diese Datei eintragen und zusätzlich die folgenden Programmzeilen am Dateianfang einfügen:

```
#include <iostream.h>
#include "NoWerteErfassung.h"
NoWerteErfassung::NoWerteErfassung(int jahrgangswert)
                 : WerteErfassung(jahrgangswert) {
}
```

Somit ergeben sich als Inhalt der Programm-Datei "NoWerteErfassung.cpp" die folgenden Programmzeilen:

```
#include <iostream.h>
#include "NoWerteErfassung.h"
NoWerteErfassung::NoWerteErfassung(int jahrgangswert)
                  : WerteErfassung(jahrgangswert) {
}
void NoWerteErfassung::modus() {
 m_moduswert = float(m_werteArray.GetAt(this->haeufigkeit()));
}
int NoWerteErfassung::haeufigkeit() {
 int anzahl = m_werteArray.GetSize();
 CUIntArray hilfsSammler;
 hilfsSammler.SetSize(anzahl);
 for (int pos=0; pos < anzahl; pos=pos+1) hilfsSammler.SetAt(pos,1);
 for (pos = 0; pos < anzahl; pos = pos + 1)
  this->zaehlen(pos, hilfsSammler);
 int index = 0;
 unsigned int maxwert = hilfsSammler.GetAt(0);
 for (pos = 1; pos < anzahl; pos = pos + 1) {
  if (hilfsSammler.GetAt(pos) > maxwert) {
     maxwert = hilfsSammler.GetAt(pos);
     index = pos;
  }
 }
 return index;
}
void NoWerteErfassung::zaehlen(int suchanfang,CUIntArray & hilfsSammler) {
 int anzahl = m_werteArray.GetSize();
 unsigned int wert = m_werteArray.GetAt(suchanfang);
 for (int pos = suchanfang + 1; pos < anzahl; pos = pos + 1) {
  if (wert == m_werteArray.GetAt(pos)) {
    hilfsSammler.SetAt(suchanfang,hilfsSammler.GetAt(suchanfang) + 1);
    hilfsSammler.SetAt(pos,hilfsSammler.GetAt(suchanfang));
   }
 }
}
void NoWerteErfassung::zentrum() {
 this->modus();
}
void NoWerteErfassung::anzeigenModuswert() {
 cout << "Der Moduswert ist: " << m_moduswert << endl;
}
void NoWerteErfassung::anzeigenZentrum() {
 this->anzeigenModuswert();
}
```

6.2.3 Mehrfachverzweigung und switch-Anweisung

Um bei der Lösung der Problemstellung PROB-5 die Berechnung der Kennzahlen steuern zu können, muss das jeweilige Skalenniveau innerhalb der Ausführungs-Funktion "main" bestimmt werden.
Indem wir die Eigenschaft "intervallskaliert" durch den Wert "1", die Eigenschaft "ordinalskaliert" durch den Wert "2" und die Eigenschaft "nominalskaliert" durch den Wert "3" kennzeichnen, lässt sich das jeweilige Skalenniveau durch die beiden folgenden Anweisungen festlegen:

```
cout << "Gib Skalenniveau (intervall (1),ordinal (2),nominal (3)): ";
cin >> skalenniveau;
```

Um die Programmausführung gemäß der jeweils gewählten Verarbeitungsform fortsetzen zu können, muss eine geeignete Abfrage durchgeführt werden.
Da nicht nur zwei, sondern drei Möglichkeiten für eine Verzweigung zur Verfügung stehen, spricht man in dieser Situation von einer *Mehrfachverzweigung.*
Eine derartige Mehrfachverzweigung kann z.B. durch eine Verschachtelung unter Einsatz dreier if-Anweisungen in der folgenden Form beschrieben werden:

```
if (skalenniveau == 1) {
  InWerteErfassung inWerteErfassung(jahrgangsstufe);
  // Anweisungen für die Auswertung intervallskalierter Daten
 }
 else {
  if (skalenniveau == 2) {
    OrWerteErfassung orWerteErfassung(jahrgangsstufe);
    // Anweisungen für die Auswertung ordinalskalierter Daten
   }
  else {
    if (skalenniveau == 3) {
       NoWerteErfassung noWerteErfassung(jahrgangsstufe);
       // Anweisungen für die Auswertung nominalskalierter Daten
     }
   }
}
```

Da diese Form der Abfrage sehr unübersichtlich ist, setzen wir eine *switch-Anweisung* ein, die gemäß der folgenden Syntax verwendet werden kann:

switch (*ausdruck*)

case *wert-1* :	{ *anweisung-1-1*	;[*anweisung-1-2*	;] ... break ; }
[case *wert-2* :	{ *anweisung-2-1*	;[*anweisung-2-2*	;] ... break ; }] ...
[default:	{ *anweisung-3-1*	;[*anweisung-3-2*	;] ... }]

}

Die switch-Anweisung wird durch das Schlüsselwort *"switch"* eingeleitet, dem zunächst ein in Klammern eingeschlossener Ausdruck und anschließend ein Anweisungs-Block folgen. Der Anweisungs-Block enthält wiederum einen oder mehrere Anweisungs-Blöcke, die jeweils durch das Schlüsselwort *"case"* mit nachfolgender ganzzahliger *case-Konstanten* sowie einem abschließendem Doppelpunkt ":" einzuleiten sind. Vor dem letzten dieser Anweisungs-Blöcke darf das Schlüsselwort *"default"* und ein nachfolgender Doppelpunkt verwendet werden.

Bei der Ausführung einer switch-Anweisung wird zunächst der hinter dem Schlüsselwort "switch" aufgeführte Ausdruck ausgewertet. Das Ergebnis, bei dem es sich um einen ganzzahligen Wert handeln sollte, wird nach und nach mit den case-Konstanten verglichen. Gibt es eine Übereinstimmung, so wird der nachfolgende Anweisungs-Block ausgeführt.

Hinweis: Als Ergebnis des Ausdrucks und als case-Konstante sind auch Werte zulässig, die sich in ganze Zahlen konvertieren lassen.

Als letzte Anweisung jedes Anweisungs-Blockes wird eine break-Anweisung verwendet. Dieser Sachverhalt ist durch das Schlüsselwort *"break"* gekennzeichnet. Hierdurch ist gesichert, dass die Programmausführung – nach der Ausführung eines Anweisungs-Blockes – hinter der switch-Anweisung fortgesetzt wird.
Stimmt der Wert, der aus dem hinter dem Schlüsselwort "switch" aufgeführten Ausdruck ermittelt wird, mit keiner der case-Konstanten überein, so werden die hinter dem Schlüsselwort "default" aufgeführten Anweisungen ausgeführt.

Da wir in unserer Situation unterstellen, dass über die Tastatur nur korrekte Dateneingaben ("1", "2" oder "3") erfolgen, setzen wir die folgendermaßen strukturierte switch-Anweisung ein:

```
switch (skalenniveau) {
case 1: {
  InWerteErfassung inWerteErfassung(jahrgangsstufe);
  // weitere Anweisungen
  break;
 }
case 2: {
  OrWerteErfassung orWerteErfassung(jahrgangsstufe);
  // weitere Anweisungen
  break;
 }
case 3: {
  NoWerteErfassung noWerteErfassung(jahrgangsstufe);
  // weitere Anweisungen
  break;
 }
}
```

6.2.4 Die Programm-Datei “Main.cpp” bei der Modus-Berechnung

Die hierarchische Strukturierung des Lösungsplans bewirkt, dass die Erfassung und Anzeige von *nominalskalierten* Daten durch die Anweisungen

```
NoWerteErfassung noWerteErfassung(jahrgangsstufe);
NoWerteErfassung::durchfuehrenErfassung(noWerteErfassung);
noWerteErfassung.anzeigenWerte();
```

und die anschließende Berechnung des Modus durch die Anweisungen

```
noWerteErfassung.bereitstellenWerte();
noWerteErfassung.zentrum(); // modus
```

abrufbar sind. Außerdem lässt sich die Anzeige des berechneten Zentrums und die Ausgabe der sortierten Punktwerte durch die Anweisungen

```
noWerteErfassung.anzeigenZentrum();
noWerteErfassung.sortieren();
noWerteErfassung.anzeigenSortierteWerte();
```

anfordern. Die Lösung von PROB-5 ist daher komplett, wenn wir die Ausführungs-Funktion “main” durch die folgenden Programmzeilen festlegen:

```
//Prog_5
#include <iostream.h>
#include "InWerteErfassung.h"
#include "OrWerteErfassung.h"
#include "NoWerteErfassung.h"
void main() {
 int jahrgangsstufe, skalenniveau;
 cout<<"Gib Skalenniveau (intervall (1),ordinal (2),nominal (3)): ";
 cin >> skalenniveau;
 cout << "Gib Jahrgangsstufe: ";
 cin >> jahrgangsstufe;
```

```
switch(skalenniveau) {
case 1: {
  InWerteErfassung inWerteErfassung(jahrgangsstufe);
  InWerteErfassung::durchfuehrenErfassung(inWerteErfassung);
  inWerteErfassung.anzeigenWerte();
  inWerteErfassung.bereitstellenWerte();
  inWerteErfassung.zentrum(); // durchschnitt
  inWerteErfassung.anzeigenZentrum();
  inWerteErfassung.sortieren();
  inWerteErfassung.anzeigenSortierteWerte();
  break;
 }
case 2: {
  OrWerteErfassung orWerteErfassung(jahrgangsstufe);
  OrWerteErfassung::durchfuehrenErfassung(orWerteErfassung);
  orWerteErfassung.anzeigenWerte();
  orWerteErfassung.bereitstellenWerte();
  orWerteErfassung.zentrum(); // median
  orWerteErfassung.anzeigenZentrum();
  orWerteErfassung.sortieren();
  orWerteErfassung.anzeigenSortierteWerte();
  break;
 }
case 3: {
  NoWerteErfassung noWerteErfassung(jahrgangsstufe);
  NoWerteErfassung::durchfuehrenErfassung(noWerteErfassung);
  noWerteErfassung.anzeigenWerte();
  noWerteErfassung.bereitstellenWerte();
  noWerteErfassung.zentrum(); // modus
  noWerteErfassung.anzeigenZentrum();
  noWerteErfassung.sortieren();
  noWerteErfassung.anzeigenSortierteWerte();
  break;
 }
}
}
```

Kapitel 7

Weiterentwicklung des Lösungsplans

In den vorausgegangenen Kapiteln haben wir die Kenntnisse erworben, die für die objekt-orientierte Programmierung in C++ grundlegend sind. In diesem Kapitel stellen wir zunächst ergänzende Sprachelemente vor, durch deren Einsatz sich Lösungspläne in besonderen Situationen vereinfachen lassen. Dabei sollten wir uns bewusst sein, dass einige der nachfolgend dargestellten Konzepte nicht unbedingt mit den Grundprinzipien der objekt-orientierten Programmierung vereinbar sind.
Am Ende des Kapitels stellen wir für die von uns zuvor entwickelten Klassen eine Klassen-Hierarchie vor, die Basis für alle in den nachfolgenden Kapiteln behandelten fenster-gestützten Dialoge sein wird.

7.1 Zugriff auf Member-Variablen und Vorwärts-Deklaration

Indirekter und direkter Zugriff auf Member-Variablen

In welchen Anweisungen Namen von Member-Variablen und Member-Funktionen verwendet werden können, wird bei deren Deklaration durch die Schlüsselwörter "protected" und "public" festgelegt.
Zum Beispiel haben wir – bei der Lösung von PROB-1 – die Jahrgangsstufe sowie die jeweils erfassten Punktwerte dadurch anzeigen lassen, dass wir die Ausdrucks-Anweisung

```
werteErfassungJahr.anzeigenWerte();
```

in die Ausführungs-Funktion "main" eingetragen haben.
Hierdurch wird ein *indirekter* Zugriff – über den Einsatz einer Member-Funktion – auf die Attributwerte der Instanz "werteErfassungJahr" vorgenommen.
Wir haben gelernt, dass diese Art des Zugriffs bei der objekt-orientierten Programmierung üblich ist. Grundsätzlich sollte jede Instanz ihre Attributwerte dadurch bereitstellen, dass sie eine geeignete Member-Funktion zur Ausführung bringt. Innerhalb einer derartigen Member-Funktion erfolgt ein *direkter* Zugriff auf die betreffende Member-Variable. Dies bedeutet, dass der gewünschte Attributwert über den Variablennamen der zugehörigen Member-Variablen zugreifbar ist.

Um die Anzeige des Jahrgangsstufenwertes durchzuführen, wurde bei der Programmierung der Member-Funktion "anzeigenWerte" der direkte Zugriff mittels der folgenden Anweisung durchgeführt:

```
cout << m_jahrgangsstufe;
```

Ein derartiger Zugriff ist – wie wir wissen – immer nur dann möglich, wenn die Member-Funktion, die die Anweisung mit dem direkten Zugriff enthält, in derjenigen Klasse bzw. einer ihrer Oberklassen vereinbart ist, aus der die zugreifende Instanz eingerichtet wurde. Aus diesem Grund war es bei der Lösung von PROB-1 *nicht* zulässig, innerhalb der Ausführungs-Funktion "main" eine Anweisung der Form

```
cout << werteErfassungJahr.m_jahrgangsstufe;
```

zu verwenden. Hierdurch würde nämlich – fälschlicherweise – davon ausgegangen, dass die Instanz "werteErfassungJahr" innerhalb von "main" auf ihre Member-Variable "m_jahr gangsstufe" direkt zugreifen kann.

Damit die Verwendung der Anweisung

```
cout << werteErfassungJahr.m_jahrgangsstufe;
```

zulässig ist, müsste der direkte Zugriff auf die Member-Variable "m_jahrgangsstufe" ausdrücklich erlaubt werden. Dazu müsste diese Member-Variable, die innerhalb der Klassen-Deklaration von "WerteErfassung" unter Einsatz des Schlüsselwortes "protected" festgelegt wurde, mit Hilfe des Schlüsselwortes "public" deklariert werden.
Im Hinblick auf die Verwendung des Schlüsselwortes "public" gilt grundsätzlich:

- Die Namen von Member-Variablen und Member-Funktionen, die mit dem Schlüsselwort "public" deklariert sind, sind *öffentlich* und können daher in sämtlichen Anweisungen aufgeführt werden.

Da wir den Aufruf von *Funktionen* in sämtlichen Anweisungen zulassen wollen, vereinbaren wir Member-Funktionen und Klassen-Funktionen – innerhalb einer Klassen-Deklaration – daher stets unter Einsatz des Schlüsselwortes "public".
Um das Prinzip der Datenkapselung nicht zu verletzen, setzen wir das Schlüsselwort "pub lic" jedoch *niemals* bei der Vereinbarung von Member-Variablen ein.

Für den Zugriff auf Member-Variablen, die unter Einsatz des Schlüsselwortes "protected" vereinbart sind, muss stets Folgendes beachtet werden:

- Grundsätzlich ist der *direkte* Zugriff auf eine Member-Variable innerhalb einer Member-Funktion bzw. einer Klassen-Funktion immer dann erlaubt, wenn die Member-Variable und die Funktion in *derselben* Klasse deklariert sind.
  Darüberhinaus kann innerhalb einer Member-Funktion bzw. einer Klassen-Funktion auch dann direkt auf eine Member-Variable zugegriffen werden, wenn diese Member-Variable in einer Oberklasse deklariert ist.

- Ist ein direkter Zugriff auf eine Member-Variable *nicht* erlaubt, so kann ein *indirekter* Zugriff durch die Ausführung einer geeigneten Member-Funktion bzw. Klassen-Funktion erfolgen. Dazu muss diese Funktion in derselben Klasse wie die Member-Variable oder in einer dieser Klasse untergeordneten Klasse deklariert sein.

Neben den Schlüsselwörtern "public" und "protected" kann auch das Schlüsselwort "pri vate" bei der Vereinbarung von Member-Variablen und Member-Funktionen verwendet werden.

- Der direkte Zugriff auf eine mit dem Schlüsselwort "private" vereinbarte Member-Variable darf nur innerhalb derjenigen Member-Funktionen und Klassen-Funktionen durchgeführt werden, die zusammen mit dieser Member-Variablen bei der Klassen-Deklaration vereinbart wurden.
  Eine unter Einsatz des Schlüsselwortes "private" vereinbarte Funktion kann nur innerhalb einer Funktion aufgerufen werden, wenn diese Funktion in derselben Klasse wie die aufrufende Funktion deklariert ist.

Im Hinblick auf die von uns vorgestellten Beispiele werden wir von der Möglichkeit, das Schlüsselwort "private" bei einer Vereinbarung einsetzen zu können, grundsätzlich *keinen* Gebrauch machen.

Veranschaulichung des direkten und indirekten Zugriffs

Um ein Beispiel zu geben, wie innerhalb einer Funktion sowohl direkt als auch indirekt auf Member-Variablen zugegriffen werden kann, betrachten wir die beiden Klassen "K1" und "K2", die einander *nicht* untergeordnet sind:

K1	
protected: Member-Variable:	 int mV1;
public: Konstruktor-Funktion: Klassen-Funktion:	 K1(int zahl) : mV1(zahl) { } static void kF1(K1 & instanz1, K2 & instanz2);

K2	
protected: Member-Variable:	 int mV2;

public:
Konstruktor-Funktion:
Member-Funktion:
	
	K2(int zahl) : mV2(zahl){ }
	int bereitstellenWert() {
	return mV2;
	}

```
void K1::kF1(K1 & instanz1, K2 & instanz2) {
  int summe = instanz1.mV1 + instanz2.bereitstellenWert();
  cout << "Summe: " << summe << endl;
}
```

Die angegebene Darstellung soll zum Ausdruck bringen, dass die Definition der Klassen-Funktion "kF1" im Anschluss an die Klassen-Deklaration von "K2" anzugeben ist.

Ferner soll durch die gewählte Darstellung folgendes festgelegt sein:
Bei der Umformung in ein Programm sind die Klassen-Vereinbarungen von "K1" und "K2" – in dieser Reihenfolge – sowie die include-Direktive

```
#include <iostream.h>
```

und die zugehörige Ausführungs-Funktion “main” innerhalb einer *einzigen* Programm-Datei einzutragen.

Da wir sowohl die Member-Variable “mV1” als auch die Klassen-Funktion “kF1” in der Klasse “K1” vereinbart haben, ist innerhalb von “kF1” der direkte Zugriff auf “mV1” in Form von “instanz1.mV1” zulässig.
Dagegen darf der Zugriff auf die Member-Variable “mV2” innerhalb von “kF1” nur indirekt erfolgen, da die Member-Variable “mV2” innerhalb der Klasse “K2” festgelegt ist und “kF1” nicht in der Klasse “K2”, sondern in der Klasse “K1” vereinbart und “K2” nicht “K1” untergeordnet ist.
Um den indirekten Zugriff auf die Member-Variable “mV2” innerhalb von “kF1” zu ermöglichen, haben wir die Funktion “bereitstellenWert” in der Klasse “K2” vereinbart.
Gemäß dieser Rahmenbedingung müsste die durch

```
void main() {
 K1 instanzK1(98);
 K2 instanzK2(2);
 K1::kF1(instanzK1, instanzK2);
}
```

festgelegte Ausführungs-Funktion “main” zur Anzeige des Textes “Summe: 100” – als Ergebnis der Summation von “98” und “2” – führen.
Wenn es nur um die korrekte Handhabung des Zugriffs auf die Member-Variablen ginge, wäre dies auch zutreffend. Jedoch liefert der Compiler eine Fehlermeldung, weil er die Deklaration

```
static void kF1(K1 & instanz1, K2 & instanz2);
```

bemängelt. Dies liegt daran, dass der in der Parameterliste von “kF1” aufgeführte Name “K2” an dieser Stelle noch nicht als Klassenname bekannt ist.
Im Hinblick auf diesen Sachverhalt ist grundsätzlich zu beachten:

- Die Reihenfolge, in der die Klassen-Deklarationen dem Compiler bekannt gemacht werden, ist von grundlegender Bedeutung.
  Eine Instanziierung ist immer nur dann zulässig, wenn die Klasse, aus der die Instanz eingerichtet werden soll, zum betreffenden Zeitpunkt bereits bekannt ist.

Vorwärts-Deklaration einer Klasse

Zur Lösung des oben angegebenen Problems muss dem Compiler mitgeteilt werden, dass es sich bei “K2” um den Namen einer Klasse handelt, die erst nachfolgend vollständig deklariert wird.
Eine derartige Mitteilung an den Compiler lässt sich – unter Einsatz des Schlüsselwortes

"class" – als *Vorwärts-Deklaration* in der folgenden Form festlegen:

class *klassenname* ;

Ist eine Vorwärts-Deklaration für eine Klasse angegeben, so können Instanziierungen aus dieser Klasse innerhalb aller nachfolgend aufgeführten Klassen-Vereinbarungen verwendet werden.
In unserer Situation stellen wir daher der Klassen-Vereinbarung von "K1" die Vorwärts-Deklaration der Klasse "K2" in der Form

```
class K2;
```

voran. Durch diese Änderung wird das Programm fehlerfrei compiliert und liefert bei der Programmausführung die Anzeige des Textes "Summe: 100".

Zuweisung von Instanzen

In unseren bisher entwickelten Programmen haben wir Zuweisungen verwendet, in denen einer Variablen eine Instanz aus einer Standard-Klasse zugeordnet wurde.

Problematisch wird es dann, wenn eine Instanz aus einer anderen Klasse – wie z.B. "WerteErfassung" – durch eine Zuweisung zugeordnet werden soll.

Zum Beispiel ist die Zuweisung

```
orWerteErfassung = inWerteErfassung;
```

für die Instanziierungen aus den Klassen "OrWerteErfassung" bzw. "InWerteErfassung" *nicht* zulässig, weil der Zuweisungs-Operator "=" für derartige Operanden *nicht* vereinbart ist.

Eine Zuweisung der Form

```
werteErfassung11 = werteErfassung12;
```

ist ebenfalls *nicht* erlaubt, obwohl beide Instanzen – in Form von Instanziierungen aus der Klasse "WerteErfassung" – über die gleichen Member-Variablen verfügen.

Eine derartige Zuweisung ist immer nur dann möglich, wenn sämtliche Member-Variablen der beiden Instanzen aus einer der Standard-Klassen oder der Basis-Klasse "CString" instanziiert sind.

Hinweis: Damit wir beliebige Instanzen mit den Werten der Member-Variablen einer anderen Instanz initialisieren können, werden wir eigenständige Funktionen vereinbaren – z.B. die Klassen-Funktion "durchfuehrenUebertragung" (siehe unten).

Es ist zulässig, einer Instanz aus einer Oberklasse eine Instanz aus einer Unterklasse zuzuordnen, sofern sämtliche Member-Variablen der beiden Instanzen aus einer der Standard-Klassen oder der Basis-Klasse "CString" instanziiert sind.

Dazu betrachten wir das folgende Beispiel:

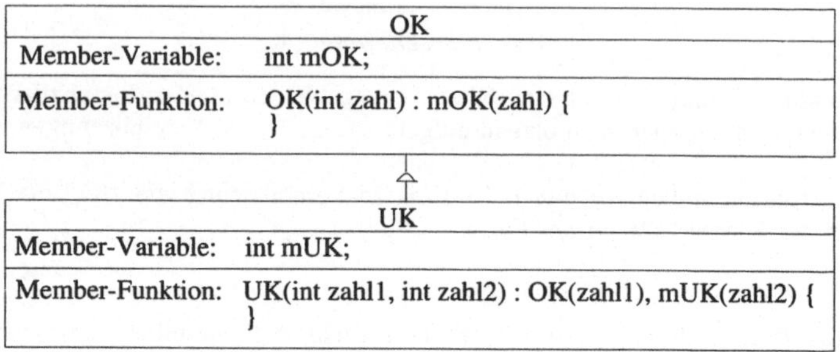

Auf der Basis dieser Klassen-Deklarationen sind die folgenden Anweisungen erlaubt:

```
OK instanzOK(2);
UK instanzUK(4, 96);
instanzOK = instanzUK;
```

Dagegen ist die Zuweisung

```
instanzUK = instanzOK;
```

nicht zulässig, da "instanzOK" nicht über eine Member-Variable namens "mUK" verfügt, deren Wert "instanzUK" zugeordnet werden kann.

7.2 Berechnung mehrerer Kennzahlen

Bestimmung des Medians für intervallskalierte Daten

In dem oben angegebenen Beispiel haben wir – innerhalb der Funktion "kF1" von "K1" – auf die Member-Variable "mV2" der Klasse "K2" indirekt – über die Ausführung der Member-Funktion "bereitstellenWert" der Klasse "K2" – zugegriffen.
Wie wir es erreichen können, dass innerhalb einer Funktion der Klasse "K1" sowohl auf die Member-Variable "mV1" der Klasse "K1" als auch auf die Member-Variable "mV2" der Klasse "K2" *direkt* zugegriffen werden kann, stellen wir im Zusammenhang mit der Lösung der folgenden Problemstellung dar:

- PROB-6:
  Ergänzend zur Problemstellung PROB-5 soll für intervallskalierte Werte der Jahrgangsstufe 11 nicht nur der Durchschnittswert, sondern auch der Median berechnet und angezeigt werden!

Zur Lösung dieser Problemstellung ersetzen wir den ursprünglichen Inhalt der Programm-Datei "Main.cpp" von "Prog_5" zunächst durch die folgenden Programmzeilen:

```
//Prog_6
#include <iostream.h>
#include "InWerteErfassung.h"
#include "OrWerteErfassung.h"
void main() {
 InWerteErfassung inWerteErfassung(11);
 InWerteErfassung::durchfuehrenErfassung(inWerteErfassung);
 inWerteErfassung.anzeigenWerte();
 inWerteErfassung.bereitstellenWerte();
 inWerteErfassung.zentrum();// durchschnitt
 inWerteErfassung.anzeigenZentrum();
}
```

Durch die Ausführung der Ausdrucks-Anweisungen erfolgt die Erfassung und Anzeige intervallskalierter Punktwerte der Jahrgangsstufe 11 sowie die Berechnung und Anzeige des Durchschnittswertes.

Zur Berechnung und Anzeige des Medians wollen wir die innerhalb der Klasse "OrWer teErfassung" vereinbarten Member-Funktionen nutzen können. Daher benötigen wir eine Funktion, durch deren Ausführung die in der Instanz "inWerteErfassung" gesammelten Werte in eine Instanz aus der Klasse "OrWerteErfassung" übertragen werden können.

Um diese geforderte Übertragung durchführen zu können, sehen wir in der Klasse "Wer teErfassung" eine Klassen-Funktion namens "durchfuehrenUebertragung" vor.

Unter Berücksichtigung dieser Klassen-Funktion lassen sich die zur Lösung von PROB-6 einzusetzenden Klassen folgendermaßen beschreiben:

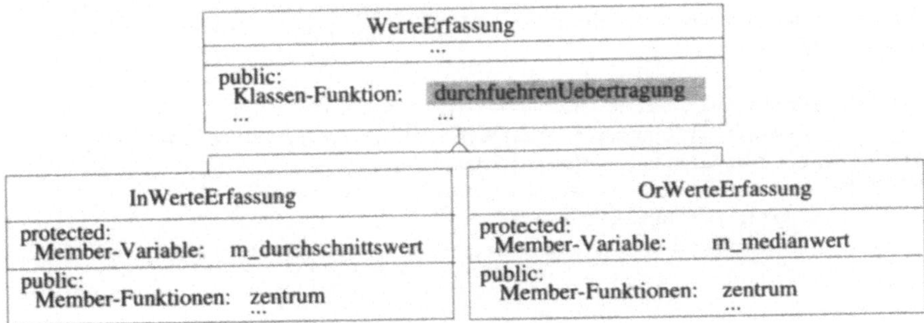

Abbildung 7.1: Klassen zur Lösung von PROB-6

Wir legen – in "Main.cpp" von "Prog_6" – fest, dass die Übertragung der erfassten Punktwerte von dem einen Sammler zum anderen Sammler durch den folgenden Funktions-Aufruf der Klassen-Funktion "durchfuehrenUebertragung" erfolgen soll:

```
WerteErfassung::durchfuehrenUebertragung(inWerteErfassung,
                                         orWerteErfassung);
```

Dabei soll es sich bei "orWerteErfassung" um eine Instanz handeln, die wie folgt eingerichtet wurde:

```
OrWerteErfassung orWerteErfassung(11);
```

Die Berechnung und Anzeige des Medians lässt sich anschließend wie folgt anfordern:

```
orWerteErfassung.bereitstellenWerte();
orWerteErfassung.zentrum(); // median
orWerteErfassung.anzeigenZentrum();
```

Um die Klassen-Funktion "durchfuehrenUebertragung" zu deklarieren, tragen wir die Vorwärts-Deklarationen

```
class InWerteErfassung;
class OrWerteErfassung;
```

in die Header-Datei "WerteErfassung.h" – vor der Klassen-Deklaration von "WerteErfas sung" – ein. Zur Deklaration von "durchfuehrenUebertragung" ergänzen wir die Deklarationen der Member-Funktionen durch die folgenden Programmzeilen:

```
static void durchfuehrenUebertragung(InWerteErfassung & instanz1,
                                     OrWerteErfassung & instanz2);
```

Die zugehörige Funktions-Definition legen wir wie folgt in der Programm-Datei "WerteEr fassung.cpp" fest:

```
void WerteErfassung::durchfuehrenUebertragung
          (InWerteErfassung & instanz1, OrWerteErfassung & instanz2) {
 int anzahl = instanz1.m_werteListe.GetCount();
 POSITION pos = instanz1.m_werteListe.GetHeadPosition();
 for (int i = 0; i < anzahl; i = i + 1)
  instanz2.m_werteListe.AddTail(instanz1.m_werteListe.GetNext(pos));
}
```

Hierbei ist zu beachten, dass durch die Anweisung

```
int anzahl = instanz1.m_werteListe.GetCount();
```

der folgende Sachverhalt beschrieben wird:
Die zur Instanziierung "instanz1" gehörende Member-Variable "m_werteListe" ruft die Basis-Member-Funktion "GetCount" zur Ausführung auf.

Innerhalb der Funktions-Definition von "durchfuehrenUebertragung" haben wir den direkten Zugriff auf die beiden Member-Variablen "m_werteListe" durch die Angabe von "in stanz1.m_werteListe" bzw. "instanz2.m_werteListe" beschrieben. Dies ist deswegen zulässig, weil die Member-Variable "m_werteListe" in derselben Klasse wie die Klassen-Funktion "durchfuehrenUebertragung" vereinbart ist.

Um die Lösung zu vervollständigen, tragen wir abschließend die beiden include-Direktiven

```
#include "InWerteErfassung.h"
#include "OrWerteErfassung.h"
```

an den Anfang der Datei "WerteErfassung.cpp" ein.

Bestimmung von absoluten Abweichungen

Nachdem wir einen Lösungsplan beschrieben haben, mit dem sich der Median für intervallskalierte Daten errechnen lässt, wollen wir zusätzlich sowohl die absolute Abweichung vom Durchschnittswert als auch die absolute Abweichung vom Median bestimmen lassen.

- Die ***absolute Abweichung*** von "n" Punkten "x_i" von einem vorgegebenem Wert "w" ist wie folgt definiert:

  $$\sum_{i=1}^{n} \mid x_i - w \mid$$

  Zunächst sind die Differenzen zwischen den Punktwerten und dem vorgegebenen Wert "w"zu bilden. Anschließend sind die Absolutbeträge dieser Differenzen zu bilden und die jeweiligen Ergebnisse zu summieren.

  Dabei ist der Absolutbetrag einer Zahl dadurch festgelegt, dass eine negative Zahl mit "-1" multipliziert wird und eine positive Zahl unverändert bleibt.

  Die absolute *Abweichung vom Durchschnittswert* ist dadurch festgelegt, dass in der angegebenen Definition für "w" der Durchschnittswert eingesetzt wird. Wird für "w" der Median eingetragen, so ist durch diese Definition die absolute *Abweichung vom Median* gekennzeichnet.

Im Hinblick auf die oben angegebenen Anforderungen wollen wir die folgende Problemstellung lösen:

- PROB-6-1:
  Ergänzend zur Problemstellung PROB-6 soll die absolute Abweichung vom Durchschnittswert und vom Median errechnet und angezeigt werden!

Zur Lösung wollen wir bei der Berechnung der absoluten Abweichungen auf die den Member-Variablen "m_durchschnittswert" und "m_medianwert" zugeordneten Werte jeweils *direkt* zugreifen.

Da keine der beiden Klassen "InWerteErfassung" und "OrWerteErfassung" der anderen untergeordnet ist, müssen wir zunächst kennenlernen, wie innerhalb einer Member-Funktion der einen Klasse ("InWerteErfassung") auf die Member-Variablen einer anderen Klasse ("OrWerteErfassung") direkt zugegriffen werden kann.

7.3 Freund-Funktion und Freund-Klasse

Definition einer Freund-Funktion

Bei dem im Abschnitt 7.1 angegebenen Beispiel haben wir die Klassen-Funktion “kF1” in der folgenden Form definiert:

```
void K1::kF1(K1 & instanz1, K2 & instanz2) {
 int summe = instanz1.mV1 + instanz2.bereitstellenWert();
 cout << "Summe: " << summe << endl;
}
```

Für die beiden Klassen “K1” und “K2” war verabredet, dass sie in keiner hierarchischen Beziehung stehen.
Da “kF1” als Funktion der Klasse “K1” vereinbart ist, können wir auf die Member-Variable “mV1” von “K1” durch die Angabe von “instanz1.mV1” direkt und auf die Member-Variable “mV2” der Klasse “K2” – durch den Einsatz der Member-Funktion “bereitstel lenWert” – nur indirekt zugreifen.
Damit innerhalb von “kF1” direkt auf “mV2” zugegriffen werden kann, muss dies die Klasse “K2” explizit erlauben. Diese Erlaubnis liegt dann vor, wenn die Klasse “K2” die Funktion “kF1” aus der Klasse “K1” zu einer befreundeten Funktion erklärt.
Grundsätzlich gilt:

- Eine Funktion “fkt_j”, die innerhalb einer Klasse “Kj” vereinbart ist, wird als *Freund-Funktion* (friend-Funktion) einer Klasse “Ki” angesehen, wenn in ihren Anweisungen direkt auf die Member-Variablen der Klasse “Ki” zugegriffen werden kann.

  Die Funktion “fkt_j” hat in diesem Fall die Zugriffsrechte, die sie besitzen würde, wenn sie in der Klasse “Ki” vereinbart wäre.

  Die Eigenschaft, als Freund-Funktion angesehen zu werden, ist nicht vererbbar.

  Um die in der Klasse “Kj” vereinbarte Funktion “fkt_j” als Freund-Funktion der Klasse “Ki” festzulegen, ist die Funktions-Deklaration von “fkt_j” mit dem Schlüsselwort *“friend”* einzuleiten und die derart ergänzte Funktions-Deklaration an den Anfang der Klassen-Deklaration von “Ki” zu stellen.
  Somit ergibt sich für die Deklaration der Klasse “Ki” die folgende Syntax:

  class *Ki* {
   friend {void | *klassenname* } *Kj* :: *fkt_j* (...) ;
   public:
    ...
   protected:
    ...
  } ;

- Durch die in dieser Syntax-Darstellung verwendeten Klammern “{” und “}” und den senkrechten Strich “|” wird angezeigt, dass genau eine der in den Klammern enthaltenen Angaben auszuwählen ist.

- Innerhalb einer Klassen-Deklaration kann für keine in dieser Klasse deklarierte Funktion festgelegt werden, dass sie als befreundete Funktion einer *anderen* Klasse angesehen wird. Dies bedeutet, dass die Eigenschaft, Freund-Funktion einer Klasse zu sein, *nicht* von einer Funktion selbst festgelegt werden kann.
  Nur für eine Funktion, die innerhalb einer *anderen* Klasse deklariert ist, kann bestimmt werden, dass sie als befreundete Funktion dieser Klasse anzusehen ist.

Damit in dem oben angegebenen Beispiel "kF1" als befreundete Funktion der Klasse "K2" festgelegt werden kann, müssen wir die durch das Schlüsselwort "friend" eingeleitete Funktions-Deklaration

```
friend void K1::kF1(K1 & instanz1, K2 & instanz2);
```

an den Anfang der Klassen-Deklaration von "K2" stellen. Da sich jetzt innerhalb von "kF1" auf die Member-Variable "mV2" direkt zugreifen lässt, kann der Funktions-Aufruf von "bereitstellenWert" entfallen und "kF1" in der folgenden Form definiert werden:

```
void K1::kF1(K1 & instanz1, K2 & instanz2) {
 int summe = instanz1.mV1 + instanz2.mV2;
 cout << "Summe: " << summe << endl;
}
```

Als weiteres Beispiel für den Einsatz von befreundeten Funktionen geben wir nachfolgend eine Klassen-Struktur an, bei der auf drei Member-Variablen, die in drei verschiedenen Klassen vereinbart sind, zugegriffen werden kann:

K1	
protected:	
Member-Variable:	int mV1;
public:	
Konstruktor-Funktion:	K1(int zahl):mV1(zahl){ }
Klassen-Funktion:	static void kF1(K1 & instanz1, K2 & instanz2, K3 & instanz3);

K2	
friend void K1::kF1(K1 & instanz1, K2 & instanz2, K3 & instanz3);	
protected:	
Member-Variable:	int mV2;
public:	
Konstruktor-Funktion:	K2(int zahl):mV2(zahl){ }

K3	
friend void K1::kF1(K1 & instanz1, K2 & instanz2, K3 & instanz3);	
protected:	
Member-Variable:	int mV3;
public:	
Konstruktor-Funktion:	K3(int zahl):mV3(zahl){ }

```
void K1::kF1(K1 & instanz1, K2 & instanz2, K3 & instanz3) {
  int summe = instanz1.mV1+instanz2.mV2+instanz3.mV3;
  cout << "Summe: " << summe << endl;
}
```

Wie bereits oben verabredet, soll die angegebene Darstellung festlegen, dass die Deklarationen innerhalb einer einzigen Programm-Datei einzutragen sind. Dabei ist die Funktions-Definition von "kF1" ausserhalb der Klassen-Deklaration von "K1" anzugeben.
Die zugehörige Programm-Datei, die die aufgeführten Deklarationen und Definitionen enthält, muss durch die include-Direktive

```
#include <iostream.h>
```

und die folgenden Vorwärts-Deklarationen eingeleitet werden:

```
class K2;
class K3;
```

Legen wir die Ausführungs-Funktion "main" in der Form

```
void main() {
 K1 instanzK1(98);
 K2 instanzK2(2);
 K3 instanzK3(100);
 K1::kF1(instanzK1, instanzK2, instanzK3);
}
```

fest, so erhalten wir durch deren Ausführung den Text "Summe: 200" angezeigt.

Grundsätzlich gilt:

- Es lassen sich nicht nur eine, sondern beliebig viele Funktionen als befreundete Funktionen einer Klasse festlegen. Die jeweils durch das Schlüsselwort "friend" eingeleiteten Funktions-Deklarationen sind sämtlich untereinander aufzuführen.
- Sofern *alle* Funktionen einer Klasse "Kj" als befreundete Funktionen einer Klasse "Ki" angesehen werden sollen, lässt sich die gesamte Klasse "Kj" als *Freund-Klasse* (friend-Klasse) von "Ki" festlegen. Die Formalisierung dieser Verabredung ist – unter Einsatz des Schlüsselwortes *"class"* – in der folgenden Form vorzunehmen:

```
class Ki {
 friend class Kj ;
 public:
   ...
 protected:
   ...
} ;
```

  Erklärt die Klasse "Ki" die Klasse "Kj" als befreundet, so bedeutet dies nicht, dass Instanzen aus "Kj" die Ausführung von Member-Funktionen aus "Ki" bewirken können. Vielmehr haben sämtliche in "Kj" deklarierten Member-Funktionen die gleichen Zugriffsrechte, die sie besitzen würden, wenn sie in "Ki" vereinbart worden wären.

Durch die Verwendung von Freund-Funktionen lassen sich bestimmte Zugriffe auch dann programmieren, wenn diese durch die jeweils vorliegende Klassen-Hierarchie eigentlich nicht zulässig sind. Weil diese Form des Zugriffs den Grundsätzen der objekt-orientierten Programmierung widerspricht, sollte der Einsatz von Freund-Funktionen bzw. Freund-Klassen nur in Ausnahmefällen erfolgen.

Lösung von PROB-6-1 unter Einsatz einer Freund-Funktion

Wir haben zuvor kennengelernt, wie sich der direkte Zugriff auf Member-Variablen durch den Einsatz von Freund-Funktionen ermöglichen lässt. Mit dieser Kenntnis wollen wir – auf der Basis von "Prog_6" – einen ersten Lösungsplan für PROB-6-1 in Form des Projekts "Prog_6_1a" entwickeln.

Hierzu geben wir die folgende Klassen-Hierarchie an:

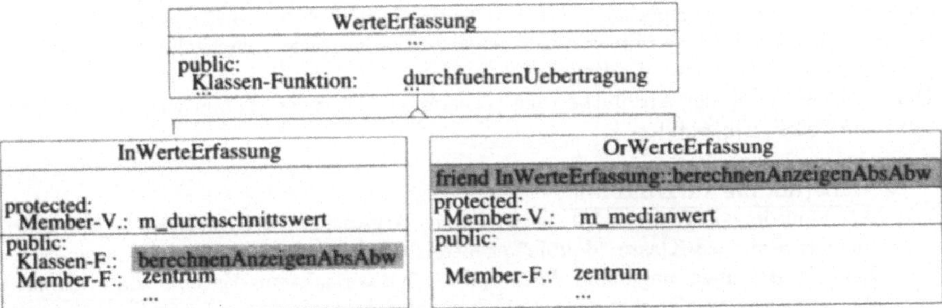

Abbildung 7.2: Lösung von PROB-6-1 beim Einsatz einer Freund-Funktion ("Prog_6_1a")

Zur Berechnung der absoluten Abweichungen vom Durchschnittswert und vom Median sehen wir innerhalb der Klasse "InWerteErfassung" die Klassen-Funktion "berechnenAnzeigenAbsAbw" vor, die wir wie folgt deklarieren:

```
static void berechnenAnzeigenAbsAbw(InWerteErfassung & instanz1,
                                    OrWerteErfassung & instanz2);
```

Da in den Anweisungen dieser Funktion auf die Member-Variablen "m_werteArray" und "m_medianwert" der Klasse "OrWerteErfassung" jeweils direkt zugegriffen werden soll, legen wir ihre Definition in der Datei "InWerteErfassung.cpp" wie folgt fest:

```
void InWerteErfassung::berechnenAnzeigenAbsAbw
            (InWerteErfassung & instanz1, OrWerteErfassung & instanz2){
 int anzahl = instanz1.m_werteArray.GetSize();
 float summe = 0.0;
 for (int i = 0; i < anzahl; i = i + 1)
   summe = summe + float(fabs(instanz1.m_werteArray.GetAt(i) -
                              instanz1.m_durchschnittswert));
 cout << "Absolute Abweichung vom Mittelwert ist: " << summe << endl;
 summe = 0.0;
 for (i = 0; i < anzahl; i = i + 1)
   summe = summe + float(fabs(instanz2.m_werteArray.GetAt(i) -
                              instanz2.m_medianwert));
 cout  << "Absolute Abweichung vom Median ist: " << summe << endl;
}
```

Hinweis: Um für die Summation jeweils eine Instanz aus der Standard-Klasse "float" zu erhalten, muss ein Cast durch den Einsatz der Standard-Funktion "float" durchgeführt werden.

Um die Berechnung der Absolutbeträge vornehmen zu können, haben wir die Standard-Funktion "fabs" eingesetzt.

- **"fabs(double varDouble)"**:
  Als Funktions-Ergebnis wird der Wert des Arguments in Form einer Dezimalzahl aus der Standard-Klasse "double" ermittelt, wenn es sich um einen positiven Wert handelt. Bei einem negativen Wert ergibt sich das Funktions-Ergebnis dadurch, dass der Wert von "varDouble" mit "-1" multipliziert wird.

  Hinweis: Es ist zu beachten, dass Dezimalzahlen, die aus der Standard-Klasse "float" instanziiert sind, automatisch in Instanzen der Standard-Klasse "double" umgewandelt werden.

Damit die angegebene Funktions-Definition korrekt ist, muss die Klasse "OrWerteErfas sung" – in der Datei "InWerteErfassung.h" – durch die Vorwärts-Deklaration

```
class OrWerteErfassung;
```

vor der Klassen-Deklaration von "InWerteErfassung" bekanntgemacht werden.

Um die Standard-Funktion "fabs" und die Deklaration der Klasse "OrWerteErfassung" bekannt zu machen, sind die beiden include-Direktiven

```
#include <math.h>
#include "OrWerteErfassung.h"
```

am Dateianfang von "InWerteErfassung.cpp" einzufügen.

Damit auf die Member-Variablen "m_werteArray" und "m_medianwert" der Klasse "Or WerteErfassung" *direkt* zugegriffen werden kann, legen wir die Klassen-Funktion "berech nenAnzeigenAbsAbw" aus "InWerteErfassung" als *befreundete* Funktion der Klasse "Or WerteErfassung" fest. Hierzu ergänzen wir innerhalb der Datei "OrWerteErfassung.h" die Klassen-Deklaration von "OrWerteErfassung" durch die folgende Angabe:

```
friend void InWerteErfassung::berechnenAnzeigenAbsAbw
            (InWerteErfassung & instanz1, OrWerteErfassung & instanz2);
```

Um die innerhalb der Parameterliste aufgeführte Klasse "InWerteErfassung" bekannt zu machen, stellen wir der Klassen-Deklaration von "OrWerteErfassung" die include-Direktive

```
#include "InWerteErfassung.h"
```

voran.

Zur Berechnung und Anzeige der absoluten Abweichungen vom Durchschnittswert und vom Median tragen wir die Ausdrucks-Anweisung

```
InWerteErfassung::berechnenAnzeigenAbsAbw(inWerteErfassung,
                                          orWerteErfassung);
```

als letzte Anweisung der Ausführungs-Funktion "main" in die Programm-Datei "Main.cpp" ein.

Mit den zuvor angegebenen Änderungen haben wir unser Programm zur Lösung von PROB-6-1 vervollständigt.

Lösung von PROB-6-1 ohne Einsatz einer Freund-Funktion

In der zuletzt im Projekt "Prog_6_1a" vorgestellten Version der Funktion "berechnenAn zeigenAbsAbw" haben wir sowohl die Abweichung vom Durchschnittswert als auch vom Median für die erfassten intervallskalierten Punktwerte innerhalb einer einzigen Funktion der Klasse "InWerteErfassung" berechnen lassen. Soll die jeweilige Abweichung *gezielt* abrufbar sein, so müssen wir zwei eigenständige Funktionen vorsehen.

Diesen zweiten Ansatz wollen wir als Projekt "Prog_6_1b" – auf der Basis des Projekts "Prog_6_1a" – entwickeln. Daher werden wir in der Klasse "InWerteErfassung" und in der Klasse "OrWerteErfassung" jeweils eine eigenständige Funktion namens "berechnenAnzei genAbsAbw" vereinbaren.

Dies verdeutlichen wir durch die folgende Darstellung:

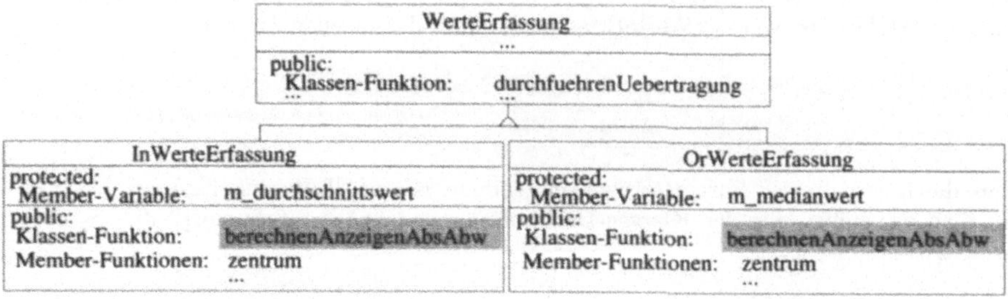

WerteErfassung	
...	
public:	
Klassen-Funktion:	durchfuehrenUebertragung
...	...

InWerteErfassung	
protected:	
Member-Variable:	m_durchschnittswert
public:	
Klassen-Funktion:	berechnenAnzeigenAbsAbw
Member-Funktionen:	zentrum
	...

OrWerteErfassung	
protected:	
Member-Variable:	m_medianwert
public:	
Klassen-Funktion:	berechnenAnzeigenAbsAbw
Member-Funktionen:	zentrum
	...

Abbildung 7.3: Lösung von PROB-6-1 ohne Einsatz einer Freund-Funktion ("Prog_6_1b")

Zunächst ersetzen wir innerhalb der Ausführungs-Funktion "main" des Projekts "Prog_6_1b" die Ausdrucks-Anweisung

durch die beiden folgenden Anweisungen:

```
InWerteErfassung::berechnenAnzeigenAbsAbw(inWerteErfassung,
                                          "Durchschnittswert");
OrWerteErfassung::berechnenAnzeigenAbsAbw(orWerteErfassung,
                                          "Median");
```

Danach entfernen wir in der Header-Datei "OrWerteErfassung.h" die include-Direktive

```
#include "InWerteErfassung.h"
```

und die folgende Deklaration der Freund-Funktion:

```
friend void InWerteErfassung::berechnenAnzeigenAbsAbw
        (InWerteErfassung & instanz1, OrWerteErfassung & instanz2);
```

Anschließend deklarieren wir in der Datei "OrWerteErfassung.h" die Klassen-Funktion "berechnenAnzeigenAbsAbw" wie folgt:

```
static void berechnenAnzeigenAbsAbw(OrWerteErfassung & instanz,
                                    CString varString);
```

Die zugehörige Definition tragen wir durch die Programmzeilen

```
void OrWerteErfassung::berechnenAnzeigenAbsAbw
          (OrWerteErfassung & instanz, CString varString) {
 int anzahl = instanz.m_werteArray.GetSize();
 float summe = 0.0;
 for (int i = 0; i < anzahl; i = i + 1)
   summe = summe + float(fabs(instanz.m_werteArray.GetAt(i) -
                             instanz.m_medianwert));
 cout << "Absolute Abweichung vom "<< varString <<" ist: "<< summe <<endl;
}
```

in die Datei "OrWerteErfassung.cpp" ein. Außerdem fügen wir wieder die include-Direktive

```
#include <math.h>
```

hinzu.
Diese Änderungen, die wir in den Dateien "OrWerteErfassung.h" und "OrWerteErfassung.cpp" vornehmen, führen wir im Folgenden entsprechend für die Klasse "InWerteErfassung" durch.

Nach dem Löschen der Vorwärts-Deklaration

```
class  OrWerteErfassung;
```

und der Funktions-Deklaration

```
static void InWerteErfassung::berechnenAnzeigenAbsAbw
            (InWerteErfassung & instanz1, OrWerteErfassung & instanz2);
```

deklarieren wir die Funktion "berechnenAnzeigenAbsAbw" wie folgt innerhalb der Header-Datei "InWerteErfassung.h":

```
static void berechnenAnzeigenAbsAbw(InWerteErfassung & instanz,
                                    CString varString);
```

Innerhalb der Programm-Datei "InWerteErfassung.cpp" löschen wir die include-Direktive

```
#include "OrWerteErfassung.h"
```

und ersetzen die alte Definition von "berechnenAnzeigenAbsAbw" durch die folgenden Programmzeilen:

```
void InWerteErfassung::berechnenAnzeigenAbsAbw
             (InWerteErfassung & instanz, CString varString) {
 int anzahl = instanz.m_werteArray.GetSize();
 float summe = 0.0;
 for (int i = 0; i < anzahl; i = i + 1)
   summe = summe + float(fabs(instanz.m_werteArray.GetAt(i) -
                                  instanz.m_durchschnittswert));
 cout << "Absolute Abweichung vom "<< varString << "ist:" << summe <<endl;
}
```

Nach diesen Änderungen liefert die Programmausführung das gewünschte Ergebnis.

7.4 Funktions-Schablonen

Definition einer Funktions-Schablone

Mit der zuletzt vorgestellten Problemlösung "Prog_6_1b" sind zwei fast identische Definitionen von Klassen-Funktionen namens "berechnenAnzeigenAbsAbw" – in den Klassen "InWerteErfassung" und "OrWerteErfassung" – verwendet worden. Die beiden Klassen-Funktionen unterscheiden sich allein in den Klassen, aus denen ihre Argumente instanziiert sein müssen.

Um auf derartige gleichlautende Definitionen verzichten zu können, streben wir den Einsatz einer *Funktions-Schablone* an. Durch diese Schablone soll die Struktur einer Klassen-Funktion namens "berechnenAnzeigenAbsAbw" innerhalb der Klasse "WerteErfassung" festgelegt werden. Ferner soll die Generierung geeigneter Funktionen namens "berechnen AnzeigenAbsAbw" *automatisch* erfolgen, so dass als Argument sowohl eine Instanz aus der Klasse "InWerteErfassung" als auch eine Instanz aus der Klasse "OrWerteErfassung" verwendet werden kann.

- Als Schablone für die automatische Erzeugung von Funktions-Definitionen, die sich nur in ihrer Parameter-Struktur unterscheiden, ist eine *template-Funktion* einzusetzen.

  Die Vereinbarung dieser template-Funktion muss innerhalb einer Klassen-Deklaration – unter Einsatz der Schlüsselwörter "template" und "typename" – vorgenommen werden. Dabei müssen zuerst die *template-Parameter* in der Form

template < typename *klassenname-1* [, *klassenname-2*] ... >

  und unmittelbar *anschließend* die Funktions-Definition in der folgenden Form angegeben werden:

```
[ static ] { void | klassenname }
          funktionsname ( klassenname-1  [&]  parameter-1
                              [ , klassenname-2  [&]  parameter-2  ] ... ) {
     anweisung-1 ;
     [ anweisung-2  ; ] ...
}
```

Die Vereinbarung einer template-Funktion (template-Member-Funktion bzw. template-Klassen-Funktion) ist durch das Schlüsselwort *"template"* einzuleiten. Diesem Schlüsselwort muss zunächst das Zeichen "<" und anschließend das Schlüsselwort *"typename"* folgen. Dahinter sind ein oder mehrere *Typnamen* in Form von Klassennamen aufzuführen. Sie lassen sich bei der unmittelbar nachfolgenden Funktions-Definition als Platzhalter für Klassennamen verwenden, die für die jeweils zugeordneten Parameter bestimmen, aus welcher Klasse die zugehörigen Funktions-Argumente instanziiert sein sollen. Hinter dem zuletzt aufgeführten Typnamen ist das Zeichen ">" anzugeben.

Im Hinblick auf die Vereinbarung einer template-Funktion ist zu beachten:

- Bei der Vereinbarung einer template-Funktion ist zu beachten, dass ihre vollständige Vereinbarung in eine *Header-Datei* einzutragen ist.

Durch eine template-Funktion werden Funktions-Schablonen vereinbart, die sich innerhalb der betreffenden Klasse, in der sie definiert sind, gegenseitig überladen.
Welche Signaturen für die einzelnen Exemplare einer template-Funktion generiert werden, ist durch die innerhalb der Programm-Quelle aufgeführten Funktions-Aufrufe bestimmt.

Wie z.B. zwei überladene Klassen-Funktionen namens "kF1" durch eine template-Funktion festgelegt werden können, zeigen wir unter Einsatz der beiden folgenden Klassen:

K1	
protected: Member-Variable:	int mV1;

public:
Konstruktor-Funktion:
Klassen-Funktion:
 	
Member-Funktion:
	K1(int zahl) : mV1(zahl) { }
	template <typename T> static void kF1(T & instanz) {
	cout << "Wert: " << instanz.bereitstellenWert() << endl;
	}
	int bereitstellenWert() { return mV1; }

K2	
protected: Member-Variable:	int mV2;
public: Konstruktor-Funktion: Member-Funktion:	K2(int zahl) : mV2(zahl) { } int bereitstellenWert() { return mV2; }

Auf dieser Basis betrachten wir die folgende Ausführungs-Funktion "main":

```
void main () {
 K1 instanzK1(98);
 K2 instanzK2(2);
 K1::kF1(instanzK1);
 K1::kF1(instanzK2);
}
```

Durch die Anweisungen

```
K1::kF1(instanzK1);
K1::kF1(instanzK2);
```

wird vom Compiler gefordert, dass er die beiden folgenden Klassen-Funktionen namens "kF1" automatisch – gemäß der vereinbarten template-Funktion "kF1" – generieren soll:

```
static void kF1(K1 & instanz) {
 cout << "Wert: " << instanz.bereitstellenWert() << endl;
}
static void kF1(K2 & instanz) {
 cout << "Wert: " << instanz.bereitstellenWert() << endl;
}
```

Wird die Funktion "main" zur Ausführung gebracht, so werden die Texte "Wert: 98" und "Wert: 2" angezeigt.

Lösung von PROB-6-1 unter Einsatz einer Funktions-Schablone

Bei der oben angegebenen Lösung von PROB-6-1, die wir in Form des Projekts "Prog_6_1b" vorgestellt haben, sind zwei fast identische Vereinbarungen der Klassen-Funktion "berech nenAnzeigenAbsAbw" verwendet worden. Sie unterscheiden sich allein in den Klassen, aus denen ihre Argumente instanziiert sein müssen. Um diese Gleichartigkeit in den Definitionen zu beseitigen, wollen wir jetzt im Projekt "Prog_6_1c" – aufbauend auf "Prog_6_1b" – eine template-Funktion namens "berechnenAnzeigenAbsAbw" in der Klasse "WerteErfas sung" einsetzen.

Diesen Sachverhalt skizzieren wir durch die folgende Darstellung:

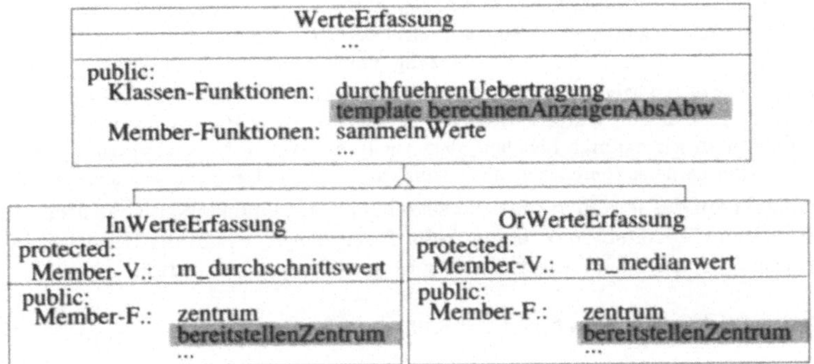

Abbildung 7.4: Lösung von PROB-6-1 mit einer template-Funktion ("Prog_6_1c")

Um diesen Lösungsplan zu realisieren, löschen wir im Projekt "Prog_6_1c" zunächst in den Header-Dateien "OrWerteErfassung.h" und "InWerteErfassung.h" die jeweilige Deklaration von "berechnenAnzeigenAbsAbw".
Ferner entfernen wir in den Programm-Dateien "OrWerteErfassung.cpp" und "InWerteEr fassung.cpp" die zugehörigen Funktions-Definitionen sowie die zuvor in der Form

```
#include <math.h>
```

festgelegte include-Direktive.
Diese include-Direktive sowie die folgende Vereinbarung einer template-Klassen-Funktion tragen wir anschließend – in die Datei "WerteErfassung.h" – innerhalb der Klassen-Deklaration von "WerteErfassung" ein:

```
template <typename T> static void berechnenAnzeigenAbsAbw
                                    (T & instanz,CString varString) {
 int anzahl = instanz.m_werteArray.GetSize();
 float summe = 0.0;
 for (int i = 0; i < anzahl; i = i + 1)
   summe = summe + float(fabs(instanz.m_werteArray.GetAt(i) -
                          instanz.bereitstellenZentrum()));
 cout << "Absolute Abweichung vom "<< varString <<" ist: "<< summe <<endl;
}
```

- Da wir die template-Funktion ebenfalls innerhalb der Klasse "WerteErfassung" vereinbaren, kann auf die Member-Variable "m_werteArray" *direkt* zugegriffen werden. Dabei wird die Member-Funktion "bereitstellenZentrum" jeweils ab derjenigen Klasse gesucht, für die der Platzhalter "T" beim Funktions-Aufruf steht.

Hinweis: Würden wir die Funktion "berechnenAnzeigenAbsAbw" in der Klasse "WerteErfas sung" *nicht* als template-Funktion, sondern in der Form

```
static void berechnenAnzeigenAbsAbw(WerteErfassung & instanz,
                                     CString varString);
```

deklarieren, so würde die Member-Funktion "bereitstellenZentrum" ab der Klasse des Parameters – und somit ab der Klasse "WerteErfassung" – gesucht und *nicht* gefunden werden. Diese Fehlersituation könnten wir dadurch beheben, dass wir in der Klasse "WerteErfassung" eine weitere Member-Funktion namens "bereitstellenZentrum" als *virtuelle* Funktion vereinbaren.

Für den Zugriff auf das jeweilige Zentrum setzen wir jetzt eine klassen-spezifische Member-Funktion namens "bereitstellenZentrum" ein. Dazu tragen wir in die Header-Dateien "In WerteErfassung.h" und "OrWerteErfassung.h" jeweils die Deklaration

```
float bereitstellenZentrum();
```

ein. Ferner ergänzen wir die Programm-Datei "InWerteErfassung.cpp" durch die folgende Definition:

```
float InWerteErfassung::bereitstellenZentrum() {
 return m_durchschnittswert;
}
```

Entsprechend tragen wir die folgende Funktions-Definition in die Programm-Datei "Or WerteErfassung.cpp" ein:

```
float OrWerteErfassung::bereitstellenZentrum() {
 return m_medianwert;
}
```

Da "berechnenAnzeigenAbsAbw" als Klassen-Funktion der Klasse "WerteErfassung" festgelegt ist, müssen letztlich die beiden Anweisungen

```
InWerteErfassung::berechnenAnzeigenAbsAbw(inWerteErfassung,
                                          "Durchschnittswert");
OrWerteErfassung::berechnenAnzeigenAbsAbw(orWerteErfassung,
                                          "Median");
```

in der Datei "Main.cpp" durch die Anweisungen

```
WerteErfassung::berechnenAnzeigenAbsAbw(inWerteErfassung,
                                        "Durchschnittswert");
WerteErfassung::berechnenAnzeigenAbsAbw(orWerteErfassung,
                                        "Median");
```

ersetzt werden.

Nach diesen Änderungen liefert die Programmausführung das gewünschte Ergebnis, d.h. es wird – neben den Punktwerten, dem Durchschnittswert und dem Median – zusätzlich die absolute Abweichung vom Durchschnittswert und vom Median angezeigt.

7.5 Einsatz der Mehrfachvererbung

Das Prinzip der Mehrfachvererbung

Bisher haben wir die Entscheidung, ob wir eine Instanziierung aus der Klasse "InWer teErfassung", "OrWerteErfassung" oder "NoWerteErfassung" vornehmen lassen, darauf gegründet, ob es sich bei den erfassten Werten um intervall-, ordinal- oder um nominalskalierte Daten handelt.
Der bisherige Lösungsansatz ist vorteilhaft, um die jeweilige Kenngröße, mit der das Zentrum beschrieben werden soll, über einen einzigen Funktionsnamen ("zentrum") anfordern zu können. Als Nachteil ist festzustellen, dass der Median z.B. für intervallskalierte Daten nicht unmittelbar abrufbar ist.

Diesem Nachteil sind wir bei der Lösung von PROB-6 dadurch begegnet, dass wir – nach der Datenerfassung intervallskalierter Daten – eine zusätzliche Instanz für ordinalskalierte Daten eingerichtet haben. Anschließend haben wir in diese Instanz zunächst die zuvor erfassten Werte übertragen und danach – auf der Basis dieser zusätzlichen Instanz – den Median ermitteln lassen. Dieses Vorgehen würde noch aufwändiger, wenn wir den Lösungsplan für die Berechnung des Modus erweitern würden. Daher stellen wir jetzt eine Lösung vor, in der wir die Möglichkeit nutzen, dass eine Klasse nicht nur von jeweils einer, sondern von zwei oder mehreren Oberklassen abgeleitet werden kann.

- Die von uns bislang verwendete Form der Vererbung wird *Einfachvererbung* genannt. Bei dieser Art von Vererbung besitzt jede abgeleitete Klasse genau eine direkte Oberklasse.

- Sofern eine Klasse gleichzeitig mehr als einer Oberklasse direkt untergeordnet wird, spricht man von einer *Mehrfachvererbung.* Hierbei erbt die abgeleitete Klasse sämtliche Member-Variablen ihrer Oberklassen (sowie der diesen Klassen übergeordneten Klassen). Ferner kann jede Instanziierung dieser abgeleiteten Klasse jede Member-Funktion aufrufen, die in einer ihrer Oberklassen (sowie der diesen Klassen übergeordneten Klassen) deklariert ist.

Ein Beispiel für eine Mehrfachvererbung gibt die folgende hierarchische Struktur wieder:

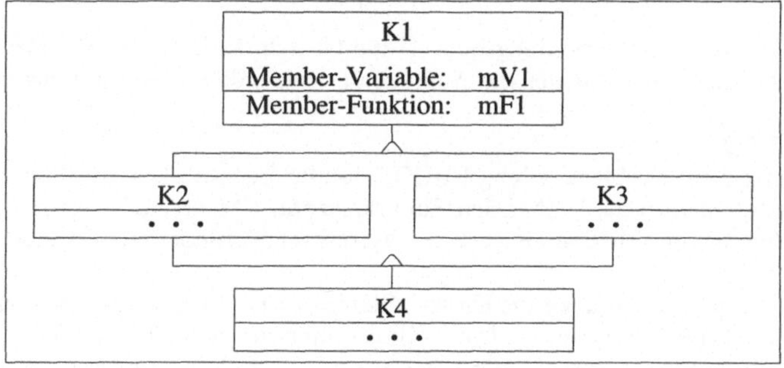

Bei dieser Struktur erben die beiden Klassen "K2" und "K3" jeweils von der Klasse "K1" die Member-Variable "mV1" und sie kennen die Member-Funktion "mF1". Außerdem erbt die Klasse "K4" diese Member-Variable jeweils von ihren direkten Oberklassen "K2" und "K3". Somit wird die Klasse "K4" insgesamt zweimal von der Oberklasse "K1" beerbt. Dies geschieht einerseits über die Klasse "K2" und andererseits über die Klasse "K3".

Als Konsequenz dieser Vererbungen ergibt sich, dass Instanziierungen aus der Klasse "K4" jeweils über zwei gleichnamige Member-Variablen namens "mV1" verfügen. Um den Zugriff auf diese Variablen "mV1" eindeutig beschreiben zu können, muss der Scope-Operator "::" eingesetzt werden. Daher ist entweder

```
K2::mV1
```

oder

```
K3::mV1
```

anzugeben – je nachdem, auf welche der beiden Member-Variablen zugegriffen werden soll.

Grundsätzlich lässt sich – bei einer Mehrdeutigkeit – ein eindeutiger Zugriff auf eine Member-Variable wie folgt über den Einsatz des Scope-Operators "::" gewährleisten:

klassenname :: *member-variable*

Dabei kennzeichnet "klassenname" denjenigen Klassennamen, durch den die Member-Variable *eindeutig* identifiziert werden kann.

Eine entsprechende Qualifizierung ist für einen Funktions-Aufruf in der Form

klassenname :: *funktionsname* ([*argument-1* [, *argument-2*] ...])

vorzunehmen, wenn – im Rahmen einer Mehrfachvererbung – auf eine Funktions-Deklaration innerhalb einer Oberklasse *eindeutig* Bezug genommen werden soll.

Problemstellung PROB-6-2 und Lösungsplan

Damit wir bei unserem Anwendungsbeispiel die Grundprinzipien der Mehrfachvererbung vorstellen können, stellen wir uns die Aufgabe, die folgende Problemstellung zu lösen:

- PROB-6-2:
  Ergänzend zur Problemstellung PROB.5 soll für intervallskalierte Werte einer Jahrgangsstufe einheitlich – über den Funktionsnamen "zentrum" – sowohl der Durchschnittswert, der Median als auch der Modus angefordert werden können!

Als Lösungsansatz erweitern wir die Klassen-Struktur von "Prog_5" um eine weitere Klasse namens "InOrNoWerteErfassung". Diese Klasse soll sich wie folgt als direkte Unterklasse der Klassen "InWerteErfassung", "OrWerteErfassung" und "NoWerteErfassung" darstellen:

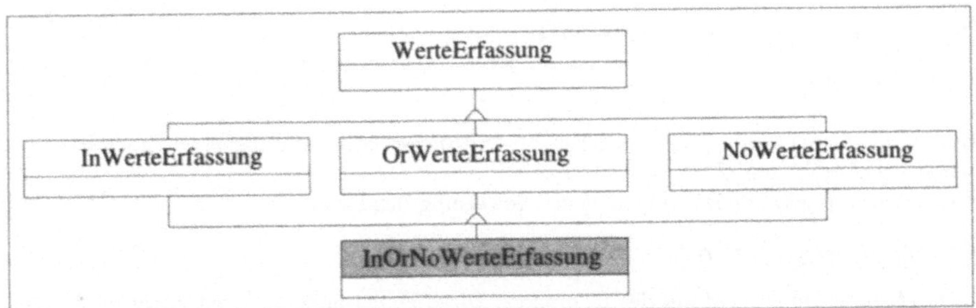

Bei der in dieser Form vorgegebenen Klassen-Hierarchie werden die Member-Variablen der Klasse "WerteErfassung" jeweils insgesamt *dreimal* und diejenigen der Klassen "InWerte Erfassung", "OrWerteErfassung" und "NoWerteErfassung" jeweils *einmal* an Instanziierungen der Klasse "InOrNoWerteErfassung" vererbt.

Eine Instanziierung – wie z.B. "inOrNo" aus der Klasse "InOrNoWerteErfassung" – besitzt daher die folgenden Member-Variablen:

inOrNo : InOrNoWerteErfassung					
m_werteListe m_jahrgangsstufe m_werteArray	(a)	m_werteListe m_jahrgangsstufe m_werteArray	(b)	m_werteListe m_jahrgangsstufe m_werteArray	(c)
m_durchschnittswert		m_medianwert		m_moduswert	

Die durch "(a)" gekennzeichneten Member-Variablen sind – über den Vererbungs-Mechanismus – mittels der Klasse "InWerteErfassung" vererbt worden. Entsprechend sind die durch "(b)" und "(c)" gekennzeichneten Member-Variablen – über den Vererbungs-Mechanismus – mittels der Klassen "OrWerteErfassung" bzw. "NoWerteErfassung" eingerichtet worden.

Damit in dieser Situation z.B. ein eindeutiger Zugriff auf eine bestimmte Member-Variable namens "m_werteListe" erfolgen kann, muss die Eindeutigkeit des Zugriffs durch eine geeignete Qualifizierung mittels des Scope-Operators "::" gewährleistet werden.

So ist z.B. in einer Member-Funktion der Klasse "InOrNoWerteErfassung" der Zugriff auf diejenige Member-Variable "m_werteListe", die mittels der Klasse "InWerteErfassung" vererbt wird, wie folgt festzulegen:

```
InWerteErfassung::m_werteListe
```

Genau wie beim Zugriff auf Member-Variablen verhält es sich auch mit der Formulierung von Funktions-Aufrufen. Eine Member-Funktion, die in einer "InOrNoWerteErfassung" übergeordneten Klasse vereinbart ist, kann nur dann von einer Instanziierung der Klasse "InOrNoWerteErfassung" aufgerufen werden, wenn diese Funktion eindeutig qualifiziert ist.

Soll z.B. eine Instanziierung namens "inOrNo" aus der Klasse "InOrNoWerteErfassung" den Aufruf der Member-Funktion "zentrum" – aus der Klasse "InWerteErfassung" – bewirken, so muss der Funktions-Aufruf in der Form

```
inOrNo.InWerteErfassung::zentrum();
```

angegeben werden.

Bevor wir einen Lösungsplan von PROB-6-2 festlegen können, müssen wir noch das folgende Problem klären:
Eine innerhalb von "main" eingetragene Anweisung der Form

```
WerteErfassung::durchfuehrenErfassung(inOrNo);
```

führt zu einer Fehlermeldung des Compilers. Diese Fehlermeldung weist darauf hin, dass die Instanz "inOrNo" aus der Klasse "InOrNoWerteErfassung" – wegen der Mehrfachvererbung – *nicht* eindeutig in eine Instanziierung der Klasse "WerteErfassung" ***konvertiert*** werden kann.

Dieses Problem lösen wir dadurch, dass wir eine Klassen-Funktion namens "durchfuehren Erfassung" innerhalb der Klasse "InOrNoWerteErfassung" vereinbaren, die sich innerhalb der Ausführungs-Funktion "main" wie folgt aufrufen lässt:

```
InOrNoWerteErfassung::durchfuehrenErfassung(inOrNo);
```

Wie wir die Funktion "main" und die Klassen-Funktion "durchfuehrenErfassung" definieren, geben wir weiter unten an.

Im Hinblick auf die soeben angesprochene Problematik müssen wir innerhalb der Klasse "InOrNoWerteErfassung" auch eine Member-Funktion namens "sammelnWerte" in der Form

```
void sammelnWerte(int punktwert);
```

deklarieren.
Nach diesen Vorbemerkungen können wir die Lösung von PROB-6-2 durch den folgenden Inhalt der Programm-Datei "Main.cpp" angeben:

```
//Prog_6_2
#include <iostream.h>
#include "InWerteErfassung.h"
#include "OrWerteErfassung.h"
#include "NoWerteErfassung.h"
#include "InOrNoWerteErfassung.h"
void main() {
 int jahrgangsstufe;
 cout << "Gib Jahrgangsstufe: ";
 cin >> jahrgangsstufe;
 InOrNoWerteErfassung inOrNo(jahrgangsstufe);
 InOrNoWerteErfassung::durchfuehrenErfassung(inOrNo);
 inOrNo.InWerteErfassung::anzeigenWerte();
```

```
  inOrNo.InWerteErfassung::bereitstellenWerte();
  inOrNo.InWerteErfassung::sortieren();
  inOrNo.InWerteErfassung::anzeigenSortierteWerte();
  inOrNo.InWerteErfassung::zentrum(); // durchschnitt
  inOrNo.InWerteErfassung::anzeigenZentrum();
  inOrNo.OrWerteErfassung::bereitstellenWerte();
  inOrNo.OrWerteErfassung::zentrum(); // median
  inOrNo.OrWerteErfassung::anzeigenZentrum();
  inOrNo.NoWerteErfassung::bereitstellenWerte();
  inOrNo.NoWerteErfassung::zentrum(); // modus
  inOrNo.NoWerteErfassung::anzeigenZentrum();
}
```

Damit die durch

```
InOrNoWerteErfassung inOrNo(jahrgangsstufe);
```

beschriebene Instanziierung möglich ist, muss der Inhalt der Header-Datei "InOrNoWertè Erfassung.h" wie folgt festgelegt werden:

```
#include "InWerteErfassung.h"
#include "OrWerteErfassung.h"
#include "NoWerteErfassung.h"
class InOrNoWerteErfassung : public InWerteErfassung,
                             public OrWerteErfassung,
                             public NoWerteErfassung {
public:
 InOrNoWerteErfassung(int jahrgangswert);
 static void durchfuehrenErfassung(InOrNoWerteErfassung & instanz);
 void sammelnWerte(int punktwert);
};
```

Deklaration einer Unterklasse bei einer Mehrfachvererbung

Bei der Klassen-Deklaration von "InOrNoWerteErfassung" haben wir berücksichtigt, dass eine Unterklasse "unterklasse" bei einer Mehrfachvererbung wie folgt deklariert werden muss:

class *unterklasse* : public *oberklasse-1* , public *oberklasse-2*
[, public *oberklasse-3*] ... {
...
} ;

Durch die Reihenfolge, in der die Oberklassen aufgeführt sind, wird festgelegt, in welcher Abfolge die jeweiligen Konstruktoren bei einer Instanziierung der Klasse "unterklasse" aufgerufen werden.

Wird innerhalb einer derartigen Klassen-Deklaration eine Konstruktor-Funktion in der Form

```
unterklasse( [ klassenname-1  [&] parameter-1
               [ , klassenname-2  [&] parameter-2  ] ... ) ;
```

deklariert, so muss die zugehörige Funktions-Definition die folgende Form besitzen:

```
unterklasse :: unterklasse ( klassenname-1  [&]  parameter-1
                             [ , klassenname-2  [&] parameter-2  ] ... )
                : [ initialisierungsliste ]
                [ [ , ] klassenname-3 ( parameter-3  [ , parameter-4  ] ... ) ] ... {
      [ anweisung-1 ;
        [ anweisung-2  ; ] ... ]
}
```

Dabei wird durch die Angabe

```
klassenname-3( parameter-3 [ , parameter-4 ]... )
```

der Funktions-Aufruf einer Konstruktor-Funktion gekennzeichnet, die zu einer der direkten Oberklassen von "unterklasse" gehört.

Die innerhalb der Syntax-Darstellung aufgeführte Initialisierungsliste hat die folgende Form (siehe Abschnitt 4.1.6):

```
member-variable-1 (ausdruck-1) [ , member-variable-2 ( ausdruck2 ) ] ...
```

Unter Berücksichtigung dieser syntaktischen Regeln legen wir die Definitionen der Konstruktor-Funktion "InOrNoWerteErfassung", der Klassen-Funktion "durchfuehrenErfas sung" und der Member-Funktion "sammelnWerte" insgesamt wie folgt innerhalb der Programm-Datei "InOrNoWerteErfassung.cpp" fest:

```
#include <iostream.h>
#include "InOrNoWerteErfassung.h"
#include "EigeneBibliothek.h"
InOrNoWerteErfassung::InOrNoWerteErfassung(int jahrgangswert)
        : InWerteErfassung(jahrgangswert),
          OrWerteErfassung(jahrgangswert),
          NoWerteErfassung(jahrgangswert) {
}
```

```
void InOrNoWerteErfassung::durchfuehrenErfassung
                     (InOrNoWerteErfassung & instanz) {
 char ende = 'N';
 int punktwert;
 while (ende == 'N' || ende == 'n') {
  cout << "Gib Punktwert: ";
  cin >> punktwert;
  instanz.sammelnWerte(punktwert);
  cout << "Ende(J/N): ";
  cin >> ende;
 }
}
void InOrNoWerteErfassung::sammelnWerte(int punktwert) {
 CString wert = intAlsCString(punktwert);
 InWerteErfassung::m_werteListe.AddTail(wert);
 OrWerteErfassung::m_werteListe.AddTail(wert);
 NoWerteErfassung::m_werteListe.AddTail(wert);
}
```

Durch die Definition der Member-Funktion "sammelnWerte" ist sichergestellt, dass die erfassten Werte allen drei Exemplaren der Member-Variablen "m_werteListe" zugeordnet werden. Diese Zuordnungen sind deswegen erforderlich, weil die in den Klassen "InWerteErfassung", "OrWerteErfassung" und "NoWerteErfassung" vereinbarten Member-Funktionen "zentrum" auf das jeweils von diesen Klassen aus "WerteErfassung" geerbte Exemplar "m_werteListe" zugreifen.
Nachteilig bei der vorgestellten Lösung ist offensichtlich, dass die erfassten Punktwerte in dreifacher Form zugeordnet werden müssen. Daher streben wir im Folgenden eine Lösung von PROB-6-2 an, bei der eine derartige mehrfache Datenhaltung entbehrlich ist.

Virtuelle Oberklassen

Wie wir zuvor kennengelernt haben, können Instanzen – im Falle einer Mehrfachvererbung – mehrere gleichnamige Exemplare von Member-Variablen besitzen, die innerhalb einer Oberklasse vereinbart sind.
Um nur ein *einziges* Exemplar einer Member-Variablen aus einer Oberklasse zu erben, muss die Oberklasse, in der diese Member-Variable vereinbart ist, als *virtuelle Oberklasse* festgelegt sein. Um eine virtuelle Oberklasse zu vereinbaren, muss das Schlüsselwort *virtual* wie folgt innerhalb einer Klassen-Deklaration aufgeführt werden:

```
class unterklasse : virtual public oberklasse {
 ...
};
```

Hierdurch ist bestimmt, dass die Klasse "oberklasse" als virtuelle Oberklasse der Klasse "unterklasse" festgelegt wird.

Als Beispiel betrachten wir die folgende Klassen-Hierarchie:

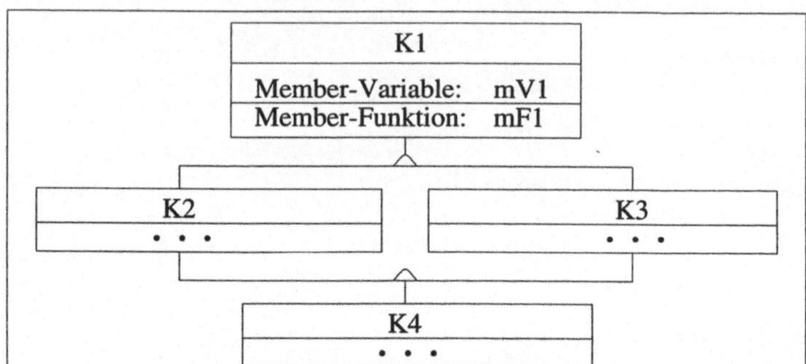

Damit jede Instanziierung aus der Klasse "K4" lediglich *eine einzige* Member-Variable namens "mV1" besitzt, muss die Klasse "K1" als virtuelle Oberklasse der beiden Klassen "K2" und "K3" festgelegt werden. Die Klassen-Deklarationen von "K2", "K3" und "K4" müssen daher in den folgenden Formen angegeben werden:

```
class K2 : virtual public K1 {
  ...
};
```

```
class K3 : virtual public K1 {
  ...
};
```

```
class K4 : public K2,  public K3 {
  ...
};
```

Ist innerhalb der Klassen-Hierarchie – im Rahmen einer Mehrfachvererbung – eine virtuelle Oberklasse enthalten und soll für eine ihr untergeordnete Klasse eine Konstruktor-Funktion vereinbart werden, so ist bei deren Definition zu beachten:
Neben den Konstruktor-Aufrufen der jeweils direkten Oberklassen ist zusätzlich der Konstruktor-Aufruf der virtuellen Oberklasse anzugeben.

Besitzt eine Klasse mehrere virtuelle Oberklassen, so werden bei einer Instanziierung aus dieser Unterklasse zunächst die Konstruktoren dieser virtuellen Oberklassen ausgeführt – und zwar in der Reihenfolge, in der sie bei der Definition der Konstruktor-Funktion dieser Unterklasse angegeben sind.

Hinweis: Ist für eine virtuelle Oberklasse kein Konstruktor-Aufruf explizit aufgeführt worden, so wird der Standard-Konstruktor zur Ausführung gebracht.
Sofern für die virtuelle Oberklasse ein Konstruktor vereinbart ist, muss in einer derartigen Situation zusätzlich der Standard-Konstruktor definiert werden.

Einsatz einer virtuellen Oberklasse bei der Lösung von PROB-6-2

Um die Zuordnung der erfassten Punktwerte bei der Lösung von PROB-6-2 *nur einmalig* durchführen zu müssen, modifizieren wir das oben angegebene Projekt "Prog_6_2", indem wir die Klasse "WerteErfassung" als virtuelle Oberklasse der Klassen "InWerteErfassung", "OrWerteErfassung" und "NoWerteErfassung" vereinbaren.

Dazu richten wir – auf der Basis von "Prog_6_2" – das Projekt "Prog_6_2a" ein und ersetzen in den Header-Dateien "InWerteErfassung.h", "OrWerteErfassung.h" und "NoWerte Erfassung.h" die bisherigen ersten Zeilen der Klassen-Deklarationen durch die folgenden Angaben:

```
class InWerteErfassung : virtual public WerteErfassung {
   . . .
};
```

```
class OrWerteErfassung : virtual public WerteErfassung {
   . . .
};
```

```
class NoWerteErfassung : virtual public WerteErfassung {
   . . .
};
```

Dadurch werden die Member-Variablen von "WerteErfassung" bei einer Instanziierung – wie z.B. "inOrNo" aus "InOrNoWerteErfassung" – nur in *einfacher* Ausfertigung angelegt. Dieser Sachverhalt lässt sich wie folgt beschreiben:

inOrNo : InOrNoWerteErfassung
m_werteListe m_jahrgangsstufe m_werteArray m_durchschnittswert m_medianwert m_moduswert

Innerhalb der Dateien "InOrNoWerteErfassung.h" und "InOrNoWerteErfassung.cpp" löschen wir die Deklarationen und Definitionen der Funktionen "durchfuehrenErfassung" und "sammelnWerte". Ferner ändern wir die Konstruktor-Funktion der Klasse "InOrNo WerteErfassung" in die folgende Form ab:

```
InOrNoWerteErfassung::InOrNoWerteErfassung(int jahrgangswert)
        : InWerteErfassung(jahrgangswert),
          OrWerteErfassung(jahrgangswert),
          NoWerteErfassung(jahrgangswert),
          WerteErfassung(jahrgangswert) {
}
```

Abschließend tragen wir die folgenden Programmzeilen in die Datei “Main.cpp” ein:

```
//Prog_6_2a
#include <iostream.h>
#include "InWerteErfassung.h"
#include "OrWerteErfassung.h"
#include "NoWerteErfassung.h"
#include "InOrNoWerteErfassung.h"
void main() {
 int jahrgangsstufe;
 cout << "Gib Jahrgangsstufe: ";
 cin >> jahrgangsstufe;
 InOrNoWerteErfassung inOrNo(jahrgangsstufe);
 WerteErfassung::durchfuehrenErfassung(inOrNo);
 inOrNo.anzeigenWerte();
 inOrNo.bereitstellenWerte();
 inOrNo.sortieren();
 inOrNo.anzeigenSortierteWerte();
 inOrNo.InWerteErfassung::zentrum(); // durchschnitt
 inOrNo.InWerteErfassung::anzeigenZentrum();
 inOrNo.OrWerteErfassung::zentrum(); // median
 inOrNo.OrWerteErfassung::anzeigenZentrum();
 inOrNo.NoWerteErfassung::zentrum(); // modus
 inOrNo.NoWerteErfassung::anzeigenZentrum();
}
```

Bei der Programmausführung bewirkt der Aufruf der Member-Funktion “bereitstellenWer te”, dass die Punktwerte in die Member-Variable “m_werteArray” übertragen werden und damit für sämtliche nachfolgende Auswertungen über den Namen “m_werteArray” zur Verfügung stehen.

7.6 Hierarchische Gliederung von Klassen

Problemstellung PROB-7 und Entwicklung des Lösungsplans

Der zuvor angegebene Lösungsplan, der mit den Hilfsmitteln der Mehrfachvererbung entwickelt wurde, besitzt noch einen entscheidenden Nachteil:
Um das jeweilige Zentrum zu berechnen, musste die jeweils auszuführende Member-Funktion “zentrum” geeignet qualifiziert werden. Nur dadurch ließ sich steuern, ob der Durchschnittswert, der Median oder der Modus berechnet werden sollte.

Damit die jeweils gewünschte Berechnung des Zentrums allein durch diejenige Instanziierung bestimmt werden kann, die die Member-Funktion “zentrum” zur Ausführung bringt, muss die Klassen-Hierarchie geeignet geändert werden.

Wir stellen uns daher die Aufgabe, die folgende Problemstellung zu lösen:

- PROB-7:
  Es sollen die Punktwerte einer Jahrgangsstufe erfasst und in sortierter Form angezeigt werden! In Abhängigkeit vom jeweiligen Skalenniveau sind die charakteristischen Kennzahlen für das Zentrum zu ermitteln und anzuzeigen!

Wann es sinnvoll ist, die eine oder andere Form der Zentrums-Berechnung durchzuführen, gibt die folgende Tabelle wider:

Skalenniveau:	Beschreibung des Zentrums durch:
intervallskaliert	Durchschnittswert
ordinalskaliert	Median
nominalskaliert	Modus

	Vom Skalenniveau abhängige Zentrums-Berechnung:		
Skalenniveau:	Durchschnittswert	Median	Modus
intervallskaliert	√	√	√
ordinalskaliert		√	√
nominalskaliert			√

Um für PROB-7 eine Lösung zu entwickeln, nutzen wir die Möglichkeit, dass sich eine Member-Funktion innerhalb einer Oberklasse durch eine gleichnamige Funktion einer untergeordneten Klasse ***überdecken*** lässt. Diesbezüglich gilt der folgende Sachverhalt, den wir im Abschnitt 5.7 kennengelernt haben:

- Sofern gleichnamige Funktionen in einander hierarchisch untergeordneten Klassen vorliegen, überdeckt jede Funktion, die in einer untergeordneten Klasse vereinbart ist, jede gleichnamige Funktion aus einer übergeordneten Klasse.

Im Hinblick auf die Möglichkeit, die Ausführung einer Member-Funktion durch eine geeignete Qualifizierung – unter Einsatz des Scope-Operators "::" – beim Funktions-Aufruf beeinflussen zu können, sehen wir zur Lösung von PROB-7 eine hierarchische Stufung der Klassen "NoWerteErfassung", "OrWerteErfassung" und "InWerteErfassung" als Unterklassen von "WerteErfassung" in der folgenden Form vor:

WerteErfassung	
Member-Variablen:	m_werteListe m_jahrgangsstufe m_werteArray
Konstruktor-Funktion: Klassen-Funktion: Member-Funktionen:	WerteErfassung durchfuehrenErfassung sammelnWerte ...

NoWerteErfassung	
Member-Variablen:	m_moduswert
Konstruktor-Funktion: Member-Funktionen:	NoWerteErfassung modus anzeigenModuswert zentrum // modus anzeigenZentrum zaehlen haeufigkeit auswertenAnzeigen

OrWerteErfassung	
Member-Variablen:	m_medianwert
Konstruktor-Funktion: Member-Funktionen:	OrWerteErfassung median anzeigenMedianwert zentrum // median anzeigenZentrum auswertenAnzeigen

InWerteErfassung	
Member-Variablen:	m_durchschnittswert
Konstruktor-Funktion: Member-Funktionen:	InWerteErfassung durchschnitt anzeigenDurchschnittswert zentrum // durchschnitt anzeigenZentrum auswertenAnzeigen

Abbildung 7.5: Klassen zur Lösung von PROB-7

Zusätzlich zu den bislang schon verwendeten Member-Funktionen ist in den drei untergeordneten Klassen die Member-Funktion "auswertenAnzeigen" enthalten. Durch die Ausführung dieser Funktion sollen die jeweils instanz-spezifischen Kennzahlen angezeigt werden. In dieser Hinsicht ist zu beachten, dass – wegen der hierarchischen Strukturierung – jede Instanz aus einer dieser Klassen eine oder mehrere der klassen-spezifisch aufgeführten Member-Variablen besitzt. Welche Member-Variablen zu welchen Instanzen gehören, lässt sich wie folgt skizzieren:

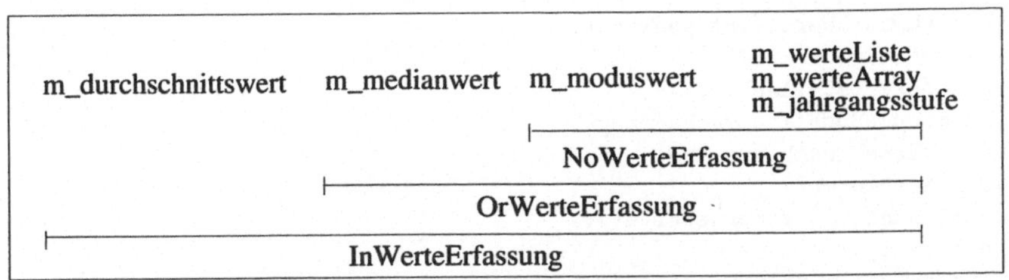

Abbildung 7.6: Member-Variablen der Instanziierungen zur Lösung von PROB-7

Auf der Basis der oben angegebenen Klassen-Hierarchie ist – genau wie beim Lösungsplan von PROB-5 – die Ausführung der Member-Funktion "zentrum" abhängig davon, durch welche Instanz der Aufruf der Funktion "zentrum" ausgelöst wird. Entsprechend ist die Anzeige der jeweils errechneten Kennzahl davon abhängig, durch welche Instanz der Funktions-Aufruf von "anzeigenZentrum" zur Ausführung gebracht wird.

Im Hinblick auf die oben angegebene Strukturierung ist es jetzt auch möglich, den Median und den Modus für intervallskalierte Daten und den Modus für ordinalskalierte Daten direkt anzufordern, obwohl die zugehörigen Member-Funktionen jeweils nur innerhalb einer einzigen Klasse vereinbart sind.

Sofern für intervallskalierte Daten der Median ermittelt werden soll, ist der Funktions-Aufruf von "median" durch eine Instanz von "InWerteErfassung" auszulösen. Dadurch wird die Member-Funktion "median" aus der Klasse "OrWerteErfassung" ausgeführt.

Für eine Instanz von "InWerteErfassung" kann zusätzlich der Modus über den Aufruf der Member-Funktion "modus" angefordert werden. Diese Member-Funktion wird in der übergeordneten Klasse "NoWerteErfassung" identifiziert.

Soll der Modus für ordinalskalierte Daten ermittelt werden, so muss er für eine Instanz von "OrWerteErfassung" über den Funktionsnamen "modus" angefordert werden.

Umsetzung des Lösungsplans

Zur Lösung von PROB-7 können aus "Prog_5" die Klassen-Vereinbarung von "WerteErfassung" und die Vereinbarung der Bibliotheks-Funktionen in *unveränderter* Form übernommen werden. Der Vollständigkeit halber geben wir sie an dieser Stelle noch einmal an.

WerteErfassung.h

```
#include <afx.h>
class WerteErfassung {
 public:
  WerteErfassung(int jahrgangswert);
  static void durchfuehrenErfassung(WerteErfassung & instanz);
```

```
  void sammelnWerte(int punktwert);
  void anzeigenWerte();
  void bereitstellenWerte();
  int minposSuch(int suchanfang);
  void werteTausch(int pos1, int pos2);
  void sortieren();
  void anzeigenSortierteWerte();
 protected:
  CStringList m_werteListe;
  int m_jahrgangsstufe;
  CUIntArray m_werteArray;
};
```

WerteErfassung.cpp

```
#include <iostream.h>
#include "WerteErfassung.h"
#include "EigeneBibliothek.h"
WerteErfassung::WerteErfassung(int jahrgangswert)
       : m_jahrgangsstufe(jahrgangswert) {
}
void WerteErfassung::durchfuehrenErfassung(WerteErfassung & instanz) {
 char ende = 'N';
 int punktwert;
 while (ende == 'N' || ende == 'n') {
  cout << "Gib Punktwert: ";
  cin >> punktwert;
  instanz.sammelnWerte(punktwert);
  cout << "Ende(J/N): ";
  cin >> ende;
 }
}
void WerteErfassung::sammelnWerte(int punktwert) {
 CString wert = intAlsCString(punktwert);
 m_werteListe.AddTail(wert);
}
void WerteErfassung::anzeigenWerte() {
 cout << "Jahrgangsstufe: " << m_jahrgangsstufe << endl;
 cout << "Erfasste Werte: " << endl;
 int anzahl = m_werteListe.GetCount();
 POSITION pos = m_werteListe.GetHeadPosition();
 for (int i = 1; i <= anzahl; i = i + 1) {
  CString wert = m_werteListe.GetNext(pos);
  cout << wert << endl;
 }
}
```

```
void WerteErfassung::bereitstellenWerte() {
 int anzahl = m_werteListe.GetCount();
 POSITION pos = m_werteListe.GetHeadPosition();
 for (int i = 0; i < anzahl; i = i + 1) {
  m_werteArray.Add(cstringAlsUInt(m_werteListe.GetNext(pos)));
 }
}
void WerteErfassung::werteTausch(int pos1, int pos2) {
 unsigned int merke = m_werteArray.GetAt(pos2);
 m_werteArray.SetAt(pos2, m_werteArray.GetAt(pos1));
 m_werteArray.SetAt(pos1, merke);
}
int WerteErfassung::minposSuch(int suchanfang) {
 int anzahl = m_werteArray.GetSize();
 int minPos = suchanfang;
 unsigned int minWert = m_werteArray.GetAt(suchanfang);
 for (int pos = suchanfang + 1; pos < anzahl; pos = pos + 1) {
  if (minWert > m_werteArray.GetAt(pos)) {
     minWert = m_werteArray.GetAt(pos);
     minPos = pos;
   }
 }
 return minPos;
}
void WerteErfassung::sortieren() {
 int minPos;
 int anzahl = m_werteArray.GetSize();
 for (int pos = 0; pos < anzahl; pos = pos + 1 ) {
  minPos = this->minposSuch(pos);
  this->werteTausch(pos, minPos);
 }
}
void WerteErfassung::anzeigenSortierteWerte() {
 cout << "Sortierte Werte: " << endl;
 int anzahl = m_werteArray.GetSize();
 for (int i = 0; i < anzahl; i = i + 1)
     cout << m_werteArray.GetAt(i) << endl;
}
```

EigeneBibliothek.h

```
#include <afx.h>
CString intAlsCString(int varInt);
int cstringAlsInt(CString varString);
unsigned int cstringAlsUInt(CString varString);
```

EigeneBibliothek.cpp

```
#include "EigeneBibliothek.h"
CString intAlsCString(int varInt) {
  char varChar[5];
  CString varString = itoa(varInt, varChar, 10);
  return varString;
}
int cstringAlsInt(CString varString) {
 int varInt = atoi(varString);
 return varInt;
}
unsigned int cstringAlsUInt(CString varString) {
 unsigned int varUInt = unsigned(atoi(varString));
 return varUInt;
}
```

Die bisherige Klassen-Deklaration von "NoWerteErfassung" (siehe Abschnitt 6.2.1) muss um die Deklaration der Member-Funktion "auswertenAnzeigen" erweitert werden.

NoWerteErfassung.h

```
#include "WerteErfassung.h"
class NoWerteErfassung : public WerteErfassung {
 public:
  NoWerteErfassung(int jahrgangswert);
  void modus();
  void anzeigenModuswert();
  void zentrum(); //modus
  void anzeigenZentrum();
  void zaehlen(int suchanfang, CUIntArray & hilfsSammler);
  int haeufigkeit();
  void auswertenAnzeigen();
 protected:
  float m_moduswert;
};
```

Der ursprüngliche Inhalt von "NoWerteErfassung.cpp" (siehe Abschnitt 6.2.2) muss durch die Definition der Member-Funktion "auswertenAnzeigen" ergänzt werden.

NoWerteErfassung.cpp

```
#include <iostream.h>
#include "NoWerteErfassung.h"
NoWerteErfassung::NoWerteErfassung(int jahrgangswert)
        : WerteErfassung(jahrgangswert) {
}
void NoWerteErfassung::modus() {
 m_moduswert = float(m_werteArray.GetAt(this->haeufigkeit()));
}
void NoWerteErfassung::anzeigenModuswert() {
 cout << "Der Moduswert ist: " << m_moduswert << endl;
}
void NoWerteErfassung::zentrum() {
 this->modus();
}
void NoWerteErfassung::anzeigenZentrum() {
 this->anzeigenModuswert();
}
void NoWerteErfassung::zaehlen(int suchanfang,CUIntArray & hilfsSammler) {
 int anzahl = m_werteArray.GetSize();
 unsigned int wert = m_werteArray.GetAt(suchanfang);
 for (int pos = suchanfang + 1; pos < anzahl; pos = pos+ 1) {
  if (wert == m_werteArray.GetAt(pos)) {
   hilfsSammler.SetAt(suchanfang, hilfsSammler.GetAt(suchanfang) + 1);
   hilfsSammler.SetAt(pos, hilfsSammler.GetAt(suchanfang));
  }
 }
}
int NoWerteErfassung::haeufigkeit() {
 int anzahl = m_werteArray.GetSize();
 CUIntArray hilfsSammler;
 hilfsSammler.SetSize(anzahl);
 for (int pos = 0; pos < anzahl; pos = pos + 1) hilfsSammler.SetAt(pos, 1);
 for (int pos = 0; pos < anzahl; pos = pos + 1)
  this->zaehlen(pos, hilfsSammler);
 int index = 0;
 unsigned int maxwert = hilfsSammler.GetAt(0);
 for (pos = 1; pos < anzahl; pos = pos + 1) {
  if (hilfsSammler.GetAt(pos) > maxwert) {
   maxwert = hilfsSammler.GetAt(pos);
   index = pos;
  }
 }
 return index;
}
```

```
void NoWerteErfassung::auswertenAnzeigen() {
 this->zentrum(); //modus
 this->anzeigenModuswert();
}
```

Da die Klasse "OrWerteErfassung" der Klasse "NoWerteErfassung" untergeordnet werden soll, müssen wir die ursprüngliche Klassen-Deklaration von "OrWerteErfassung" (siehe Abschnitt 6.1.5) in die nachfolgend aufgeführte Form abändern:

OrWerteErfassung.h

```
#include "NoWerteErfassung.h"
class OrWerteErfassung : public NoWerteErfassung {
 public:
  OrWerteErfassung(int jahrgangswert);
  void median();
  void anzeigenMedianwert();
  void zentrum(); // median
  void anzeigenZentrum();
  void auswertenAnzeigen();
 protected:
  float m_medianwert;
};
```

Da die ursprüngliche Klassen-Deklaration von "OrWerteErfassung" um die Deklaration der Member-Funktionen "modus" und "auswertenAnzeigen" zu ergänzen ist, sind die zugehörigen Funktions-Definitionen zum bisherigen Inhalt der Programm-Datei "OrWerteErfassung.cpp" (siehe Abschnitt 6.1.5) hinzuzufügen.

OrWerteErfassung.cpp

```
#include <iostream.h>
#include "OrWerteErfassung.h"
OrWerteErfassung::OrWerteErfassung(int jahrgangswert)
        : NoWerteErfassung(jahrgangswert) {
}
void OrWerteErfassung::median() {
 int anzahl, pos;
 this->sortieren();
 anzahl = m_werteArray.GetSize();
```

```
 if ((anzahl % 2) != 0) {
  pos = (anzahl + 1) / 2;
  m_medianwert = float(m_werteArray.GetAt(pos - 1));
 }
 else {
  pos = anzahl / 2;
  m_medianwert = (float(m_werteArray.GetAt(pos - 1)) +
                  float(m_werteArray.GetAt(pos))) / 2;
 }
}
void OrWerteErfassung::anzeigenMedianwert() {
 cout << "Der Medianwert ist: " << m_medianwert << endl;
}
void OrWerteErfassung::zentrum() {
 this->median();
}
void OrWerteErfassung::anzeigenZentrum() {
 this->anzeigenMedianwert();
}
void OrWerteErfassung::auswertenAnzeigen() {
 this->zentrum(); //median
 this->modus();   //modus
 this->anzeigenZentrum();
 this->anzeigenModuswert();
}
```

Um “InWerteErfassung” als Unterklasse von “OrWerteErfassung” zu vereinbaren, müssen wir den Inhalt von “InWerteErfassung.h” (siehe Abschnitt 6.1.5) wie folgt abändern:

InWerteErfassung.h

```
#include "OrWerteErfassung.h"
class InWerteErfassung : public OrWerteErfassung {
 public:
  InWerteErfassung(int jahrgangswert);
  void durchschnitt();
  void anzeigenDurchschnittswert();
  void zentrum(); //durchschnitt
  void anzeigenZentrum();
  void auswertenAnzeigen();
 protected:
   float m_durchschnittswert;
};
```

Wegen der neu deklarierten Member-Funktion “auswertenAnzeigen” muss der ursprüngliche Inhalt von “InWerteErfassung.cpp” (siehe Abschnitt 6.1.5) in der folgenden Form ergänzt werden:

InWerteErfassung.cpp

```
#include <iostream.h>
#include "InWerteErfassung.h"
#include "EigeneBibliothek.h"
InWerteErfassung::InWerteErfassung(int jahrgangswert)
        : OrWerteErfassung(jahrgangswert) {
}
void InWerteErfassung::durchschnitt() {
 int summe = 0;
 int anzahl = m_werteArray.GetSize();
 for (int pos = 0; pos < anzahl; pos = pos + 1)
     summe = summe + m_werteArray.GetAt(pos);
 m_durchschnittswert = float(summe) / float(anzahl);
}
void InWerteErfassung::anzeigenDurchschnittswert() {
 cout << "Der Durchschnittswert ist: "
      << m_durchschnittswert << endl;
}
void InWerteErfassung::zentrum() {
 this->durchschnitt();
}
void InWerteErfassung::anzeigenZentrum() {
 this->anzeigenDurchschnittswert();
}
void InWerteErfassung::auswertenAnzeigen() {
 this->zentrum(); // durchschnitt
 this->median();  // median
 this->modus();   // modus
 this->anzeigenZentrum();
 this->anzeigenMedianwert();
 this->anzeigenModuswert();
}
```

Um die Lösung von PROB-7 zu vervollständigen, müssen wir die ursprüngliche Form der Ausführungs-Funktion “main” (siehe Abschnitt 6.2.4) durch die Aufrufe der Member-Funktionen “auswertenAnzeigen” ergänzen. Dadurch ergibt sich:

Main.cpp

```
//Prog_7
#include <iostream.h>
#include "InWerteErfassung.h"
#include "OrWerteErfassung.h"
#include "NoWerteErfassung.h"
void main() {
 int jahrgangsstufe, skalenniveau;
 cout<<"Gib Skalenniveau (intervall(1),ordinal(2),nominal(3)): ";
 cin >> skalenniveau;
 cout << "Gib Jahrgangsstufe: ";
 cin >> jahrgangsstufe;
 switch(skalenniveau) {
 case 1: {
   InWerteErfassung inWerteErfassung(jahrgangsstufe);
   InWerteErfassung::durchfuehrenErfassung(inWerteErfassung);
   inWerteErfassung.bereitstellenWerte();
   inWerteErfassung.auswertenAnzeigen();
   inWerteErfassung.sortieren();
   inWerteErfassung.anzeigenSortierteWerte();
   break;
  }
 case 2: {
   OrWerteErfassung orWerteErfassung(jahrgangsstufe);
   OrWerteErfassung::durchfuehrenErfassung(orWerteErfassung);
   orWerteErfassung.bereitstellenWerte();
   orWerteErfassung.auswertenAnzeigen();
   orWerteErfassung.sortieren();
   orWerteErfassung.anzeigenSortierteWerte();
   break;
  }
 case 3: {
   NoWerteErfassung noWerteErfassung(jahrgangsstufe);
   NoWerteErfassung::durchfuehrenErfassung(noWerteErfassung);
   noWerteErfassung.bereitstellenWerte();
   noWerteErfassung.auswertenAnzeigen();
   noWerteErfassung.sortieren();
   noWerteErfassung.anzeigenSortierteWerte();
   break;
  }
 }
}
```

Kapitel 8

Fenster-gestützte Dialogführung

Bisher haben wir die Erfassung von Punktwerten und die Anzeige von Kennzahlen über ein DOS-Fenster – in Form einer Win32-Konsolenanwendung – durchgeführt. Diesen Ansatz haben wir deswegen gewählt, weil wir zunächst die grundlegenden Konzepte und Sprachelemente von C++ darstellen wollten. Im Hinblick auf die grafische Benutzeroberfläche, die das Windows-System für die Kommunikation mit dem Anwender bereitstellt, sollen jetzt einige der Möglichkeiten von Visual C++ beschrieben werden. Abschließend stellen wir dar, wie wir die erfassten Punktwerte in einer Datei sichern oder aus einer Datei laden können.

8.1 Problemstellung und Beschreibung des Dialogfeldes

Problemstellung

Wir wollen die zuvor entwickelten Lösungspläne dadurch verbessern, dass wir für die Datenerfassung und die Anzeige von Kennzahlen einen Dialog mit einem Fenster programmieren.
Für diesen Dialog sehen wir ein folgendermaßen strukturiertes Fenster vor:

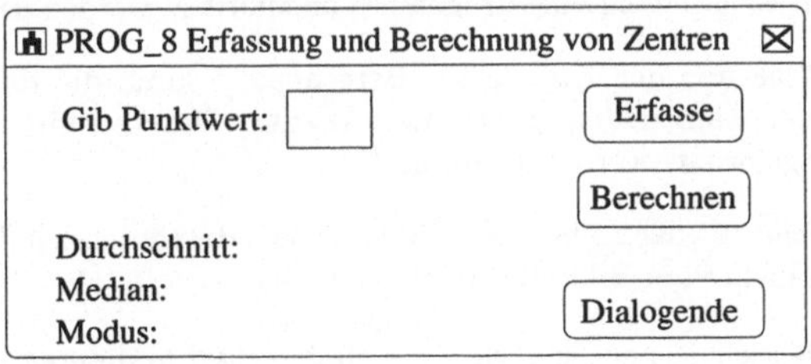

PROG_8 Erfassung und Berechnung von Zentren
Gib Punktwert:
Erfasse
Berechnen
Durchschnitt:
Median:
Modus:
Dialogende

Abbildung 8.1: Fenster zur Datenerfassung und Anzeige von Kennzahlen

Im Hinblick auf die derart konzipierte Dialogführung formulieren wir die folgende Problemstellung:

- PROB-8:
  Unter Einsatz eines Fensters (siehe Abbildung 8.1) sollen intervallskalierte Punktwerte erfasst und die Kennzahlen "Durchschnittswert", "Median" und "Modus" berechnet und angezeigt werden!
  Aus Gründen der Vereinfachung wird auf die Eingabe eines Jahrgangsstufenwertes verzichtet.

Bei der Lösung von PROB-8 werden wir uns auf die Lösung von PROB-7 stützen und die zuvor aufgebaute Klassen-Hierarchie mit den Klassen "WerteErfassung", "NoWerteErfas sung", "OrWerteErfassung" und "InWerteErfassung" verwenden.

Beschreibung des Dialogfeldes

Das oben abgebildete Fenster, das wir zur Lösung von PROB-8 vorgesehen haben, enthält – neben dem Anzeigebereich – das System-Menü, eine Titel-Zeile und die Schaltfläche "Schließen". Ein Fenster, das über diese Komponenten verfügt, wird als *Dialogfeld* (Dialog-Fenster) bezeichnet.

Als *Steuerelemente* (engl.: "controls") enthält das abgebildete Dialogfeld die folgenden Fenster-Bausteine:

- vier *Textfelder* mit den Texten "Gib Punktwert:", "Durchschnitt:", "Median:" und "Modus:",
- ein *Eingabefeld*, das durch den vorangestellten Text "Gib Punktwert:" gekennzeichnet ist und einen zu erfassenden Punktwert aufnehmen kann,
- eine *Schaltfläche* mit der Aufschrift "Erfasse", durch die die Erfassung des Punktwertes, der im Eingabefeld eingetragen ist, angefordert werden kann,
- eine *Schaltfläche* mit der Aufschrift "Berechnen", durch die die Berechnung und die Anzeige der Kennzahlen (hinter den Texten "Durchschnitt:", "Median:" bzw. "Modus:") angefordert werden kann, und
- eine *Schaltfläche* mit der Aufschrift "Dialogende", durch die sich der Dialog beenden und das Dialogfeld vom Bildschirm entfernen lässt.

Im Folgenden werden wir lernen, wie wir diese Dialogfelder und deren Funktionsweise für die Lösung von PROB-8 einrichten können.

8.2 Windows-Messages und Message-Maps

Bevor wir das Dialogfeld in der geforderten Form aufbauen, erörtern wir zunächst die grundlegenden Mechanismen der Kommunikation unter dem Windows-System.

- Grundsätzlich stellt jeder Tastendruck auf der Eingabe-Tastatur sowie jede Maus-Aktivität – sei es eine Positions-Änderung des Mauszeigers oder ein Mausklick – ein *Nachrichten-Ereignis* dar, das eine Nachricht an das Windows-System auslöst.

  Zur Unterscheidung von den Nachrichten, die als Messages an Instanziierungen gerichtet sind, nennen wir die Nachrichten, die sich an das Windows-System wenden, *Windows-Messages.*

- Jedes Nachrichten-Ereignis und jede Windows-Message wird durch einen charakteristischen Namen gekennzeichnet.

Während z.B. ein einfacher Mausklick auf eine Schaltfläche das Nachrichten-Ereignis "BN_CLICKED" ("BN" abkürzend für: "Button") bewirkt, ist ein Doppelklick auf eine Schaltfläche Urheber des Nachrichten-Ereignisses "BN_DOUBLECLICKED".
Durch "BN_CLICKED" und "BN_DOUBLECLICKED" werden die Windows-Messages "ON_BN_CLICKED" bzw. "ON_BN_DOUBLECLICKED" ausgelöst.

Die an diesen beiden Beispielen vorgestellte Form der Namensvergabe für Windows-Messages ist von grundsätzlicher Art:

- Der Name der Windows-Message ergibt sich aus dem Namen des Nachrichten-Ereignisses, indem diesem Namen die Vorsilbe "ON_" vorangestellt wird.

Sofern der Name einer Windows-Message nicht durch "ON_" eingeleitet wird, beginnt dieser Name mit der Vorsilbe "WM_". Hierdurch wird gekennzeichnet, dass es sich um eine *Standard-Windows-Message* handelt, die nicht durch den Anwender, sondern durch das Windows-System ausgelöst wird.
Zum Beispiel kennzeichnet die Standard-Windows-Message "WM_MOUSEMOVE" eine Mausbewegung.

- Damit ein Nachrichten-Ereignis die gewünschte Leistung bewirken kann, muss ein Funktions-Aufruf einer geeigneten Member-Funktion erfolgen.

  Die Verbindung dieser Member-Funktion mit derjenigen Windows-Message, die durch das Nachrichten-Ereignis ausgelöst wird, bezeichnet man als *Message-Map.*

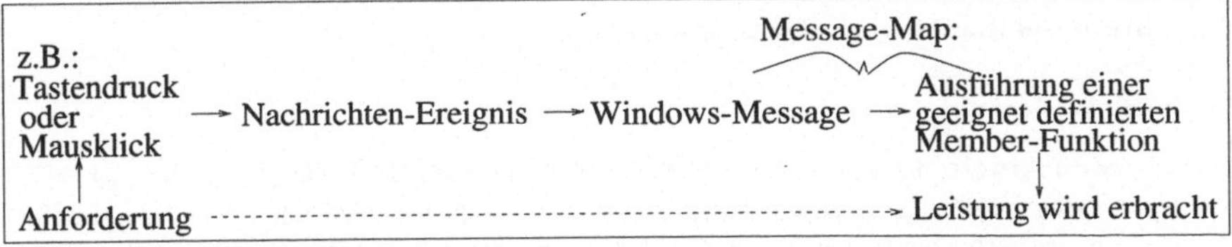

Abbildung 8.2: Wirkung eines Nachrichten-Ereignisses

Damit z.B. ein Punktwert, der im Eingabefeld des Dialogfeldes eingetragen ist, durch einen Mausklick auf die Schaltfläche "Erfasse" erfasst wird, muss der Windows-Message "ON_BN_CLICKED" – mittels einer Message-Map – eine geeignete Member-Funktion zugeordnet werden. Trägt diese Member-Funktion z.B. den Namen "OnErfasse", so müssen durch den Funktions-Aufruf von "OnErfasse" diejenigen Anweisungen zur Ausführung kommen, die den Punktwert in den Sammler des Erfassungsprozesses übertragen.

Abbildung 8.3: Beispiel für eine Message-Map

Da es im Dialogfeld mehrere Schaltflächen gibt, muss diejenige Schaltfläche, die den Funktions-Aufruf von "OnErfasse" auslösen soll, einen sie kennzeichnenden Namen besitzen.

- Grundsätzlich wird in einem Dialogfeld jedes Steuerelement durch einen charakteristischen Namen gekennzeichnet, der als *Objekt-ID* bezeichnet wird.

Sofern z.B. die Schaltfläche, die die Aufschrift "Erfasse" trägt, durch die Objekt-ID "IDC_Erfasse" ("IDC" ist die Abkürzung von "ID-Control") gekennzeichnet ist, besitzt die zugehörige Message-Map die folgende Form:

```
ON_BN_CLICKED( IDC_Erfasse, OnErfasse )
```

Durch diese Message-Map ist bestimmt, dass die Member-Funktion "OnErfasse" dann aufgerufen wird, wenn die Windows-Message "ON_BN_CLICKED" durch einen Mausklick auf das Steuerelement "IDC_Erfasse" ausgelöst wird.

Wie die Objekt-IDs beim Aufbau eines Dialogfeldes vergeben und die jeweils erforderlichen Message-Maps festgelegt werden können, stellen wir in den Abschnitten 8.6 und 8.7 dar. Zunächst erläutern wir, wie eine Kommunikation zwischen einem Steuerelement und einer Member-Variablen, die dem Steuerelement in geeigneter Weise zugeordnet ist, stattfinden kann.

8.3 Steuerelemente und DDX-Mechanismus

Grundprinzip

Damit ein Punktwert, der in das Eingabefeld eingegeben wurde, in den Sammler des Erfassungsprozesses übertragen werden kann, muss der Punktwert zunächst vom Eingabefeld in eine zugeordnete Member-Variable übernommen werden.
Grundsätzlich gilt:

- Jedem Steuerelement lässt sich eine Member-Variable zuordnen. Dazu ist eine geeignete Anforderung an den *Klassen-Assistenten* zu richten, der Bestandteil von Visual C++ ist (siehe Abschnitt 8.7).
- Die Steuerelemente und die ihnen zugordneten Member-Variablen können miteinander kommunizieren. Diese Kommunikation wird als *DDX-Mechanismus* bezeichnet ("DDX" ist die Abkürzung von "Do Data Exchange").

- Beim DDX-Mechanismus wird zwischen einem *Daten-Transfer* und einem *Eigenschaften-Transfer* unterschieden.

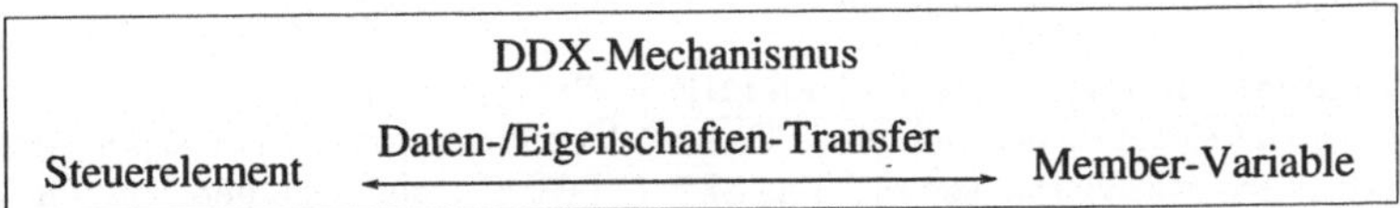

Abbildung 8.4: Grundprinzip des DDX-Mechanismus

Daten-Transfer

Durch den DDX-Mechanismus lassen sich Daten von Steuerelementen – wie z.B. Eingabefeldern – in die ihnen zugeordneten Member-Variablen (und umgekehrt) übertragen. Damit eine Member-Variable in dieser Weise verwendet werden kann, ist sie als *Value-Member-Variable* zu vereinbaren.

Ein Daten-Transfer lässt sich durch die Ausführung der Basis-Member-Funktion "Update Data" (aus der Basis-Klasse "CDialog") veranlassen. Dabei wird die Richtung der Übertragung durch das Argument der Basis-Member-Funktion "UpdateData" bestimmt.

- **"UpdateData({ TRUE | FALSE })"**:
  Durch die Verwendung von "TRUE" wird festgelegt, dass für *sämtliche* Steuerelemente eines Dialogfeldes ein Daten-Transfer von den Steuerelementen zu den korrespondierenden Value-Member-Variablen durchgeführt werden soll. Soll der Daten-Transfer von den Value-Member-Variablen zu den Steuerelementen hin durchgeführt werden, so ist "FALSE" als Argument zu verwenden.

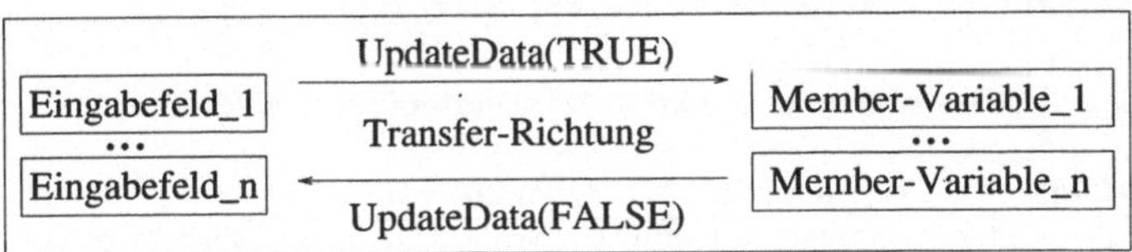

Abbildung 8.5: Beispiel für einen Daten-Transfer

Eigenschaften-Transfer

Neben der Möglichkeit, Daten transferieren zu können, lassen sich durch den DDX-Mechanismus auch die Eigenschaften *einzelner* Steuerelemente gezielt ändern.

Voraussetzung für eine derartige Zustandsänderung ist, dass es sich bei der Member-Variablen, die mit einem Steuerelement verbunden ist, um eine *Control-Member-Variable* handelt.

Um einen Eigenschaften-Transfer zu bewirken, muss die Control-Member-Variable, die mit dem betreffenden Steuerelement korrespondiert, den Funktions-Aufruf einer geeigneten Basis-Member-Funktion auslösen.

Zum Beispiel lässt sich durch den Einsatz der Basis-Member-Funktion "EnableWindow" ein Steuerelement – wie z.B. ein Textfeld oder eine Schaltfläche – deaktivieren, so dass dessen Aufschrift in Geisterschrift (Reliefschrift) angezeigt wird.

- **"EnableWindow({ TRUE | FALSE })"**:
  Das Steuerelement, das mit einer Control-Member-Variablen korrespondiert, wird deaktiviert (aktiviert), sofern "FALSE" ("TRUE") als Argument im Funktions-Aufruf aufgeführt ist.

Ebenfalls ist es möglich, einzelne Aufschriften geeigneter Steuerelemente oder aber den Inhalt der Titel-Zeile des Dialogfeldes durch den Einsatz der Basis-Member-Funktion "Set WindowText" gezielt zu ändern.

- **"SetWindowText(CString varString)"**:
  Die Aufschrift des einer Control-Member-Variablen zugeordneten Steuerelements oder die Titel-Zeile des Dialogfeldes wird mit dem Text versehen, der durch das Argument "varString" gekennzeichnet ist.

Ist z.B. eine Korrespondenz zwischen einem Textfeld und einer Control-Member-Variablen namens "m_anzeigeDurchschnitt" eingerichtet worden, so wird durch den Funktions-Aufruf

```
m_anzeigeDurchschnitt.SetWindowText("Mittelwert: ");
```

der Text "Mittelwert: " innerhalb dieses Textfeldes angezeigt.
Sofern für das Textfeld *keine* Control-Member-Variable vereinbart und dieses Textfeld durch die Objekt-ID "IDC_AnzeigeDurchschnitt" gekennzeichnet ist, lässt sich die Anzeige auch durch die Anweisung

```
SetDlgItemText(IDC_AnzeigeDurchschnitt,"Mittelwert: ");
```

unter Einsatz der Basis-Member-Funktion "SetDlgItemText" anfordern.

- **"SetDlgItemText(int objektID, CString varString)"**:
  Der als zweites Argument aufgeführte String "varString" wird in dasjenige Steuerelement übertragen, dessen Objekt-ID "objektID" als erstes Argument aufgeführt ist.

Im Vorgriff auf den Einsatz des Symbols "*" sowie des indirekten Zugriffs mit Zeiger-Variablen, den wir im Kapitel 9 vorstellen, geben wir an dieser Stelle zusätzlich an, wie – durch den Einsatz der Basis-Member-Funktion "GetDlgItemText" – ein von einem Steuerelement am Bildschirm angezeigter Text einer Variablen zugeordnet werden kann.

- **"GetDlgItemText(int objektID, char * zeiger-variable, int anzahl)"**:
  Die ersten "anzahl – 1" Zeichen, die im Steuerelement mit der Objekt-ID "objektID" eingetragen sind, werden in ein Zeichenfeld übertragen, das durch die Zeiger-Variable "zeiger-variable" indirekt referenziert wird.

Zum Beispiel können durch die Ausführung der Anweisungen

```
char varZeichenFeld[10];
char * zgrFeld = varZeichenFeld;
GetDlgItemText(IDC_Punktwert, zgrFeld, 5);
CString varString = zgrFeld;
```

die bis zu ersten vier Zeichen von dem Text, der im Eingabefeld "IDC_Punktwert" eingetragen ist, in die Instanz (aus der Klasse "CString") "varString" übermittelt werden (siehe Abschnitt 9.5).

Ergänzend weisen wir an dieser Stelle darauf hin, dass sich ein Steuerelement durch die Basis-Member-Funktion "SetFocus" *aktivieren* und damit optisch hervorheben lässt.

- **"SetFocus()"**:
  Durch die Ausführung dieser Basis-Member-Funktion wird das Steuerelement aktiviert, das mit derjenigen Control-Member-Variablen korrespondiert, die den Aufruf von "SetFocus" bewirkt hat.

Ist z.B. eine Korrespondenz zwischen einem Eingabefeld und einer Control-Member-Variablen namens "m_eingabefeld" (Instanz der Basis-Klasse "CEdit") hergestellt worden, so lässt sich dieses Eingabefeld durch den Funktions-Aufruf

```
m_eingabefeld.SetFocus()
```

aktivieren.

8.4 Konzeption des Dialogfeldes

Bevor wir im Abschnitt 8.7 kennenlernen, wie sich Value- und Control-Member-Variablen einrichten lassen, geben wir im Folgenden an, welche Value- und Control-Member-Variablen im Rahmen des Lösungsplans von PROB-8 den in unserem Dialogfeld enthaltenen Steuerelementen zuzuordnen sind. Zusätzlich stellen wir dar, welche Member-Funktionen für diese Steuerelemente – im Rahmen von Message-Maps – verabredet werden sollen.

Diese Angaben machen wir in der folgenden Darstellung, in der wir für die Steuerelemente deren Platzierung und die für sie vorgesehenen Objekt-IDs festlegen:

IDD_PROG_8_DIALOG

IDC_GibPunktwert	IDC_Punktwert int m_punktwert	IDC_Erfasse BN_CLICKED OnErfasse
IDC_AnzeigeDurchschnitt CStatic m_anzeigeDurchschnitt		IDC_Berechnen BN_CLICKED OnBerechnen
IDC_AnzeigeMedian CStatic m_anzeigeMedian		
IDC_AnzeigeModus CStatic m_anzeigeModus		IDC_Dialogende BN_CLICKED OnDialogende

Abbildung 8.6: Objekt-IDs und geplante Zuordnungen

Als Objekt-ID, durch die das gesamte Dialogfeld gekennzeichnet wird, vergeben wir den Namen "IDD_PROG_8_DIALOG" ("IDD" ist die Abkürzung von "ID-Dialog").
Das Eingabefeld soll die Objekt-ID "IDC_Punktwert" tragen. Als Variable soll ihm die Value-Member-Variable "m_punktwert" in Form einer Instanziierung der Standard-Klasse "int" zugeordnet werden.
Das Textfeld, das den Text "Gib Punktwert:" enthalten soll, wird durch die Objekt-ID "IDC_GibPunktwert" gekennzeichnet.

Die weiteren drei Textfelder, die die Kennzahlen anzeigen sollen, tragen die Objekt-IDs "IDC_AnzeigeDurchschnitt", "IDC_AnzeigeMedian" bzw. "IDC_AnzeigeModus". Diesen Steuerelementen sollen "m_anzeigeDurchschnitt", "m_anzeigeMedian" bzw. "m_anzeigeMo dus" jeweils als Control-Member-Variablen zugeordnet werden. Bei jeder dieser Variablen soll es sich um eine Instanz aus der Basis-Klasse "CStatic" (siehe Abschnitt 10.4.1) handeln.

An den Positionen der drei Schaltflächen ist angegeben, welche Objekt-IDs ("IDC_Erfasse", "IDC_Berechnen" und "IDC_Dialogende"), welche Nachrichten-Ereignisse ("BN_CLICKED") und welche diesen Schaltflächen zuzuordnenden Member-Funktionen ("On Erfasse", "OnBerechnen" und "OnDialogende") im Rahmen von Message-Maps festgelegt werden sollen.
Nachdem wir die Objekt-IDs und die Zuordnungen zu den Member-Funktionen festgelegt haben, werden wir im Folgenden erläutern, wie diese Vorgaben umgesetzt werden können.

8.5 Einrichtung des Projekts

Zur Lösung von PROB-8 setzen wir die folgenden Hilfsmittel der Programmierumgebung Visual C++ ein:

- den *Ressourcen-Editor* zum Aufbau der Dialogfelder und
- den *Klassen-Assistenten*, mit dem das Programm-Gerüst automatisch generiert werden kann und die Message-Maps sowie die Zuordnungen im Rahmen des DDX-Mechanismus festgelegt werden können.

Um den Ressourcen-Editor und den Klassen-Assistenten zur Verfügung zu haben, stellen wir bei der Einrichtung des Projekts "Prog_8" den Projekttyp "MFC-Anwendungs-As sistent (exe)" ein.

Nach der Auswahl des Projekttyps aktivieren wir zunächst – im angezeigten Dialogfeld mit der Titel-Zeile "MFC-Anwendungs-Assistent - Schritt1" – das Optionsfeld "Dialogfeld basierend" und führen anschließend einen Mausklick auf die Schaltfläche "Fertigstellen" durch.

Nachdem wir den Inhalt des daraufhin angezeigten Dialogfeldes "Informationen zum neu en Projekt" durch die Schaltfläche "OK" bestätigt haben, wird der Ressourcen-Editor automatisch gestartet. Dabei werden – unter anderen – die folgenden Dateien erzeugt:

- "Prog_8.h" und "Prog_8.cpp" (mit dem Programm-Gerüst, das für den Programmstart benötigt wird),
- "Prog_8Dlg.h" und "Prog_8Dlg.cpp" (mit dem Programm-Gerüst, das für die Dialogführung erforderlich ist),
- "Prog_8.rc" und "Resource.h" (mit den Angaben zum Aufbau des Dialogfeldes und den zugehörigen Objekt-IDs) sowie
- "stdafx.cpp" und "stdafx.h" (mit den benötigten Basis-Klassen).

Im Arbeitsfeld des Ressourcen-Editors erscheint ein Rahmenfenster mit der Titel-Zeile "Prog_8":

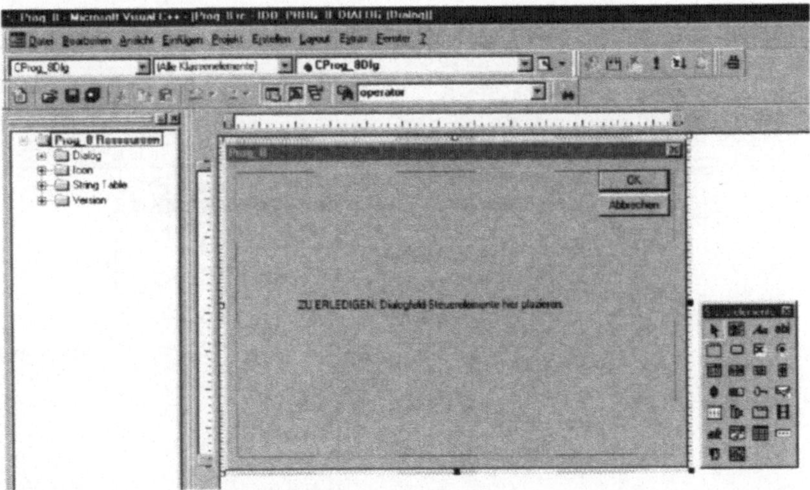

Abbildung 8.7: Arbeitsfeld des Ressourcen-Editors und Steuerelemente-Palette

Dieses Rahmenfenster stellt die Basis für das von uns einzurichtende Dialogfeld dar. Zum schrittweisen Aufbau der von uns vorgesehenen Fenster-Bausteine wird das Dialogfeld "Steuerelemente" mit der *Steuerelemente-Palette* zur Verfügung gestellt.

Hinweis: Wird die Steuerelemente-Palette nicht angezeigt, so müssen wir den Mauszeiger in den Bereich unterhalb der Titel-Zeile des Visual C++-Fensters stellen und mit der rechten Maustaste ein Kontext-Menü abrufen, in dem die Menü-Option "Steuerelemente" ausgewählt werden muss.

Bevor wir den Aufbau des Dialogfeldes zur Lösung von PROB-8 festlegen, löschen wir zunächst die im Rahmenfenster eingetragenen Schaltflächen mit den Aufschriften "OK" und "Abbrechen" sowie das Textfeld "ZU ERLEDIGEN: ...". Dazu aktivieren wir zunächst das jeweilige Steuerelement durch einen Mausklick und betätigen anschließend die Entferne-Taste.

Im nachfolgenden Dialog mit dem Ressourcen-Editor sind die folgenden Schritte durchzuführen:

- Auswahl und Platzieren der Steuerelemente im Dialogfeld;
- Vergabe von Objekt-IDs für die Steuerelemente und Bestimmung deren Eigenschaften (z.B. Inhalte der Textfelder oder Aufschriften der Schaltflächen).

8.6 Einsatz des Ressourcen-Editors

Um den Text "Prog_8 Erfassung und Berechnung von Zentren" als Titel des Dialogfeldes zu verabreden, stellen wir den Mauszeiger in die Titel-Zeile. Nachdem wir über die rechte Maustaste das Kontext-Menü aufgerufen und die Menü-Option "Eigenschaften" bestätigt haben, erscheint das Dialogfeld "Dialog Eigenschaften":

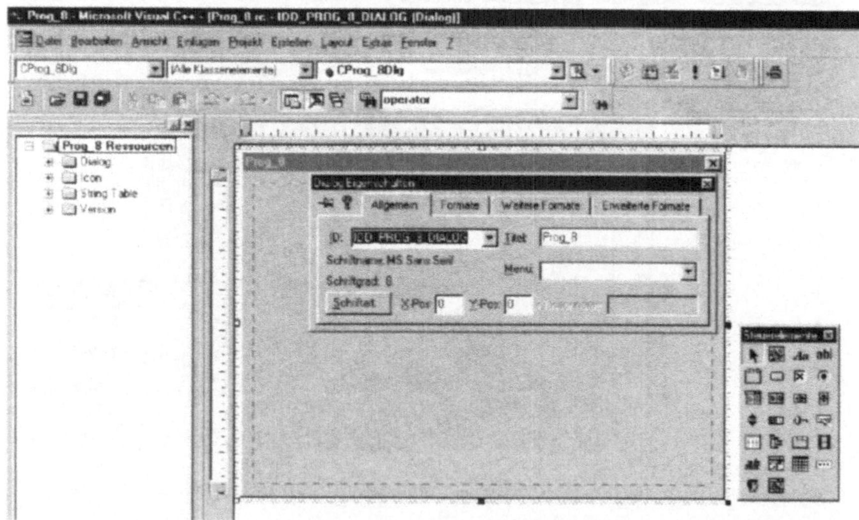

Abbildung 8.8: Kontext-Menü "Eigenschaften" des Ressourcen-Editors

In dieses Dialogfeld tragen wir die Objekt-ID "IDD_PROG_8_DIALOG" in das Feld "ID:"

und den Text "Prog_8 Erfassung und Berechnung von Zentren" in das Feld "Titel:" ein. Nachdem wir das Dialogfeld "Dialog Eigenschaften" geschlossen haben, bereiten wir die Einrichtung des Textfeldes mit dem Text "Gib Punktwert:" dadurch vor, dass wir in der Steuerelemente-Palette die Symbol-Schaltfläche "*Text*" aktivieren.

Hinweis: Die Reihenfolge, in der die einzelnen Fenster-Bausteine festgelegt werden, ist insofern wichtig, als dass dadurch die Abfolge bestimmt wird, in der unter Einsatz der Tabulator-Taste von einem Steuerelement zum nächsten Steuerelement gewechselt werden kann.
Es ist möglich, die bestehende Reihenfolge unter Einsatz des Menüs "Layout", das in der Menü-Leiste des Visual C++-Fensters eingetragen ist, nachträglich zu ändern.

Nachdem wir die Lage und die Größe des Textfeldes durch das Ziehen mit der Maus bestimmt haben, wird das Textfeld mit dem voreingestellten Text "Static" angezeigt.
Um das *Eigenschaftsfenster* – mit dem Titel "Text Eigenschaften" – anzufordern, zeigen wir mit der Maus auf dieses Textfeld und rufen aus dem Kontext-Menü die Menü-Option "Eigenschaften" ab. Die für das Textfeld konzipierte Objekt-ID und Beschriftung legen wir durch die Eingabe von "IDC_GibPunktwert" (in das Feld "ID:") und "Gib Punktwert:" (in das Feld "Titel:") fest:

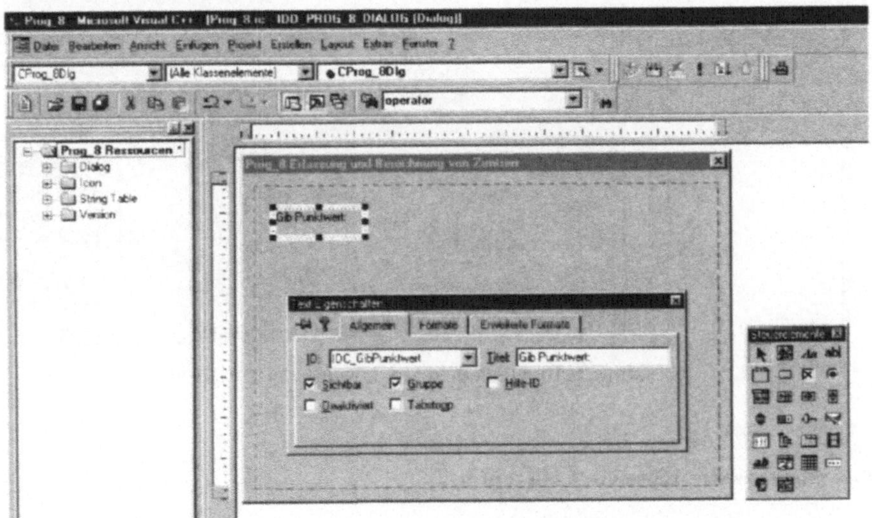

Abbildung 8.9: Objekt-ID und Beschriftung eines Textfeldes

Nachdem wir das Dialogfeld "Text Eigenschaften" geschlossen haben, aktivieren wir in der Steuerelemente-Palette die Symbol-Schaltfläche "Eingabefeld". Wir platzieren das Eingabefeld neben dem zuvor eingerichteten Textfeld "IDC_GibPunktwert" und verabreden die Objekt-ID "IDC_Punktwert" (im Feld "ID:") innerhalb des zugehörigen Eigenschaftsfensters "Text Eigenschaften".

Um die Schaltfläche "Erfasse" einzurichten, aktivieren wir in der Steuerelemente-Palette die Symbol-Schaltfläche "Schaltfläche". Nach der Platzierung an der für diese Schaltfläche vorgesehenen Position erscheint die voreingestellte Aufschrift "Button1". Wir ändern diese Aufschrift und legen die Objekt-ID fest, indem wir in das zugehörige Eigenschaftsfenster "Schaltfläche Eigenschaften" die Angaben "Erfasse" und "IDC_Erfasse" eintragen.

Zur Einrichtung der Schaltflächen "Berechnen" und "Dialogende" gehen wir entsprechend vor. Dabei legen wir "IDC_Berechnen" bzw. "IDC_Dialogende" als Objekt-IDs fest und vereinbaren "Berechnen" bzw. "Dialogende" als Aufschriften.

In der gleichen Weise, wie wir das Textfeld mit der Objekt-ID "IDC_GibPunktwert" eingerichtet haben, bauen wir die Textfelder zur Anzeige der Kennzahlen auf. Wir verabreden die zugehörigen Objekt-IDs "IDC_AnzeigeDurchschnitt", "IDC_AnzeigeMedian" und "IDC_AnzeigeModus" und legen für sie die Texte "Durchschnitt:", "Median:" bzw. "Modus:" fest.

Als Ergebnis unseres Dialogs mit dem Ressourcen-Editor stellt sich das Dialogfeld in der folgenden Form dar:

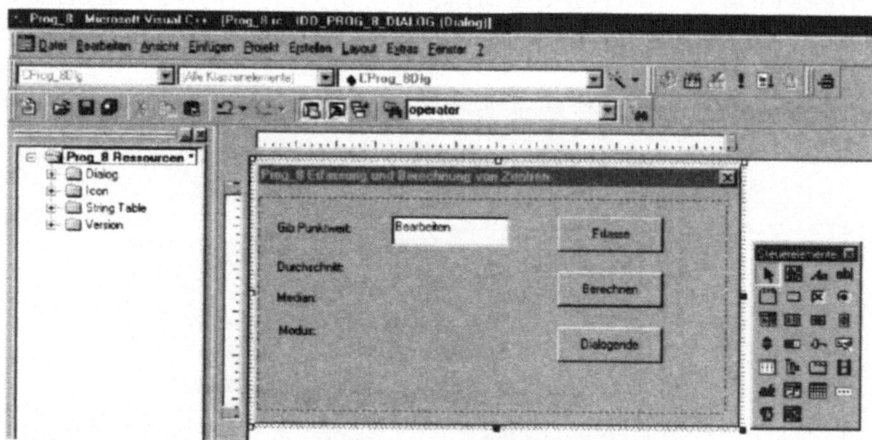

Abbildung 8.10: Dialogfeld zur Lösung von PROB-8

8.7 Einsatz des Klassen-Assistenten

Festlegung des DDX-Mechanismus

Nachdem wir unser Dialogfeld aufgebaut haben, setzen wir den (MFC-)*Klassen-Assistenten* ein, um die folgenden Tätigkeiten auszuführen:

- Zuordnungen von Value- bzw. Control-Member-Variablen zu den Steuerelementen im Rahmen des DDX-Mechanismus und
- Festlegung von Message-Maps durch die Verbindung von Windows-Messages und Member-Funktionen.

Um den Klassen-Assistenten zu aktivieren, bestätigen wir die Menü-Option "Klassen-Assistent..." im Kontext-Menü. Daraufhin erscheint das folgende Dialogfeld "MFC-Klassen-Assistent":

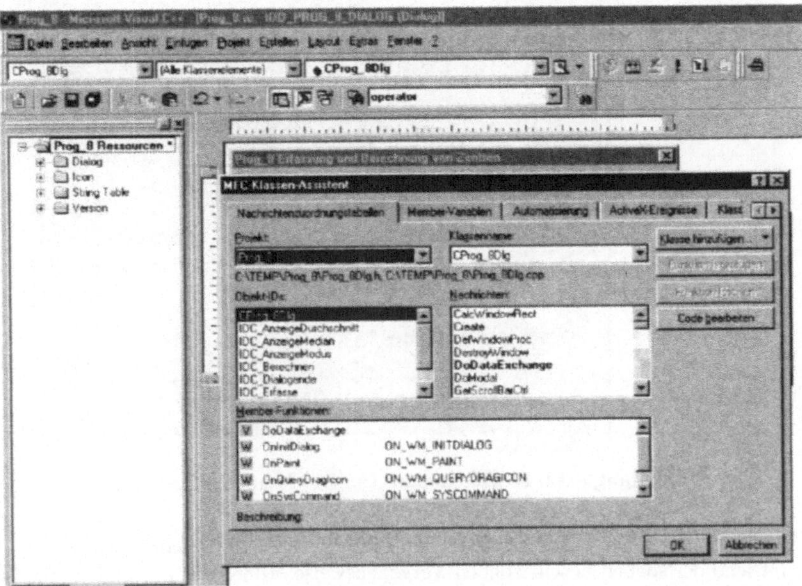

Abbildung 8.11: Dialogfeld des (MFC-)Klassen-Assistenten

Hinweis: Das Dialogfeld des Klassen-Assistenten enthält im unteren Teil eine Liste von Member-Funktionen. In dieser Liste sind virtuelle Member-Funktionen jeweils durch den Buchstaben "V" und Member-Funktionen, deren Ausführung durch eine Windows-Message veranlasst wird, durch den Buchstaben "W" gekennzeichnet.

Zunächst werden wir dem Eingabefeld mit der Objekt-ID "IDC_AnzeigeDurchschnitt" die Variable "m_anzeigeDurchschnitt" als Control-Member-Variable zuordnen. Dazu stellen wir die Registerkarte "Member-Variablen" ein und wählen unter den untereinander aufgelisteten Objekt-IDs die Zeile mit dem Eintrag "IDC_AnzeigeDurchschnitt" durch einen Mausklick aus. Anschließend aktivieren wir die Schaltfläche "Variable hinzufügen..." und tragen in das daraufhin eröffnete Dialogfeld "Member-Variable hinzufügen" den Namen "m_anzeigeDurchschnitt" in das Feld "Name der Member-Variablen:" ein. Um "m_anzeige Durchschnitt" als Control-Member-Variable und Instanziierung aus der Standard-Klasse "CStatic" festzulegen, aktivieren wir im Kombinationsfeld "Kategorie:" das Listenelement "Control" und im Kombinationsfeld "Variablentyp:" das Listenelement "CStatic". Daraufhin wird das Dialogfeld "Member-Variable hinzufügen" wie folgt angezeigt:

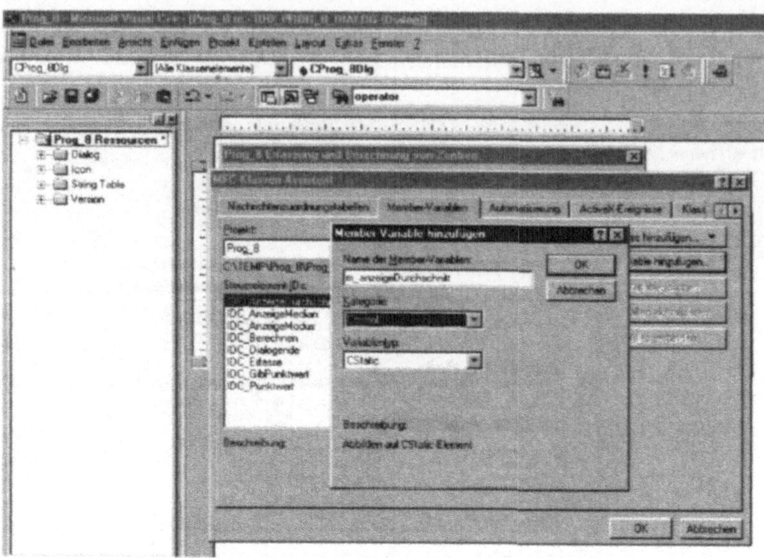

Abbildung 8.12: Festlegen einer Control-Member-Variablen

Wir bestätigen die Vereinbarung durch einen Mausklick auf die Schaltfläche "OK". Entsprechend der soeben beschriebenen Vorgehensweise ordnen wir der Objekt-ID "IDC_AnzeigeMedian" die Control-Member-Variable "m_anzeigeMedian" und der Objekt-ID "IDC_AnzeigeModus" die Control-Member-Variable "m_anzeigeModus" zu.

Um für das Eingabefeld mit der Objekt-ID "IDC_Punktwert" die Variable "m_punktwert" als Value-Member-Variable zu vereinbaren, gehen wir zunächst genauso vor, wie wir es soeben für die Festlegung von Control-Member-Variablen beschrieben haben. Im Dialogfeld "Member-Variable hinzufügen" aktivieren wir jedoch, nachdem wir den Namen "m_punktwert" in das Feld "Name der Member-Variablen:" eingetragen haben, innerhalb des Kombinationsfeldes "Kategorie:" das Listenelement "Wert" und innerhalb des Kombinationsfeldes "Variablentyp:" das Listenelement "int".

Nachdem wir den Steuerelementen die von uns vorgesehenen Member-Variablen zugeordnet haben, wollen wir jetzt die benötigten Message-Maps verabreden.

Festlegung der Message-Maps

Zunächst wollen wir vereinbaren, dass ein Mausklick auf die Schaltfläche mit der Objekt-ID "IDC_Erfasse" die Ausführung der Member-Funktion "OnErfasse" bewirken soll. Dazu stellen wir im Dialog mit dem Klassen-Assistenten die Registerkarte "Nachrichtenzuord nungstabellen" ein und aktivieren anschließend im Listenfeld "Objekt-IDs:" das Listenelement "IDC_Erfasse". Dies führt zur folgenden Anzeige:

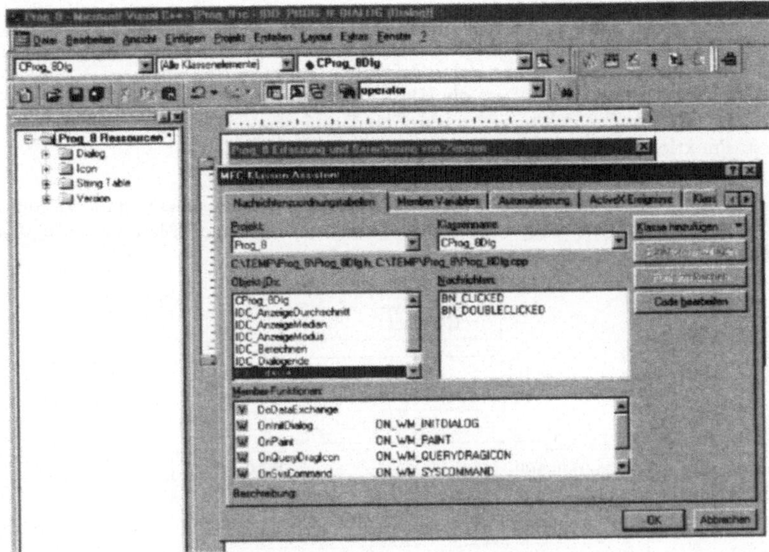

Abbildung 8.13: Festlegen einer Message-Map

Aus den Nachrichten-Ereignissen, die im Listenfeld "Nachrichten:" enthalten sind, wählen wir das Listenelement "BN_CLICKED" aus. Danach aktivieren wir die Schaltfläche "Funk tion hinzufügen..." und bestätigen den voreingestellten Namen "OnErfasse" mittels der Schaltfläche "OK".

Genauso wie wir es soeben für die Schaltfläche "Erfasse" geschildert haben, ordnen wir für die Schaltflächen "Berechnen" und "Dialogende" – mit den Objekt-IDs "IDC_Berechnen" bzw. "IDC_Dialogende" – das Nachrichten-Ereignis "BN_CLICKED" den Member-Funktionen "OnBerechnen" bzw. "OnDialogende" zu.

Die vereinbarten Message-Maps bewirken, dass die Funktions-Deklarationen der Member-Funktionen "OnErfasse", "OnBerechnen" und "OnDialogende" – innerhalb der Header-Datei "Prog_8Dlg.h" – (hinter dem Schlüsselwort "public") in der Klasse "CProg_8Dlg" vorgenommen werden. Gleichzeitig wird das Programm-Skelett der zugehörigen Funktions-Definitionen in die Programm-Datei "Prog_8Dlg.cpp" eingetragen.

Damit haben wir die erforderlichen Message-Maps festgelegt und die Zuordnung von Steuerelementen und Member-Variablen für den DDX-Mechanismus abgeschlossen.

8.8 Automatisch erzeugte Klassen-Vereinbarungen und Programmstart

Automatisch erzeugte Klassen-Vereinbarungen

Durch den Dialog mit dem Ressourcen-Editor und dem Klassen-Assistenten sind in den Projekt-Dateien die folgenden Festlegungen automatisch getroffen worden:

- Die Dateien "Prog_8.h" und "Prog_8.cpp" enthalten die Vereinbarung der Klasse "CProg_8App", die als Unterklasse der Basis-Klasse"CWinApp" eingerichtet ist.
- In der Datei "Prog_8Dlg.h" ist die Klasse "CProg_8Dlg" – als Unterklasse der Basis-Klasse "CDialog" – deklariert, und in der Datei "Prog_8Dlg.cpp" sind die zugehörigen Funktions-Definitionen eingetragen.

Im Hinblick auf diese automatisch erzeugten Klassen-Vereinbarungen sind die folgenden Klassen sowie die in ihnen aufgeführten Member-Funktionen und Member-Variablen von Bedeutung:

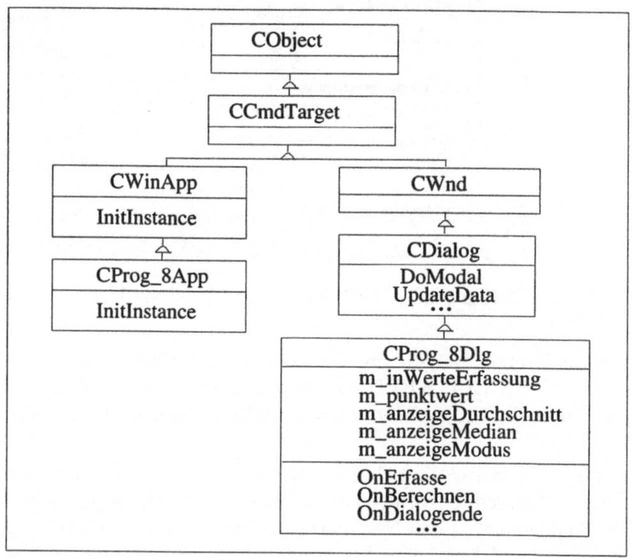

Abbildung 8.14: Grundlegende Komponenten der Dialogführung

Die in der Klasse "CProg_8App" generierte Member-Funktion "InitInstance" überdeckt die gleichnamige Basis-Member-Funktion der Oberklasse "CWinApp".
Die beiden Basis-Member-Funktionen "DoModal" und "UpdateData" stellen Grundfunktionalitäten für das Dialogfeld bereit, das als Instanz der Klasse "CProg_8Dlg" eingerichtet ist.

Hinweis: Die Namen der Member-Variablen und Member-Funktionen der Klasse "CProg_8 Dlg" – wie z.B. "m_punktwert" und "OnErfasse" – haben wir zuvor unter Einsatz des Klassen-Assistenten festgelegt (siehe Abschnitt 8.7).

Programmstart

Die Lösung von PROB-8 besteht darin, jeweils genau eine Instanziierung aus den Klassen "CProg_8App" und "CProg_8Dlg" vorzunehmen und dafür zu sorgen, dass die resultie-

renden Instanzen geeignete Member-Funktionen zur Ausführung bringen.
Diese Instanziierungen sind durch den Klassen-Assistenten in Form der Deklarations-Anweisungen

```
CProg_8App theApp;
```

und

```
CProg_8Dlg dlg;
```

in die Programm-Datei "Prog_8.cpp" eingetragen worden.
Beim Programmstart wird die automatisch zur Verfügung gestellte (und für den Anwender unsichtbare) Ausführungs-Funktion "WinMain" zur Ausführung gebracht. Dies bewirkt, dass die Instanz "theApp" durch einen (für den Anwender unsichtbaren) Funktions-Aufruf dazu veranlasst wird, die Member-Funktion "InitInstance" (aus der Klasse "CProg_8App") aufzurufen.
Hierdurch wird "dlg" aus der Klasse "CProg_8Dlg" instanziiert und zum Funktions-Aufruf der Basis-Member-Funktion "DoModal" veranlasst.

- **"DoModal()"**:
  Durch die Ausführung dieser Basis-Member-Funktion der Basis-Klasse "CDialog" wird ein Dialogfeld initialisiert, als modales Fenster am Bildschirm angezeigt und der Transfer zwischen den Steuerelementen des Dialogfeldes und den mittels des DDX-Mechanismus korrespondierenden Member-Variablen organisiert.

  Hinweis: Ein Fenster wird als *modales* Fenster bezeichnet, wenn durch die Bildschirmanzeige dieses Fensters jede Anforderung fehlschlägt, ein anderes Fenster zur Anzeige zu bringen. Ein modales Fenster muss daher erst vom Bildschirm entfernt werden, bevor ein anderes Fenster angezeigt werden kann.

Der Aufruf der Funktion "DoModal" führt zur Bildschirm-Anzeige des von uns entwickelten Dialogfeldes. Anschließend kann der durch die Problemstellung PROB-8 geforderte Dialog durchgeführt werden.

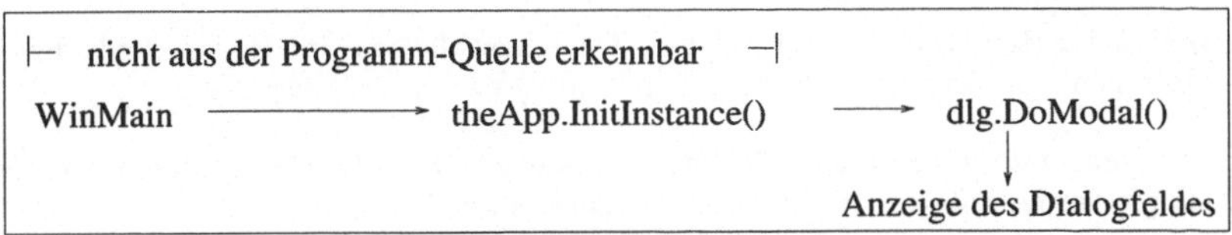

Abbildung 8.15: Programmstart

Da der Dialog durch einen Mausklick auf die Schaltfläche "Dialogende" abgeschlossen werden soll, müssen wir dafür sorgen, dass innerhalb der Member-Funktion "OnDialogende" ein Funktions-Aufruf der Basis-Member-Funktion "OnOK" erfolgt.

- **"OnOK()"**:
  Durch die Ausführung der Basis-Member-Funktion "OnOK" aus der Basis-Klasse "CDialog" wird das Dialogfeld vom Bildschirm entfernt.

Der Funktions-Aufruf der Basis-Member-Funktion "OnOK" ist somit durch eine geeignete Anweisung innerhalb der Member-Funktion "OnDialogende" festzulegen.

Wie wir bereits zuvor festgestellt haben, wurden durch die Kommunikation mit dem Klassen-Assistenten die Programm-Skelette der Funktions-Definitionen von "OnErfasse", "OnBerechnen" und "OnDialogende" automatisch innerhalb der Programm-Datei "Prog_8 Dlg.cpp" erzeugt. Diese Funktions-Definitionen müssen wir jetzt durch geeignete Anweisungen erweitern, damit die Anforderungen, die sich aus PROB-8 ergeben, erfüllt werden.

8.9 Integration von Klassen

Instanziierung aus "InWerteErfassung"

Nach den Vorarbeiten für die Dialogführung sind die Deklarationen und Definitionen aus "Prog_7", die zur Erfassung, zur Berechnung und Anzeige der Kennzahlen benötigt werden (siehe Abschnitt 7.6), in das Projekt "Prog_8" zu integrieren.

Als erstes kopieren wir daher die Programm- und Header-Dateien des Projekts "Prog_7" – mit Ausnahme der Ausführungs-Datei "Main.cpp" – in den Ordner "Prog_8" und fügen diese Dateien in das Projekt "Prog_8" ein.

Anschließend tragen wir die include-Direktive

```
#include "stdafx.h"
```

jeweils als erste Programmzeile in die Programm-Dateien "WerteErfassung.cpp", "NoWer teErfassung.cpp", "OrWerteErfassung.cpp", "InWerteErfassung.cpp" und "EigeneBiblio thek.cpp" ein.

Als Alternative zur Verwendung dieser include-Direktive besteht die Möglichkeit, die Compiler-Einstellung im Projekt "Prog_8" durch die folgenden Schritte zu ändern:

- Im Navigations-Bereich des Visual C++-Fensters muss mit der Maus auf das Projekt "Prog_8" gezeigt und danach aus dem Kontext-Menü die Menü-Option "Einstellung en ..." ausgewählt werden.
  Bei aktiviertem Kartenreiter "C/C++" ist anschließend im Eingabefeld "Projekt Optionen" die Angabe "/Yu "stdafx.h"" in "/YX" abzuändern.

Um die Instanz mit dem Sammler für die zu erfassenden Punktwerte als Member-Variable des Dialogfeldes festzulegen, tragen wir die Deklarations-Vorschrift

```
protected:
 InWerteErfassung m_inWerteErfassung;
```

– in die Klassen-Deklaration von "CProg_8Dlg" – innerhalb der Header-Datei "Prog_8Dlg.h" ein. Damit die Klasse "InWerteErfassung" bekannt ist, ergänzen wir die include-Direktive

```
#include "InWerteErfassung.h"
```

innerhalb dieser Header-Datei.

Auf der Basis dieser Verabredungen wird durch eine aus der Klasse "CProg_8Dlg" vorgenommene Instanziierung "dlg" der folgende Sachverhalt gekennzeichnet:

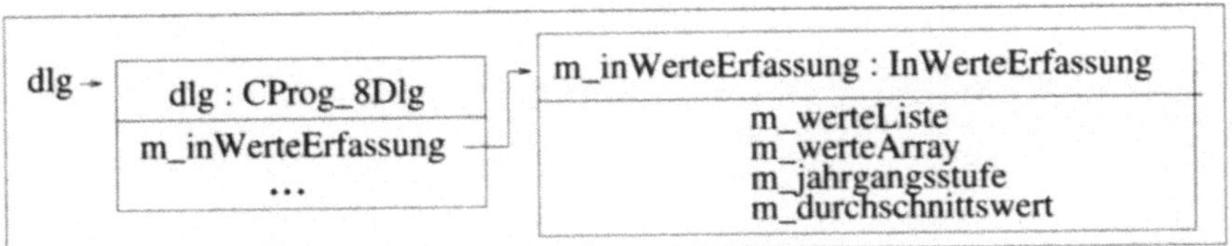

Abbildung 8.16: Instanziierungen zur Lösung von PROB-8

Im Hinblick auf die oben angegebene Deklarations-Vorschrift, nach der die Member-Variable "m_inWerteErfassung" aus der Klasse "InWerteErfassung " zu instanziieren ist, ist der folgende Sachverhalt zu beachten:

- Da bei der Datenerfassung kein Jahrgangsstufenwert eingegeben werden soll, verzichten wir auf den Einsatz der Konstruktor-Funktion, die wir bislang für eine Instanziierung aus der Klasse "InWerteErfassung" verwendet haben. Stattdessen sehen wir den Einsatz des Standard-Konstruktors vor.

Da wir bisher in der Klasse "WerteErfassung" – sowie in allen dieser Klasse untergeordneten Klassen – Konstruktoren mit einer Initialisierungsliste zur Übergabe der Jahrgangsstufe eingesetzt haben, müssen wir in diesen Klassen jeweils zusätzlich den Standard-Konstruktor vereinbaren.

Innerhalb der Header-Datei "WerteErfassung.h" ergänzen wir daher die Klassen-Vereinbarung von "WerteErfassung" durch die folgende Deklaration:

```
WerteErfassung();
```

Die zugehörige Definition in der Form

```
WerteErfassung::WerteErfassung() {
}
```

tragen wir innerhalb der Programm-Datei "WerteErfassung.cpp" ein.

Entsprechende Ergänzungen durch die jeweiligen Standard-Konstruktoren nehmen wir für die Klassen "NoWerteErfassung", "OrWerteErfassung" und "InWerteErfassung" vor.

Bevor wir die Member-Funktionen "OnErfasse", "OnBerechnen" und "OnDialogende" vervollständigen, sorgen wir dafür, dass auf die Kennzahlen, die den Member-Variablen "m_durchschnittswert", "m_medianwert" bzw. "m_moduswert" zugeordnet sind, zugegriffen werden kann.

Dazu deklarieren wir in den Header-Dateien "InWerteErfassung.h", "OrWerteErfassung.h" und "NoWerteErfassung.h" jeweils die Member-Funktion "bereitstellenZentrum" in der folgenden Form (siehe Abschnitt 7.4):

```
float bereitstellenZentrum();
```

Die dazugehörige Funktions-Definition legen wir in der Programm-Datei "InWerteErfas sung.cpp" wie folgt fest:

```
float InWerteErfassung::bereitstellenZentrum() {
 return m_durchschnittswert;
}
```

Entsprechend geben wir die Definition in der Programm-Datei "OrWerteErfassung.cpp" durch

```
float OrWerteErfassung::bereitstellenZentrum() {
 return m_medianwert;
}
```

und in der Programm-Datei "NoWerteErfassung.cpp" in der folgenden Form an:

```
float NoWerteErfassung::bereitstellenZentrum() {
 return m_moduswert;
}
```

Ergänzung von Member-Funktionen für "InWerteErfassung"

Im Hinblick auf die zuvor festgelegten Message-Maps müssen wir noch die als Programm-Gerüste – innerhalb der Klasse "CProg_8Dlg" – eingerichteten Member-Funktionen "On Erfasse", "OnBerechnen" und "OnDialogende" geeignet ergänzen.
Um diese Ergänzungen vorzubereiten, tragen wir in die Header-Datei "InWerteErfassung.h" die Deklaration

```
void auswerten();
```

und in die Programm-Datei "InWerteErfassung.cpp" die folgende Funktions-Definition ein:

```
void InWerteErfassung::auswerten() {
 this->zentrum(); // durchschnitt
 this->median(); // median
 this->modus(); // modus
}
```

Da es bei unserem Lösungsplan möglich sein soll, nach einer Anzeige der Kennzahlen weitere Werte zu erfassen und eine erneute Berechnung abzurufen, ist vor jedem erneuten Aufruf der Member-Funktion "bereitstellenWerte" der alte Inhalt von "m_werteArray" zu löschen.
Hierzu setzen wir die Member-Funktion "bereinigenArray" ein, die wir durch

```
void bereinigenArray();
```

in der Header-Datei "WerteErfassung.h" deklarieren. Die zugehörige Definition legen wir innerhalb der Programm-Datei "WerteErfassung.cpp"in der Form

```
void WerteErfassung::bereinigenArray() {
 m_werteArray.RemoveAll();
}
```

durch den Einsatz der Basis-Member-Funktion "RemoveAll" fest.

- **"RemoveAll()":**
  In dem Sammler (eine Instanz aus der Basis-Klasse "CUIntArray"), der den Funktions-Aufruf dieser Basis-Member-Funktion bewirkt, werden sämtliche Elemente entfernt.

Ergänzung von Member-Funktionen für "EigeneBibliothek"

Damit die ermittelten Kennzahlen im Dialogfeld angezeigt werden können, müssen die Zahlenwerte, die den Member-Variablen "m_durchschnittswert", "m_medianwert" bzw. "m_moduswert" zugeordnet sind, in Strings umgewandelt werden.
Dazu verwenden wir die Bibliotheks-Funktion "floatAlsCString", die wir durch

```
CString floatAlsCString(float varFloat);
```

in der Header-Datei "EigeneBibliothek.h" deklarieren und durch die folgenden Programmzeilen in der Programm-Datei "EigeneBibliothek.cpp" definieren:

```
CString floatAlsCString(float varFloat) {
 int dezimalpunkt, vorzeichen;
 int * zgrDezimalpunkt = & dezimalpunkt;
 int * zgrVorzeichen = & vorzeichen;
 CString varString = _fcvt(varFloat, 2, zgrDezimalpunkt, zgrVorzeichen);
 int laenge = varString.GetLength();
 CString links = varString.Left(laenge - 2);
 return (links + "." + varString.Right(2));
}
```

Hinweis: Eine nähere Erläuterung der Programmzeilen erfolgt im Abschnitt 9.6.

Bei dieser Definition haben wir die Basis-Member-Funktionen "GetLength", "Right" und "Left" sowie den Operator "+" der Basis-Klasse "CString" verwendet.

- **"GetLength()":**
  Als Funktions-Ergebnis wird die Anzahl der Zeichen ermittelt, die derjenige String enthält, der die Ausführung dieser Basis-Member-Funktion bewirkt hat.

- **"Right(int varInt)"**:
Das Funktions-Ergebnis, das durch die Ausführung dieser Basis-Member-Funktion geliefert wird, ist ein String. Dieser String enthält die ersten "varInt" Zeichen desjenigen Strings, der den Funktions-Aufruf bewirkt hat.
- **"Left(int varInt)"**:
Das Funktions-Ergebnis, das durch die Ausführung dieser Basis-Member-Funktion ermittelt wird, ist ein String. Dieser String besteht aus den letzten "varInt" Zeichen desjenigen Strings, der den Funktions-Aufruf bewirkt hat.
- "+":
Der resultierende String ergibt sich dadurch, dass der hinter "+" aufgeführte Operand an den vor "+" angegebenen Operanden angefügt wird.

Damit die Bibliotheks-Funktion "floatAlsCString" bekannt gemacht wird, tragen wir die Direktive

```
#include "EigeneBibliothek.h"
```

in die Datei "Prog_8Dlg.cpp"– hinter der include-Direktive "#include stdafx.h" – ein.

8.10 Definition der Member-Funktionen

Nachdem wir die Vereinbarungen der Klassen "NoWerteErfassung", "OrWerteErfassung" und "InWerteErfassung" sowie die bisher zugrundegelegten Bibliotheks-Funktionen ergänzt haben, beschreiben wir im Folgenden, wie die als Programm-Skelette in der Programm-Datei "Prog_8Dlg.cpp" vorliegenden Funktions-Definitionen zu ergänzen sind, damit sie die gewünschten Leistungen erbringen.

Im Hinblick auf unsere Vorgaben müssen durch die Ausführung der Member-Funktionen "OnErfasse", "OnBerechnen" und "OnDialogende" die folgenden Handlungen durchgeführt werden:

"OnErfasse"

- Übertragen des eingegebenen Wertes vom Eingabefeld "IDC_Punktwert" nach "m_punktwert".
- Übertragen des "m_punktwert" zugeordneten Wertes in den Sammler "m_werteListe", der Bestandteil der aus der Klasse "InWerteErfassung" eingerichteten Instanz "m_inWerteErfassung" ist.
- Zuordnen des Wertes "0" an "m_punktwert" und Übertragen des Wertes von "m_punktwert" in das Eingabefeld "IDC_Punktwert".

"OnBerechnen"

- Berechnen der Kennzahlen für die Instanz "m_inWerteErfassung" aus der Klasse "InWerteErfassung".
- Wandlung der berechneten Kennzahlen in Strings und Anzeige dieser Strings in den Textfeldern "IDC_AnzeigeDurchschnitt", "IDC_AnzeigeMedian" und "IDC_AnzeigeModus".

"OnDialogende"

- Entfernen des Dialogfeldes vom Bildschirm.

Im Hinblick auf diese Anforderungen sind die in der Programm-Datei "Prog_8Dlg.cpp" enthaltenen Funktions-Definitionen in die folgende Form zu bringen:

```
void CProg_8Dlg::OnErfasse() {
 UpdateData(TRUE);
 m_inWerteErfassung.sammelnWerte(m_punktwert);
 m_punktwert = 0;
 UpdateData(FALSE);
}
void CProg_8Dlg::OnBerechnen() {
 m_inWerteErfassung.bereinigenArray();
 m_inWerteErfassung.bereitstellenWerte();
 m_inWerteErfassung.auswerten();
 float wert = m_inWerteErfassung.bereitstellenZentrum();
 m_anzeigeDurchschnitt.SetWindowText("Durchschnitt: "
                                     + floatAlsCString(wert));
 wert = m_inWerteErfassung.OrWerteErfassung::bereitstellenZentrum();
 m_anzeigeMedian.SetWindowText("Median: " + floatAlsCString(wert));
 wert = m_inWerteErfassung.NoWerteErfassung::bereitstellenZentrum();
 m_anzeigeModus.SetWindowText("Modus: " + floatAlsCString(wert));
}
void CProg_8Dlg::OnDialogende() {
 OnOK();
}
```

Nachdem wir die Member-Funktionen "OnErfasse", "OnBerechnen" und "OnDialogende" in der angegebenen Form in der Datei "Prog_8Dlg.cpp" festgelegt haben, kann der Lösungsplan von PROB-8 zur Ausführung gebracht werden.

Soll ein Steuerelement, das durch die Objekt-ID "IDC_name" gekennzeichnet ist, während der Programmausführung aktiviert werden, so lässt sich dies durch die beiden folgenden Anweisungen erreichen (zum Einsatz der Basis-Member-Funktionen "GetDlgItem" und "GotoDlgCtrl", des Symbols "*" und von Zeiger-Variablen siehe Abschnitt 10.3):

```
CWnd * zgrSteuerelement = GetDlgItem(IDC_name);
GotoDlgCtrl(zgrSteuerelement);
```

Soll z.B. das Steuerelement "IDC_Punktwert" aktiviert werden, so dass der Cursor in diesem Eingabefeld – bei der ersten Anzeige des Dialogfeldes – positioniert wird, so sind die beiden Anweisungen

```
CWnd * zgrSteuerelement = GetDlgItem(IDC_Punktwert);
GotoDlgCtrl(zgrSteuerelement);
```

in die Definition der Member-Funktion "OnInitDialog" (aus der Klasse "CProg_8Dlg") einzutragen.

Dabei ist zu beachten, dass in diesem Fall die am Ende der Funktions-Definition von "OnInitDialog" eingetragene return-Anweisung

```
return TRUE;
```

in die Form

```
return FALSE;
```

abzuändern ist.

8.11 Automatisch erzeugte Message-Maps und DDX-Mechanismus

Automatische Erzeugung von Programmzeilen

Die einzelnen Schritte, durch die wir unseren Lösungsplan in ein Programm umgeformt haben, lassen sich wie folgt zusammenfassen:

(1) Einsatz des Ressourcen-Editors, um das Dialogfeld in der von uns gewünschten Form festzulegen.

(2) Einsatz des Klassen-Assistenten, um die Zuordnung von Steuerelementen zu Member-Variablen im Rahmen des DDX-Mechanismus herzustellen.

(3) Einsatz des Klassen-Assistenten, um den Schaltflächen und Nachrichten-Ereignissen die jeweils auszuführenden Member-Funktionen – durch Message-Maps – zuzuordnen.

(4) Bestimmung der für den Lösungsplan benötigten Instanzen.

(5) Ergänzung der Funktions-Definitionen derjenigen Member-Funktionen, die vom Klassen-Assistenten bei den Message-Maps automatisch erzeugt wurden.

Durch die Ausführung der Schritte (1), (2) und (3) wurde das Programm zur Lösung von PROB-8 automatisch aufgebaut. Die Schritte (4) und (5) dienten dazu, diejenigen problemspezifischen Ergänzungen im Programm vorzunehmen, die der automatischen Generierung nicht zugänglich sind.

Damit haben wir ein Grundverständnis darüber erlangt, wie sich ein fenster-gestützter Dialog – unter Einsatz des Ressourcen-Editors und des Klassen-Assistenten – programmieren lässt.

Über die Bedeutung der weiteren vom Klassen-Assistenten automatisch generierten Programmzeilen, die wir bislang nicht erörtert haben, brauchen wir keine näheren Kenntnisse zu erwerben. Da es allerdings hilfreich ist, die grundlegende Struktur von Message-Maps und dem DDX-Mechanismus zu verstehen, erläutern wir nachfolgend einige wichtige Sachverhalte.

Message-Maps

Damit sich eine oder mehrere Member-Funktionen durch Message-Maps mit Windows-Messages verknüpfen lassen, enthält die Deklaration der Klasse, aus der das Dialogfeld instanziiert wird, die folgende Angabe:

```
DECLARE_MESSAGE_MAP()
```

Davor sind die Deklarationen der Member-Funktionen aufgeführt, die innerhalb der Message-Maps verwendet und jeweils durch das Schlüsselwort "afx_msg" eingeleitet werden.
Hinweis: Das Schlüsselwort "afx_msg" kennzeichnet, dass der Aufruf der dahinter aufgeführten Member-Funktion über eine Message-Map vorgenommen wird.

Insgesamt enthält die Header-Datei "Prog_8Dlg.h" die folgenden Einträge:

```
afx_msg void OnErfasse();
afx_msg void OnBerechnen();
afx_msg void OnDialogende();
```

Die zugehörigen Message-Maps müssen in der Programm-Datei "Prog_8Dlg.cpp" in der folgenden Form vereinbart sein:

BEGIN_MESSAGE_MAP(*unterklasse* , *oberklasse*)
message-map-1
[*message-map-2*] ...
END_MESSAGE_MAP()

Dabei muss jede Message-Map gemäß der folgenden Struktur angegeben werden:

windows-message (*object-ID* , *member-funktion*)

Durch die beiden Argumente "unterklasse" und "oberklasse" von "BEGIN_MESSAGE_MAP" werden die Klassen festgelegt, in denen nach den Member-Funktionen, die den Windows-Messages zugeordnet sind, gesucht werden soll.
Das erste Argument von "BEGIN_MESSAGE_MAP" identifiziert die Klasse, in der die innerhalb der nachfolgend aufgeführten Message-Maps enthaltenen Member-Funktionen vereinbart sind. Das zweite Argument kennzeichnet die zu dieser Klasse zugehörige Oberklasse.
Wenn für eine Windows-Message kein passender Eintrag in den Message-Maps der zuerst aufgeführten Klasse "unterklasse" gefunden wird, werden die Message-Maps der im zweiten Argument ("oberklasse") angegebenen Klasse durchsucht. Wird auch in dieser Klasse kein passender Eintrag gefunden, so werden die Message-Maps der Oberklassen dieser

Klasse durchsucht, usw.

Setzen wir z.B. voraus, dass für ein Steuerelement mit der Objekt-ID "objekt-ID" eine Windows-Message ausgelöst wurde, die zum Aufruf der Member-Funktion "mF_i" führen soll, so wird zunächst innerhalb der Klassen-Vereinbarung des Dialogfeldes – wie z.B. "CProg_8Dlg" – gesucht, ob in dieser Klasse eine gleichnamige Member-Funktion bekannt ist. Ist dies der Fall, so wird sie ausgeführt. Ist diese Member-Funktion nicht in dieser Klasse vereinbart, so wird die zugehörige Oberklasse ("CDialog") durchsucht, usw. Diese Situation können wir folgendermaßen darstellen:

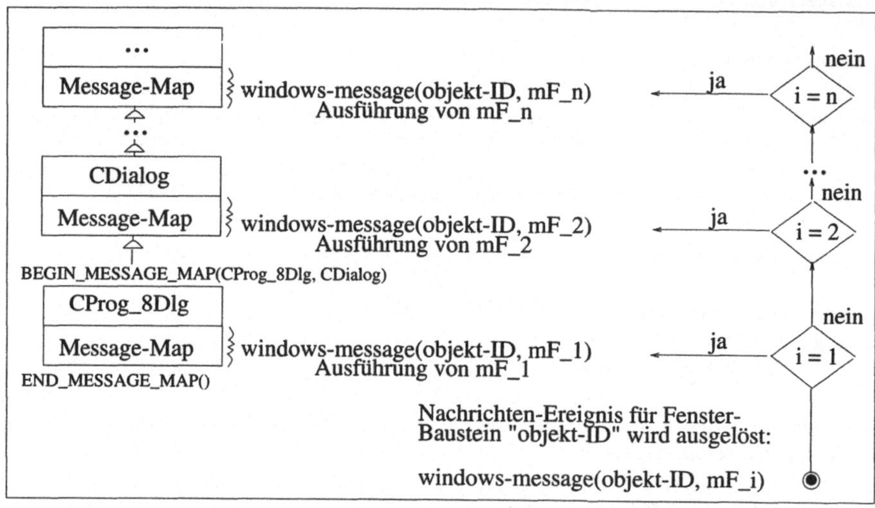

Abbildung 8.17: Bestimmung der auszuführenden Member-Funktion bei Message-Maps

Im Hinblick auf den oben festgelegten Eintrag der Header-Datei enthält die Datei "Prog_8Dlg.cpp" – in unserer Situation – die folgenden Angaben:

```
BEGIN_MESSAGE_MAP(CProg_8Dlg, CDialog)
 ON_BN_CLICKED(IDC_Erfasse, OnErfasse)
 ON_BN_CLICKED(IDC_Berechnen, OnBerechnen)
 ON_BN_CLICKED(IDC_Dialogende, OnDialogende)
END_MESSAGE_MAP()
```

DDX-Mechanismus

Wie wir wissen, müssen in der Klasse des Dialogfeldes diejenigen Member-Variablen deklariert sein, die über den DDX-Mechanismus mit den Steuerelementen des Dialogfeldes verbunden werden sollen.

Daher enthält die Datei "Prog_8Dlg.h" in unserer Situation die folgenden Programmzeilen:

```
public:
 int m_punktwert;
 CStatic m_anzeigeModus;
 CStatic m_anzeigeMedian;
 CStatic m_anzeigeDurchschnitt;
```

Um den DDX-Mechanismus festzulegen, müssen die Zuordnungen der Member-Variablen zu den Objekt-IDs des Dialogfeldes innerhalb der Definition der Basis-Member-Funktion "DoDataExchange" (aus der Klasse "CProg_8Dlg") eingetragen sein.

In unserer Situation muss diese Member-Funktion daher die folgende Form besitzen:

```
CProg_8Dlg::DoDataExchange(CDataExchange * pDX) {
 CDialog::DoDataEchange(pDX);
//{{AFX_DATA_MAP(CProg_8Dlg)
 DDX_Control(pDX, IDC_AnzeigeModus, m_anzeigeModus);
 DDX_Control(pDX, IDC_AnzeigeMedian, m_anzeigeMedian);
 DDX_Control(pDX, IDC_AnzeigeDurchschnitt, m_anzeigeDurchschnitt);
 DDX_Text(pDX, IDC_Punktwert, m_punktwert);
//}}AFX_DATA_MAP
}
```

Es ist zu beachten, dass die Kommentare, in denen die Zeichenfolge "{{AFX_" vorkommt, nicht gelöscht werden dürfen, weil sich der Klassen-Assistent an derartigen Kommentaren orientiert. Diese Zeichenfolgen werden z.B. dann benötigt, wenn der Aufbau eines Dialogfeldes oder eine Message-Map bzw. der DDX-Mechanismus verändert werden soll.

8.12 Vereinfachung der Lösung

Bei der Lösung von PROB-8 haben wir davon Gebrauch gemacht, dass das Gerüst der Programm-Quelle automatisch durch den Klassen-Assistenten generiert wird.
Weil es sich hierbei um ein allgemeines Verfahren handelt, ist die Programmierung recht aufwändig. Damit allein die unbedingt benötigten Programmzeilen erkennbar sind, lösen wir die folgende Problemstellung:

- PROB-8-1:
  Die Programmzeilen im Projekt "Prog_8" sind auf ein Mindestmaß zu reduzieren!

Zur Lösung von PROB-8-1 richten wir zunächst das Projekt "Prog_8_1" als leeres Projekt in Form einer Win32-Anwendung ein und kopieren sämtliche Dateien des Ordners "Prog_8" und dessen Unterordner in den Ordner "Prog_8_1". Die alten Dateinamen von "Prog_8.h", "Prog_8.cpp", "Prog_8Dlg.h" und "Prog_8Dlg.cpp" ändern wir ab, indem wir "Prog_8" durch "Prog_8_1" ersetzen. Anschließend fügen wir die übertragenen Dateien dem Projekt "Prog_8_1" hinzu und nehmen als Projekteinstellung für "Prog_8_1" die Einstellung "MFC in einer gemeinsam genutzten DLL verwenden" vor.

Um das ausführbare Programm "Prog_8_1" zu erstellen, aktivieren wir im Menü "Erstel len" die Menü-Option "Bereinigen" und anschließend die Menü-Option "Alles neu erstel len".
Im Folgenden ist zu beachten, dass wir sämtliche Dateien aus "Prog_8" in das Projekt "Prog_8_1" kopiert haben. Somit gelten die in "Prog_8" verwendeten Klassennamen jetzt auch in "Prog_8_1". In den include-Direktiven müssen daher für "Prog_8.h" und "Prog_8Dlg.h" die Dateinamen "Prog_8_1.h" bzw. "Prog_8_1Dlg.h". eingetragen werden.
Hinweis: Wir verzichten auf weitere mögliche Anpassungen – wie z.B. eine Änderung der Titel-Zeile des Dialogfeldes.

Nachdem wir in den Dateien "Prog_8_1.h" , "Prog_8_1.cpp" , "Prog_8_1Dlg.h" und "Prog_8_1 Dlg.cpp" die Kommentare und sämtliche nicht unbedingt erforderlichen Programmzeilen entfernt haben, erhalten wir die folgenden Dateiinhalte:

Prog_8_1.h

```
#include "resource.h"
class CProg_8_1App : public CWinApp {
 public:
  CProg_8_1App();
  virtual BOOL InitInstance();
};
```

Prog_8_1.cpp

```
#include "stdafx.h"
#include "Prog_8_1.h"
#include "Prog_8_1Dlg.h"
CProg_8_1App::CProg_8_1App() {
}
CProg_8_1App theApp;
BOOL CProg_8_1App::InitInstance() {
 CProg_8_1Dlg dlg;
 m_pMainWnd = &dlg;
 dlg.DoModal();
 return FALSE;
}
```

Prog_8_1Dlg.h

```
#include "InWerteErfassung.h"
class CProg_8_1Dlg : public CDialog {
 public:
  CProg_8_1Dlg(CWnd * pParent = NULL);
 protected:
  enum { IDD = IDD_PROG_8_DIALOG };
  InWerteErfassung m_inWerteErfassung;
  int m_punktwert;
  CStatic m_anzeigeModus;
```

```
  CStatic m_anzeigeMedian;
  CStatic m_anzeigeDurchschnitt;
  virtual void DoDataExchange(CDataExchange * pDX);
  virtual BOOL OnInitDialog();
  afx_msg void OnErfasse();
  afx_msg void OnBerechnen();
  afx_msg void OnDialogende();
  DECLARE_MESSAGE_MAP()
};
```

Durch den Einsatz des Schlüsselwortes "enum" in der Form

```
enum { IDD = IDD_PROG_8_DIALOG };
```

wird festgelegt, dass das Dialogfeld, das durch die Objekt-ID "IDD_PROG_8_DIALOG" gekennzeichnet wird, auch durch den Namen "IDD" angesprochen werden kann.

Prog_8_1Dlg.cpp

```
#include "stdafx.h"
#include "Prog_8_1.h"
#include "Prog_8_1Dlg.h"
#include "EigeneBibliothek.h"
CProg_8_1Dlg::CProg_8_1Dlg(CWnd * pParent /*=NULL*/)
  : CDialog(IDD_PROG_8_DIALOG , pParent) {
 m_punktwert = 0;
}
void CProg_8_1Dlg::DoDataExchange(CDataExchange * pDX) {
 CDialog::DoDataExchange(pDX);
 DDX_Control(pDX, IDC_AnzeigeModus, m_anzeigeModus);
 DDX_Control(pDX, IDC_AnzeigeMedian, m_anzeigeMedian);
 DDX_Control(pDX, IDC_AnzeigeDurchschnitt, m_anzeigeDurchschnitt);
 DDX_Text(pDX, IDC_Punktwert, m_punktwert);
}
BEGIN_MESSAGE_MAP(CProg_8_1Dlg, CDialog)
 ON_BN_CLICKED(IDC_Erfasse, OnErfasse)
 ON_BN_CLICKED(IDC_Berechnen, OnBerechnen)
 ON_BN_CLICKED(IDC_Dialogende, OnDialogende)
END_MESSAGE_MAP()
BOOL CProg_8_1Dlg::OnInitDialog() {
 CDialog::OnInitDialog();
 return TRUE;
}
void CProg_8_Dlg::OnErfasse() {
 UpdateData(TRUE);
 m_inWerteErfassung.sammelnWerte(m_punktwert);
 m_punktwert = 0;
 UpdateData(FALSE);
}
```

```
void CProg_8_Dlg::OnBerechnen() {
 m_inWerteErfassung.bereinigenArray();
 m_inWerteErfassung.bereitstellenWerte();
 m_inWerteErfassung.auswerten();
 float wert = m_inWerteErfassung.bereitstellenZentrum();
 m_anzeigeDurchschnitt.SetWindowText("Durchschnitt: "
                                    + floatAlsCString(wert));
 wert = m_inWerteErfassung.OrWerteErfassung::bereitstellenZentrum();
 m_anzeigeMedian.SetWindowText("Median: " + floatAlsCString(wert));
 wert = m_inWerteErfassung.NoWerteErfassung::bereitstellenZentrum();
 m_anzeigeModus.SetWindowText("Modus: " + floatAlsCString(wert));
}
void CProg_8_Dlg::OnDialogende() {
 OnOK();
}
```

In den zuvor angegebenen Programmzeilen fällt auf, dass z.B. der Funktions-Aufruf der Member-Funktion "UpdateData" in der Form

```
UpdateData(TRUE);
```

und nicht in der bislang verwendeten Form

```
this->UpdateData(TRUE);
```

aufgeführt ist. Hierzu ist Folgendes festzustellen:

- Beim Einsatz von Visual C++ lässt sich jeder Funktions-Aufruf einer Member-Funktion, der durch eine mittels der Pseudovariablen "this" gekennzeichnete Instanz angefordert werden soll, auch ohne die Angabe von "this- >" beschreiben.

Wegen dieser Vorgehensweise von Visual C++, nach der bei der automatischen Generierung von Anweisungen durch den Klassen-Assistenten verfahren wird, werden wir im Folgenden auf die Angabe von "this- >" dann verzichten, wenn in unseren Programmzeilen entsprechende Aufrufe von Basis-Member-Funktionen anzugeben sind.

8.13 Einsatz einer externen Variablen

Bei der Lösung von PROB-8 haben wir die erfassten Punktwerte innerhalb der Member-Variablen "m_inWerteErfassung" gesammelt, die Bestandteil einer Instanziierung der Klasse "CProg_8Dlg" ist.

Sofern wir eine strikte Trennung zwischen der Speicherung und algorithmischen Verarbeitung der Daten sowie dem Dialog mittels grafischer Benutzeroberflächen anstreben, muss die Programmzeile

```
InWerteErfassung m_inWerteErfassung;
```

aus der Header-Datei "Prog_8Dlg.h" entfernt werden.
Dies ist zulässig, sofern wir ersatzweise die Anweisung

```
extern InWerteErfassung m_inWerteErfassung;
```

an den Anfang der Programm-Datei "Prog_8Dlg.cpp" – hinter den bereits vorhandenen include-Direktiven – einfügen und zusätzlich

```
InWerteErfassung m_inWerteErfassung;
```

in eine Programm-Datei – z.B. mit dem Namen "GlobaleObjekte.cpp" – die folgenden Programmzeilen eintragen:

```
#include "stdafx.h"
#include "InWerteErfassung.h"
InWerteErfassung m_inWerteErfassung;
```

- Durch die Verwendung des Schlüsselwortes *"extern"* in der Form

extern *klassenname variablenname* ;

  wird die Variable "variablenname" bekanntgemacht. Dabei wird durch das Schlüsselwort "extern" angezeigt, dass diese Variable innerhalb einer ***anderen Programm-Datei*** in einer Deklarations-Anweisung aufgeführt ist und mit "variablenname" in beiden Programm-Dateien ***diesselbe*** Instanz kennzeichnet.

Zum Verständnis der Wirkung des Schlüsselwortes "extern" ist der folgende Sachverhalt wichtig:
Ein ausführbares Programm wird normalerweise dadurch erzeugt, dass zunächst jede einzelne Programm-Datei vom Compiler als eigenständige Programmeinheit übersetzt und eine zugehörige Datei mit dem *Objektcode* erzeugt wird.
Nach der Übersetzung sämtlicher Programm-Dateien eines Projektes werden die resultierenden Dateien mit dem Objektcode vom Linker zu einem ausführbaren Programm zusammengebunden. Dabei wird geprüft, ob in verschiedenen Programmeinheiten Variablen mit identischem Namen existieren, die mittels des Schlüsselwortes "extern" kenntlich gemacht wurden. Fällt diese Prüfung positiv aus, so legt der Linker für diese Variablen einen gemeinsamen Speicherbereich fest.

8.14 Datensicherung in einer Datei

Sichern der erfassten Punktwerte

Sofern wir den Lösungsplan von PROB-8 zur Ausführung bringen, gehen sämtliche erfassten Punktwerte verloren, wenn die Ausführung der Anwendung beendet wird. Um den ursprünglichen Lösungsplan so abzuändern, dass die bereits erfassten Punktwerte für eine spätere Verarbeitung erhalten bleiben, sind die Punktwerte – vor dem Programmende – in einer Datei zu sichern, so dass sie beim erneuten Start der Anwendung bei Bedarf wieder

zur weiteren Bearbeitung bereitgestellt werden können.
Damit Daten über das Programmende hinaus gespeichert und in anderen Programmausführungen wieder geladen werden können, müssen die Daten in einer Datei gesichert werden.

Wollen wir z.B. die – im Laufe der Ausführung von "Prog_8" – in den Sammler "m_werte Liste" (Bestandteil der Instanz "m_inWerteErfassung") übernommenen Punktwerte in einer Datei namens "Punktwerte.dat" (im Ordner "Temp" auf dem Laufwerk "C:") sichern, so können wir die der Schaltfläche "IDC_Dialogende" (siehe Abbildung 8.6) zugeordnete Member-Funktion "OnDialogende" etwa wie folgt erweitern:

```
void CProg_8Dlg::OnDialogende() {
  int anzahl = m_inWerteErfassung.bereitstellenAnzahl();
  ofstream ausgabeDatei;
  ausgabeDatei.open("C:\\Temp\\Punktwerte.dat");
  ausgabeDatei << anzahl << endl;
  for (int i = 0; i < anzahl; i = i + 1) {
   ausgabeDatei << m_inWerteErfassung.bereitstellenPunktwert(i);
   ausgabeDatei << endl;
  }
  ausgabeDatei.close();
 OnOK();
}
```

- Bei der Angabe eines Dateinamens ist zu beachten, dass dem Namen eines Ordners die Zeichen "\\" voranzustellen sind.

Um die Anzahl der in "m_werteListe" gesammelten Punktwerte zu ermitteln, setzen wir die Member-Funktion "bereitstellenAnzahl" ein. Diese Funktion definieren wir innerhalb der Klasse "WerteErfassung" in der folgenden Form:

```
int WerteErfassung::bereitstellenAnzahl() {
 return m_werteListe.GetCount();
}
```

Für den Zugriff auf die in "m_werteListe" gesammelten Punktwerte vereinbaren wir die Member-Funktion "bereitstellenPunktwert" und legen deren Definition wie folgt innerhalb der Klasse "WerteErfassung" fest:

```
CString WerteErfassung::bereitstellenPunktwert(int index) {
 POSITION pos = m_werteListe.FindIndex(index);
 return m_werteListe.GetAt(pos);
}
```

Die zugehörigen Funktions-Deklarationen ergänzen wir in der Header-Datei "WerteErfas sung.h" durch die folgenden Angaben:

```
int bereitstellenAnzahl();
CString bereitstellenPunktwert(int index);
```

Bei der Definition der Member-Funktion "bereitstellenPunktwert" haben wir die beiden Basis-Member-Funktionen "FindIndex" und "GetAt" aus der Basis-Klasse "CStringList" verwendet:

- **"FindIndex(int varInt)"**:
  Als Funktions-Ergebnis resultiert für den Sammler (eine Instanz der Basis-Klasse "CStringList"), der den Funktions-Aufruf bewirkt hat, diejenige Index-Position, die mit der als Argument aufgeführten ganzen Zahl korrespondiert.
- **"GetAt(POSITION varPOS)"**:
  Es wird ein Element des Sammlers (eine Instanz der Basis-Klasse "CStringList"), der den Funktions-Aufruf von "GetAt" bewirkt hat, als Funktions-Ergebnis ermittelt. Dabei handelt es sich um dasjenige Element, das der als Argument aufgeführten Index-Position "varPOS" zugeordnet ist.

Nachdem wir die Verarbeitung der Daten beschrieben haben, müssen wir noch erörtern, wie die Ausgabe der Daten festgelegt werden kann.

Bearbeitung von Ausgabe- und Eingabe-Dateien

Innerhalb der Member-Funktion "OnDialogende" haben wir die Anweisung

```
ausgabeDatei << anzahl << endl;
```

eingesetzt. Im Unterschied zur Bildschirmanzeige wird die Ausgabe jetzt nicht durch die Instanziierung "cout", sondern durch die wie folgt eingerichtete Instanz aus einer Basis-Klasse namens "ofstream" bewirkt:

```
ofstream ausgabeDatei;
```

Es gilt:

- Zur Übertragung von Daten in eine *Ausgabe-Datei* lässt sich eine Instanziierung aus der Basis-Klasse "ofstream" einsetzen.

Bevor Daten in die durch "ausgabeDatei" gekennzeichnete Datei übertragen werden können, muss diese Datei zur Ausgabe *eröffnet* werden. Hierzu ist die Basis-Member-Funktion "open" einzusetzen.

- **"open(CString varString)" :**
  Durch den Aufruf dieser Funktion wird eine Datei eröffnet, deren Dateiname als Argument aufzuführen ist.

  Hinweis: Soll der Inhalt einer Datei fortlaufend ergänzt werden, so muss "ios::app" als zusätzliches (zweites) Argument beim Funktions-Aufruf angegeben werden.

Nachdem die Datei "Punktwerte.dat" im Ordner "Temp" auf dem Laufwerk "C:" durch den Funktions-Aufruf

```
ausgabeDatei.open("C:\\Temp\\Punktwerte.dat");
```

zur Bearbeitung eröffnet wurde, kann die Ausgabe in diese Datei erfolgen. In unserer Situation lassen wir durch die Anweisung

```
ausgabeDatei << anzahl << endl;
```

die Anzahl der gesammelten Punktwerte und durch

```
ausgabeDatei << m_inWerteErfassung.bereitstellenPunktwert(i);
```

jeweils einen gesammelten Punktwert ausgeben.
Nach der Ausgabe des letzten Punktwertes muss die Datei *geschlossen* werden, d.h. von der Verarbeitung abgemeldet werden. Dazu ist die Basis-Member-Funktion "close" einzusetzen:

- **"close()" :**
  Die Datei, deren zugeordnete Instanziierung den Aufruf dieser Funktion bewirkt, wird geschlossen.

Um die in einer Datei gesicherten Werte einer Verarbeitung zugänglich zu machen, muss der Inhalt der Datei eingelesen werden.

- Zur Übertragung von Daten aus einer *Eingabe-Datei* kann eine Instanziierung aus der Basis-Klasse "ifstream" verwendet werden.

Bevor die Übertragung erfolgen kann, muss die Eingabe-Datei zum Lesen eröffnet werden. Dazu ist die Basis-Member-Funktion "open" in der oben angegebenen Form einzusetzen. Anschließend können die Datensätze der eröffneten Datei in das Programm übertragen werden.
Damit die Basis-Klassen "ofstream" und "ifstream" bekannt sind, muss die include-Direktive

```
#include <fstream.h>
```

in die Datei "Prog_8Dlg.cpp" eingetragen werden.

Laden der erfassten Punktwerte

Um die in einer Datei gesicherten Punktwerte in den Sammler "m_werteListe" (Bestandteil der Instanz "m_inWerteErfassung") zu übertragen, können wir – im Dialogfeld aus Abbildung 8.10 – eine zusätzliche Schaltfläche zum Laden der Punktwerte vorsehen. Die Definition der Member-Funktion "OnLaden", deren Ausführung durch die Aktivierung der Schaltfläche bewirkt werden soll, legen wir wie folgt – innerhalb der Programm-Datei "Prog_8Dlg.cpp" – fest:

```
void CProg_8Dlg::OnLaden() {
 ifstream eingabeDatei;
 eingabeDatei.open("C:\\Temp\\Punktwerte.dat");
 int anzahl, punktwert;
 eingabeDatei >> anzahl;
 for (int i = 0; i < anzahl; i = i + 1) {
  eingabeDatei >> punktwert;
  m_inWerteErfassung.sammelnWerte(punktwert);
 }
 eingabeDatei.close();
}
```

Um die zuvor als erstes ausgegebene Anzahl einzulesen, verwenden wir die folgende Anweisung:

```
eingabeDatei >> anzahl;
```

Durch die Anweisung

```
eingabeDatei >> punktwert;
```

weisen wir anschließend "punktwert" jeweils einen zuvor gesicherten Punktwert zu.

In der Funktions-Definition wird der Wiederholungsteil der for-Anweisung entsprechend der Anzahl der gesicherten Punktwerte ausgeführt. Wollen wir die Punktwerte laden, ohne dass wir die Anzahl kennen, so können wir dazu die folgenden Funktions-Definition verwenden:

```
void CProg_8Dlg::OnLaden() {
 ifstream eingabeDatei;
 eingabeDatei.open("C:\\Temp\\Punktwerte.dat");
 int anzahl, punktwert;
 eingabeDatei >> punktwert;
 while (eingabeDatei.good()) {
  m_inWerteErfassung.sammelnWerte(punktwert);
  eingabeDatei >> punktwert;
 }
 eingabeDatei.close();
}
```

Hinweis: Bei dieser Version der Member-Funktion "OnLaden" setzen wir voraus, dass beim Sichern der Punktwerte die Angabe über die Anzahl der Punktwerte *nicht* in die Datei "Punktwerte.dat" übertragen wurde.

Durch den Einsatz der Basis-Member-Funktion "good" wird festgestellt, ob eine Fehler-Situation eingetreten ist – z.B. beim Eröffnen einer nicht-existierenden Eingabe-Datei oder beim Erreichen des Dateiendes einer Eingabe-Datei.
Bei einer Fehler-Situation wird als Funktions-Ergebnis der Wahrheitswert "falsch", andernfalls der Wahrheitswert "wahr" ermittelt.

Eine weitere Möglichkeit, die erfassten Punktwerte zunächst zu sichern und später wieder zu laden, werden wir im Kapitel 12 bei der Beschreibung eines formular-gestützten Dialogs – in Form einer sogenannten SDI-Anwendung – vorstellen.

Kapitel 9

Indirekte Referenzierung von Instanzen

Bei dem im Kapitel 8 vorgestellten Programm zur fenster-gestützten Datenerfassung wurde der Zugriff auf das Dialogfeld mittels einer Referenz-Information und einer Zeiger-Variablen durchgeführt. Wie sich Referenz-Informationen und Zeiger-Variablen zur indirekten Referenzierung einsetzen lassen, stellen wir in den nachfolgenden Abschnitten dar. Mit dieser Kenntnis werden wir anschließend die bislang eingesetzten Bibliotheks-Funktionen erläutern.
Im Hinblick auf weitere Möglichkeiten der Programmierung erörtern wir, wie sich eine Programmausführung durch eine Ausnahmebehandlung unterbrechen lässt und wie sich Instanzen während der Programmausführung dynamisch einrichten lassen.
Abschließend stellen wir dar, wie sich die von C++ zur Verfügung gestellten Operatoren redefinieren lassen, damit ihre Funktionalität auf benutzerdefinierte Klassen ausgedehnt werden kann.

9.1 Referenz-Operator "&" und Zeiger-Variablen

Im Hinblick auf die Form von Funktions-Aufrufen haben wir im Abschnitt 4.1.2 erläutert, dass wir für Funktions-Argumente, die nicht aus Standard-Klassen instanziiert sind, grundsätzlich einen Referenz-Aufruf vorsehen. Hierdurch wird es möglich, dass sich die jeweiligen Argumente innerhalb der Anweisungen, die in der Funktions-Definition eingetragen sind, über einen Aliasnamen referenzieren und somit verändern lassen.

Um einen Referenz-Aufruf festzulegen, muss das Zeichen "&" innerhalb der Funktions-Deklaration – vor dem betreffenden Funktions-Parameter – angegeben werden. Dieses Zeichen besitzt nicht nur für Funktions-Deklarationen eine Bedeutung, sondern ist von uns auch im Zusammenhang mit der Lösung von PROB-8 (siehe Kapitel 8) verwendet worden – ohne dass wir bislang näher darauf eingegangen sind.

Im Projekt "Prog_8" wurde die durch die Deklarations-Anweisung

```
CProg_8Dlg dlg;
```

eingerichtete Instanz innerhalb der folgenden Zuweisung verwendet:

```
m_pMainWnd = & dlg;
```

Diese beiden Anweisungen sind vom Klassen-Assistenten automatisch innerhalb der Funktions-Definition von "InitInstance" – bei der Vereinbarung von "CProg_8App" – in die Programm-Datei "Prog_8.cpp" eingetragen worden.

Hinweis: Es ist zu beachten, dass – im Unterschied zum Variablennamen "dlg" – der Name der Member-Variablen "m_pMainWnd" nicht geändert werden darf.

Durch den Einsatz des Zeichens "&" wird für das aus der Klasse "CProg_8Dlg" (einer direkten Unterklasse der Basis-Klasse "CDialog") instanziierte Dialogfeld, das durch den Variablennamen "dlg" bezeichnet wird, eine Referenz-Information ermittelt. Ähnlich dem Einsatz eines Aliasnamens beim Referenz-Aufruf lässt sich diese Referenz-Information für den Zugriff auf das Dialogfeld verwenden. Durch die Zuweisung an die Member-Variable "m_pMainWnd", die Bestandteil der Klassen-Deklaration der Basis-Klasse "CWinApp" ist, wird bewirkt, dass die ermittelte Referenz-Information dieser Member-Variablen zugeordnet wird. Auf dieser Basis lässt sich das Dialogfeld, das über den Variablennamen "dlg" direkt referenziert wird, durch den Einsatz von "m_pMainWnd" auch *indirekt* referenzieren.

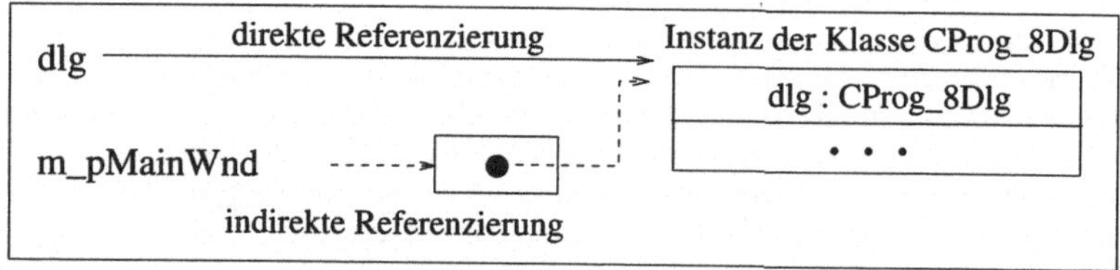

Abbildung 9.1: direkte und indirekte Referenzierung am Beispiel eines Dialogfeldes

- Bei einer *indirekten Referenzierung* wird für den Zugriff auf eine Instanz – im Gegensatz zur direkten Referenzierung – nicht ein Variablenname, sondern eine *Referenz-Information* verwendet, mittels der auf die Instanz verwiesen werden kann.

  Hinweis: Welche Voraussetzungen zu schaffen sind, damit eine derartige Referenz-Information erzeugt werden kann, lernen wir weiter unten kennen. Wie sich mit dieser Referenz-Information auf Instanzen zugreifen lässt, stellen wir im nächsten Abschnitt dar.

Während beim Referenz-Aufruf mit einem Aliasnamen die Instanz, die als Argument aufgeführt ist, starr mit diesem Aliasnamen verbunden ist, lässt sich bei der indirekten Referenzierung einer geeigneten Variablen stets diejenige Referenz-Information zuordnen, die für den jeweiligen Zugriff benötigt wird.

Die Möglichkeit, Instanzen indirekt zu referenzieren, wird bei der fenster-orientierten Programmierung intensiv genutzt. Dies ist darauf zurückzuführen, dass die Eigenschaften von Dialogfeldern und deren Steuerelementen jeweils durch die Werte sehr vieler Variablen beschrieben werden. Es ist daher sinnvoll, dass diese Informationen nur mittels einer Instanziierung – an einer *einzigen* Stelle – gespeichert werden und dass sämtliche Zugriffe auf diese Instanziierung mittels indirekter Referenzierungen über denselben Variablennamen erfolgen.

In der oben angegebenen Zuweisung

```
m_pMainWnd = & dlg;
```

wird die Referenz-Information durch den Operator "&" ermittelt.
In dieser Hinsicht ist der folgende Sachverhalt grundlegend:

- Die Referenz-Information für die indirekte Referenzierung wird durch den Einsatz des *Referenz-Operators* "&" in der folgenden Form festgelegt:

& instanz

  Hinweis: Es ist erlaubt, den Referenz-Operator "&" ohne ein davor und dahinter aufgeführtes Leerzeichen zu verwenden. Der Operator "&" wird auch als Adress-Operator bezeichnet.

- Aus der Auswertung des Ausdrucks "& instanz" resultiert diejenige Referenz-Information, durch die "instanz" indirekt referenziert werden kann.

Damit eine Referenz-Information einer Variablen namens "zeiger-variable" durch eine Zuweisung der Form

zeiger-variable = & *instanz* ;

zugeordnet werden kann, muss diese Variable zuvor als *Zeiger-Variable* (abkürzend: Zeiger, engl.: pointer) eingerichtet werden.
Hierzu ist – unter Einsatz des Symbols "*" – eine Deklarations-Anweisung der Form

klassenname * *zeiger-variable* ;

zu verwenden. Durch die Ausführung dieser Deklarations-Anweisung wird eine Variable namens "zeiger-variable" eingerichtet. Damit durch sie eine Instanz indirekt referenziert werden kann, muss durch "klassenname" diejenige Klasse, aus der diese Instanz instanziiert ist, oder eine dieser Klasse übergeordnete Oberklasse gekennzeichnet sein.

Zum Beispiel ergibt sich für eine Klasse "K" durch die Ausführung der Anweisungen

```
K instanzK;
K * zgrInstanzK = & instanzK;
```

die folgende Situation:

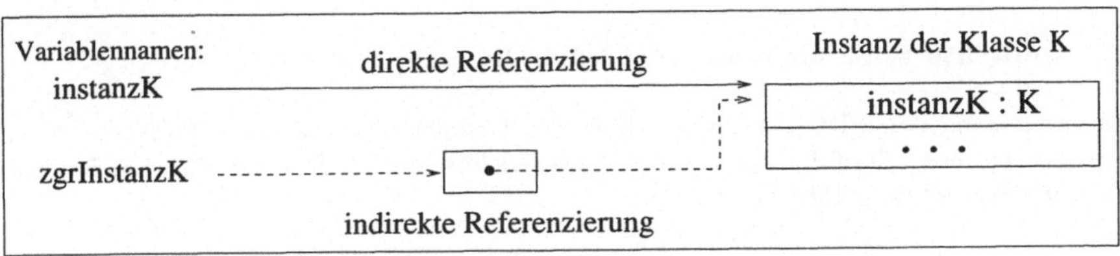

Abbildung 9.2: direkte und indirekte Referenzierung

Wie sich eine Referenz-Information zuweisen lässt, die für den Zugriff auf eine Instanziierung aus einer untergeordneten Klasse benötigt wird, stellen wir auf der Basis der folgenden Deklarations-Anweisungen dar:

```
InWerteErfassung inWerteErfassung(11);
OrWerteErfassung orWerteErfassung(11);
WerteErfassung * zgrErfassung;
```

In diesem Fall ist für die Zeiger-Variable "zgrErfassung" die folgende Zuweisung erlaubt:

```
zgrErfassung = & inWerteErfassung;
```

Gleichfalls ist die folgende Zuweisung zulässig:

```
zgrErfassung = & orWerteErfassung;
```

Soll die Zeiger-Variable "zgrErfassung" als Argument der Klassen-Funktion "durchfueh renErfassung" in der Form

```
WerteErfassung::durchfuehrenErfassung(zgrErfassung);
```

aufgeführt werden können, so muss diese Klassen-Funktion durch eine Deklaration der folgenden Form festgelegt worden sein:

```
void durchfuehrenErfassung(WerteErfassung * zgrInstanz);
```

Auf dieser Basis kann anstelle der Zeiger-Variablen "zgrErfassung" z.B. auch der Ausdruck

```
& inWerteErfassung
```

als Argument verwendet werden, so dass der Funktions-Aufruf auch in der Form

```
WerteErfassung::durchfuehrenErfassung(& inWerteErfassung);
```

angegeben werden kann.

9.2 Indirekte Referenzierung und Pfeil-Operator "– >"

Bei der Lösung von PROB-1 haben wir in der Definition der Member-Funktion "durch fuehrenErfassung" die folgende Ausdrucks-Anweisung zum Aufruf der Member-Funktion "sammelnWerte" aufgeführt:

```
this->sammelnWerte(punktwert);
```

Durch die Pseudo-Variable "this" wird verdeutlicht, dass die Member-Funktion "sammeln

Werte" durch diejenige Instanz aufgerufen werden soll, die die Ausführung von "durchfueh renErfassung" veranlasst hat.

Damit auf die Instanz, die den Aufruf einer Member-Funktion bewirkt hat, zugegriffen werden kann, wird bei jedem Funktions-Aufruf einer Member-Funktion *implizit* ein zusätzliches Funktions-Argument übergeben. Bei diesem Argument handelt es sich um eine Zeiger-Variable, die in der aufgerufenen Funktion durch die Pseudo-Variable "this" bezeichnet wird. Dieser Zeiger-Variablen ist die Referenz-Information zugeordnet, mit der sich auf diejenige Instanz zugreifen lässt, die den Funktions-Aufruf ausgelöst hat.

Hinweis: Die Pseudo-Variable "this" wird insbesondere dann als Argument *explizit* aufgeführt, wenn in einer zuerst aufgerufenen Member-Funktion der Aufruf einer weiteren Member-Funktion erfolgt und diejenige Instanz, die den ersten Aufruf bewirkt hat, als Argument an die zweite Member-Funktion übergeben werden soll.

Innerhalb einer return-Anweisung wird die Pseudo-Variable "this" auch in den Fällen eingesetzt, in denen – z.B. im Falle verschachtelter Funktions-Aufrufe – als Funktions-Ergebnis eine Referenz-Information auf die aufrufende Instanz resultieren soll.

Grundsätzlich gilt:

- Wird eine Instanz über eine Zeiger-Variable indirekt referenziert, so ist der *Pfeil-Operator* "– >" in der Form

  zeiger-variable -> funktionsname (...)

  zu verwenden, wenn ein Funktions-Aufruf mit dieser Zeiger-Variablen formuliert werden soll.

  Hinweis: Bei dem Pfeil-Operator "– >" darf zwischen den Symbolen "–" und ">" *kein* Leerzeichen stehen.

- Die Suche nach einer Member-Funktion, die unter Einsatz einer Zeiger-Variablen zur Ausführung gebracht werden soll, beginnt in derjenigen Klasse, die bei der Deklarations-Anweisung zur Einrichtung der Zeiger-Variablen angegeben ist.

- Soll von einem Funktions-Argument in Form einer Zeiger-Variablen die Ausführung einer Member-Funktion ausgelöst werden, so wird die Member-Funktion zunächst in derjenigen Klasse gesucht, die für den mit dem Argument korrespondierenden Parameter festgelegt wurde.

  Hinweis: Entsprechend der in Abschnitt 5.5 beschriebenen Strategie lässt sich die Suche durch den Einsatz virtueller Member-Funktionen ändern.

Die zuvor angegebene Form des Funktions-Aufrufs (mit der indirekten Referenzierung) ist in besonderen Situationen *gleichbedeutend* mit dem folgenden Funktions-Aufruf, bei dem der *Punkt-Operator* "." eingesetzt wird:

instanz . funktionsname (...)

Dies ist immer dann der Fall, wenn sich die Instanz "instanz" durch die Referenz-Information, die der Zeiger-Variablen "zeiger-variable" zugeordnet ist, indirekt referenzieren lässt.

Diesen Sachverhalt demonstrieren wir an dem folgenden Beispiel:

K	
protected:	
Member-Variable:	mV;
public:	
Konstruktor-Funktion:	K(int zahl) : mV(zahl) { }

Member-Funktion:	void ausgabe() {
	cout << mV << endl;
	}

Auf der Basis dieser Klassen-Vereinbarung betrachten wir die beiden folgenden Anweisungen:

```
K instanzK(99);
K * zgrInstanzK = & instanzK;
```

In dieser Situation lässt sich die Member-Funktion "ausgabe" – mittels der direkten Referenzierung – in der Form

```
instanzK.ausgabe();
```

bzw. – mittels der indirekten Referenzierung – in der folgenden Form aufrufen:

```
zgrInstanzK->ausgabe();
```

Abschließend weisen wir darauf hin, dass in dem Fall, in dem eine Zeiger-Variable als Funktions-Argument einer Funktion verwendet wird, der Zugriff auf eine Member-Variable der durch die Zeiger-Variable gekennzeichneten Instanz – unter Einsatz des *Pfeil-Operators* "– >" – in der Form

zeiger-variable -> member-variable

anzugeben ist.

9.3 Indirekte Referenzierung bei Standard-Klassen

Soll einer Instanziierung aus einer Standard-Klasse – unter Einsatz der indirekten Referenzierung – ein Wert zugeordnet werden, so sind geeignete Vorkehrungen zu treffen. Zunächst muss eine Instanziierung in der Form

standard-klassenname instanz ;

festgelegt und eine Zeiger-Variable wie folgt eingerichtet worden sein:

standard-klassenname $*$ *zeiger-variable* ;

Anschließend muss der Variablen "zeiger-variable" die Referenz-Information für den Zugriff auf die Instanz mittels der Zuweisung *zeiger-variable = & instanz ;*

zugeordnet worden sein.

Nachdem diese Vorbereitungen getroffen wurden, kann die gewünschte Zuordnung erfolgen. Dazu ist der durch das Zeichen "*" gekennzeichnete *Inhalts-Operator* (Dereferenzierungs-Operator) wie folgt einzusetzen:

** zeiger-variable = ausdruck ;*

Hierdurch wird der Variablen, auf die die Zeiger-Variable "zeiger-variable" verweist (somit der Variablen "instanz"), derjenige Wert zugeordnet, der sich aus der Auswertung von "ausdruck" ergibt.

Hinweis: Es ist möglich, den Inhalts-Operator "*" ohne ein davor und dahinter aufgeführtes Leerzeichen anzugeben.

Beim Einsatz von Zeiger-Variablen muss sehr genau darauf geachtet werden, ob auf eine Referenz-Information oder auf den einer Variablen zugeordneten Wert zugegriffen werden soll.

Zum Beispiel bewirkt die Ausführung der Programmzeilen

```
#include <iostream.h>
void main() {
 int varInt = 10;
 int * zgrInt;
 zgrInt = & varInt;
 cout << "varInt: " << varInt << endl;
 cout << "* zgrInt: " << * zgrInt << endl;
}
```

die folgenden Anzeigen:

```
varInt: 10
* zgrInt: 10
```

Lassen wir zusätzlich die Anweisung

```
cout << "zgrInt: " << zgrInt << endl;
```

ausführen, so wird die (Anfangs-)Adresse des Speicherbereichs ausgegeben, der durch den Variablennamen "varInt" gekennzeichnet ist.

9.4 Indirekte Referenzierung bei der return-Anweisung

In Abschnitt 4.2.2 haben wir beschrieben, wie wir mit einer return-Anweisung den Wert eines Ausdrucks als Funktions-Ergebnis an die aufrufende Funktion übermitteln können. Dazu müssen wir bei der Deklaration der aufgerufenen Funktion – statt des Schlüsselwortes "void" diejenige Klasse angeben – die mit der Klasse des Funktions-Ergebnisses korrespondiert.

Bisher haben wir beim Einsatz der return-Anweisung unterstellt, dass es sich beim Funktions-Ergebnis um Werte aus einer der Standard-Klassen oder aus der Basis-Klasse "CString" handelt.

Jetzt wollen wir – als Beispiel – zeigen, wie wir eine Instanz der Klasse "WerteErfassung" durch die Ausführung der Klassen-Funktion "durchfuehrenErfassung" als Funktions-Ergebnis bereitstellen können, mit der sich anschließend ein Funktions-Aufruf der Member-Funktion "anzeigenWerte" bewirken lässt.

Dazu deklarieren wir die Klassen-Funktion "durchfuehrenErfassung" in der folgenden Form:

```
static WerteErfassung * durchfuehrenErfassung(WerteErfassung & inst);
```

Hierbei haben wir berücksichtigt, dass die Funktions-Deklaration in dieser Situation gemäß der folgenden Syntax formuliert werden muss:

static *klassenname* ∗ *funktionsname* (...) ;

Die Funktions-Definition von "durchfuehrenErfassung" legen wir wie folgt fest:

```
WerteErfassung*WerteErfassung::durchfuehrenErfassung(WerteErfassung&inst){
 cout << "Gib Jahrgangsstufe (11/12): ";
 cin >> inst.m_jahrgangsstufe;
 char ende = 'N';
 int punktwert;
 while (ende == 'N' || ende == 'n') {
  cout << "Gib Punktwert: ";
  cin >> punktwert;
  inst.sammelnWerte(punktwert);
  cout << "Ende(J/N): ";
  cin >> ende;
 }
  return & inst;
}
```

Damit eine Instanz, die als Funktions-Ergebnis von "durchfuehrenErfassung" erhalten wird, den Funktions-Aufruf von "anzeigenWerte" bewirken kann, setzen wir – mit der Instanz "werteErfJahr" als Argument – den folgenden verschachtelten Funktions-Aufruf ein:

```
(WerteErfassung::durchfuehrenErfassung(werteErfJahr))->anzeigenWerte()
```

Da der Funktions-Aufruf

```
WerteErfassung::durchfuehrenErfassung(werteErfJahr)
```

nicht eingeklammert werden muss, können wir die Ausführungs-Funktion "main" wie folgt vereinbaren:

```
#include "WerteErfassung.h"
void main() {
 WerteErfassung werteErfJahr;
 WerteErfassung::durchfuehrenErfassung(werteErfJahr)->anzeigenWerte();
}
```

Wir weisen darauf hin, dass grundsätzlich keine Referenz-Information auf eine Instanz zurückgemeldet werden darf, die nur lokal innerhalb der aufgerufenen Funktion deklariert ist.
Beim Funktions-Ergebnis der Klassen-Funktion "durchfuehrenErfassung" handelt es sich um eine Referenz-Information, die auf eine Instanziierung innerhalb der Ausführungs-Funktion "main" weist.

9.5 Zeiger-Variablen bei Zeichenfeldern

Zur Reihung von Zeichen, die aus der Standard-Klasse "char" instanziiert sind, lassen sich *Zeichenfelder* einsetzen. Deren Instanziierung ist durch eine Deklarations-Anweisung der Form

char *varZeichenFeld* [*anzahl*] ;

festzulegen. Dabei muss die maximale Anzahl der Zeichen, die innerhalb des Zeichenfeldes "varZeichenFeld" – als *Zeichenkette* – zugeordnet werden können, durch die Klammer "[" eingeleitet und durch die Klammer "]" abgeschlossen werden.

Hinweis: Zeichenfelder sollten bei der Programmierung nur dann verwendet werden, wenn die jeweilige Problemstellung nicht mittels Instanziierungen aus der Basis-Klasse "CString" gelöst werden kann.

- Wird eine Zeichenkette in einem Zeichenfeld gespeichert, so wird als letztes Zeichen automatisch der *Terminator* "\0" angefügt. Dieser Terminator gehört nicht zur Zeichenkette, sondern dient allein dazu, das *Ende* einer Zeichenkette intern zu markieren.
- Auf das erste Zeichen eines Zeichenfeldes – namens "varZeichenFeld" – lässt sich über die *Index-Position* "0" in der Form

  ```
  varZeichenFeld[0];
  ```

  zugreifen, auf das zweite Zeichen über die Index-Position "1", usw.
  Dabei ist zu beachten, dass die Index-Position nicht kleiner als "0" sein darf und mindestens um den Wert "1" kleiner sein muss als die bei der Deklaration von "varZeichenFeld" festgelegte Zeichenzahl.

Ist "varZeichenFeld" als Zeichenfeld instanziiert worden, so lässt sich durch eine Initialisierungs-Anweisung der Form

char * *zgrZeichenFeld* = *varZeichenFeld* ;

eine *Zeiger-Variable* namens "zgrZeichenFeld" vereinbaren, durch die – im Rahmen der indirekten Referenzierung – auf das Zeichenfeld "varZeichenFeld" verwiesen werden kann.

- Es ist wichtig, dass innerhalb der Initialisierungs-Anweisung auf der rechten Seite des Zuweisungs-Operators "=" nicht der Referenz-Operator "&" aufgeführt wird. Dies ist deswegen nicht zulässig, weil die Referenz-Information für ein Zeichenfeld grundsätzlich *automatisch* ermittelt wird, wenn dieses Zeichenfeld auf der rechten Seite eines Zuweisungs-Operators erscheint.

Soll z.B. ein Zeichenfeld namens "varZeichenFeld" instanziiert und ihm die Zeichenkette "123" zugeordnet werden, so lässt sich dies z.B. in der folgenden Form erreichen:

```
char varZeichenFeld[3];
varZeichenFeld[0] = '1';
varZeichenFeld[1] = '2';
varZeichenFeld[2] = '3';
```

Soll eine Zeichenkette, die einem Zeichenfeld zugeordnet ist, als Argument eines Funktions-Aufrufs verwendet werden, so ist folgendes zu beachten:
Der zugehörige Parameter, der bei der Funktions-Deklaration anzugeben ist, muss in der Form

char * *varZeichenFeld*

vereinbart werden. Dies geschieht unter der Voraussetzung, dass "varZeichenFeld" als Parametername festgelegt werden soll.

Um einen String aus einem Zeichenfeld zu erstellen, kann eine Referenz-Information auf das Zeichenfeld aufgebaut und eine geeignete Zuweisung an den String vorgenommen werden.
Zum Beispiel lassen sich auf der Basis des oben festgelegten Zeichenfeldes "varZeichen Feld" die Anweisungen

```
char * zgrZeichenFeld = varZeichenFeld;
CString varString = zgrZeichenFeld;
```

ausführen. Anschließend enthält der String "varString" die Zeichen "1", "2" und "3".

Soll – unter Einsatz der Zeiger-Variablen “zgrZeichenFeld” – auf das in dem Zeichenfeld “varZeichenFeld” an der Index-Position “0” eingetragene Zeichen (“1”) zugegriffen werden, so lässt sich dazu der *Inhalts-Operator* “*” in der Form

```
* zgrZeichenFeld
```

einsetzen. Um den Zugriff auf das nachfolgende Zeichen (“2”) zu ermöglichen, kann der Ausdruck

```
* (zgrZeichenFeld + 1)
```

verwendet werden. Soll auf das Zeichen “3”, das an der Index-Position “2” platziert ist, zugegriffen werden, so lässt sich dies durch den Ausdruck

```
* (zgrZeichenFeld + 2)
```

bewerkstelligen.

Nachdem wir den Einsatz von Zeichenfeldern vorgestellt haben, sind wir in der Lage, die Programmierung der von uns zuvor verwendeten Bibliotheks-Funktionen näher zu erläutern.

9.6 Erläuterung der Bibliotheks-Funktionen

Bibliotheks-Funktion “intAlsCString”

Im Abschnitt 2.2.4 haben wir “intAlsCString” als Bibliotheks-Funktion vereinbart.
Für die in der Form

```
CString intAlsCString(int varInt);
```

deklarierte Funktion “intAlsString” wurde ein String als Funktions-Ergebnis festgelegt. Die Berechnung dieses Strings ergibt sich aus der folgenden Funktions-Definition, die innerhalb der Programm-Datei “EigeneBibliothek.cpp” eingetragen ist:

```
#include "EigeneBibliothek.h"
CString intAlsCString(int varInt) {
 char varChar[5];
 CString varString = itoa(varInt, varChar, 10);
 return varString;
}
```

Durch die Deklarations-Anweisung

```
char varChar[5];
```

ist bestimmt, dass dem Zeichenfeld "varChar" eine Zeichenkette mit maximal fünf Zeichen zugeordnet werden kann.
Um eine mit einem Vorzeichen versehene ganze Zahl in eine Zeichenkette zu wandeln, setzen wir die Standard-Funktion "itoa" ein, deren Funktions-Deklaration die folgende Form besitzt:

```
char * itoa(int varInt, char * zgrZeichenFeld, int varZahl);
```

Hierdurch ist bestimmt, dass aus einem Funktions-Aufruf eine indirekte Referenz-Information resultiert, die auf ein Zeichenfeld weist.
Die Parameter der Funktion "itoa" besitzen die folgende Bedeutung:

- "varInt": zu wandelnde ganze Zahl;
- "zgrZeichenFeld": Zeiger-Variable, die auf das Ergebnis der Wandlung weist;
- "varZahl": Basis des Zahlen-Systems für den "varInt" zugeordneten Wert (zulässig sind Werte zwischen "2" und "36").

Zum Beispiel können wir nach der Ausführung der Deklarations-Anweisungen

```
int varInt = 123;
char varChar[5];
CString varString;
```

den Aufruf der Standard-Funktion "itoa" in der Form

```
varString = itoa(varInt, varChar, 10);
```

einsetzen. Die Zeichenkette, die aus dem Funktions-Aufruf von "itoa" resultiert, wird *automatisch* in einen String gewandelt, der der Variablen "varString" zugewiesen wird.

Bibliotheks-Funktion "cstringAlsInt"

Im Abschnitt 4.2.5 haben wir "cstringAlsInt" als Bibliotheks-Funktion vereinbart.
Für die in der Form

```
int cstringAlsInt(CString varString);
```

deklarierte Funktion "cstringAlsInt" ist als Funktions-Ergebnis ein Wert aus der Standard-Klasse "int" festgelegt. Aus der Funktions-Definition

```
int cstringAlsInt(CString varString) {
 int varInt = atoi(varString);
 return varInt;
}
```

ist erkennbar, dass der innerhalb der return-Anweisung eingetragene Wert aus dem Funktions-Aufruf der Standard-Funktion "atoi" resultiert. Durch diese Funktion wird eine Zeichenkette, die aus Ziffern besteht, in eine ganze Zahl gewandelt. Diese Funktion ist wie folgt deklariert:

```
int atoi(char * zgrZeichenFeld);
```

Es ist zu beachten, dass der als Argument von "cstringAlsInt" angegebene String – beim Aufruf der Standard-Funktion "atoi" – *automatisch* in Zeichen eines Zeichenfeldes gewandelt wird.

Bibliotheks-Funktion "cstringAlsUInt"

Im Abschnitt 4.3.2 haben wir "cstringAlsUInt" als Bibliotheks-Funktion vereinbart.
Als Funktions-Ergebnis der in der Form

```
unsigned int cstringAlsUInt(CString varString);
```

deklarierten Funktion "cstringAlsUInt" ist ein Wert aus der Standard-Klasse "unsigned int" festgelegt. Aus der Funktions-Definition

```
unsigned int cstringAlsUInt(CString varString) {
 unsigned int varUInt = unsigned(atoi(varString));
 return varUInt;
}
```

ist erkennbar, dass durch die return-Anweisung eine vorzeichenlose ganze Zahl zurückgemeldet wird. Dieser Wert resultiert aus dem verschachtelten Funktions-Aufruf der beiden Standard-Funktionen "unsigned" und "atoi", die wie folgt deklariert sind:

```
int atoi(char * varString);
int unsigned(int varInt);
```

Der als Argument von "cstringAlsUInt" aufgeführte String wird *automatisch* in die Zeichen eines Zeichenfeldes gewandelt. Von der als Funktions-Ergebnis erhaltenen ganzen Zahl wird – durch den Aufruf von "unsigned" – das Vorzeichen entfernt.

Bibliotheks-Funktion "floatAlsCString"

Die Bibliotheks-Funktion "floatAlsCString" haben wir im Abschnitt 8.9 vereinbart. Als Funktions-Ergebnis der in der Form

```
CString floatAlsCString(float varFloat);
```

deklarierten Funktion "floatAlsCString" ist ein String festgelegt. Dieser String resultiert aus der Ausführung der Funktions-Definition, die in der folgenden Form innerhalb der Programm-Datei "EigeneBibliothek.cpp" eingetragen ist:

```
CString floatAlsCString(float varFloat) {
 int dezimalpunkt, vorzeichen;
 int * zgrDezimalpunkt = & dezimalpunkt;
 int * zgrVorzeichen = & vorzeichen;
 CString varString = _fcvt(varFloat, 2, zgrDezimalpunkt, zgrVorzeichen);
 int laenge = varString.GetLength();
 CString links = varString.Left(laenge - 2);
 return (links + "." + varString.Right(2));
}
```

Beim Funktions-Aufruf der Standard-Funktion "_fcvt" kennzeichnet das erste Argument den zu wandelnden numerischen Wert, und das zweite Argument legt die gewünschte Ziffernzahl hinter dem Dezimalpunkt fest. Nach der Ausführung der Funktion "_fcvt" ist die Position des Dezimalpunktes und die Position des Vorzeichens den in der Form

```
int * zgrDezimalpunkt = & dezimalpunkt;
int * zgrVorzeichen = & vorzeichen;
```

vereinbarten Zeiger-Variablen "zgrDezimalpunkt" und "zgrVorzeichen " zugeordnet.

Hinweis: Beim Einsatz der Standard-Funktion "_fcvt" ist zu beachten, dass die zu wandelnde Dezimalzahl ab der als 2. Argument angegebenen Stellenzahl (kaufmännisch) gerundet wird.

9.7 Ausnahmebehandlung

Wir haben bereits im Kapitel 2 darauf hingewiesen, dass eine professionelle Programmierung auf Fehler, die bei der Dateneingabe gemacht werden, geeignet reagieren sollte. Um ein Beispiel für eine geeignete Reaktion zu geben, wollen wir die folgende Problemstellung lösen:

- Der Fall, in dem – bei der Eingabe eines Punktwertes – anstelle von Ziffern versehentlich Buchstaben übermittelt werden, soll vom Programm erkannt und der Anwender in dieser Situation aufgefordert werden, eine erneute Eingabe vorzunehmen!

Bei unseren Problemstellungen wird die Eingabe und die Erfassung der Punktwerte durch die Ausführung der Klassen-Funktion "durchfuehrenErfassung" bewerkstelligt.

Für diese Funktion setzen wir – der Einfachheit halber – voraus, dass sie die folgende Funktions-Definition besitzt:

```
void WerteErfassung::durchfuehrenErfassung(WerteErfassung & instanz){
 char ende = 'N';
 int punktwert;
 while (ende == 'N' || ende == 'n') {
  cout << "Gib Punktwert: ";
  cin >> punktwert;
  instanz.sammelnWerte(punktwert);
  cout << "Ende(J/N): ";
  cin >> ende;
 }
}
```

Die Übermittlung des angeforderten Punktwertes wird durch die Ausführung der Anweisung

```
cin >> punktwert;
```

vorgenommen. Sofern nicht nur Ziffern eingegeben werden, reagiert das Programm mit einem Laufzeitfehler, indem es in eine Endlosschleife gerät, so dass ein Programm-Abbruch seitens des Anwenders erfolgen muss.

- Um ein derartiges Fehlverhalten zu vermeiden, kann die Dateneingabe überwacht und eine fehlerhafte Eingabe als *Ausnahme* (engl.: exception) festgelegt werden, so dass eine auf diese Ausnahme abgestimmte *Ausnahmebehandlung* (engl.: exception handling) durchgeführt werden kann.

Um bei einer fehlerhaften Dateneingabe eine Ausnahmebehandlung einleiten zu können, ersetzen wir die Anweisung

```
cin >> punktwert;
```

durch die folgende Zuweisung:

```
punktwert = WerteErfassung::eingabePunktwert();
```

Innerhalb dieser Anweisung wird eine Klassen-Funktion namens "eingabePunktwert" aufgerufen, deren Vereinbarung wir weiter unten vorstellen.

Damit bei der Ausführung von "eingabePunktwert" – im Fall einer fehlerhaften Dateneingabe – geeignet reagiert werden kann, müssen wir die Anweisung, die den Funktions-Aufruf dieser Klassen-Funktion enthält, *überwachen* lassen. Hierzu ist diese Anweisung – allein oder zusammen mit weiteren Anweisungen – in einen gesonderten Anweisungs-Block einzutragen, der try-Block genannt wird.

- Ein *try-Block* ist ein Block, der durch das Schlüsselwort "try" eingeleitet wird und die folgende Form hat:

```
try {
  anweisung_1 ;
    [ anweisung-2  ; ] ...
}
```

Um die oben angegebene Zuweisung überwachen zu lassen, formulieren wir den folgenden try-Block:

```
try {
 punktwert = WerteErfassung::eingabePunktwert();
 instanz.sammelnWerte(punktwert);
}
```

Die Anweisung

```
instanz.sammelnWerte(punktwert);
```

haben wir in den try-Block aufgenommen, damit sie im Fall einer korrekten Dateneingabe zur Ausführung gelangt.

Im Anschluss an den try-Block sind die Anweisungen anzugeben, durch deren Ausführung auf eine Fehler-Situation durch eine Ausnahmebehandlung reagiert werden soll. Derartige Anweisungen sind in Form eines catch-Blocks festzulegen.

- Ein *catch-Block* ist ein Block, der durch das Schlüsselwort "catch" einzuleiten und – in seiner grundlegenden Form – wie folgt zu formulieren ist:

```
catch ( klassenname ) {
  anweisung_1 ;
  [ anweisung-2  ; ] ...
}
```

- Nach der Ausführung der Anweisungen des catch-Blocks wird die Programmausführung mit derjenigen Anweisung fortgesetzt, die dem catch-Block unmittelbar folgt.

Damit für die überwachten Anweisungen eine Ausnahmebehandlung bewirkt und der catch-Block zur Ausführung gelangen kann, muss eine *Ausnahme* festgelegt werden. Dies wird dadurch erreicht, dass eine throw-Anweisung ausgeführt wird.

- Eine *throw-Anweisung* ist gemäß der folgenden Syntax anzugeben:

```
throw  ausdruck ;
```

- Die throw-Anweisung sollte innerhalb derjenigen Funktion enthalten sein, deren Aufruf durch die Ausführung der überwachten Anweisungen eines try-Blocks bewirkt wird.
  Dabei muss die Auswertung des Ausdrucks, der hinter dem Schlüsselwort "throw" angegeben ist, zu einer Instanziierung aus einer Klasse (oder einer aus ihr abgeleiteten Unterklasse) führen, deren Name im catch-Block – in Klammern hinter dem Schlüsselwort "catch" – aufgeführt ist.

Wollen wir z.B. bei einer fehlerhaften Dateneingabe den Text "Falsche Eingabe! Gib neuen Punktwert!" ausgeben, so können wir den try-Block und den zugehörigen catch-Block wie folgt innerhalb der Funktions-Definition von "durchfuehrenErfassung" eintragen:

```
void WerteErfassung::durchfuehrenErfassung(WerteErfassung & instanz){
 char ende = 'N';
 int punktwert;
 while (ende == 'N' || ende == 'n') {
  cout << " Gib Punktwert: ";
  try {
   punktwert = WerteErfassung::eingabePunktwert();
   instanz.sammelnWerte(punktwert);
  }
  catch(BOOL) {
   cout << "Falsche Eingabe! Gib neuen Punktwert!" << endl;
  }
  cout << "Ende(J/N): ";
  cin >> ende;
 }
}
```

Bei der Formulierung des catch-Blocks

```
catch(BOOL) {
 cout << "Falsche Eingabe! Gib neuen Punktwert!" << endl;
}
```

haben wir den Namen der Basis-Klasse "BOOL" angegeben. Somit müssen wir in der throw-Anweisung, durch die diese Ausnahmebehandlung ausgelöst werden soll, einen Ausdruck verwenden, aus dessen Auswertung eine Instanz der Basis-Klasse "BOOL" resultiert.

Da der Fehlerfall (Eingabe anderer Zeichen als Ziffern) bei der Ausführung der Klassen-Funktion "eingabePunktwert" erkannt und in dieser Situation eine throw-Anweisung ausgeführt werden soll, definieren wir diese Klassen-Funktion wie folgt:

```
int WerteErfassung::eingabePunktwert() {
 char varZeichenFeld[10];
 cin >> varZeichenFeld;
 int i = 0;
 BOOL wert = TRUE;
 while ((varZeichenFeld[i] != '\0') && wert) {
  wert = wert && isdigit(varZeichenFeld[i]);
  i = i + 1;
 }
 if (wert) return atoi(varZeichenFeld);
  else
 throw wert;
}
```

Hinweis: Im Zeichenfeld "varZeichenFeld" folgt der Terminator "\0" dem letzten Zeichen (siehe Abschnitt 9.5).

Bei dieser Funktions-Definition haben wir die Standard-Funktion "isdigit" eingesetzt:

- **"isdigit(char varZeichen)"**:
  Als Funktions-Ergebnis von "isdigit" resultiert der Wahrheitswert "wahr", wenn es sich beim Argument um eine Ziffer handelt – andernfalls wird der Wahrheitswert "falsch" erhalten.

Im Folgenden gehen wir davon aus, dass wir die Klassen-Funktion "durchfuehrenErfassung" in der oben angegebenen Form geändert haben. Ferner unterstellen wir, dass wir die Klassen-Funktion "eingabePunktwert" innerhalb der Programm-Datei "WerteErfassung.cpp" definiert sowie die zugehörige Deklaration

```
static int eingabePunktwert();
```

in der Header-Datei "WerteErfassung.h" vorgenommen haben. Auf dieser Basis ergibt sich im *Fehlerfall* der folgende Programmablauf:
Die Ausführung der überwachten Anweisung

```
punktwert = WerteErfassung::eingabePunktwert();
```

bewirkt, dass während der Ausführung der while-Anweisung

```
while ((varZeichenFeld[i] != '\0') && wert) {
 wert = wert && isdigit(varZeichenFeld[i]);
 i = i + 1;
}
```

der Variablen "wert" – wegen einer fehlerhaften Eingabe – der Wahrheitswert "falsch" zugeordnet wird. Dies hat die Ausführung der throw-Anweisung

```
throw wert;
```

zur Folge. Dadurch wird der korrespondierende catch-Block

```
catch(BOOL) {
 cout << "Falsche Eingabe! Gib neuen Punktwert!" << endl;
}
```

innerhalb der aufrufenden Funktion "durchfuehrenErfassung" aktiviert. Anschließend wird die Programmausführung – hinter dem catch-Block – mit der Anweisung

```
cout << "Ende(J/N): ";
```

fortgesetzt.

Eine *überwachte* Programmausführung lässt sich – stark vereinfacht – wie folgt skizzieren:

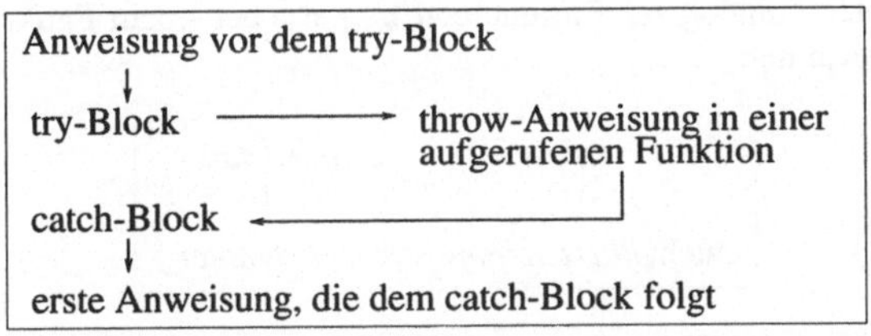

```
Anweisung vor dem try-Block
   ↓
try-Block  ─────────→  throw-Anweisung in einer
                       aufgerufenen Funktion
                                 │
catch-Block  ←───────────────────┘
   ↓
erste Anweisung, die dem catch-Block folgt
```

Grundsätzlich lässt sich im Hinblick auf die Programmierung von Ausnahmebehandlungen Folgendes feststellen:

- Einem try-Block können ein oder mehrere catch-Blöcke folgen:

```
try {
  anweisung-1 ;
    [ anweisung-2 ; ] ...
}
catch ( klassenname-1 [ & ] [ parameter-1 ] ) {
  anweisung-3 ;
    [ anweisung-4 ; ] ...
}
[ catch ( klassenname-2 [ & ] [ parameter-2 ] ) {
  anweisung-5 ;
    [ anweisung-6 ; ] ...
} ] ...
```

- Ist ein bestimmter Sachverhalt als Fehler-Situation eingestuft und – durch den Einsatz einer throw-Anweisung – als Ausnahme festgelegt worden, so werden bei einer eingeleiteten Ausnahmebehandlung die catch-Blöcke – von oben nach unten – geprüft.

Für diese Prüfung wird diejenige Klasse herangezogen, aus der die Instanziierung stammt, die aus dem Ausdruck der throw-Anweisung resultiert. Der Name dieser Klasse wird mit jedem Klassennamen verglichen, der in einem catch-Block aufgeführt ist, sowie mit den Namen jeder von diesen Klassen abgeleiteten Unterklassen.

Nachdem zum erstenmal eine Übereinstimmung festgestellt wird, werden die Anweisungen des betreffenden catch-Blocks ausgeführt. Anschließend wird die Programmausführung hinter dem letzten catch-Block fortgesetzt, der dem betreffenden try-Block folgt.

Hinweis: Es ist *nicht* sinnvoll, zuerst die catch-Blöcke mit den Oberklassen und erst dann die catch-Blöcke mit den abgeleiteten Klassen aufzuführen. Diese Reihenfolge verhindert, dass die Anweisungen des catch-Blocks einer abgeleiteten Klasse jemals ausgeführt werden.

- Soll die Instanz, die aus dem Ausdruck einer throw-Anweisung resultiert, den Anweisungen eines catch-Blocks zur Verfügung gestellt werden, so ist beim catch-Block – hinter dem Klassennamen – der Name eines Parameters aufzuführen. In diesem Fall ergibt sich – analog zur Parameter-Übergabe bei einem Funktions-Aufruf – die folgende Zuordnung:

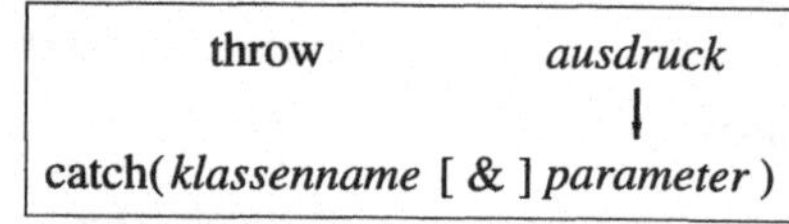

Um z.B. die eingegebenen Zeichen, die zur Ausnahmebehandlung geführt haben, am Bildschirm anzeigen zu lassen, können wir den oben verwendeten catch-Block – innerhalb der Klassen-Funktion "durchfuehrenErfassung" – wie folgt abändern:

```
catch(CString varCString) {
 cout << "Falsche Eingabe! " << varCString
      << " Gib neuen Punktwert!" << endl;
}
```

Damit dies zulässig ist, muss die if-Anweisung innerhalb der Klassen-Funktion "eingabe Punktwert" wie folgt umgeformt werden:

```
if (wert) return atoi(varZeichenFeld);
 else {
 CString eingabeString = varZeichenFeld;
 throw eingabeString;
}
```

Abschließend weisen wir auf die folgenden Sachverhalte hin:

- Wird ein try-Block durchlaufen, ohne dass die Ausführung einer throw-Anweisung erfolgt, so wird die Programmausführung mit derjenigen Anweisung fortgesetzt, die dem letzten zum try-Block zugehörigen catch-Block unmittelbar folgt.

- Wird eine throw-Anweisung ausgeführt und gibt es keinen korrespondierenden catch-Block, so wird die Programmausführung abgebrochen.
- Um einem Programm-Abbruch vorzubeugen und das Programm kontrolliert zu beenden, sollte der zuletzt aufgeführte catch-Block innerhalb des Klammernpaares drei aufeinanderfolgende Punkte "..." enthalten, so dass er die folgende Form besitzt:

```
catch ( ... ) {
  anweisung_1 ;
  [ anweisung-2 ; ] ...
}
```

  Hierdurch ist festgelegt, dass die durch diesen catch-Block beschriebene Ausnahmebehandlung immer dann erfolgen soll, wenn keiner der vorausgehenden catch-Blöcke ausgeführt werden kann.

9.8 Dynamische Einrichtung von Instanzen

Der Operator "new"

Bei den bisherigen Problemstellungen haben wir grundsätzlich vorab festgelegt, für welche Jahrgangsstufen die Erfassung von Punktwerten durchgeführt werden soll. Dieser *statische* Ansatz sollte immer dann erfolgen, wenn von vornherein feststeht, wieviele Instanziierungen aus einer oder mehreren Klassen vorgenommen werden sollen. Oftmals ist es allerdings von Interesse, die jeweilige Anzahl von Instanziierungen *dynamisch*, d.h. erst zur Laufzeit des Programms, zu bestimmen.
Sofern wir während der Programmausführung die jeweils erforderlichen Instanziierungen für die betroffenen Jahrgangsstufen anfordern wollen, müssen wir einen Lösungsplan entwickeln, bei dem die Instanzen dynamisch eingerichtet werden.
Um eine *dynamische* Instanziierung durchführen zu lassen, ist der Operator "new" einzusetzen.

- "new":
  Der Operator *"new"* lässt sich – innerhalb der Initialisierungs-Anweisung einer Zeiger-Variablen – in der folgenden Form aufführen:

```
klassenname * zeiger-variable = new klassenname ([ argument-1 ] ... ) ;
```

Hinweis: In der Situation, in der beim Aufruf des Konstruktors kein Argument aufzuführen ist, kann auf die Klammern verzichtet und der Operator "new" in der Form

```
klassenname * zeiger-variable = new klassenname;
```

verwendet werden.

Durch den Einsatz des Operators "new" wird eine Instanz aus der Klasse "klassenname" eingerichtet. Der Zeiger-Variablen "zeiger-variable" wird diejenige Referenz-Information zugeordnet, mit der diese Instanz indirekt referenziert werden kann.
Der Operator "new" ist innerhalb der Basis-Klasse "CObject" festgelegt. Da jede Klasse dieser Basis-Klasse untergeordnet ist, lässt sich mittels dieses Operators eine dynamische Instanziierung für jede beliebige Klasse anfordern.

Ein Beispiel

Im Folgenden soll – auf der Basis von "Prog_7" – die Anzahl der einzurichtenden Instanzen erst während der Programmausführung bestimmt werden.
Um z.B. bis zu jeweils maximal 10 dynamische Instanziierungen pro Skalenniveau ermöglichen zu können, muss für jedes Skalenniveau jeweils ein geeignetes *Zeiger-Variablen-Feld* vereinbart werden. Hierzu lassen sich die folgenden Deklarations-Anweisungen einsetzen:

```
InWerteErfassung * zgrInstanzIn[10];
OrWerteErfassung * zgrInstanzOr[10];
NoWerteErfassung * zgrInstanzNo[10];
```

Soll z.B. eine dynamische Instanziierung aus der Klasse "InWerteErfassung" vorgenommen und die resultierende Referenz-Information der k-ten Index-Position des Zeiger-Feldes "zgrInstanzIn" zugeordnet werden, so ist die Initialisierungs-Anweisung

```
zgrInstanzIn[k] = new InWerteErfassung(jahrgangsstufe);
```

einzusetzen.
Dabei sollte "k" eine ganze Zahl zwischen "0" und "9" und "jahrgangsstufe" ein geeigneter Wert zugeordnet sein.

Hinweis: Um sicher zu gehen, dass – bei der Programmausführung – die maximalen Index-Positionen der Zeiger-Variablen-Felder "zgrInstanzIn", "zgrInstanzOr" und "zgrInstanzNo" nicht überschritten werden, überprüfen wir jeweils die Werte der Variablen "k" (siehe unten).

Um die gewünschten dynamischen Instanziierungen vornehmen zu lassen, können wir die – in "Prog_7" – verwendete Ausführungs-Funktion "main" wie folgt erweitern:

```
void main(){
  InWerteErfassung * zgrInstanzIn[10];
  OrWerteErfassung * zgrInstanzOr[10];
  NoWerteErfassung * zgrInstanzNo[10];
  char weiter = 'J';
  int k = 0;
  while ((weiter == 'J' || weiter == 'j') && k < 10) {
   int jahrgangsstufe, skalenniveau;
   cout << "Gib Skalenniveau (intervall (1), ordinal (2), nominal (3)): ";
   cin >> skalenniveau;
   cout << "Gib Jahrgangsstufe: ";
   cin >> jahrgangsstufe;
```

```
switch(skalenniveau) {
 case 1: {
  zgrInstanzIn[k] = new InWerteErfassung(jahrgangsstufe);
  InWerteErfassung::durchfuehrenErfassung(zgrInstanzIn[k]);
  zgrInstanzIn[k]->bereitstellenWerte();
  zgrInstanzIn[k]->auswertenAnzeigen();
  zgrInstanzIn[k]->sortieren();
  zgrInstanzIn[k]->anzeigenSortierteWerte();
  break;
 }
 case 2: {
  zgrInstanzOr[k] = new OrWerteErfassung(jahrgangsstufe);
  OrWerteErfassung::durchfuehrenErfassung(zgrInstanzOr[k]);
  zgrInstanzOr[k]->bereitstellenWerte();
  zgrInstanzOr[k]->auswertenAnzeigen();
  zgrInstanzOr[k]->sortieren();
  zgrInstanzOr[k]->anzeigenSortierteWerte();
  break;
 }
 case 3: {
  zgrInstanzNo[k] = new NoWerteErfassung(jahrgangsstufe);
  NoWerteErfassung::durchfuehrenErfassung(zgrInstanzNo[k]);
  zgrInstanzNo[k]->bereitstellenWerte();
  zgrInstanzNo[k]->auswertenAnzeigen();
  zgrInstanzNo[k]->sortieren();
  zgrInstanzNo[k]->anzeigenSortierteWerte();
  break;
 }
}
cout << "Weitere Bearbeitung einer Jahrgangsstufe erwuenscht (J/N)? ";
k = k + 1;
cin >> weiter;
 }
}
```

In dieser Ausführungs-Funktion haben wir "zgrInstanzIn[k]" in der Form

```
InWerteErfassung::durchfuehrenErfassung(zgrInstanzIn[k]);
```

als Argument der Klassen-Funktion "durchfuehrenErfassung" aufgeführt. Dies setzt voraus, dass die Deklaration dieser Funktion innerhalb der Header-Datei "WerteErfassung.h" in der Form

```
static void durchfuehrenErfassung(WerteErfassung * zgrInstanz);
```

festgelegt ist. Sofern wir die in Abschnitt 9.7 vorgestellte Programmierung der Ausnahmebehandlung bei der Eingabe von Punktwerten *zusätzlich* zugrunde legen, muss die Definition innerhalb der Programm-Datei "WerteErfassung.cpp" in der folgenden Form vorgenommen werden:

```
void WerteErfassung::durchfuehrenErfassung(WerteErfassung * zgrInstanz) {
 char ende = 'N';
 int punktwert;
 while (ende == 'N' || ende == 'n') {
  cout << "Gib Punktwert: ";
  try {
   punktwert = WerteErfassung::eingabePunktwert();
   zgrInstanz->sammelnWerte(punktwert);
  }
  catch(BOOL) {
  cout << "Falsche Eingabe! Gib neuen Punktwert ein!" << endl;
  }
  cout << "Ende(J/N): ";
  cin >> ende;
 }
}
```

Der Operator "delete"

Eine unter Einsatz des Operators "new" eingerichtete Instanz ist während der Programmausführung solange zugreifbar, bis sie explizit – durch den Einsatz des Operators "delete" – gelöscht oder die Programmausführung beendet wird.

- **"delete"**:
  Um eine *dynamisch* eingerichtete Instanz zu löschen, auf die durch eine Zeiger-Variable namens "zeiger-variable" verwiesen wird, ist der Operator *"delete"* in der folgenden Form einzusetzen:

  delete *zeiger-variable* ;

  Hierbei ist zu beachten, dass der Zeiger-Variablen "zeiger-variable" zuvor eine Referenz-Information zugeordnet sein muss, die aus dem Einsatz des Operators "new" resultierte.

  Genau wie der Operator "new" ist der Operator "delete" innerhalb der Basis-Klasse "CObject" vereinbart, die Oberklasse aller Basis-Klassen und aller neu vereinbarten Klassen ist.

Sollen mehrere dynamische Instanziierungen aus ein und derselben Klasse vorgenommen werden, so lässt sich eine abgekürzte Anforderung in Form einer *einzigen* Anweisung formulieren.

Zum Beispiel werden durch die Ausführung der Anweisung

```
InWerteErfassung * zgrInstanzIn = new InWerteErfassung[10];
```

10 dynamische Instanziierungen aus der Klasse "InWerteErfassung" vorgenommen. Auf die erste dieser Instanziierungen weist die Zeiger-Variable "zgrInstanzIn", auf die zweite dieser Instanziierungen weist der Ausdruck "zgrInstanzIn + 1", auf die dritte dieser Instanziierungen weist der Ausdruck "zgrInstanzIn + 2", usw.

Ein Zugriff auf die erste dieser Instanziierungen kann – durch Einsatz des Inhalts-Operators "*" – durch den Ausdruck

```
* zgrInstanzIn
```

erfolgen, ein Zugriff auf die zweite dieser Instanziierungen durch den Ausdruck

```
* (zgrInstanzIn + 1)
```

usw.

Sollen die 10 erzeugten dynamischen Instanziierungen sämtlich wieder gelöscht werden, so ist der delete-Operator in der Form

```
delete[] zgrInstanzIn;
```

einzusetzen.

9.9 Redefinition von Operatoren

Neben den soeben neu vorgestellten Operatoren "new" und "delete" haben wir zuvor bereits die arithmetischen Operatoren "+", "−", "*", "/" und "%", die logischen Operatoren "!", "&&" und "||" sowie die Vergleichsoperatoren "<", ">", "<=", ">=", "! =", "==" und den Zuweisungs-Operator "=" kennengelernt. Sie sind Beispiele für die Verwendung von aussagekräftigen Symbolen, die die Anforderung spezieller Operationen innerhalb eines Lösungsplans verdeutlichen.

Grundsätzlich können – von wenigen Ausnahmen wie z.B. dem Punkt-Operator "." sowie dem Scope-Operator "::" abgesehen – sämtlichen in C++ zur Verfügung stehenden Operatoren neue spezifische Bedeutungen zugeordnet werden, indem sie *redefiniert* werden und damit ihre von C++ vorgegebene Bedeutung geändert wird.

Soll einem standardmäßig zur Verfügung stehenden Operator "OP" – wie z.B. dem Operator "+" – zur Verknüpfung einer Instanz aus der Klasse "klassenname-1" mit einer Instanz aus der Klasse "klassenname-2" eine spezifische Bedeutung zugeordnet werden, so muss diese Redefinition durch eine geeignete Vereinbarung einer Funktion namens "operator OP" – beim Operator "+" daher durch die Funktion "operator+" – festgelegt werden.

Die zugehörige Funktions-Deklaration ist wie folgt innerhalb der Klasse "klassenname-1" anzugeben:

klasse-ergebnis operator*OP* (*klassenname-2* [&] *instanz*) ;

Für den Platzhalter "klasse-ergebnis" ist der Name derjenigen Klasse anzugeben, aus der das Funktionsergebnis instanziiert sein muss.
Ist die Member-Funktion "operatorOP" – nach den angegebenen Vorschriften – in der Klasse "klassenname-1" vereinbart worden, so wird ein Ausdruck der Form

instanz-1 OP instanz-2

automatisch in den folgenden Funktions-Aufruf der Member-Funktion "operatorOP" umgesetzt:

instanz-1 . operator*OP*(*instanz-2*)

Damit diese Umformung vorgenommen wird, muss es sich bei dem Operanden "instanz-1" um eine Instanz aus der Klasse "klassenname-1" und bei dem Operanden "instanz-2" um eine Instanz aus der Klasse "klassenname-2" handeln.

Sollen z.B. die Punktwerte der Jahrgangsstufen 11 und 12 – mittels der Instanzen "werte Erfassung11" und "werteErfassung12" – parallel erfasst und anschließend die Anzahl der insgesamt erfassten Werte angezeigt werden, so können wir diese Anforderung durch die Anweisung

```
cout << "Anzahl insgesamt erfasster Werte: "
     << werteErfassung11 + werteErfassung12 << endl;
```

beschreiben, sofern wir den standardmäßig zur Verfügung stehenden Additions-Operator "+" in geeigneter Weise redefiniert haben.
Zu dieser Redefinition deklarieren wir den Operator "+" innerhalb der Klasse "WerteEr fassung" in der folgenden Form:

```
int operator+(WerteErfassung & instanz);
```

Die zugehörige Funktions-Definition legen wir wie folgt in der Programm-Datei "WerteEr fassung.cpp" fest:

```
int WerteErfassung::operator+(WerteErfassung & instanz) {
 int varInt = m_werteListe.GetCount() + instanz.m_werteListe.GetCount();
 return varInt;
}
```

Es ist ebenfalls zulässig, einen Operator durch die Vereinbarung einer Bibliotheks-Funktion zu redefinieren. Dabei ist für den Fall, dass der Operator zwei Operanden verknüpfen soll, zu beachten, dass der linke Operand als erster Parameter und der rechte Operand als zweiter Parameter zu deklarieren ist.
Zum Beispiel kann die oben vorgenommene Vereinbarung dadurch ersetzt werden, dass "operator+" in der Form

```
friend int operator+(WerteErfassung & inst1, WerteErfassung & inst2);
```

als Freund-Funktion in der Klasse "WerteErfassung" deklariert und zusätzlich die folgende Funktions-Definition innerhalb der Datei "EigeneBibliothek.cpp" eingetragen wird:

```
int operator+(WerteErfassung & inst1, WerteErfassung & inst2) {
 int varInt = inst1.m_werteListe.GetCount() +
              inst2.m_werteListe.GetCount();
 return varInt;
}
```

Ergänzend ist die include-Direktive

```
#include "WerteErfassung.h"
```

sowie die Deklaration

```
int operator+(WerteErfassung & inst1, WerteErfassung & inst2);
```

in die Datei "EigeneBibliothek.h" aufzunehmen.

Das von uns vorgestellte Beispiel verdeutlicht, wie bei der Redefinition eines Operators konkret vorgegangen werden muss. Darüberhinaus zeigt es auch, dass das technisch Machbare nicht unbedingt einer übersichtlichen Programmierung dienlich ist. Man sollte also nur in einer besonderen Situation von der Möglichkeit der Redefinition eines Operators Gebrauch machen.

Kapitel 10

Dialogfeld-Anwendungen und Steuerelemente

Nachdem wir im Kapitel 8 ein erstes Beispiel für eine fenster-gestützte Datenerfassung vorgestellt haben, beschäftigen wir uns in diesem Kapitel weiter mit dem Aufbau von Dialogfeldern. Für ausgewählte Steuerelemente erläutern wir deren Einsatz-Möglichkeiten und stellen weitere Basis-Member-Funktionen vor, mit denen der Dialog zwischen Anwender und Programm durchgeführt werden kann.

10.1 Dialogfeld-Anwendungen

Das von uns im Kapitel 8 vorgestellte Programm, durch das die Problemstellung PROB-8 gelöst wurde, ist ein Beispiel für eine Dialogfeld-Anwendung.

- Bei einer *Dialogfeld-Anwendung* handelt es sich um ein Programm, bei dem die Kommunikation zwischen dem Anwender und dem ausgeführten Programm über ein oder mehrere Steuerelemente eines Dialogfeldes durchgeführt wird.

Bei der Programmierung einer Dialogfeld-Anwendung muss eine Instanziierung aus einer Klasse vorgenommen werden, die von der Basis-Klasse "CWinApp" abgeleitet ist.

- Die Basis-Klasse *"CWinApp"* enthält die Basis-Member-Funktionen, durch deren Einsatz eine Anwendung aufgebaut, initialisiert, gestartet und während der Ausführung verwaltet werden kann.

Bei unserer Lösung von PROB-8 haben wir die Dialogfeld-Anwendung als Instanz "theApp" der Klasse "CProg_8App" – einer direkten Unterklasse von "CWinApp" – eingerichtet. Das in der Anwendung eingesetzte Dialogfeld wurde von uns in Form der Instanziierung "dlg" aus der Klasse "CProg_8Dlg" – einer direkten Unterklasse der Basis-Klasse "CDialog" – festgelegt.

Wird die Lösung einer Problemstellung als Dialogfeld-Anwendung programmiert, so kann sich die Kommunikation mit dem Anwender nicht nur auf ein, sondern auf beliebig viele Dialogfelder stützen. Jedes dieser Dialogfelder muss als Instanziierung aus einer Klasse eingerichtet werden, die von der Basis-Klasse "CDialog" abgeleitet ist.

- In der Basis-Klasse *"CDialog"* sind diejenigen Ba Zusammenhang enthalten, über die sich die Kommunikation mit der Anwendung abwickeln lässt.
- Die Klasse "CDialog" ist eine direkte Unterklasse der Basis-Klasse *"CWnd"*, durch deren Instanziierungen Fenster eingerichtet werden können.

Die hierarchische Einordnung der drei Basis-Klassen "CWinApp", "CWnd" und "CDialog" sowie der von uns vereinbarten Klassen, die im Zusammenhang mit der Lösung der Problemstellung PROB-8 entwickelt wurden, gibt die folgende Darstellung wieder:

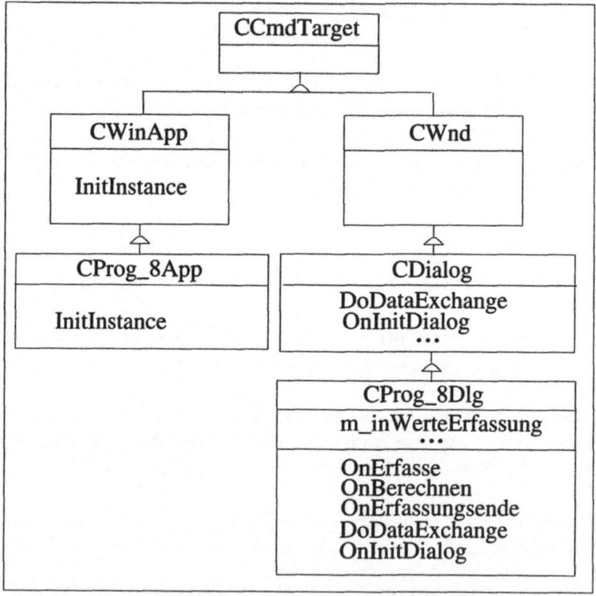

Abbildung 10.1: Klassen für Dialogfeld-Anwendungen

Die beiden Klassen "CWinApp" und "CWnd" sind der Basis-Klasse "CCmdTarget" direkt untergeordnet. Diese Klasse besitzt die Eigenschaft, dass Instanziierungen aus deren Unterklassen sich über besondere Messages, die Command-Messages (siehe Abschnitt 12.2) genannt werden, verständigen können.

Aus der Darstellung ist zu entnehmen, dass wir bei der Lösung unserer Problemstellung dafür gesorgt haben, dass die Basis-Member-Funktionen "InitInstance", "DoDataExchange" und "OnInitDialog" durch gleichnamige Member-Funktionen überdeckt sind.

Dieser Sachverhalt muss bei der Programmierung einer Dialogfeld-Anwendung unbedingt beachtet werden, d.h. es müssen stets die folgenden Member-Funktionen in jeweils von "CWinApp" bzw. "CDialog" abgeleiteten Klassen geeignet redefiniert werden:

- "InitInstance": Festlegung der Rahmenbedingungen beim Start einer Anwendung;

- "OnInitDialog": Festlegung des Anfangszustandes bei der Anzeige eines Dialogfeldes;
- "DoDataExchange": Zuordnung von Steuerelementen zu Member-Variablen im Rahmen des DDX-Mechanismus.

Da wir den Klassen-Assistenten eingesetzt haben (siehe die Abschnitte 8.7 und 8.8), sind die erforderlichen Redefinitionen *automatisch* vorgenommen worden.

10.2 Steuerelemente

Den Aufbau des von uns verwendeten Dialogfeldes haben wir durch den Einsatz des Ressourcen-Editors festgelegt. Wie wir es im Abschnitt 8.2 geschildert haben, ist jedes Steuerelement durch eine Objekt-ID gekennzeichnet, der sich – durch den Einsatz des Klassen-Assistenten – eine Value- bzw. eine Control-Member-Variable durch den Einsatz des Dialogfeldes "Member-Variable hinzufügen" zuordnen lässt.

Um welche Art von Member-Variable es sich jeweils handeln muss, wird durch die Verwendung des betreffenden Steuerelements bestimmt.

- Eine Value-Member-Variable sollte dem Steuerelement dann zugeordnet werden, wenn es sich bei diesem Steuerelement um ein Eingabefeld oder um ein Textfeld handelt und im Dialogfeld ein Daten-Transfer für mehrere derartige Steuerelemente *gleichzeitig* erfolgen soll.
- Soll innerhalb eines Dialogfeldes die Eigenschaft eines Steuerelements gezielt geändert werden, so ist ihm eine Control-Member-Variable zuzuordnen. Dadurch wird bewirkt, dass diese Member-Variable aus einer Basis-Klasse instanziiert wird, die die Funktionalität des jeweiligen Steuerelements besitzt. In diesem Fall kann die Member-Variable geeignete Basis-Member-Funktionen ausführen, durch die sich das Erscheinungsbild des Steuerelements beeinflussen lässt.

Einen Ausschnitt der Basis-Klassen, die bei der Einrichtung einer Control-Member-Variablen für Instanziierungen in Frage kommen, gibt die nachfolgende Darstellung wieder:

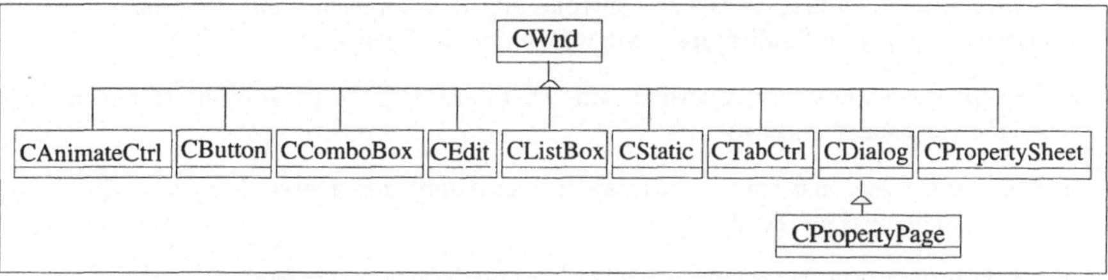

Abbildung 10.2: Ausschnitt aus der Klassen-Hierarchie

Den Einsatz der nachfolgend aufgeführten Steuerelemente werden wir im Abschnitt 10.4 näher erläutern:

- *Textfelder* (edit boxes) zur Anzeige von Texten (siehe Abschnitt 10.4.1);
- *Eingabefelder* (edit controls) zur Eingabe und Editierung von Texten (siehe Abschnitt 10.4.2);
- *Schaltflächen* (buttons) zum Auslösen von Anforderungen (siehe Abschnitt 10.4.3);
- *Gruppenfelder* (group boxes) zur Gruppierung von Steuerelementen (siehe Abschnitt 10.4.4);
- *Kontrollkästchen* (check buttons) und *Optionsfelder* (radio buttons), um eine Auswahl aus zwei oder mehreren Möglichkeiten treffen zu können (siehe Abschnitt 10.4.5);
- *Listenfelder* (list controls) und *Kombinationsfelder* (combobox controls), aus denen sich einzelne Listenelemente durch einen Mausklick bzw. zusätzlich durch eine Tastatureingabe auswählen lassen (siehe Abschnitt 10.4.6);
- *Animationsfelder* (animate controls) zum Abspielen von Video-Sequenzen (siehe Abschnitt 10.4.7);
- *Registerkarten* (tab controls) zum Einsatz von Registerkarten mit Kartenreitern (siehe Abschnitt 10.4.8).

Neben diesen Steuerelementen gibt es weitere Steuerelemente, die sich unter Einsatz des Ressourcen-Editors in einem Dialogfeld einrichten lassen. Dazu zählen:

- *Bildfelder* (picture controls) zur Anzeige von Grafiken;
- horizontale und vertikale *Bildlaufleisten* (scroll bars) zum Festlegen von Ausschnitten aus größeren Anzeige-Bereichen;
- *Drehfelder* (spin controls) zur Erhöhung und Verminderung von Zahlenwerten;
- *Statusanzeigen* (progress controls) zur grafischen Darstellung eines zeitlichen Ablaufs;
- *Schieberegler* (sliders, track bar controls) zur Positionierung auf der Basis einer geeignet festgelegten Skalierung – wie z.B. einer Zahlenskala;
- *Zugriffstasten* (hot key controls) zum Festlegen von Tastenkombinationen für die Ausführung einer Aktion;
- *Listenansichten* (list view controls) zur listenmäßigen Darstellung von Symbolen oder tabellenartiger Texte;
- *Strukturansichten* (trees) zur Anzeige baumartiger Strukturen;
- *RichEdit-Textfelder* (rich edit controls) zur Bearbeitung von Texten, die im RTF-Format ("rich text format") verwaltet werden;
- *Datums-/Zeitauswahl* zur Auswahl von Datums- und Zeitangaben;
- *Monatskalender* zur Mitteilung einer Datumsangabe.

Bevor wir uns näher mit der Funktion einzelner Steuerelemente beschäftigen, stellen wir vorab diejenigen Member-Funktionen vor, die für die Aktivierung und die Anzeige von Steuerelementen benötigt werden.

10.3 Aktivierung und Anzeige von Steuerelementen

Aktivierung von Steuerelementen

Bei der Lösung von PROB-8 haben wir darauf hingewiesen, dass sich zur Aktivierung von Steuerelementen – im Rahmen der indirekten Referenzierung – die beiden Basis-Member-Funktionen "GetDlgItem"und "GotoDlgCtrl" (aus der Basis-Klasse "CWnd") einsetzen lassen.
Dabei muss durch "GetDlgItem" die Referenz-Information des betreffenden Steuerelements ermittelt und durch "GotoDlgCtrl" die Aktivierung mittels indirekter Referenzierung vorgenommen werden.

- **"GetDlgItem(int objektID)"**:
  Bei der Ausführung der Basis-Member-Funktion "GetDlgItem" wird das Steuerelement bestimmt, dessen Objekt-ID als Argument aufgeführt ist. Das Funktions-Ergebnis liefert eine Referenz-Information für die indirekte Referenzierung. Diese Referenz-Information kennzeichnet eine Instanz der Basis-Klasse "CWnd" bzw. eine Instanz aus einer "CWnd" untergeordneten Klasse.
- **"GotoDlgCtrl(CWnd * zeiger-variable)"**:
  Durch die Ausführung der Basis-Member-Funktion "GotoDlgCtrl" wird das Steuerelement aktiviert, das durch das Argument indirekt referenziert wird. Bei diesem Argument muss es sich um eine Zeiger-Variable handeln, die auf eine Instanz der Basis-Klasse "CWnd" bzw. einer ihr untergeordneten Klasse weist.

Soll z.B. ein Eingabefeld aktiviert werden, das die Objekt-ID "IDC_Punktwert" trägt, so sind die folgenden Anweisungen zur Ausführung zu bringen:

```
CWnd * zgrSteuerelement = GetDlgItem(IDC_Punktwert);
GotoDlgCtrl(zgrSteuerelement);
```

Die Aktivierung eines Kombinationsfeldes (siehe Abschnitt 10.4.6) ist etwas aufwändiger. Sofern z.B. das Kombinationsfeld die Objekt-ID "IDC_Kombi" besitzt, kann eine Zeiger-Variable "zgrSteuerelement" eingerichtet und dieser Zeiger-Variablen die Referenz-Information für den Zugriff auf dieses Kombinationsfeld wie folgt zugeordnet werden:

```
CComboBox * zgrSteuerelement = (CComboBox *) GetDlgItem(IDC_Kombi);
```

Durch den Cast "(CComboBox *)" wird bewirkt, dass die Suche nach einer Member-Funktion, die durch die Zeiger-Variable "zgrSteuerelement" zu einem späteren Zeitpunkt zur Ausführung gebracht werden soll, in der Klasse "CComboBox" – und nicht in der Klasse "CWnd" – beginnt.

Soll das durch "zgrSteuerelement" gekennzeichnete Kombinationsfeld aktiviert werden, so lässt sich dies wiederum durch die Anweisung

```
GotoDlgCtrl(zgrSteuerelement);
```

bewerkstelligen.

Anzeige von Steuerelementen

Als Member-Funktion, durch deren Ausführung sich Texte im Dialogfeld anzeigen lassen, haben wir im Abschnitt 8.3 die Basis-Member-Funktion "SetWindowText" kennengelernt.

- **"SetWindowText(CString varString)":**
  Der als Argument angegebene String "varString" wird von demjenigen Steuerelement angezeigt, das den Funktions-Aufruf veranlasst hat.

Um z.B. die Zeichenkette "31" in dem Eingabefeld "IDC_Punktwert" anzuzeigen, können wir die folgende Anweisung einsetzen:

```
GetDlgItem(IDC_Punktwert)->SetWindowText("31");
```

Sofern Steuerelemente dynamisch zur Anzeige gebracht bzw. wieder entfernt werden sollen, ist die Basis-Member-Funktion "ShowWindow" zu verwenden.

- **"ShowWindow({ SW_SHOW | SW_HIDE })":**
  Durch den Einsatz des Arguments "SW_SHOW" wird das Steuerelement zur Anzeige gebracht, das die Funktions-Ausführung veranlasst hat. Sofern "SW_HIDE" als Argument aufgeführt ist, wird das betreffende Steuerelement vom Bildschirm entfernt.

Soll z.B. das Eingabefeld mit der Objekt-ID "IDC_Punktwert" vom Bildschirm entfernt werden, so ist die folgende Anweisung auszuführen:

```
GetDlgItem(IDC_Punktwert)->ShowWindow(SW_HIDE);
```

Soll dieses Eingabefeld wieder angezeigt und dabei zum aktiven Steuerelement werden, so lässt sich dies durch die Anweisungen

```
GetDlgItem(IDC_Punktwert)->ShowWindow(SW_SHOW);
GotoDlgCtrl(GetDlgItem(IDC_Punktwert));
```

erreichen.

10.4 Einsatz ausgewählter Steuerelemente

Im Hinblick auf die nachfolgend vorgestellten Beispiele setzen wir grundsätzlich den folgenden Sachverhalt voraus:

- Beim aktuellen Projekt handelt es sich um ein dialogfeld-basierendes Projekt namens "FensterBausteine", in dem die Klassen "CFensterBausteineApp" (als direkte Unterklasse von "CWinApp") und "CFensterBausteineDlg" (als direkte Unterklasse von "CDialog") zur Verfügung stehen.

Im Folgenden stellen wir wichtige Steuerelemente summarisch vor. Die jeweils angegebenen Beispiele lassen sich dadurch ausführen, dass wir die betreffenden Steuerelemente in das Dialogfeld integrieren, das aus der Klasse "CFensterBausteineDlg" instanziiert werden soll.

10.4.1 Textfelder

Um im Dialogfeld Texte zur Anzeige zu bringen, lassen sich *Textfelder* verwenden. Zur Einrichtung eines Textfeldes muss in der Steuerelemente-Palette des Ressourcen-Editors die Symbol-Schaltfläche "Text" aktiviert werden.

Um einen *statischen* Text festzulegen, muss im Dialogfeld "Text Eigenschaften" (angefordert durch die Menü-Option "Eigenschaften" des Kontext-Menüs) eine Angabe im Eingabefeld "Titel:" gemacht werden.

Sollen Texte in einem Textfeld *dynamisch* angezeigt werden können, so ist für dieses Textfeld eine mit ihm korrespondierende Control-Member-Variable – als Instanz der Basis-Klasse *"CStatic"* – einzurichten.

Sofern einem Textfeld z.B. die Control-Member-Variable "m_anzeigeDurchschnitt" zugeordnet wurde, lässt sich die Anzeige des Textes "Durchschnitt: " wie folgt anfordern:

```
m_anzeigeDurchschnitt.SetWindowText("Durchschnitt: ");
```

Soll das Textfeld ausgeblendet werden, so lässt sich dies durch die Anweisung

```
m_anzeigeDurchschnitt.ShowWindow(SW_HIDE);
```

erreichen.

Wenn dem Textfeld keine Control-Member-Variable zugeordnet ist, lässt sich ein Text durch den Einsatz der Member-Funktion "SetDlgItemText" anzeigen. Dazu ist diese Funktion in der Form

```
SetDlgItemText(IDC_AnzeigeDurchschnitt, "Durchschnitt: ");
```

aufzurufen, sofern dem Textfeld die Objekt-ID "IDC_AnzeigeDurchschnitt" zugeordnet ist.

10.4.2 Eingabefelder

Soll ein Steuerelement dazu dienen, dass ein Text über die Tastatur eingegeben werden kann, so ist ein *Eingabefeld* einzurichten. Zum Aufbau eines Eingabefeldes muss in der Steuerelemente-Palette des Ressourcen-Editors die Symbol-Schaltfläche "Eingabefeld" aktiviert werden.

Im Abschnitt 8.3 haben wir dargestellt, wie sich ein Daten-Transfer vom und zum Eingabefeld durchführen lässt. Einerseits kann dem Eingabefeld eine Value-Member-Variable aus der Basis-Klasse "CString" zugeordnet und die Member-Funktion "UpdateData" aufgerufen werden. Andererseits kann die Objekt-ID des Eingabefeldes verwendet und die Member-Funktion "SetDlgItemText" zur Ausführung gebracht werden.

Wollen wir auf den Einsatz der Member-Funktion "UpdateData" verzichten und z.B. das Eingabefeld "IDC_Punktwert" mit dem Text "31" vorbesetzen, so können wir dazu die folgende Anweisung verwenden:

```
SetDlgItemText(IDC_Punktwert, "31");
```

Um einen Text, der in dieses Eingabefeld über die Tastatur eingetragen wurde, zu verarbeiten, kann z.B. durch die Anweisungen

```
CString varInhalt;
GetDlgItemText(IDC_Punktwert, varInhalt);
```

eine Übertragung in die Variable "varInhalt" angefordert werden.

Sollen nicht nur einzeilige, sondern auch mehrzeilige Eingabefelder eingesetzt werden, so sind bei der Festlegung der Eigenschaften die Kartenreiter "Formate" einzustellen und die Kontrollkästchen "mehrzeilig" und "Return möglich" zu aktivieren.

10.4.3 Schaltflächen

Damit ein Anwender eine Anforderung an ein Programm stellen kann, wird im Normalfall eine *Schaltfläche* verwendet. Zum Aufbau einer Schaltfläche muss in der Steuerelemente-Palette des Ressourcen-Editors die Symbol-Schaltfläche "Schaltfläche" aktiviert werden.

Im Abschnitt 8.2 haben wir erläutert, wie sich einer Schaltfläche – in Form einer Message-Map – eine Member-Funktion zuordnen lässt, deren Ausführung durch einen Mausklick auf die Schaltfläche veranlasst werden kann.

Sofern eine Schaltfläche nur mit dieser Zielsetzung verwendet werden soll, braucht für sie keine Korrespondenz mit einer Member-Variablen festgelegt werden. Ebenfalls ist auch dann keine Zuordnung einer Member-Variablen erforderlich, wenn die Aufschrift einer Schaltfläche verändert werden soll.

Zum Beispiel kann die Aufschrift der Schaltfläche, die durch die Objekt-ID "IDC_Schalt flaeche" gekennzeichnet ist, durch die Anweisung

```
SetDlgItemText(IDC_Schaltflaeche, "Text entfernen");
```

in die Aufschrift "Text entfernen" geändert werden.

Soll eine Schaltfläche dynamisch aus dem Dialogfeld entfernt werden, so muss ihr eine Control-Member-Variable zugeordnet worden sein, die aus der Basis-Klasse *"CButton"* instanziiert ist.

Ist z.B. einer Schaltfläche die Control-Member-Variable "m_schaltflaeche" zugeordnet worden, so lässt sich diese Schaltfläche durch die Anweisung

```
m_schaltflaeche.ShowWindow(SW_HIDE);
```

von der Anzeige entfernen.

10.4.4 Gruppierung von Steuerelementen

Steuerelemente, die inhaltlich zu einander in Beziehung stehen, lassen sich zu einer *Gruppe* zusammenfassen.

Um unter Einsatz des Ressourcen-Editors eine Gruppe einzurichten, ist für das Steuerelement, das als erstes zu dieser Gruppe zählen soll, im zugehörigen Dialogfeld "Eigen schaften" (abrufbar durch das Kontext-Menü) der Kartenreiter "Allgemein" einzustellen und das Kontrollkästchen "Gruppe" zu aktivieren. Dies bewirkt, dass sämtliche Steuerelemente, die nachfolgend im Dialogfeld eingerichtet werden, in diese Gruppe eingegliedert werden.

Um den Aufbau einer Gruppe zu beenden, muss für das erste Steuerelement, das dieser Gruppe nicht mehr angehören soll, das Kontrollkästchen "Gruppe" im zugehörigem Dialogfeld "Eigenschaften" aktiviert werden.

Um eine Gruppe von Steuerelementen *optisch* zu kennzeichnen, ist aus der Steuerelemente-Palette des Ressourcen-Editors zunächst die Symbol-Schaltfläche *"Gruppenfeld"* auszuwählen. Anschließend muss – durch das Ziehen mit der Maus – der Bereich aller zur Gruppe zählenden Steuerelemente umrahmt werden. Der Text, der die Gruppe kennzeichnen soll, ist in dem zum Gruppenfeld zugehörigen Dialogfeld "Eigenschaften" in das Eingabefeld "Titel:" einzutragen.

10.4.5 Kontrollkästchen und Optionsfelder

Kontrollkästchen

Um eine Auswahl aus genau zwei sich ausschließenden Anforderungen treffen zu können, eignet sich der Einsatz eines Kontrollkästchens. Zum Aufbau eines Kontrollkästchens muss in der Steuerelemente-Palette des Ressourcen-Editors die Symbol-Schaltfläche *"Kon trollkästchen"* aktiviert werden.

Ist dieses Steuerelement Bestandteil eines Dialogfeldes, so lässt es sich durch einen Mausklick aktivieren und durch einen weiteren Mausklick wieder deaktivieren.

Um eine derartige Aktivierung bzw. Deaktivierung während der Programmausführung vornehmen zu können, muss das Kontrollkästchen mit einer Control-Member-Variablen korrespondieren, die aus der Basis-Klasse "CButton" instanziiert ist.

Um den Zustand eines Kontrollkästchens zu prüfen, lässt sich die Basis-Member-Funktion *"GetCheck"* einsetzen. Diese Funktion muss durch diejenige Control-Member-Variable aufgerufen werden, die mit dem Kontrollkästchen korrespondiert.

- **"GetCheck()"**:
  Ist das Kontrollkästchen aktiviert (nicht aktiviert), so resultiert der Wahrheitswert "wahr" ("falsch") als Funktions-Ergebnis.

Ist z.B. einem Kontrollkästchen die Control-Member-Variable "m_erfassen" zugeordnet worden, so wird durch die Anweisung

```
if (m_erfassen.GetCheck()) erfassen();
```

die Member-Funktion "erfassen" zur Ausführung gebracht, sofern dieses Kontrollkästchen aktiviert wurde.

Um beim Programmstart festlegen zu können, ob ein Kontrollkästchen aktiviert oder deaktiviert sein soll, muss die Basis-Member-Funktion "SetCheck" eingesetzt werden. Dabei ist diese Funktion von der Control-Member-Variablen aufzurufen, die mit diesem Kontrollkästchen korrespondiert.

- **"SetCheck({ TRUE | FALSE })":**
  Wird "TRUE" ("FALSE") als Argument verwendet, so wird das Kontrollkästchen aktiviert (deaktiviert).

Soll z.B. das Kontrollkästchen, das der Control-Member-Variablen "m_erfassen" zugeordnet ist, beim Programmstart aktiviert werden, so ist die Anweisung

```
m_erfassen.SetCheck(TRUE);
```

zur Ausführung zu bringen.

Optionsfelder

Oftmals geht es nicht darum, eine Auswahl aus nur zwei sich einander ausschließenden Anforderungen zu treffen, sondern es ist erforderlich, genau eine Anforderung aus mehreren möglichen alternativen Anforderungen auszuwählen. Für diesen Fall sind geeignet viele Optionsfelder als Steuerelemente einzusetzen, von denen jeweils genau ein Optionsfeld aktivierbar sein muss.

Um ein einzelnes Optionsfeld in einem Dialogfeld einzurichten, muss in der Steuerelemente-Palette des Ressourcen-Editors die Symbol-Schaltfläche "Optionsfeld" aktiviert werden.

Damit von mehreren zusammengehörenden Optionsfeldern immer nur ein einziges Optionsfeld aktiviert werden kann, müssen sie zu einer *Gruppe* zusammengefasst sein.

Dabei sollte dem ersten Optionsfeld, das in diese Gruppe einbezogen ist (im zugehörigen Dialogfeld "Eigenschaften" muss das Kontrollkästchen "Gruppe:" aktiviert sein), eine Value-Member-Variable zugeordnet werden, die aus der Standard-Klasse "int" instanziiert ist. Hierdurch wird bewirkt, dass jedes zur Gruppe zugehörige Optionsfeld durch eine ganzzahlige Identifikationsnummer gekennzeichnet ist. Dabei ist dem zuerst eingerichteten Optionsfeld die Identifikationsnummer "0" zugeordnet, dem als nächstes eingerichteten Optionsfeld die Identifikationsnummer "1", usw.

Hinweis: Wird im Dialog mit dem Klassen-Assistenten die Registerkarte "Member-Variablen" aktiviert, so wird lediglich die Objekt-ID des ersten Optionsfeldes einer Gruppe angezeigt.

Sofern dem Optionsfeld mit der Identifikationsnummer "0" z.B. die (aus der Standard-Klasse "int" instanziierte) Value-Member-Variable "m_auswahl" zugeordnet ist, lässt sich das zweite Optionsfeld der Gruppe wie folgt aktivieren:

```
m_auswahl = 1;
UpdateData(FALSE);
```

Dadurch, dass die Optionsfelder zu einer Gruppe zusammengefasst sind, wird immer dann, wenn ein Optionsfeld aktiviert wird, das zuvor aktivierte Optionsfeld *automatisch* deaktiviert.

Soll z.B. bei drei zu einer Gruppe zusammengefassten Optionsfeldern geprüft werden, welches Optionsfeld aktuell aktiviert ist, so können hierzu die folgenden Anweisungen programmiert werden:

```
UpdateData(TRUE);
int m_skalenniveau;
switch(m_auswahl) {
  case 0: {
    m_skalenniveau = 1;
    break;
  }
  case 1: {
    m_skalenniveau = 2;
    break;
   }
  case 2: {
    m_skalenniveau = 3;
    break;
   }
 }
```

Hierdurch ist festgelegt, dass der Member-Variablen "m_skalenniveau" der Wert "1" zugeordnet wird, falls das zuerst eingerichtete Optionsfeld, das die Identifikationsnummer "0" besitzt, aktiviert ist. Ist das als zweites (drittes) aufgebaute Optionsfeld aktiviert, so wird "m_skalenniveau" der Wert "2" ("3") zugewiesen.

Soll die Aktivierung und die Prüfung von Optionsfeldern *gezielt* – ohne den Einsatz der Basis-Member-Funktion "UpdateData" – erfolgen, so sind die Basis-Member-Funktionen "CheckRadioButton" und "GetCheckedRadioButton" einzusetzen.

- **"CheckRadioButton(int objektID-1,int objektID-2,int objektID-3)"**:
  Für eine Gruppe von Optionsfeldern kennzeichnen die Argumente "objektID-1" und "objektID-2" die Objekt-IDs des zuerst bzw. zuletzt eingerichteten Optionsfeldes. Es wird dasjenige Optionsfeld aktiviert, dessen Objekt-ID durch das Argument "objektID-3" gekennzeichnet wird.
- **"GetCheckedRadioButton(int objektID-1,int objektID-2)"**:
  Für eine Gruppe von Optionsfeldern kennzeichnen die Argumente "objektID-1" und "objektID-2" die Objekt-IDs des zuerst bzw. des zuletzt eingerichteten Optionsfeldes.
  Als Funktions-Ergebnis liefert die Ausführung dieser Basis-Member-Funktion die Identifikationsnummer desjenigen Optionsfeldes, das aktuell aktiviert ist.

Sind z.B. drei Optionsfelder mit den Objekt-IDs "IDC_Intervall", "IDC_Ordinal" und "IDC_Nominal" – in dieser Reihenfolge – als eine Gruppe eingerichtet worden, so lässt sich das zweite Optionsfeld wie folgt aktivieren:

```
CheckRadioButton(IDC_Intervall, IDC_Nominal, IDC_Ordinal);
```

Soll geprüft werden, welches Optionsfeld dieser Gruppe aktuell aktiviert ist, so können auf der Basis der durch

```
int m_skalenniveau;
```

deklarierten Variablen "m_skalenniveau" die folgenden Anweisungen programmiert werden:

```
int auswahl = GetCheckedRadioButton(IDC_Intervall, IDC_Nominal);
switch(auswahl) {
 case IDC_Intervall: {
   m_skalenniveau = 1;
   break;
  }
 case IDC_Ordinal: {
   m_skalenniveau = 2;
   break;
  }
 case IDC_Nominal: {
   m_skalenniveau = 3;
   break;
  }
}
```

10.4.6 Listen- und Kombinationsfelder

Listenfelder

Um aus mehreren untereinander angezeigten Texten einen Text gezielt durch einen Mausklick auswählen zu können, eignen sich *Listenfelder*, in denen die Texte als *Listenelemente* enthalten sind. Die Reihenfolge der Listenelemente wird durch einen Indexwert gekennzeichnet. Dabei ist die Position des ersten Listenelements durch den Indexwert "0" bestimmt, die Position des zweiten Listenelements durch den Indexwert "1", usw.

Um ein Listenfeld einzurichten, ist aus der Steuerelemente-Palette des Ressourcen-Editors die Symbol-Schaltfläche *"Listenfeld"* auszuwählen. Dem erzeugten Steuerelement ist als Control-Member-Variable eine Instanz der Basis-Klasse "CListBox" zuzuordnen.

Um die einzelnen Listenelemente eines Listenfeldes festzulegen, sind geeignete Basis-Member-Funktionen durch jeweils diejenige Control-Member-Variable aufzurufen, die mit dem eingerichteten Listenfeld korrespondiert. Hierzu stehen die beiden folgenden Basis-Member-Funktionen zur Verfügung:

- **"InsertString(int index, CString varString)"**:
  Dem durch den ganzzahligen Indexwert "index" gekennzeichneten Listenelement wird der durch "varString" bestimmte Text zugeordnet.
  Dies geschieht allerdings nur dann, wenn zuvor alle Listenelemente eingerichtet wurden, die vor diesem Listenelement platziert sind.

- **"AddString(CString varString)"**:
  Dem Listenfeld wird ein weiteres Listenelement angefügt, dessen Text durch das Argument "varString" festgelegt wird.

Haben wir z.B. ein Listenfeld eingerichtet und ihm die Variable "m_liste" als Control-Member-Variable zugeordnet, so können wir die folgenden Anweisungen zur Ausführung bringen:

```
m_liste.InsertString(0, "11");
m_liste.InsertString(1, "12");
m_liste.InsertString(2, "13");
```

Hierdurch wird das Listenfeld aus drei Listenelementen aufgebaut, so dass eine Liste mit den Texten "11", "12" und "13" angezeigt wird.
Soll aus diesem Listenfeld ein Listenelement entfernt werden, so lässt sich hierzu die Basis-Member-Funktion "DeleteString" einsetzen.
Zum Beispiel kann durch

```
m_liste.DeleteString(0);
```

das erste Listenelement aus dem Listenfeld gelöscht werden.
Um sämtliche Listenelemente zu entfernen, kann die Basis-Member-Funktion "ResetCon tent" in der Form

```
m_liste.ResetContent();
```

aufgerufen werden.

Soll ein Listenelement durch eine Markierung aktiviert werden, so ist die Basis-Member-Funktion "SetCurSel" einzusetzen.

- **"SetCurSel(int index)"**:
  In dem mit der Control-Member-Variablen korrespondierenden Listenfeld wird dasjenige Listenelement markiert, das an der durch den ganzzahligen Indexwert "index" gekennzeichneten Position eingetragen ist.

Zum Beispiel kann durch den Funktions-Aufruf

```
m_liste.SetCurSel(1);
```

das Listenelement "12" innerhalb der oben eingerichteten Liste markiert werden.
Um festzustellen, welches Listenelement durch einen Mausklick markiert wurde, lässt sich die Basis-Member-Funktion "GetCurSel" einsetzen.

- **"GetCurSel()"**:
  Als Funktions-Ergebnis resultiert derjenige Indexwert, der die Position des markierten Listenelements kennzeichnet.

Um in unserer Situation die Position des markierten Listenelements zu ermitteln, können wir daher die Anweisung

```
int zeile = m_liste.GetCurSel();
```

ausführen lassen.
Soll anschließend der Variablen "m_jahrgangsstufe" der innerhalb der Liste markierte Text zugeordnet werden, so lässt sich dies durch die Anweisungen

```
CString m_jahrgangsstufe;
m_liste.GetText(zeile, m_jahrgangsstufe);
```

unter Einsatz der Basis-Member-Funktion "GetText" bewerkstelligen.

- **"GetText(int index, CString varString)"**:
  Der Variablen "varString" wird der Text zugeordnet, der als Listenelement an derjenigen Position im Listenfeld platziert ist, die durch den ganzzahligen Wert "index" gekennzeichnet wird.

Kombinationsfelder

Soll eine Auswahl nicht nur aus vorgegebenen Listenelementen erfolgen, sondern ein auszuwählender Text auch über eine Tastatureingabe bereitgestellt werden können, so ist anstelle eines Listenfeldes ein *Kombinationsfeld* – als Zusammenfassung eines Eingabefeldes und eines Listenfeldes – einzurichten.
Wird ein Listenelement durch einen Mausklick markiert, so wird der markierte Text im *Kombinations-Eingabefeld* angezeigt.

Zum Aufbau eines Kombinationsfeldes muss die Symbol-Schaltfläche *"Kombinationsfeld"* aus der Steuerelemente-Palette des Ressourcen-Editors ausgewählt werden. Dem erzeugten Steuerelement ist als Control-Member-Variable eine Instanz der Basis-Klasse "CCombo Box" zuzuordnen. Zusätzlich sollte das Steuerelement mit einer Value-Member-Variablen korrespondieren, die aus eine Instanz der Basis-Klasse "CString" instanziiert ist.

Das Kombinationsfeld ist geeignet zu dimensionieren. Dazu ist auf die zugehörige Pfeilfläche zu klicken und die untere dunkle Markierung im angezeigten Rahmen genügend weit nach unten zu ziehen.

Um die Listenelemente mit den gewünschten Texten zu besetzen, können ebenfalls die Basis-Member-Funktionen "InsertString" und "AddString" eingesetzt werden. Gleichfalls stehen die Basis-Member-Funktionen "DeleteString", "SetCurSel" und "GetCurSel" zum Löschen, zum Markieren und zur Bestimmung der Markierung von Listenelementen zur Verfügung. Alle Funktionen haben dieselbe Wirkung wie bei der Bearbeitung von Listenfeldern.

Anstelle der bei einem Listenfeld einsetzbaren Funktion "GetText" muss bei einem Kombinationsfeld die Basis-Member-Funktion "GetLBText" verwendet werden.

- **"GetLBText(int index, CString varString)"**:
  Der Variablen "varString" wird der String zugeordnet, der im Kombinationsfeld an derjenigen Position als Listenelement platziert ist, die durch den ganzzahligen Wert "index" gekennzeichnet wird.

Ist z.B. dem Kombinationsfeld die Control-Member-Variable "m_kombi" als Instanz der Basis-Klasse "CComboBox" zugeordnet worden, so kann die Einrichtung der Listenelemente wie folgt angefordert werden:

```
m_kombi.InsertString(0, "11");
m_kombi.InsertString(1, "12");
m_kombi.InsertString(2, "13");
```

Ist dem Kombinationsfeld zusätzlich die Value-Member-Variable "m_kombiText" aus der Basis-Klasse "CString" zugeordnet, so lässt sich der Text des aktivierten Listenelements bzw. ein Wert, der über die Tastatur in das Kombinations-Eingabefeld eingetragen wurde, dieser Member-Variablen "m_kombiText" wie folgt zuordnen:

```
m_kombi.GetLBText(0, m_kombiText);
UpdateData(TRUE);
```

Soll das Kombinations-Eingabefeld "m_kombiText" z.B. mit dem Text "11" vorbesetzt werden, so sind die folgenden Anweisungen auszuführen:

```
m_kombiText = "11";
UpdateData(FALSE);
```

Sofern der Zugriff auf ein Kombinationsfeld über eine Referenz-Information möglich ist, lässt sich die Bearbeitung des Kombinationsfeldes auch ohne die Verwendung einer Control-Member-Variablen durchführen.
Besitzt das Kombinationsfeld z.B. die Objekt-ID "IDC_Kombi", so kann durch

```
CComboBox * zgrSteuerelement = (CComboBox *) GetDlgItem(IDC_Kombi);
```

eine Zeiger-Variable eingerichtet und dieser Zeiger-Variablen die Referenz-Information auf das Kombinationsfeld zugeordnet werden. Auf dieser Basis lässt sich die Einrichtung der Listenelemente wie folgt vornehmen:

```
zgrSteuerelement->InsertString(0, "11");
zgrSteuerelement->InsertString(1, "12");
zgrSteuerelement->InsertString(2, "13");
```

Um auf dieser Basis einen Wert, der über die Tastatur in das Kombinations-Eingabefeld eingetragen wurde, in die Value-Member-Variable "m_kombiText" zu übernehmen, können die Anweisungen

```
zgrSteuerelement->GetLBText(0, m_kombiText);
UpdateData(TRUE);
```

ausgeführt werden.

10.4.7 Animationsfelder

Durch den Einsatz eines *Animationsfeldes* lassen sich Video-Sequenzen abspielen, die als Folge von *Frames* in AVI-Dateien eingetragen sind. Dabei wird vorausgesetzt, dass derartige Video-Sequenzen unkomprimiert oder im MS-RLE-Format gespeichert sind.

Zum Aufbau eines Animationsfeldes muss die Symbol-Schaltfläche *"Animation"* aus der Steuerelemente-Palette des Ressourcen-Editors ausgewählt werden. Nachdem ein Animationsfeld im Dialogfeld aufgebaut ist, muss ihm eine Control-Member-Variable der Basis-Klasse "CAnimateCtrl" zugeordnet werden.

Für den Einsatz eines Animationsfeldes sehen wir das wie folgt aufgebaute Dialogfeld vor:

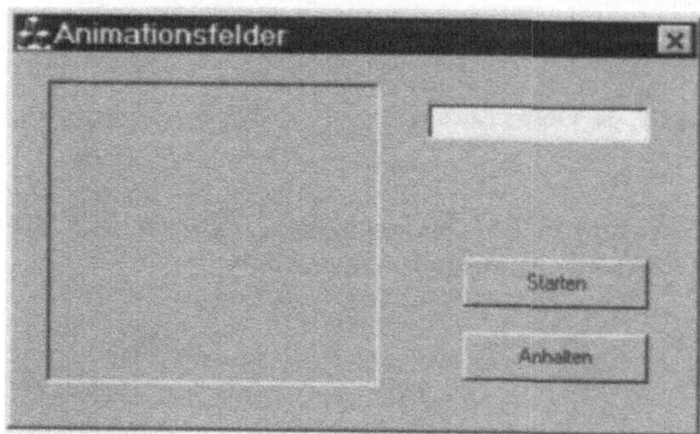

Abbildung 10.3: Einsatz eines Animationsfeldes

Das Abspielen der AVI-Datei, deren Dateiname zuvor im Eingabefeld eingetragen wurde, soll durch einen Mausklick auf die Schaltfläche "Starten" beginnen und durch einen Mausklick auf die Schaltfläche "Anhalten" beendet werden.

Hinweis: Wie bereits im Kapitel 8 mitgeteilt wurde, ist bei der Angabe eines Dateinamens zu beachten, dass dem Namen eines Ordners die Zeichen "\\" voranzustellen sind.

Für das Animationsfeld richten wir die Control-Member-Variable "m_animation" (aus der Basis-Klasse "CAnimateCtrl") und für das Eingabefeld die Value-Member-Variable "m_dateiname" (aus der Basis-Klasse "CString") ein.

Im Rahmen der Message-Map, die wir für die Schaltfläche "Starten" in Verbindung mit dem Nachrichten-Ereignis "BN_CLICKED" festlegen müssen, definieren wir die Member-Funktion "OnStarten" wie folgt:

```
void CFensterBausteineDlg::OnStarten() {
 UpdateData(TRUE);
 m_animation.Open(m_dateiname);
 m_animation.Play(0, -1, -1);
}
```

Entsprechend definieren wir die Member-Funktion "OnAnhalten", die durch einen Mausklick auf die Schaltfläche "Anhalten" zur Ausführung gelangen soll, in der folgenden Form:

```
void CFensterBausteineDlg::OnAnhalten() {
 m_animation.Stop();
}
```

Bei diesen Funktions-Definitionen haben wir die Basis-Member-Funktionen "Open", "Play" und "Stop" verwendet.

- **"Open(CString varString)"**:
  Die AVI-Datei, deren Dateiname als Argument "varString" aufgeführt ist, wird zum Abspielen eröffnet.
- **"Play(int erstes-frame,int letztes-frame,int anzahl)"**:
  Die Frames der AVI-Datei werden im Animationsfeld angezeigt. Dabei bestimmt das erste Argument "erstes-frame" das erste anzuzeigende Bild ("0" kennzeichnet das erste Frame) und das zweite Argument "letztes-frame" das letzte anzuzeigende Bild ("−1" kennzeichnet das letzte Frame).
  Die Anzahl der Wiederholungen wird durch das drittes Argument "anzahl" festgelegt. Dabei ist durch "−1" bestimmt, dass die Bildfolge ständig wiederholt wird.
- **"Stop()"**:
  Das Abspielen der AVI-Datei wird beendet.

10.4.8 Registerkarten

Eine *Registerkarte* besteht aus einem oder mehreren Kartenreitern und einem Anzeigebereich. Um eine Registerkarte einzurichten, ist aus der Steuerelemente-Palette des Ressourcen-Editors die Symbol-Schaltfläche *"Registerkarte"* auszuwählen.

Im Folgenden beschreiben wir, wie eine Registerkarte festgelegt werden muss, die das folgende Erscheinungsbild – mit den beiden Kartenreitern "Karte1" und "Karte2" sowie den jeweils im Anzeigebereich eingetragenen Texten "Durchschnitt:" und "Modus:" – besitzt:

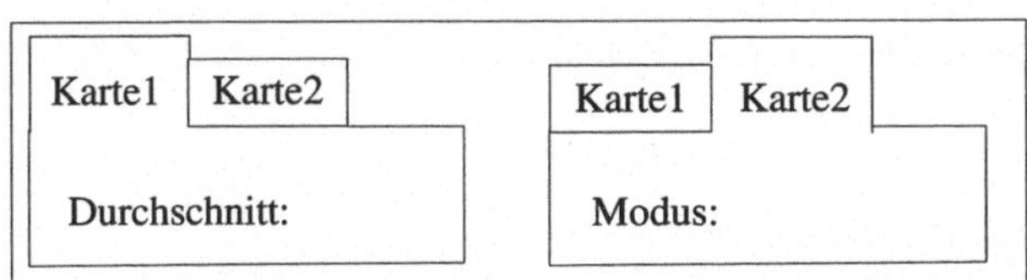

Abbildung 10.4: Struktur der Registerkarte

Nachdem wir die Registerkarte im Dialogfeld aufgebaut haben, ordnen wir ihr eine Control-Member-Variable namens "m_register" aus der Basis-Klasse "CTabCtrl" zu. Anschließend richten wir ausserhalb der Registerkarte ein Textfeld ein, in dessen zugehöriges Dialogfeld "Eigenschaften" wir Leerzeichen "␣" als Titel eintragen. Diesem Textfeld ordnen wir die Control-Member-Variable "m_anzeige" aus der Basis-Klasse "CStatic" zu. Anschließend verschieben wir dieses Textfeld in den Anzeigebereich der Registerkarte.

Hinweis: Platzieren wir das Textfeld bei dessen Einrichtung innerhalb der Registerkarte, so wird es vom Ressourcen-Editor nicht mehr angezeigt. Dies hat zur Folge, dass wir das zugehörige Dialogfeld "Eigenschaften" für dieses Textfeld nicht unmittelbar abrufen können.

Damit die Registerkarte bei der Anzeige des Dialogfeldes mit aktiviertem ersten Kartenreiter und dem zugehörigen Text "Durchschnitt:" im Anzeigebereich erscheint, tragen wir innerhalb der Basis-Member-Funktion "OnInitDialog" (in der Klasse "CFensterBausteine Dlg") die folgenden Programmzeilen ein:

```
m_register.InsertItem(0, "Karte1");
m_register.InsertItem(1, "Karte2");
m_register.SetCurSel(0);
m_anzeige.SetWindowText("Durchschnitt:");
```

Hierbei haben wir die Basis-Member-Funktionen "InsertItem" und "SetCurSel" verwendet:

- **"InsertItem(int index, CString varString)"**:
  Die Registerkarte, die mit der den Funktions-Aufruf bewirkenden Control-Member-Variablen korrespondiert, wird um einen Kartenreiter ergänzt. Dessen Position wird – in der Abfolge aller Kartenreiter (die erste Position ist durch den Wert "0" gekennzeichnet) – durch "index" und die zugehörige Aufschrift durch "varString" bestimmt.
- **"SetCurSel(int index)"**:
  In der Registerkarte wird derjenige Kartenreiter aktiviert, dessen Position durch das Argument "index" bestimmt ist.

Damit beim Mausklick auf einen Kartenreiter der jeweils zugeordnete Text – "Durch schnitt:" bzw. "Modus:" – im Anzeigebereich erscheint, richten wir eine Message-Map ein, indem wir dem Nachrichten-Ereignis "TCN_SELCHANGE" die Member-Funktion "On SelChangeRegister" zuordnen und deren Funktions-Definition wie folgt – innerhalb der Klasse "CFensterBausteineDlg" – vornehmen:

```
void CFensterBausteineDlg::OnSelChangeRegister(NMHDR* pNMHDR,
                                              LRESULT* pResult) {
int auswahl = m_register.GetCurSel();
switch (auswahl) {
 case 0: {
  m_anzeige.SetWindowText("Durchschnitt:");
  break;
  }
 case 1: {
  m_anzeige.SetWindowText("Modus:");
  break;
  }
 }
}
```

Um den jeweils aktuell eingestellten Kartenreiter zu ermitteln, haben wir bei dieser Funktions-Definition die Basis-Member-Funktion "GetCurSel" verwendet.

- **"GetCurSel()"**:
  Als Funktions-Ergebnis resultiert diejenige Position, die den aktivierten Kartenreiter der Registerkarte kennzeichnet.

10.5 Eigenschaftsfelder

Zusammenfassung von Eigenschaftsseiten

Nachdem wir ausgewählte Steuerelemente vorgestellt haben, beschreiben wir nachfolgend, wie sich *mehrere* Dialogfelder *gemeinsam* verwalten und anzeigen lassen.

Hierzu werden die einzelnen Dialogfelder – in Form von *Eigenschaftsseiten* – zu einem *Eigenschaftsfeld* zusammengefasst. Dabei wird jede einzelne Eigenschaftsseite durch einen zugehörigen *Kartenreiter* gekennzeichnet, über dessen Aktivierung die zugehörige Eigenschaftsseite zur Anzeige gebracht werden kann. Bei der Anzeige des Eigenschaftsfeldes sind sämtliche Kartenreiter sichtbar, die für die Eigenschaftsseiten festgelegt wurden.

Hinweis: Als Beispiele für Anwendungen, deren Erscheinungsbild dem von Eigenschaftfeldern ähnelt, haben wir das Dialogfeld des Klassen-Assistenten und dasjenige Dialogfeld kennengelernt, durch das sich die Eigenschaften von Steuerelementen festlegen lassen.

Beim Aufbau eines Eigenschaftsfeldes sind zunächst die einzelnen Eigenschaftsseiten als Instanziierungen der Basis-Klasse "CPropertyPage" festzulegen. Anschließend ist das Eigenschaftsfeld – als Sammlung dieser Eigenschaftsseiten – in Form einer Instanziierung der Basis-Klasse "CPropertySheet" einzurichten.

Als Beispiel erläutern wir im Folgenden, wie sich ein Eigenschaftsfeld aus den beiden folgenden Eigenschaftsseiten aufbauen lässt:

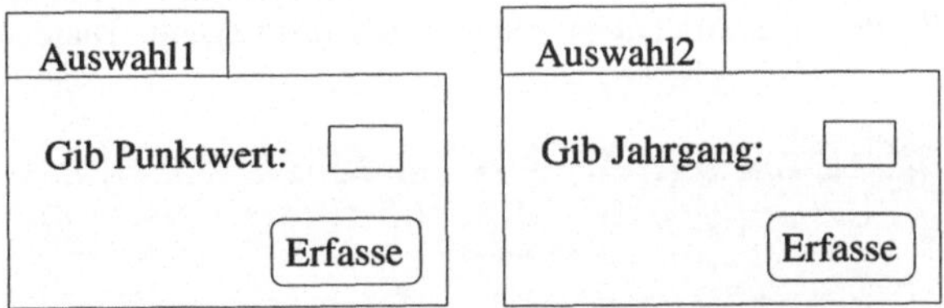

Abbildung 10.5: Struktur der Eigenschaftsseiten

Zunächst richten wir ein dialogfeld-basierendes Projekt namens "FensterAuswahl" ein.

Da das vom Ressourcen-Editor angezeigte Dialogfeld von uns nicht benötigt wird, entfernen wir – im Navigations-Bereich des Visual C++-Fensters – die beiden *automatisch* erstellten Dateien "FensterAuswahlDlg.h" und "FensterAuswahlDlg.cpp" aus dem Projekt "FensterAuswahl".

Wichtig ist, dass das von uns benötigte Programm-Gerüst – bestehend aus der Klasse "CFensterAuswahlApp" mit der Deklaration der Member-Funktion "InitInstance" – bereitgestellt ist und die vom Klassen-Assistenten automatisch erzeugten Member-Funktionen auf dieses Programm-Gerüst abgestimmt sind.

Festlegung der Eigenschaftsseiten

Um die erste Eigenschaftsseite aufzubauen, fügen wir dem Projekt "FensterAuswahl" ein weiteres Dialogfeld hinzu. Dazu wählen wir aus dem Menü "Einfügen" die Menü-Option "Ressource..." und im daraufhin eröffneten Dialogfeld "Ressource einfügen" den

Ressourcen-Typ "Dialog" aus. Diese Wahl bestätigen wir durch einen Mausklick auf die Schaltfläche "Neu". Das daraufhin angezeigte Rahmenfenster verwenden wir als Basis für die einzurichtende Eigenschaftsseite.

Nachdem wir die Steuerelemente (das Textfeld, das Eingabefeld und die Schaltfläche) platziert und für die Titel-Zeile den Text "Auswahl1" festgelegt haben, fordern wir den Klassen-Assistenten an. Daraufhin wird das folgende Dialogfeld "Hinzufügen einer Klasse" angezeigt:

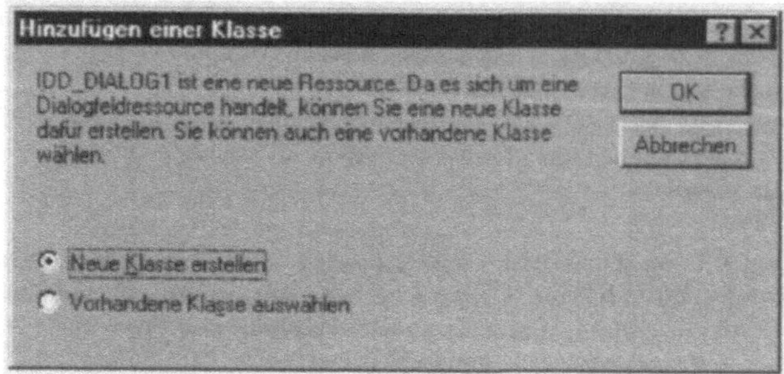

Abbildung 10.6: Dialogfeld "Hinzufügen einer Klasse"

Sofern wir das Optionsfeld "Neue Klasse erstellen" aktiviert und einen Mausklick auf die Schaltfläche "OK" durchgeführt haben, erhalten wir das folgende Dialogfeld "Neue Klas se":

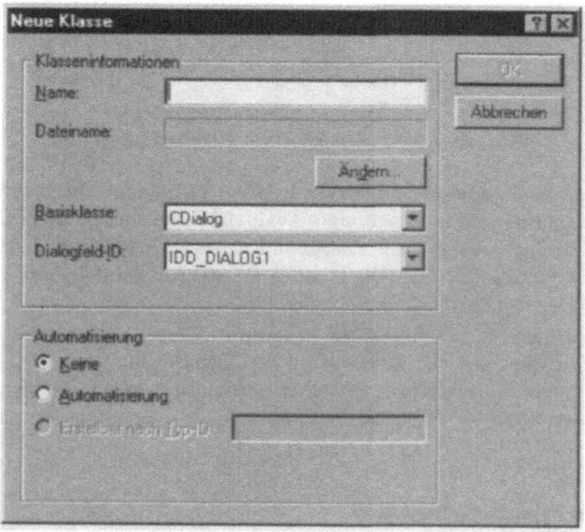

Abbildung 10.7: Dialogfeld "Neue Klasse"

In dieses Dialogfeld tragen wir den Text "Eigenschaftsseite1" als Klassennamen in das

Feld “Name:” ein und aktivieren das Listenelement “CPropertyPage” innerhalb der Liste “Basisklasse:”. Anschließend bestätigen wir den Inhalt dieses Dialogfeldes und auch des nachfolgend angezeigten Dialogfeldes durch die Schaltfläche “OK”. Hierdurch wird die Deklaration der Klasse “Eigenschaftsseite1” erzeugt, die als direkte Unterklasse der Basis-Klasse “CPropertyPage” eingerichtet wird.
In diesem Zusammenhang ist Folgendes wichtig:

- Wir haben den Begriff “Basis-Klasse” zur Bezeichnung derjenigen Klassen verwendet, die von Visual C++ bereitgestellt werden. Im Unterschied dazu wird der von der Programmierumgebung Visual C++ verwendete Begriff “Basisklasse” synomym für den Begriff “Oberklasse” verwendet.

Zum Aufbau der zweiten Eigenschaftsseite gehen wir entsprechend vor. Dabei sehen wir für die Titel-Zeile den Text “Auswahl2” und “Eigenschaftsseite2” als Klassennamen vor. Ferner achten wir darauf, dass sich die beiden Eigenschaftsseiten in ihren Ausmaßen gleichen.

Festlegung des Eigenschaftsfeldes

Um die beiden zuvor erstellten Eigenschaftsseiten zu einem Eigenschaftsfeld zusammenzufassen, muss zunächst – unter Einsatz des Klassen-Assistenten – die Klasse “Eigenschafts feld” als direkte Unterklasse der Basis-Klasse “CPropertySheet” eingerichtet werden. Daher betätigen wir die Schaltfläche “Klasse hinzufügen...” des Klassen-Assistenten und aktivieren in dem daraufhin angezeigten Popup-Menü die Menü-Option “Neu...”.
Im daraufhin angezeigten Dialogfeld “Neue Klasse” tragen wir “Eigenschaftsfeld” als Klassennamen in das Feld “Name:” ein und markieren das Listenelement “CPropertySheet” innerhalb des Listenfeldes “Basisklasse:”. Hierdurch ist bestimmt, dass sich das festzulegende Eigenschaftsfeld als Instanziierung der Klasse “Eigenschaftsfeld” – einer direkten Unterklasse der Basis-Klasse “CPropertySheet” – eingerichtet wird.
Um das Eigenschaftsfeld beim Start der Anwendung zur Anzeige zu bringen, muss in der Programm-Datei “FensterAuswahl.cpp” die folgende include-Direktive ergänzt werden:

```
#include "Eigenschaftsfeld.h"
```

Zusätzlich muss innerhalb der Member-Funktion “InitInstance” die standardmäßig erzeugte Instanziierung

```
CFensterAuswahlDlg dlg;
```

wie folgt ersetzt werden:

```
Eigenschaftsfeld dlg("Auswahl von Eigenschaftsseiten");
```

Hierdurch wird das Eigenschaftsfeld instanziiert und der Text "Auswahl von Eigenschafts seiten" als Titel-Zeile für die Bildschirm-Anzeige festgelegt.
Hinweis: Dass wir bei dieser Initialisierungs-Anweisung einen String als Argument angeben können, liegt an der Deklaration der Konstruktor-Funktion der Klasse "Eigenschaftsfeld" (siehe unten).

Damit das Eigenschaftsfeld in der gewünschten Form angezeigt wird, müssen ihm die beiden Eigenschaftsseiten zugeordnet werden. Hierzu ergänzen wir die Header-Datei "Ei genschaftsfeld.h" durch die beiden folgenden include-Direktiven:

```
#include "Eigenschaftsseite1.h"
#include "Eigenschaftsseite2.h"
```

Zusätzlich tragen wir in die Header-Datei "Eigenschaftsfeld.h" – innerhalb der Klassen-Deklaration von "Eigenschaftsfeld" – die folgenden Programmzeilen ein:

```
public:
 Eigenschaftsseite1 m_seite1;
 Eigenschaftsseite2 m_seite2;
```

Letztlich bringen wir die vom Klassen-Assistenten automatisch generierte Definition der Konstruktor-Funktion von "Eigenschaftsfeld" in die folgende Form:

```
Eigenschaftsfeld::Eigenschaftsfeld(LPCTSTR pszCaption,CWnd*pParentWnd,
             UINT iSelectPage)
            : CPropertySheet(pszCaption, pParentWnd, iSelectPage){
 AddPage(& m_seite1);
 AddPage(& m_seite2);
}
```

Durch den Einsatz der Basis-Member-Funktion "AddPage" werden dem Eigenschaftsfeld die beiden Eigenschaftsseiten zugeordnet.

- **"AddPage(CPropertyPage * zgrVariable)"**:
  Dem Eigenschaftsfeld, das den Funktions-Aufruf bewirkt, wird diejenige Eigenschaftsseite hinzugefügt, die durch die als Argument angegebene Referenz-Information "zgrVariable" gekennzeichnet ist. Das Eigenschaftsfeld wird ausserdem um einen Kartenreiter ergänzt, dessen Aufschrift durch diejenige Titel-Zeile bestimmt ist, die für die Eigenschaftsseite festgelegt ist.

Haben wir die angegebenen Ergänzungen vorgenommen, so erhalten wir bei der Programmausführung die folgende Anzeige:

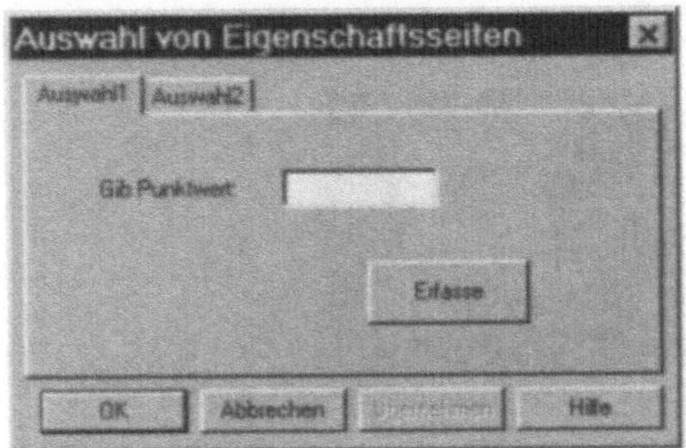

Abbildung 10.8: Anzeige des Eigenschaftsfeldes

Aktivieren wir in dieser Situation den Kartenreiter "Auswahl2", so erscheint die zweite Eigenschaftsseite.
Die Schaltflächen "OK", "Abbrechen", "Übernehmen" und "Hilfe" sind vom Klassen-Assistenten automatisch erzeugt worden. In diesem Beispiel haben wir ihnen keine Member-Funktionen zugeordnet.

10.6 ActiveX-Steuerelemente

Bislang haben wir Ausschnitte aus den standardmäßigen Leistungen vorgestellt, die unter Einsatz der Steuerelemente-Palette des Ressourcen-Editors erbracht werden können. Darüberhinaus besteht die Möglichkeit, die Steuerelemente-Palette um weitere Symbol-Schaltflächen zu ergänzen.
Wir demonstrieren dies am Beispiel des von der Firma Microsoft zur Verfügung gestellten Media-Players. Dazu erläutern wir, wie sich eine Symbol-Schaltfläche erzeugen lässt, mit der wir die Einrichtung eines ActiveX-Steuerelements anfordern können.

- Durch den Einsatz von *ActiveX-Steuerelementen* (ActiveX-Controls) lassen sich ablauffähige Programm-Komponenten (OLE-Controls) verwenden. Diese Komponenten werden dynamisch, d.h. zum Zeitpunkt der Programmausführung, an das ausgeführte Programm gebunden.

Bevor ein ActiveX-Steuerelement verwendet werden kann, muss es in der Windows-Registrier-Datei (registry) registriert sein. Einige ActiveX-Steuerelemente sind bereits im Lieferumfang von Visual C++ enthalten und werden bei der Installation automatisch registriert.
Soll ein ActiveX-Steuerelemente nachträglich registriert werden, so ist im Menü "Extras" die Menü-Option "Testcontainer für ActiveX-Controls" zu aktivieren und im Menü "Da tei" die Menü-Option "Steuerelemente registrieren..." auszuwählen.
Für den Media-Player legen wir fest, dass er in der folgenden Form in dem von uns eingesetzten Dialogfeld angezeigt werden soll:

Abbildung 10.9: Anzeige des Dialogfeldes mit dem Mediaplayer

Durch einen Mausklick auf die Schaltfläche "Starten" soll diejenige Media-Datei abgespielt werden, die durch den im Eingabefeld eingetragenen Dateinamen gekennzeichnet ist.

Um das ActiveX-Steuerelement "MediaPlayer" in unsere Dialogfeld-Anwendung "Fenster Bausteine" einzubinden, wählen wir im Menü "Projekt" zunächst die Menü-Option "Dem Projekt hinzufügen" und anschließend die Menü-Option "Komponenten und Steuerelemente..." aus. Aus dem daraufhin angezeigten Dialogfeld "Sammlung der Komponenten und Steuerelemente"

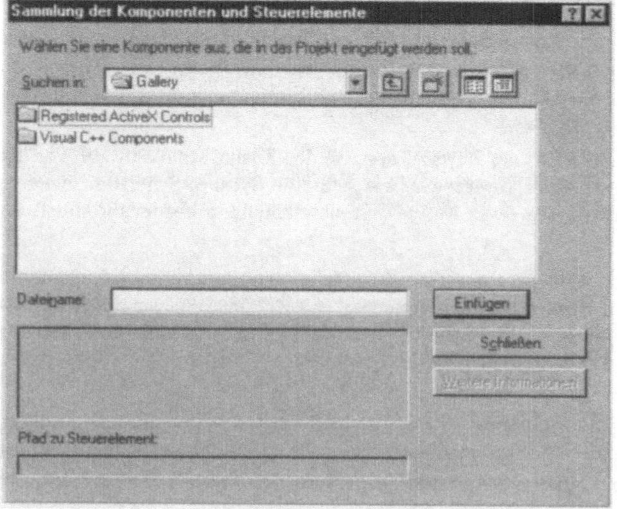

Abbildung 10.10: Dialogfeld "Sammlung der Komponenten und Steuerelemente"

wählen wir – bei eingestelltem Ordner "Gallery" – das Verzeichnis "Registered ActiveX Controls" aus. Daraufhin erscheint die folgende Anzeige:

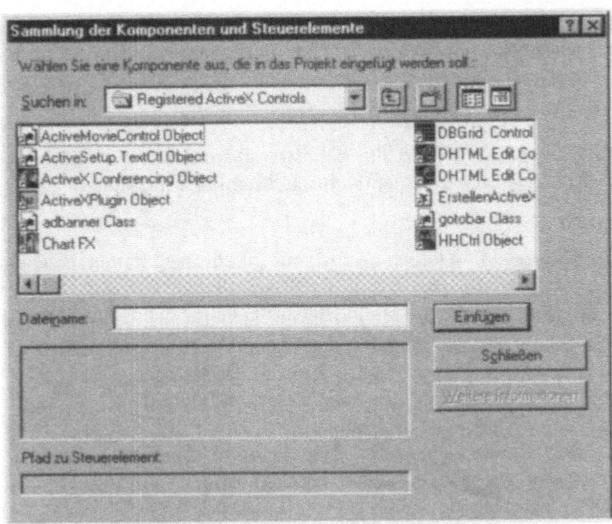

Abbildung 10.11: Liste der ActiveX-Steuerelemente

Aus der Liste der zur Verfügung gehaltenen ActiveX-Steuerelemente wählen wir das Symbol "Windows Media Player" durch einen Doppelklick aus. Nachdem wir diese Auswahl im Dialogfeld "Diese Komponente einfügen?" bestätigt haben, erscheint das folgende Dialogfeld "Klassen bestätigen":

Klassen bestätigen
Die markierten Klassen werden aus dem ActiveX-Steuerelement generiert. Klicken Sie auf einen Klassennamen, um die zugehörigen Attribute
OK
Abbrechen
CMediaPlayer2
CMediaPlayerDvd
Klassenname:
CMediaPlayer2
Basisklasse:
CWnd
Header-Datei:
MediaPlayer2.h
Implementierungsdatei:
MediaPlayer2.cpp

Abbildung 10.12: Dialogfeld "Klassen bestätigen"

In diesem Dialogfeld fordern wir durch einen Mausklick auf die Schaltfläche "OK" die Erzeugung der beiden *Wrapper-Klassen* "CMediaPlayer2" und "CMediaPlayerDvd" an, deren Klassen-Vereinbarungen in den Dateien "mediaplayer2.cpp", "mediaplayer2.h", "mediaplayerdvd.cpp" und "mediaplayerdvd.h" enthalten sind.

- Durch *Wrapper-Klassen* wird die Schnittstelle beschrieben, über die die Leistungen eines ActiveX-Steuerelements durch Member-Funktionen angefordert werden können.

Nachdem wir das Dialogfeld "Klassen bestätigen" geschlossen haben, erscheint die Symbol-Schaltfläche *"Windows Media Player"* in der Steuerelemente-Palette des Ressourcen-Editors, durch die das Steuerelement "MediaPlayer" gekennzeichnet wird.

Nachdem wir das Steuerelement an der vorgesehenen Position im Dialogfeld festgelegt haben, ordnen wir dem Media-Player – unter Einsatz des Klassen-Assistenten – die Control-Member-Variable "m_mediaplayer" aus der Klasse "CMediaPlayer2" und dem Eingabefeld die Value-Member-Variable "m_dateiname" aus der Basis-Klasse "CString" zu. Für die Schaltfläche, der wir die Objekt-ID "IDC_Starten" mit der Aufschrift "Starten" zugeordnet haben, legen wir mittels einer Message-Map – für das Nachrichten-Ereignis "BN_CLICKED" – die folgende Member-Funktion fest:

```
void CFensterBausteineDlg::OnStarten() {
 UpdateData(TRUE);
 m_mediaplayer.Open(m_dateiname);
}
```

Bei dieser Funktions-Definition haben wir die Basis-Member-Funktion "Open" – aus der Wrapper-Klasse "CMediaPlayer2" – eingesetzt.

- **"Open(CString varString)"**:
  Die Media-Datei, deren Dateiname durch "varString" festgelegt ist, wird zur Verarbeitung eröffnet.

Durch die Ausführung der Member-Funktion "OnStarten" wird die Media-Datei zur Bearbeitung eröffnet. Anschließend kann das Abspielen über Symbol-Schaltflächen – wie z.B. "Play", "Pause" und "Stop" – gesteuert werden.

Kapitel 11

Erweiterte fenster-gestützte Dialogführung

Nachdem wir im Kapitel 10 die Möglichkeiten erörtert haben, wie sich der Dialog mit dem Anwender über geeignete Steuerelemente gestalten lässt, wollen wir in den nachfolgenden Abschnitten das von uns im Kapitel 8 angegebene Beispiel für eine fenster-gestützte Datenerfassung und Auswertung erweitern. Wir werden dabei kennenlernen, wie der Dialog durch den Einsatz mehrerer Dialogfelder in übersichtlicher Form strukturiert werden kann.

11.1 Problemstellung und Konzeption der Dialogfelder

Bei der Formulierung der Problemstellung PROB-8 haben wir – aus Gründen der Vereinfachung – keine Eingabe der Jahrgangsstufe und des Skalenniveaus vorgesehen. Wir holen dies jetzt nach und ergänzen die bisherige Problemstellung wie folgt:

- PROB-9:
  Zur Erfassung von intervall-, ordinal- oder nominalskalierten Punktwerten einer beliebigen Jahrgangsstufe und der Berechnung und Anzeige der zugehörigen Kennzahlen soll ein rein fenster-gestützter Dialog ablaufen!

Zur Lösung dieser Problemstellung sehen wir den Einsatz

- eines Anforderungs-Dialogfeldes,
- eines Erfassungs-Dialogfeldes und
- eines Auswertungs-Dialogfeldes vor.

Durch Einstellungen im Anforderungs-Dialogfeld soll bestimmt werden, ob eine Erfassung – unter Einsatz des Erfassungs-Dialogfeldes – oder eine Auswertung – unter Einsatz des Auswertungs-Dialogfeldes – erfolgen soll. Ferner soll festgelegt werden können, welches Skalenniveau die Daten besitzen und für welche Jahrgangsstufe die Erfassung durchzuführen ist.

Die Struktur des *Anforderungs-Dialogfeldes* legen wir wie folgt fest:

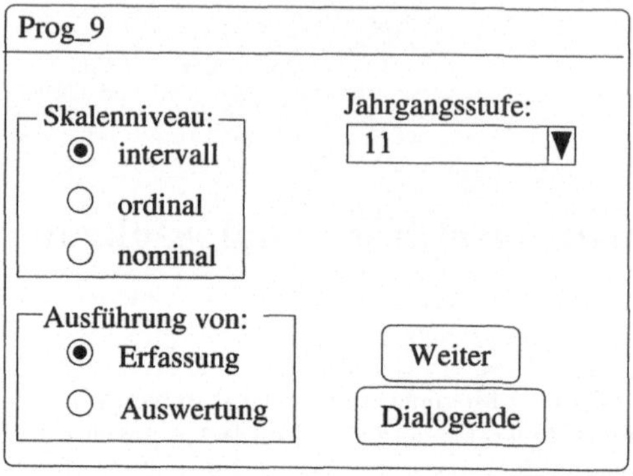

Prog_9

Skalenniveau:
intervall
ordinal
nominal

Jahrgangsstufe:
11

Ausführung von:
Erfassung
Auswertung

Weiter
Dialogende

Abbildung 11.1: Struktur des Anforderungs-Dialogfeldes

Dieses Dialogfeld mit dem Titel "Prog_9" enthält zwei Gruppenfelder, die aus Optionsfeldern aufgebaut und durch die Angaben "Skalennniveau:" bzw. "Ausführung von:" gekennzeichnet sind.
Die drei Optionsfelder der ersten Gruppe sind mit den Beschriftungen "intervall", "ordinal" und "nominal" versehen, durch die das Skalenniveau der zu erfassenden Punktwerte gekennzeichnet wird. Die zweite Gruppe enthält zwei Optionsfelder mit den Beschriftungen "Erfassung" und "Auswertung". Hierdurch soll gesteuert werden, ob eine Erfassung oder eine Auswertung vorzunehmen ist.
Das Textfeld mit dem Inhalt "Jahrgangsstufe:" kennzeichnet das darunter aufgeführte Kombinationsfeld, für das wir die Listenelemente "11", "12" und "13" vorsehen werden.
Über die Schaltfläche "Weiter" soll die Anforderung erfolgen, ob als nächstes das Erfassungs- oder das Auswertungs-Dialogfeld anzuzeigen ist.
Unter Einsatz der Schaltfläche "Dialogende" soll der Dialog beendet werden.

Für das *Erfassungs-Dialogfeld* sehen wir den folgenden Inhalt vor:

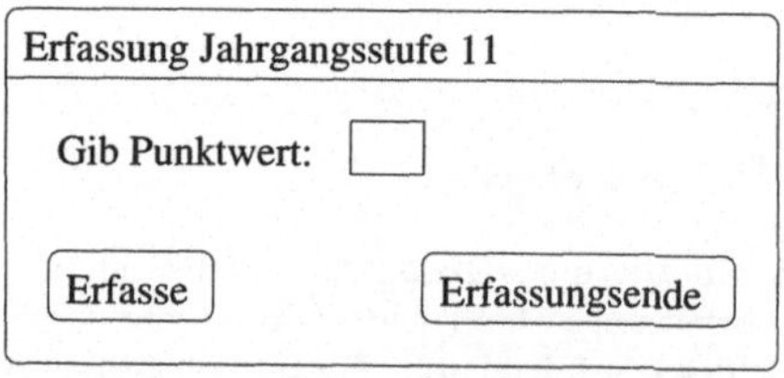

Erfassung Jahrgangsstufe 11

Gib Punktwert:

Erfasse
Erfassungsende

Abbildung 11.2: Struktur des Erfassungs-Dialogfeldes

Dieses Dialogfeld trägt den Titel "Erfassung Jahrgangsstufe 11" und enthält – als Steuerelemente – ein Textfeld ("Gib Punktwert:"), ein Eingabefeld (zur Eingabe der Punktwerte) sowie die beiden Schaltflächen "Erfasse" (zum Sammeln der eingegebenen Punktwerte) und "Erfassungsende" (zum Entfernen des Erfassungs-Dialogfeldes).

Das *Auswertungs-Dialogfeld* soll die folgende Form besitzen:

```
Auswertung Jahrgangsstufe 11

Durchschnitt:
Median:
Modus:                        [Zurück]
```

Abbildung 11.3: Struktur des Auswertungs-Dialogfeldes

Dieses Dialogfeld trägt den Titel "Auswertung Jahrgangsstufe 11" und enthält – als Steuerelemente – drei Textfelder (zur Anzeige der Kennzahlen) sowie die Schaltfläche "Zurück" (zum Entfernen des Auswertungs-Dialogfeldes).
Bei der Anzeige der Kennzahlen soll dafür gesorgt werden, dass hinter den Texten "Durchschnitt:", "Median:" und "Modus:" immer nur diejenigen Kennzahlen erscheinen, für die eine Ausgabe im Hinblick auf das vorliegende Skalenniveau sinnvoll ist.

Um die drei für den Lösungsplan benötigten Dialogfelder dialog-gestützt aufbauen zu können, richten wir – zur Lösung von PROB-9 – das dialogfeld-basierende Projekt "Prog_9" in Form des Projekttyps "MFC-Anwendungs-Assistent (exe)" ein.
Anschließend kopieren wir aus dem Projekt "Prog_8" die für die Klassen "WerteErfassung", "InWerteErfassung", "OrWerteErfassung" und "NoWerteErfassung" benötigten Header- und Programm-Dateien sowie die Dateien "EigeneBibliothek.h" und "EigeneBibliothek.cpp" in den Ordner "Prog_9" und binden sie in das Projekt "Prog_9" ein.
Wir ergänzen die Klassen-Deklaration von "NoWerteErfassung" und "OrWerteErfassung" jeweils durch die folgende Funktions-Deklaration:

```
void auswerten();
```

In die Programm-Datei "NoWerteErfassung.cpp" tragen wir die Programmzeilen

```
void NoWerteErfassung::auswerten() {
 this->zentrum(); // modus
}
```

und in der Programm-Datei "OrWerteErfassung.cpp" die Programmzeilen

```
void OrWerteErfassung::auswerten() {
 this->zentrum(); // median
 this->modus(); // modus
}
```

als zugehörige Funktions-Definitionen ein.

11.2 Aufbau der Dialogfelder

11.2.1 Aufbau des Anforderungs-Dialogfeldes

Objekt-IDs und Member-Funktionen

Bevor wir das Anforderungs-Dialogfeld mit dem Ressourcen-Editor aufbauen, legen wir zunächst die Objekt-IDs für die Steuerelemente fest. Dazu treffen wir die folgenden Verabredungen:

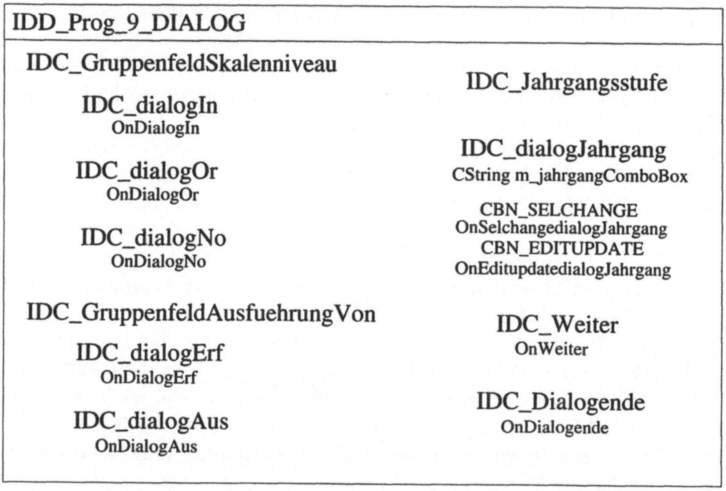

IDD_Prog_9_DIALOG

IDC_GruppenfeldSkalenniveau

IDC_dialogIn
OnDialogIn

IDC_dialogOr
OnDialogOr

IDC_dialogNo
OnDialogNo

IDC_GruppenfeldAusfuehrungVon

IDC_dialogErf
OnDialogErf

IDC_dialogAus
OnDialogAus

IDC_Jahrgangsstufe

IDC_dialogJahrgang
CString m_jahrgangComboBox

CBN_SELCHANGE
OnSelchangedialogJahrgang
CBN_EDITUPDATE
OnEditupdatedialogJahrgang

IDC_Weiter
OnWeiter

IDC_Dialogende
OnDialogende

Abbildung 11.4: Struktur des Anforderungs-Dialogfeldes

Unter den Objekt-IDs der Schaltflächen und Optionsfelder sind die Namen derjenigen Member-Funktionen eingetragen, die durch das Nachrichten-Ereignis "BN_CLICKED" zur Ausführung gelangen sollen.
Der Eintrag "CString m_jahrgangComboBox" unterhalb der Objekt-ID "IDC_dialogJahr gang" soll den Sachverhalt kennzeichnen, dass dem Kombinationsfeld "IDC_dialogJahr gang" die Value-Member-Variable "m_jahrgangComboBox" aus der Basis-Klasse "CString" zugeordnet werden soll.
Die für das Kombinationsfeld ("IDC_dialogJahrgang") angegebenen Nachrichten-Ereignisse "CBN_SELCHANGE" und "CBN_EDITUPDATE" beschreiben die Situationen, in denen ein Listenelement aus dem Kombinationsfeld ausgewählt bzw. ein Wert in das Kombinations-Eingabefeld eingetragen wird.

Einrichtung von Options- und Gruppenfeldern

Zum Aufbau eines Optionsfeldes aktivieren wir die innerhalb der Steuerelemente-Palette enthaltene Symbol-Schaltfläche "*Optionsfeld*". Nach der Platzierung im Dialogfeld vereinbaren wir die gewünschte Objekt-ID sowie den anzuzeigenden Text im Dialogfeld "Optionsfeld Eigenschaften", das sich über das Kontext-Menü abrufen lässt.

Um die Optionsfelder zu einer *Gruppe* zusammenzufassen, richten wir die zu gruppierenden Optionsfelder unmittelbar nacheinander ein. Für das erste dieser Optionsfelder sowie das erste Steuerelement, das nicht mehr in die Gruppierung einbezogen werden soll, aktivieren wir im jeweils zugehörigen Dialogfeld "Eigenschaften" das Kontrollkästchen "Gruppe".

Um die beiden Gruppen von Optionsfeldern *optisch* auszuweisen, umrahmen wir sie durch das Ziehen mit der Maus, nachdem wir zuvor die Symbol-Schaltfläche "*Gruppenfeld*" aus der Steuerelemente-Palette aktiviert haben. Abschließend legen wir im Dialogfeld "Gruppenfeld Eigenschaften" die Objekt-ID und den Text fest, der die Gruppen innerhalb des Dialogfeldes kennzeichnen soll.

Einrichtung eines Kombinationsfeldes

Um das *Kombinationsfeld* einzurichten, aktivieren wir innerhalb der Steuerelemente-Palette die Symbol-Schaltfläche "*Kombinationsfeld*". Nachdem wir das Kombinationsfeld im Dialogfeld platziert haben, verabreden wir die Objekt-ID "IDC_dialogJahrgang" im zugehörigen Dialogfeld "Kombinationsfeld Eigenschaften".

Damit beim Klicken auf die Pfeilfläche dieses Kombinationsfeldes sämtliche Listenelemente ("11", "12" und "13") angezeigt werden, vergrößern wir das Kombinationsfeld, indem wir mit der Maus auf die Pfeilfläche klicken und den unteren Rahmen nach unten ziehen.

Damit das Listenelement "11" – als voreingestellter Wert – im Kombinations-Eingabefeld angezeigt werden kann, ordnen wir dem Kombinationsfeld "IDC_dialogJahrgang" die Value-Member-Variable "m_jahrgangComboBox" aus der Basis-Klasse "CString" zu.

11.2.2 Aufbau des Erfassungs-Dialogfeldes

Einrichtung eines weiteren Dialogfeldes

Nachdem wir den Dialog mit dem Ressourcen-Editor beendet und den Klassen-Assistenten zum Aufbau der benötigten Message-Maps eingesetzt und damit den Aufbau des Anforderungs-Dialogfensters in der angegebenen Form festgelegt haben, fügen wir dem Projekt "Prog_9" ein weiteres Dialogfeld hinzu.

Dazu wählen wir aus dem Menü "Einfügen" die Menü-Option "Ressource..." und im daraufhin eröffneten Dialogfeld "Ressource einfügen" den Ressourcen-Typ "Dialog" aus und bestätigen diese Wahl durch einen Mausklick auf die Schaltfläche "Neu".

Daraufhin wird ein neues Rahmenfenster angezeigt, das uns als Basis für das zu erstellende Erfassungs-Dialogfeld dient.

Objekt-IDs und Member-Funktionen

Bevor wir das Erfassungs-Dialogfeld mit dem Ressourcen-Editor aufbauen, legen wir zunächst die Objekt-IDs für die Steuerelemente fest. Dazu treffen wir die folgenden Verabredungen:

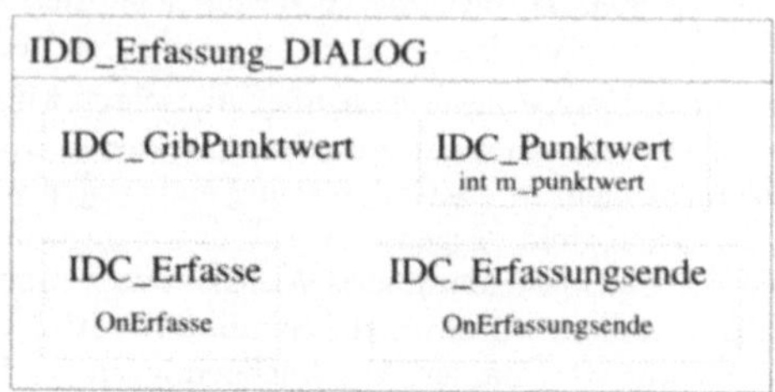

Abbildung 11.5: Struktur des Erfassungs-Dialogfeldes

Durch den Eintrag "int m_punktwert", der unterhalb der Objekt-ID des Eingabefeldes angegeben ist, soll gekennzeichnet werden, dass dem Eingabefeld "IDC_Punktwert" die Value-Member-Variable "m_punktwert" aus der Standard-Klasse "int" zuzuordnen ist.

Einrichtung der Klasse "ErfassungDlg"

Die Einrichtung des Anforderungs-Dialogfeldes hat dazu geführt, dass die automatisch erzeugten Klassen-Vereinbarungen in den folgenden Dateien eingetragen wurden:

- der Anwendungs-Teil in "Prog_9.h" und "Prog_9.cpp" und
- der Dialogfeld-Teil in "Prog_9Dlg.h" und "Prog_9Dlg.cpp".

Damit die Angaben, die den Aufbau des *zusätzlich* eingerichteten Dialogfeldes betreffen, als Bestandteil einer zugehörigen Header- und Programm-Datei gesichert werden können, wird – auf der Basis des aufgebauten Erfassungs-Dialogfeldes – das folgende Dialogfeld "Hinzufügen einer Klasse" beim *erstmaligen* Aufruf des Klassen-Assistenten angezeigt:

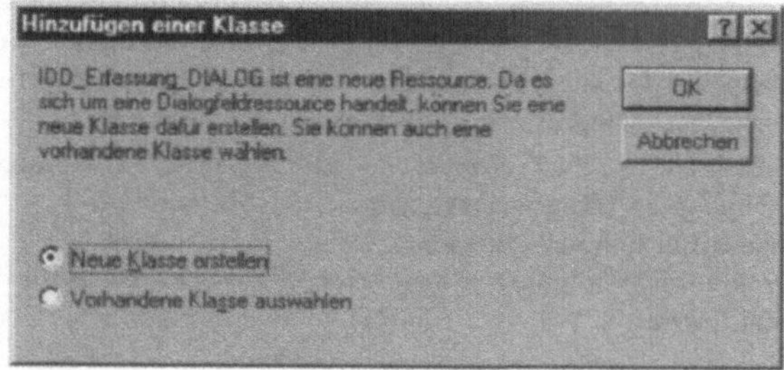

Abbildung 11.6: Dialogfeld "Hinzufügen einer Klasse"

In diesem Dialogfeld bestätigen wir das aktivierte Optionsfeld "Neue Klasse erstellen" durch einen Mausklick auf die Schaltfläche "OK". Daraufhin wird das Dialogfeld "Neue Klasse" wie folgt angezeigt:

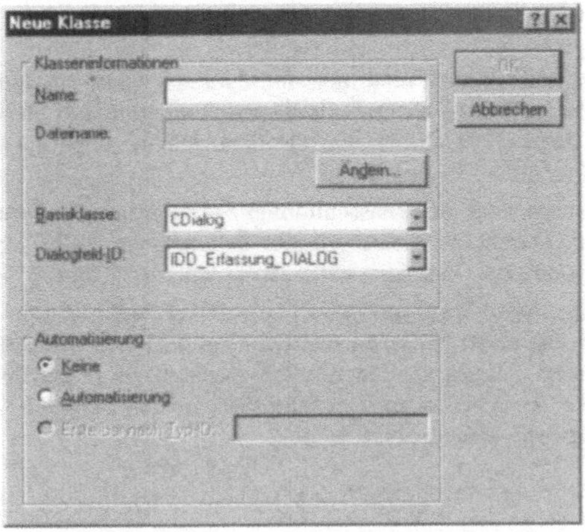
Neue Klasse
Klasseninformationen
Name:
Dateiname:
Abbrechen
Basisklasse:
CDialog
IDD_Erfassung_DIALOG
Automatisierung
Keine
Automatisierung

Abbildung 11.7: Dialogfeld "Neue Klasse"

Wir vergeben für die neue Klasse den Klassennamen "ErfassungDlg" und tragen daher diesen Namen in das Feld "Name:" ein. Durch die Betätigung der Schaltfläche "OK" wird die neue Klasse "ErfassungDlg" als direkte Unterklasse der Basis-Klasse "CDialog" eingerichtet. Um die von uns vorgesehenen Message-Maps und "m_punktwert" als Value-Member-Variable festzulegen, setzen wir den Klassen-Assistenten in gewohnter Weise ein. Die dadurch erzeugten Angaben werden automatisch in den Dateien "ErfassungDlg.h" und "ErfassungDlg.cpp" eingetragen.

11.2.3 Aufbau des Auswertungs-Dialogfeldes

Objekt-IDs und Member-Funktionen

Um dem Projekt "Prog_9" das Auswertungs-Dialogfeld hinzuzufügen, gehen wir genauso vor, wie wir es soeben bei der Ergänzung des Erfassungs-Dialogfeldes geschildert haben.

Die Objekt-IDs, die die Steuerelemente des Auswertungs-Dialogfeldes kennzeichnen sollen, legen wir wie folgt fest:

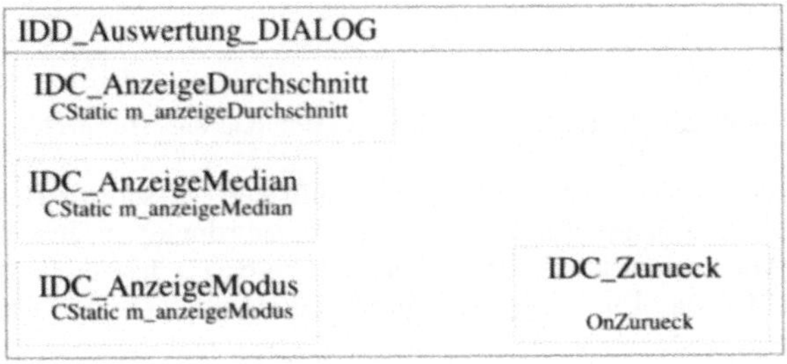
IDD_Auswertung_DIALOG
IDC_AnzeigeDurchschnitt
CStatic m_anzeigeDurchschnitt
IDC_AnzeigeMedian
CStatic m_anzeigeMedian
IDC_AnzeigeModus
CStatic m_anzeigeModus
IDC_Zurueck
OnZurueck

Abbildung 11.8: Struktur des Auswertungs-Dialogfeldes

Einrichtung der Klasse "AuswertungDlg"

Sobald wir für das neue Dialogfeld erstmalig den Klassen-Assistenten anfordern, erscheint das Dialogfeld "Hinzufügen einer Klasse". In diesem Dialogfeld aktivieren wir das Optionsfeld "Neue Klasse erstellen". Nachdem wir die Schaltfläche "OK" betätigt haben, erfolgt die Anzeige des Dialogfeldes "Neue Klasse".

In dieses Dialogfeld tragen wir den Klassennamen "AuswertungDlg" innerhalb des Eingabefeldes "Name:" ein. Durch die Betätigung der Schaltfläche "OK" wird die neue Klasse "AuswertungDlg" als direkte Unterklasse der Basis-Klasse "CDialog" eingerichtet.

Um die von uns vorgesehene Message-Map für die Member-Funktion "OnZurueck" sowie die Control-Member-Variablen "m_anzeigeDurchschnitt", "m_anzeigeMedian" und "m_an zeigeModus" festzulegen, setzen wir den Klassen-Assistenten in gewohnter Weise ein. Die hieraus resultierenden Angaben werden automatisch in den Dateien "AuswertungDlg.h" und "AuswertungDlg.cpp" eingetragen.

11.2.4 Instanziierungen

Konzeption

Nachdem wir die drei zur Lösung benötigten Dialogfelder aufgebaut haben, muss für den Lösungsplan festgelegt werden, welche Instanziierungen vorzunehmen sind. Dazu ist der folgende Ausschnitt aus der Klassen-Hierarchie von Bedeutung:

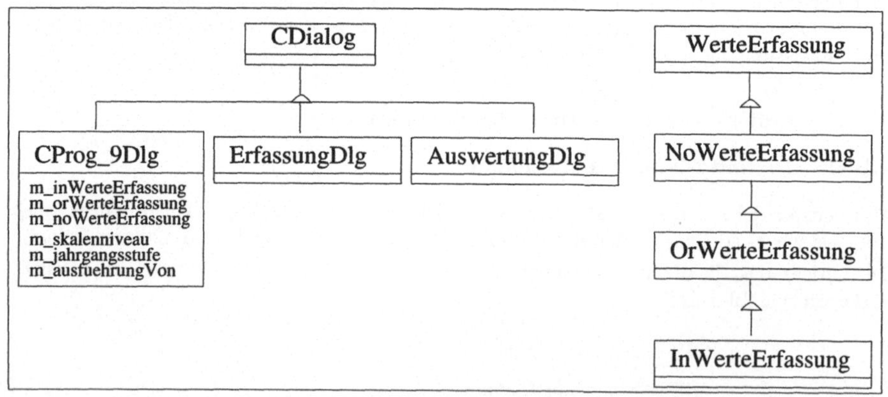

Abbildung 11.9: Aussschnitt aus der Klassen-Hierarchie

Ob eine Erfassung oder eine Auswertung durchzuführen ist, soll für eine Instanziierung aus der Klasse "CProg_9Dlg" durch eine geeignete Zuordnung an ihre Member-Variable "m_ausfuehrungVon" vermerkt werden. Daher deklarieren wir diese Variable in der Klassen-Deklaration von "CProg_9Dlg" – innerhalb der Header-Datei "CProg_9Dlg.h" – durch den folgenden Eintrag:

```
protected:
  int m_ausfuehrungVon;
```

In Anlehnung an den Lösungsplan von PROB-8 soll die Sammlung der Punktwerte mittels der Variablen "m_inWerteErfassung", "m_orWerteErfassung" bzw. "m_noWerteErfas sung" erfolgen. Ergänzend sollen die Variablen "m_jahrgangsstufe" und "m_skalenniveau" in der Klasse "CProg_9Dlg" zur Verfügung stehen, um die Jahrgangsstufe und das für die Daten festgelegte Skalenniveau zuordnen zu können.

Im Rahmen der Lösung von PROB-9 streben wir an, dass die Instanzen, durch die das Erfassungs-Dialogfeld (Instanz der Klasse "ErfassungDlg") bzw. das Auswertungs-Dialogfeld (Instanz der Klasse "AuswertungDlg") zur Anzeige gelangen, innerhalb ihrer Member-Funktionen auf die Variablen "m_inWerteErfassung", "m_orWerteErfassung", "m_noWer teErfassung", "m_skalenniveau" und "m_jahrgangsstufe" zugreifen können.

Nach unseren bisherigen Kenntnissen könnte dies dadurch geschehen, dass wir innerhalb der Member-Funktionen der Klassen "ErfassungDlg" und "AuswertungDlg" diejenige Instanz aufführen, die das Anforderungs-Dialogfeld (Instanz namens "dlg" aus der Klasse "CProg_9Dlg") verkörpert. Dies würde jedoch voraussetzen, dass diese Instanz in den beiden Klassen "ErfassungDlg" und "AuswertungDlg" bekannt ist.

Hinweis: Das Anforderungs-Dialogfeld wird durch die Ausführung der Member-Funktion "Init Instance" der Klasse "CProg_9App" eingerichtet. Diese Member-Funktion ist in "Prog_9.cpp" eingetragen.

Um den Zugriff auf die Variablen "m_inWerteErfassung", "m_orWerteErfassung", "m_no WerteErfassung", "m_skalenniveau" und "m_jahrgangsstufe" – ohne den Einsatz der Instanz "dlg" aus der Klasse "CProg_9Dlg" – zu ermöglichen, vereinbaren wir diese Variablen in der Klasse "CProg_9Dlg" *nicht* als Member-, sondern als Klassen-Variablen.

Einsatz von Klassen-Variablen

- Durch eine *Klassen-Variable* lässt sich ein klassen-spezifisches Attribut kennzeichnen. Dabei handelt es sich um eine Variable, die von allen Instanzen der jeweiligen Klasse (und deren Unterklassen) *gemeinsam* benutzt werden kann.

  Hinweis: Statt eine globale Variable in Form einer Instanziierung aus einer der Standard-Klassen oder der Basis-Klasse "CString" einzurichten, sollte eine eigenständige Klasse mit einer geeigneten Klassen-Variablen vereinbart werden. Dadurch lässt sich der kontrollierte Zugriff – gemäß dem Prinzip der Datenkapselung – realisieren.

  Um eine Klassen-Variable namens "varname" in der Klasse "klassenname" einzurichten, ist das Schlüsselwort *"static"* zu verwenden und die Deklarations-Vorschrift in der folgenden Form anzugeben:

static *klassenname varname* ;

- Im Gegensatz zu Member-Variablen sind Klassen-Variablen *nicht* Bestandteil einer Instanz. Eine Klassen-Variable existiert nur in einfacher Ausfertigung und gehört zur Klasse selbst.
Da sämtlich erzeugte Instanzen auf dieselbe Klassen-Variable und somit auf denselben Attributwert zugreifen, wirkt sich eine Änderung dieses Wertes auf alle bereits eingerichteten und auch später erzeugten Instanzen aus.
- Um einer Klassen-Variablen einen Wert zuzuordnen, kann sowohl eine Member-Funktion als auch eine Klassen-Funktion zur Ausführung gebracht werden.
- Es reicht nicht aus, dass eine Klassen-Variable nur deklariert wird. Sie muss zusätzlich auch in einer Programm-Datei bekannt gemacht werden und dazu in einer Deklarations-Anweisung bzw. einer Initialisierungs-Anweisung aufgeführt werden. Dabei darf das Schlüsselwort "static" nicht verwendet werden.
Genau wie Member-Variablen deklarieren wir Klassen-Variablen grundsätzlich durch den Einsatz des Schlüsselwortes "protected".
- Auf eine Klassen-Variable kann jederzeit zugegriffen werden – auch dann, wenn noch keine Instanziierung der Klasse existiert. Beim Zugriff auf eine Klassen-Variable muss ihrem Namen der Klassenname mit einem nachfolgenden Scope-Operator "::" vorangestellt werden.
Hinweis: Der Zugriff auf eine Klassen-Variable lässt sich innerhalb einer Member-Funktion auch durch eine Instanz der jeweiligen Klasse bewirken.

Um die Variablen "m_inWerteErfassung", "m_orWerteErfassung", "m_noWerteErfassung", "m_jahrgangsstufe" und "m_skalenniveau" als Klassen-Variablen der Klasse "CProg_9Dlg" festzulegen, ergänzen wir die folgenden Deklarations-Vorschriften innerhalb der Klassen-Deklaration von "CProg_9Dlg":

```
protected:
  static InWerteErfassung m_inWerteErfassung;
  static OrWerteErfassung m_orWerteErfassung;
  static NoWerteErfassung m_noWerteErfassung;
  static CString m_jahrgangsstufe;
  static int m_skalenniveau;
```

Damit die Klassen "WerteErfassung", "InWerteErfassung", "OrWerteErfassung" und "No WerteErfassung" bekannt sind, ergänzen wir die Header-Datei "Prog_9Dlg.h" durch die folgende include-Direktive:

```
#include "InWerteErfassung.h"
```

Um die Klassen-Variablen innerhalb der Programm-Datei "Prog_9Dlg.cpp" bekannt zu machen, tragen wir die Programmzeilen

```
InWerteErfassung CProg_9Dlg::m_inWerteErfassung;
OrWerteErfassung CProg_9Dlg::m_orWerteErfassung;
NoWerteErfassung CProg_9Dlg::m_noWerteErfassung;
CString CProg_9Dlg::m_jahrgangsstufe = "11";
int CProg_9Dlg::m_skalenniveau = 1;
```

unmittelbar hinter der folgenden include-Direktive ein:

```
#include "Prog_9Dlg.h"
```

Da die beiden Klassen "ErfassungDlg" und "AuswertungDlg" der Klasse "CProg_9Dlg" *nicht* untergeordnet sind (alle drei Klassen sind direkte Unterklassen der Basis-Klasse "CDialog"), muss die Klasse "CProg_9Dlg" den beiden anderen Klassen den direkten Zugriff auf ihre Member-Variablen explizit erlauben. Dies lässt sich dadurch erreichen, dass "AuswertungDlg" und "ErfassungDlg" als *Freund-Klassen* von "CProg_9Dlg" ausgewiesen werden. Um die Freund-Klassen festzulegen, fügen wir in der Header-Datei "Prog_9Dlg.h" daher die Programmzeilen

```
friend class ErfassungDlg;
friend class AuswertungDlg;
```

unmittelbar hinter dem vorhandenen Eintrag

```
class CProg_9Dlg : public CDialog {
```

ein. Damit diese beiden Klassen in der Programm-Datei "Prog_9Dlg.cpp" bekannt sind, müssen zusätzlich die beiden include-Direktiven

```
#include "ErfassungDlg.h"
#include "AuswertungDlg.h"
```

am Anfang der Header-Datei "Prog_9Dlg.h" eingetragen werden.

Um die Problemlösung von PROB-9 zu vollenden, vervollständigen wir nachfolgend die Funktions-Definitionen derjenigen Member-Funktionen, deren Funktions-Gerüste zuvor vom Klassen-Assistenten – beim Erstellen der Message-Maps – automatisch eingerichtet wurden.

11.2.5 Member-Funktionen des Anforderungs-Dialogfeldes

Innerhalb der Programm-Datei "Prog_9Dlg.cpp" ergänzen wir die Definitionen der Member-Funktionen in der folgenden Form:

```
void CProg_9Dlg::OnWeiter() {
  switch(m_ausfuehrungVon) {
   case 1: {
    ErfassungDlg erfassungsfenster;
    erfassungsfenster.DoModal();
    break;
    }
   case 2: {
    AuswertungDlg auswertungsfenster;
    auswertungsfenster.DoModal();
    break;
    }
   }
}
void CProg_9Dlg::OnDialogende() {
  OnOK();
}
void CProg_9Dlg::OnDialogIn() {
  CProg_9Dlg::m_skalenniveau = 1;
}
void CProg_9Dlg::OnDialogOr() {
  CProg_9Dlg::m_skalenniveau = 2;
}
void CProg_9Dlg::OnDialogNo() {
  CProg_9Dlg::m_skalenniveau = 3;
}
void CProg_9Dlg::OnDialogErf() {
  m_ausfuehrungVon = 1;
}
void CProg_9Dlg::OnDialogAus() {
  m_ausfuehrungVon = 2;
}
void CProg_9Dlg::OnSelchangedialogJahrgang() {
  CComboBox*zgrSteuerelement=(CComboBox*)GetDlgItem(IDC_dialogJahrgang);
  int hilfsvariable = zgrSteuerelement->GetCurSel();
  zgrSteuerelement->GetLBText(hilfsvariable, m_jahrgangsstufe);
}
void CProg_9Dlg::OnEditupdatedialogJahrgang() {
  UpdateData(TRUE);
  CProg_9Dlg::m_jahrgangsstufe = m_jahrgangComboBox;
}
```

Damit in der Titel-Zeile des angezeigten Erfassungs-Dialogfeldes zusätzlich der Text "Erfassung Jahrgangsstufe" zusammen mit dem im Kombinations-Eingabefeld eingestellten Jahrgangsstufenwert angezeigt wird, ergänzen wir die Datei "ErfassungDlg.cpp" durch die include-Direktive

```
#include "Prog_9Dlg.h"
```

und durch die folgende Funktions-Definition:

```
BOOL ErfassungDlg::OnInitDialog() {
 CDialog::OnInitDialog();
 SetWindowText("Erfassung Jahrgangsstufe "+CProg_9Dlg::m_jahrgangsstufe);
 return TRUE;
}
```

Ferner tragen wir die zugehörige Funktions-Deklaration

```
BOOL OnInitDialog();
```

in die Header-Datei “ErfassungDlg.h” ein.

11.2.6 Voreinstellungen für den Dialog

Wie zuvor festgelegt, sollen zu Beginn des Dialogs die Optionsfelder “intervall” und “Erfas sung” innerhalb des Anforderungs-Dialogfeldes aktiviert sein. Um dies zu gewährleisten, ist die Definition der Member-Funktion “OnInitDialog”, die innerhalb der Programm-Datei “Prog_9Dlg.cpp” durch den Klassen-Assistenten automatisch eingetragen wurde, durch die folgenden Anweisungen zu ergänzen:

```
CheckRadioButton(IDC_dialogIn, IDC_dialogNo, IDC_dialogIn);
CheckRadioButton(IDC_dialogErf, IDC_dialogAus, IDC_dialogErf);
m_ausfuehrungVon = 1;
```

Damit zum Dialogbeginn die Listenelemente “11”, “12” und “13” im Kombinationsfeld eingetragen sind und der aktuelle Wert von “m_jahrgangComboBox” im Kombinations-Eingabefeld erscheint, ergänzen wir die Definition der Member-Funktion “OnInitDialog” der Klasse “CProg_9Dlg” zusätzlich durch die folgenden Anweisungen:

```
CComboBox*zgrSteuerelement=(CComboBox*)GetDlgItem(IDC_dialogJahrgang);
zgrSteuerelement->InsertString(0, "11");
zgrSteuerelement->InsertString(1, "12");
zgrSteuerelement->InsertString(2, "13");
zgrSteuerelement->GetLBText(0, m_jahrgangComboBox);
UpdateData(FALSE);
```

11.2.7 Member-Funktionen des Erfassungs-Dialogfeldes

Um die Klasse “CProg_9Dlg” innerhalb der Datei “ErfassungDlg.cpp” bekanntzumachen, tragen wir die folgende include-Direktive in diese Datei ein:

```
#include "Prog_9Dlg.h"
```

Die Member-Funktionen "OnErfasse" und "OnErfassungsende" definieren wir innerhalb der Programm-Datei "ErfassungDlg.cpp" durch die folgenden Programmzeilen:

```
void ErfassungDlg::OnErfasse() {
 UpdateData(TRUE);
 switch(CProg_9Dlg::m_skalenniveau) {
  case 1: {
   CProg_9Dlg::m_inWerteErfassung.sammelnWerte(m_punktwert);
   break;
  }
  case 2: {
   CProg_9Dlg::m_orWerteErfassung.sammelnWerte(m_punktwert);
   break;
  }
  case 3: {
   CProg_9Dlg::m_noWerteErfassung.sammelnWerte(m_punktwert);
   break;
  }
 }
 m_punktwert = 0;
 UpdateData(FALSE);
 CWnd * zgrSteuerelement = GetDlgItem(IDC_Punktwert);
 GotoDlgCtrl(zgrSteuerelement);
}
void ErfassungDlg::OnErfassungsende() {
 OnOK();
}
```

11.2.8 Member-Funktionen des Auswertungs-Dialogfeldes

Bevor wir die Initialisierung des Auswertungs-Dialogfeldes festlegen, sorgen wir dafür, dass die Klassen-Deklaration von "CProg_9Dlg" und die Bibliotheks-Funktion "floatAls CString" in der Datei "AuswertungDlg.cpp" bekannt sind. Dazu tragen wir die beiden include-Direktiven

```
#include "Prog_9Dlg.h"
#include "EigeneBibliothek.h"
```

in die Datei "AuswertungDlg.h" ein.

Damit die Kennzahlen bei der Anforderung des Auswertungs-Dialogfeldes – durch die Ausführung von "OnWeiter" (der Klasse "CProg_9Dlg") – angezeigt werden, definieren wir für die Klasse "AuswertungDlg" eine eigene Member-Funktion namens "OnInitDialog" und ergänzen dazu die Datei "AuswertungDlg.cpp" durch die folgenden Programmzeilen:

```
BOOL AuswertungDlg::OnInitDialog() {
 CDialog::OnInitDialog();
 SetWindowText
   ("Auswertung Jahrgangsstufe "+CProg_9Dlg::m_jahrgangsstufe);
 switch(CProg_9Dlg::m_skalenniveau) {
  case 1: {
   CProg_9Dlg::m_inWerteErfassung.bereinigenArray();
   CProg_9Dlg::m_inWerteErfassung.bereitstellenWerte();
   CProg_9Dlg::m_inWerteErfassung.auswerten();
   float wert=CProg_9Dlg::m_inWerteErfassung.bereitstellenZentrum();
   m_anzeigeDurchschnitt.SetWindowText
                   ("Durchschnitt: " + floatAlsCString(wert));
   wert = CProg_9Dlg::m_inWerteErfassung.
                   OrWerteErfassung::bereitstellenZentrum();
   m_anzeigeMedian.SetWindowText
                   ("Median: " + floatAlsCString(wert));
   wert = CProg_9Dlg::m_inWerteErfassung.
                   NoWerteErfassung::bereitstellenZentrum();
   m_anzeigeModus.SetWindowText("Modus: "+floatAlsCString(wert));
   break;
  }
  case 2: {
   CProg_9Dlg::m_orWerteErfassung.bereinigenArray();
   CProg_9Dlg::m_orWerteErfassung.bereitstellenWerte();
   CProg_9Dlg::m_orWerteErfassung.auswerten();
   float wert=CProg_9Dlg::m_orWerteErfassung.bereitstellenZentrum();
   m_anzeigeDurchschnitt.SetWindowText(" ");
   m_anzeigeMedian.SetWindowText
                   ("Median: " + floatAlsCString(wert));
   wert = CProg_9Dlg::m_orWerteErfassung.
                   NoWerteErfassung::bereitstellenZentrum();
   m_anzeigeModus.SetWindowText("Modus: "+floatAlsCString(wert));
   break;
  }
  case 3: {
   CProg_9Dlg::m_noWerteErfassung.bereinigenArray();
   CProg_9Dlg::m_noWerteErfassung.bereitstellenWerte();
   CProg_9Dlg::m_noWerteErfassung.auswerten();
   float wert=CProg_9Dlg::m_noWerteErfassung.bereitstellenZentrum();
   m_anzeigeDurchschnitt.SetWindowText(" ");
   m_anzeigeMedian.SetWindowText(" ");
   m_anzeigeModus.SetWindowText("Modus: "+floatAlsCString(wert));
   break;
  }
 }
 return TRUE;
}
```

Zur Deklaration dieser Member-Funktion machen wir innerhalb der Header-Datei "Aus wertungDlg.h" die folgende Eintragung:

```
BOOL OnInitDialog();
```

Um das Auswertungs-Dialogfeld vom Bildschirm entfernen zu können, definieren wir in der Klasse "AuswertungDlg" die Member-Funktion "OnZurueck" wie folgt:

```
void AuswertungDlg::OnZurueck() {
 OnOK();
}
```

Nachdem die Ergänzungen der Header- und Programm-Dateien durchgeführt sind, lässt sich das Programm erstellen und zur Ausführung bringen.

Hinweis: Es ist zu beachten, dass grundsätzlich die include-Direktive "#include "stdafx.h"" in den jeweiligen Programm-Dateien enthalten sein muss oder aber die Compiler-Einstellung von "/Yu "stdafx.h"" in "/YX" geändert werden muss.

11.3 Anzeige der Dialogfelder

Nach dem Programmstart erscheint das folgende Anforderungs-Dialogfeld:

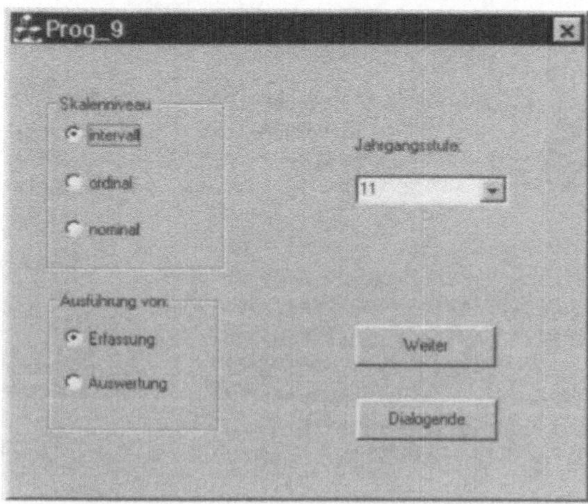

Abbildung 11.10: Anforderungs-Dialogfeld

Bei aktiviertem Optionsfeld "Erfassung" lässt sich durch die Betätigung der Schaltfläche "Weiter" die folgende Anzeige des Erfassungs-Dialogfeldes abrufen:

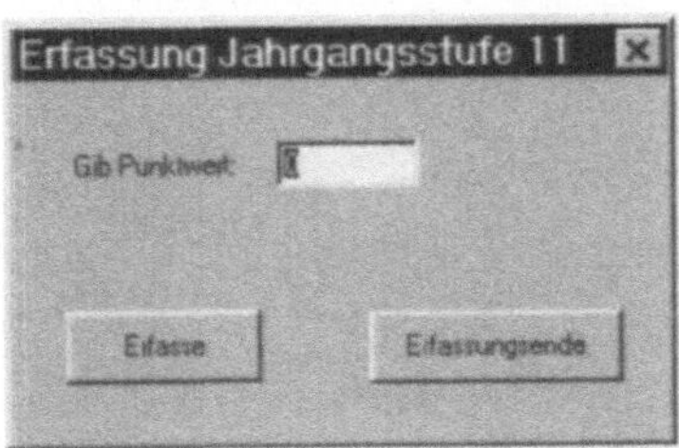

Abbildung 11.11: Erfassungs-Dialogfeld

Sind intervallskalierte Punktwerte erfasst worden, so kann – im Anforderungs-Dialogfeld – die Berechnung der Kennzahlen angefordert werden. Dies führt z.B. – nach der Erfassung der Werte “1”, “9”, “3”, “1”, “1”, “9”, ‘8‘”, “2” und “2”– zur Anzeige des folgenden Auswertungs-Dialogfeldes:

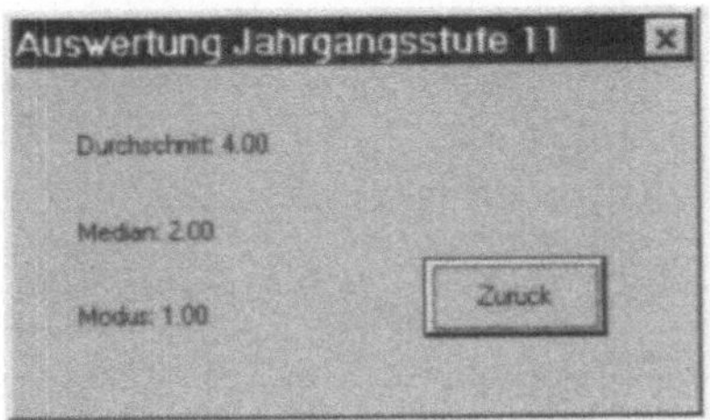

Abbildung 11.12: Auswertungs-Dialogfeld

Die Erfassung lässt sich anschließend für dieselbe Jahrgangsstufe fortsetzen oder aber für eine weitere Jahrgangsstufe beginnen.

Sofern wir den Lösungsplan von PROB-9 in der angegebenen Form zur Ausführung bringen, gehen sämtliche zuvor erfassten Punktwerte verloren, wenn die Programmausführung beendet wird. Sollen die bereits erfassten Punktwerte für eine spätere Verarbeitung erhalten bleiben, so sind diese Punktwerte in einer Datei zu sichern. Von dort aus können sie – nach einem erneuten Programmstart – bei Bedarf wieder zur weiteren Bearbeitung bereitgestellt werden. Die hierzu erforderlichen Änderungen des bisherigen Lösungsplans stellen wir im folgenden Kapitel dar.

Kapitel 12

Formular-gestützter Dialog als SDI-Anwendung

Mit den bisherigen Dialog-Anwendungen haben wir Möglichkeiten zur fenster-gestützten Datenerfassung und Auswertung vorgestellt. Wir erweitern den Kenntnisstand, indem wir das Document/View-Konzept zur Gliederung von Lösungsplänen erörtern und an einer Anwendung erproben, die den Rahmen des bisherigen Beispiels durch die Entwicklung einer SDI-Anwendung erweitert. Hierbei wird als zusätzliche Leistung die Sicherung der erfassten Daten zur Verfügung gestellt. Dies lässt sich erreichen, ohne dass eine aufwändige Programmierung durchgeführt werden muss.

12.1 Das Document/View-Konzept

Bei der dialogfeld-basierten Lösung von PROB-9 haben wir den Sammler, der zur Ablage der erfassten Punktwerte verwendet wurde, als Klassen-Variable festgelegt, auf die von allen Anwendungs-Fenstern aus zugegriffen werden konnte. Durch diese Form des Lösungsplans gab es keine klare Trennung zwischen den Klassen, deren Instanziierungen zur Sicherung und Verarbeitung der Daten dienten, und den Klassen, deren Instanziierungen zur Kommunikation mit dem Anwender benötigt wurden.

Sowohl aus strukturellen Gründen als auch unter dem Aspekt der Wiederverwendbarkeit von Software-Komponenten liegt es nahe, eine Zweiteilung der eingesetzten Klassen eines Lösungsplanes vorzunehmen. Dabei sollten die zu verarbeitenden Daten und die zur jeweiligen Auswertung der Daten eingesetzten Funktionen strikt von den Daten und Funktionen getrennt werden, die zur Kommunikation mit dem Anwender benötigt werden.

Aus diesen Gründen ist bei der professionellen Programmierung die Gliederung von Lösungsplänen grundsätzlich nach den Prinzipien des *Document/View-Konzeptes* vorzunehmen, d.h. es sollte eine Gliederung in die beiden folgenden Teile angestrebt werden:

- In einen oder mehrere *View-Teile* (Sicht-Teile), die allein diejenigen Funktionen und Daten enthalten, die für den Aufbau und den Dialog mittels grafischer Benutzeroberflächen – zur Interaktion mit dem Anwender – verwendet werden sollen.
- In einen oder mehrere *Document-Teile* (Modell-Teile), in denen die Datenhaltung und Datensicherung sowie die Verarbeitung der Daten festzulegen sind, d.h. in denen diejenigen Funktionen zu vereinbaren sind, mit denen die im Sinne der Problemstellung gewünschte Verarbeitung der Daten durchgeführt werden soll.

Sofern eine Anwendung nur einen einzigen Document-Teil enthalten soll, spricht man von einer "SDI-Anwendung" ("SDI" kürzt "Single Document Interface" ab).
Bilden *mehrere* Document-Teile die Grundlage der Datenhaltung, so wird von einer "MDI-Anwendung" ("MDI" kürzt "Multiple Document Interface" ab) gesprochen.

Bei einer SDI-Anwendung lassen sich die Aufgaben des Document-Teils und eines View-Teils – vereinfacht – folgendermaßen beschreiben:

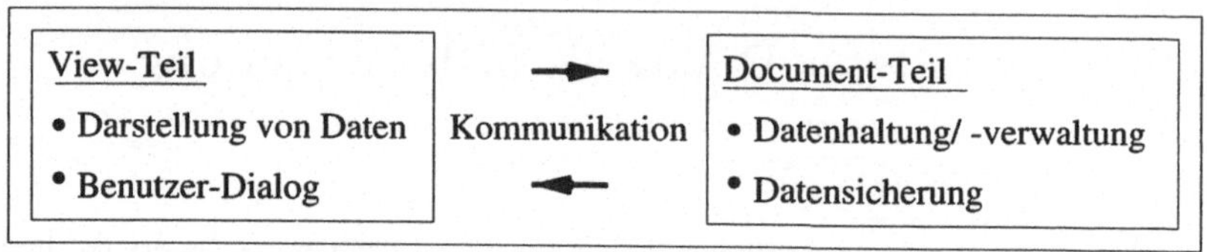

Abbildung 12.1: Document/View-Konzept

Zur Anzeige bzw. Änderung von Daten muss der Document-Teil den View-Teil mit den Daten versorgen. Nach einer Eingabe bzw. einer Änderung von Daten muss der View-Teil die Daten an den Document-Teil weiterreichen.

Sofern ein Lösungsplan auf dem Document/View-Konzept beruhen soll, ist daher die folgende Aufteilung durchzuführen:

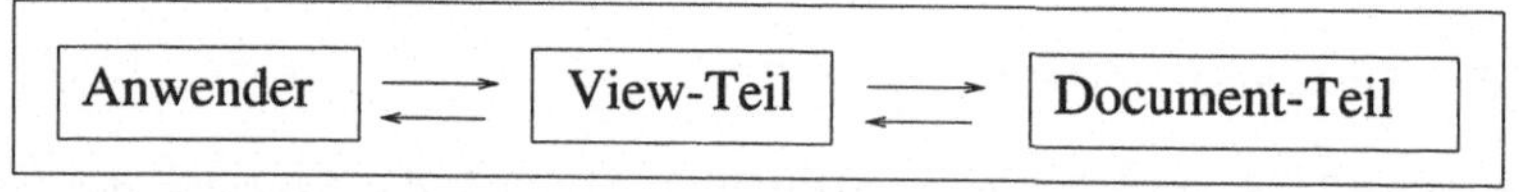

Abbildung 12.2: Document/View-Konzept mit einem View-Teil

Auf der Basis dieser Gliederung ist es möglich, für einen Lösungsplan unterschiedliche Benutzeroberflächen zu realisieren, ohne dass Änderungen im Document-Teil erfolgen müssen.
Sofern eine zusätzliche Forderung nach einer weiteren Darstellung bzw. Ergebnispräsentation – auf der Basis der bereits für den Document-Teil festgelegten Klassen – erfüllt werden soll, kann dies allein durch die Programmierung eines neuen View-Teils geleistet werden.
So lässt sich z.B. die Einrichtung und Anzeige von Fenstern mit unterschiedlichen Grafiken, die den Informationsgehalt von Daten beschreiben, in Form verschiedener View-Teile programmieren, die sämtlich auf einem einzigen Document-Teil basieren.
Wir könnten uns z.B. die Häufigkeiten der vom Document-Teil verwalteten Punktwerte durch einen View-Teil in Tabellen-Form und durch einen anderen View-Teil als Stabdiagramm anzeigen lassen.

Die Programmierumgebung Visual C++ unterstützt das Document/View-Konzept dadurch, dass sich – durch den Einsatz des MFC-Anwendungs-Assistenten (siehe unten) – Projekte erstellen lassen, deren Komponenten automatisch in einen Document-Teil und in einen View-Teil gegliedert sind. Dabei wird der Document-Teil und der View-Teil durch Klassen modelliert, die der Basis-Klasse "CDocument" bzw. der Basis-Klasse "CView" untergeordnet sind.

12.2 Formular-gestützte Erfassung und Auswertung

Die Problemstellung PROB-10

Im Folgenden wollen wir als Alternative zu der im letzten Kapitel vorgestellten dialogfeldbasierten Anwendung eine SDI-Anwendung unter Einsatz eines Formulars entwickeln.

- Dabei wird unter einem *Formular* ein Rahmenfenster – mit Menü-Leiste, mit Symbol-Leiste sowie einer Status-Zeile (am unteren Fensterrand) – verstanden, in dem sich die Steuerelemente eines Dialogfeldes integrieren lassen.

Als Modifikation von PROB-9 formulieren wir die folgende Aufgabenstellung:

- PROB-10:
  Die jahrgangs-unabhängige Erfassung intervallskalierter Punktwerte und deren Auswertung soll unter Einsatz eines Formulars erfolgen!

Im Hinblick auf die Entwicklung eines Lösungsplans ist zu beachten, dass bei einer durch den MFC-Anwendungs-Assistenten erzeugten SDI-Anwendung grundsätzlich ein Rahmenfenster erzeugt wird. In der Menü-Leiste dieses Rahmenfensters ist das Menü "Datei" enthalten, in dem Menü-Optionen für den Datei-Dialog (zum Öffnen und Sichern von Daten), für die Druckausgabe, für die Seitenansicht sowie die Beendigung des SDI-Dialogs vorgesehen sind.

Command-Messages

Das durch den MFC-Anwendungs-Assistenten erzeugte Gerüst einer SDI-Anwendung enthält Member-Funktionen, deren Ausführung durch die Bestätigung einer Menü-Option abgerufen werden können.
Die Verbindung zwischen einer Member-Funktion und einer Menü-Option wird über eine Message-Map hergestellt – genau wie es bei der Zuordnung von Steuerelementen eines Dialogfeldes zu Member-Funktionen der Fall ist.

- Im Unterschied zu den Messages, die von Steuerelementen ausgelöst werden, wird bei Messages, die durch die Bestätigung von Menü-Optionen veranlasst werden, von *Command-Messages* gesprochen.

Einrichtung des Projektes

Zur Lösung von PROB-10 richten wir im aktuellen Arbeitsbereich ein Projekt namens "Prog_10" ein. Beim Aufbau dieses Projektes markieren wir im Dialogfeld "Neu" das Listenelement "MFC-Anwendungs-Assistent (exe)".
Im Gegensatz zum früheren Vorgehen, bei dem wir anschließend das Optionsfeld "Dialog feldbasierend" ausgewählt haben, aktivieren wir jetzt das Optionsfeld "Einzelnes Doku ment (SDI)" und betätigen in den weiteren angezeigten Dialogfeldern jeweils die Schaltfläche "Weiter".

Abschließend stellen wir in dem Dialogfeld "MFC-Anwendungs-Assistent – Schritt 6 von 6" für das Listenelement "CProg_10View" in der Liste "Basisklasse:" das Listenelement "CFormView" als Oberklasse von "CProg_10View" ein und bestätigen die Angaben durch die Schaltfläche "Fertigstellen".
Nachdem wir den Inhalt des daraufhin angezeigten Dialogfeldes "Informationen zum neuen Projekt" durch die Schaltfläche "OK" bestätigt haben, werden die folgenden Klassen automatisch durch den MFC-Anwendungs-Assistenten erzeugt:

- "CMainFrame": Klasse, aus der das Rahmenfenster instanziiert wird;
- "CProg_10View": Klasse des View-Teils, deren Instanziierung für die Darstellung von Daten zuständig ist und durch die der Dialog mit dem Anwender abwickelt wird;
- "CProg_10Doc": Klasse des Document-Teils, deren Instanziierung der Datenhaltung und Datensicherung dient;
- "CProg_10App": Klasse, aus der die Anwendung instanziiert wird, deren Ausführung die Lösung von PROB-10 bewirkt.

Diese Klassen nehmen innerhalb der Klassen-Hierarchie die folgenden Positionen ein:

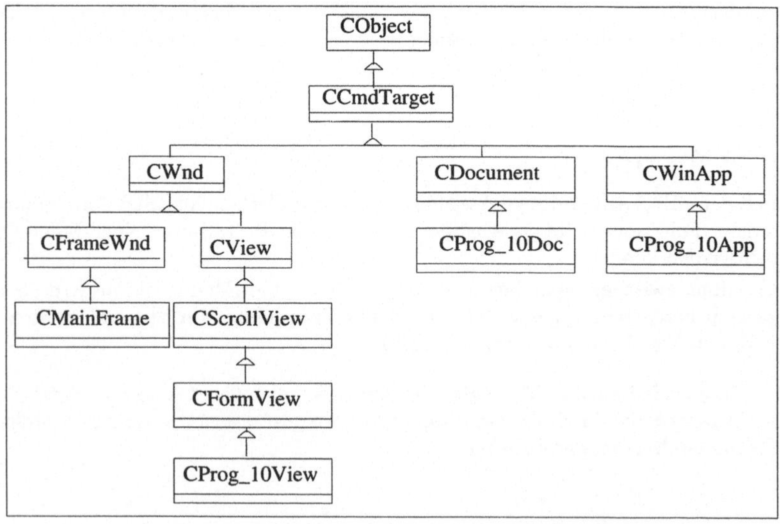

Abbildung 12.3: Ausschnitt aus der Klassen-Hierarchie

Aufbau des Formulars

Da wir – wie bei der Lösung von PROB-8 – intervallskalierte Punktwerte erfassen wollen, übernehmen wir die Vereinbarungen der Klassen "WerteErfassung", "NoWerteErfassung", "OrWerteErfassung" und "InWerteErfassung" aus dem Projekt "Prog_8" in den Ordner des Projekts "Prog_10", indem wir die zugehörigen Dateien – inklusive der Dateien "EigeneBibliothek.cpp" und "EigeneBibliothek.h" – in das Projekt "Prog_10" kopieren und einbinden.

Hinweis: Es ist zu beachten, dass wir die include-Direktive "#include "stdafx.h"" in die jeweiligen Programm-Dateien eintragen müssen oder aber die Compiler-Einstellung von "/Yu "stdafx.h"" in "/YX" zu ändern haben.

Vom MFC-Anwendungs-Assistenten wird für die SDI-Anwendung ein Rahmenfenster der folgenden Form angezeigt:

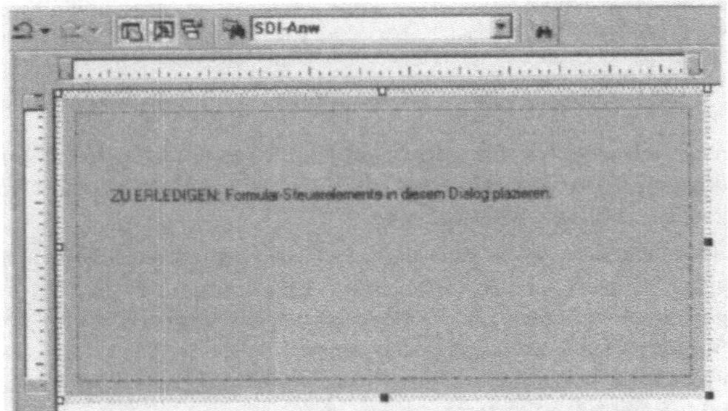

Abbildung 12.4: Rahmenfenster der SDI-Anwendung

Dieses Rahmenfenster stellt die Basis für das Formular dar, das wir wie folgt aufbauen wollen:

Gib Punktwert:

Durchschnitt: Erfasse
Median:
Modus: Berechnen

Abbildung 12.5: Struktur des Formulars zur Lösung von PROB-10

Dieses Formular unterscheidet sich von dem zur Lösung von PROB-8 eingesetzten Dialogfeld durch das Fehlen der Schaltfläche "Dialogende", durch die ein Dialog beendet werden konnte. Da sich das Dialogende durch das im Rahmenfenster bereitgestellte Menü "Datei" anfordern lässt, kann jetzt auf diese Schaltfläche verzichtet werden.

Wie bei der Lösung von PROB-8 können wir jetzt die Steuerelemente-Palette des Ressourcen-Editors einsetzen, um die benötigten Fenster-Bausteine im Formular zu platzieren.

Die Objekt-IDs sowie die Namen der zu verwendenden Member-Variablen und Member-Funktionen legen wir wie folgt fest:

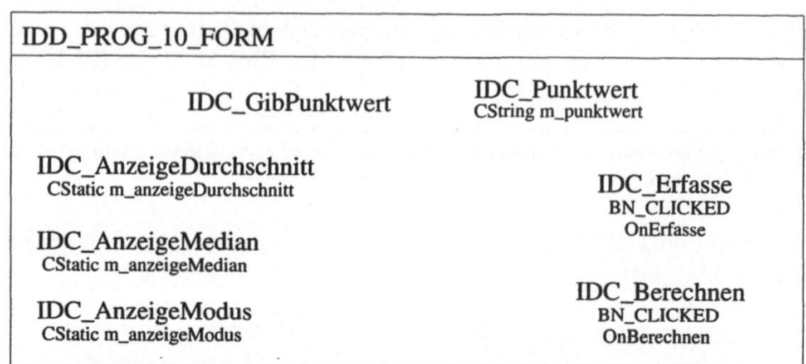

Abbildung 12.6: Objekt-IDs und geplante Zuordnungen

Um zu verhindern, dass vor der Eingabe eines Punktwertes der Wert "0" im Eingabefeld erscheint, ordnen wir jetzt der Member-Variablen "m_punktwert" eine Value-Member-Variable aus der Basis-Klasse "CString" zu.

Beim Aufbau des Formulars ist zu beachten, dass wir – im Unterschied zu dem dialogfeld-basierten Projekt "Prog_9" – durch den Einsatz des Dialogfeldes "Dialog Eigenschaften" keine Titel-Zeile angeben können. Zur Festlegung des Titels werden wir die Basis-Member-Funktion "SetWindowText" einsetzen (siehe unten).

Um PROB-10 zu lösen, sehen wir für den View- und den Document-Teil die folgenden Member-Variablen und Member-Funktionen vor:

CProg_10View
m_anzeigeDurchschnitt m_anzeigeMedian m_anzeigeModus m_punktwert
OnErfasse OnBerechnen

View-Teil

CProg_10Doc
m_inWerteErfassung
sammelnInDoc berechnenInDoc abholenDurchschnittInDoc abholenMedianInDoc abholenModusInDoc

Document-Teil

Abbildung 12.7: Member-Variablen und -Funktionen zur Lösung von PROB-10

Ergänzung des View-Teils

Im View-Teil sind die Member-Funktionen "OnErfasse" und "OnBerechnen" zu vervollständigen, die mit den beiden Schaltflächen "IDC_Erfasse" und "IDC_Berechnen" des Formulars über Message-Maps verbunden sind.

Dazu ergänzen wir die Datei "CProg_10View.h" durch die include-Direktive

```
#include "EigeneBibliothek.h"
```

und vervollständigen die in der Datei "CProg_10View.cpp" enthaltenen Funktions-Definitionen von "OnBerechnen" und "OnErfasse" wie folgt:

```
void CProg_10View::OnBerechnen() {
  CProg_10Doc * zgrDocument = GetDocument();
  zgrDocument->berechnenInDoc();
  float wert = zgrDocument->abholenDurchschnittInDoc();
  m_anzeigeDurchschnitt.SetWindowText
         ("Durchschnitt: "+floatAlsCString(wert));
  wert = zgrDocument->abholenMedianInDoc();
  m_anzeigeMedian.SetWindowText("Median: "+floatAlsCString(wert));
  wert = zgrDocument->abholenModusInDoc();
  m_anzeigeModus.SetWindowText("Modus: "+floatAlsCString(wert));
}
void CProg_10View::OnErfasse() {
  UpdateData(TRUE);
  GetDocument()->sammelnInDoc(m_punktwert);
  m_punktwert = "";
  UpdateData(FALSE);
  GetDlgItem(IDC_Punktwert)->SetFocus();
}
```

Da die Member-Funktion "GotoDlgCtrl" in der Basis-Klasse "CDialog" vereinbart ist, kann sie nicht für ein Formular eingesetzt werden. Zum Aktivieren verwenden wir deshalb die Basis-Member-Funktion "SetFocus" aus der Basis-Klasse "CWnd".

Innerhalb der Funktions-Definitionen von "OnErfasse" und "OnBerechnen" liefert der Aufruf der Basis-Member-Funktion "GetDocument" (aus der Basis-Klasse "CView") eine Referenz-Information auf den zum View-Teil gehörenden Document-Teil. Durch den Einsatz dieser Referenz-Information wird es möglich, Member-Funktionen des Document-Teils ausführen zu lassen.

- **"GetDocument()"**:
  Durch die Ausführung der Basis-Member-Funktion "GetDocument" wird innerhalb des View-Teils eine Referenz-Information auf diejenige Instanz ermittelt, die den zum View-Teil gehörenden Document-Teil verkörpert.

Ergänzung des Document-Teils

Damit im Document-Teil die in "m_inWerteErfassung" erfassten Punktwerte gesammelt und ausgewertet werden können, vereinbaren wir die Member-Funktionen "sammelnIn Doc" und "berechnenInDoc" wie folgt in der Klasse "CProg_10Doc":

```
void CProg_10Doc::sammelnInDoc(CString punktwert) {
 m_inWerteErfassung.sammelnWerte(punktwert);
}
```

```
void CProg_10Doc::berechnenInDoc() {
 m_inWerteErfassung.bereinigenArray();
 m_inWerteErfassung.bereitstellenWerte();
 m_inWerteErfassung.auswerten();
}
```

Da wir die in das Eingabefeld eingetragenen Punktwerte jetzt als Instanziierungen der Basis-Klasse "CString" festlegen, müssen wir in der Klasse "WerteErfassung" die bisherige Definition der Member-Funktion "sammelnWerte" wie folgt abändern:

```
void WerteErfassung::sammelnWerte(CString punktwert) {
```

Die zugehörige Deklaration innerhalb der Header-Datei "WerteErfassung.h" muss daher wie folgt lauten:

```
void sammelnWerte(CString punktwert);
```

Um die Kennzahlen zu berechnen und die ermittelten Werte für den View-Teil bereitzu-

```
float CProg_10Doc::abholenDurchschnittInDoc() {
 return m_inWerteErfassung.bereitstellenZentrum();
}
float CProg_10Doc::abholenMedianInDoc() {
 return m_inWerteErfassung.OrWerteErfassung::bereitstellenZentrum();
}
float CProg_10Doc::abholenModusInDoc() {
 return m_inWerteErfassung.NoWerteErfassung::bereitstellenZentrum();
}
```

Damit die Instanz "m_inWerteErfassung", die zur Datenhaltung der erfassten Punktwerte im Document-Teil dient, aus der Klasse "InWerteErfassung" instanziiert wird, tragen wir die Deklarations-Vorschrift in der Form

```
protected:
 InWerteErfassung m_inWerteErfassung;
```

in die Header-Datei "Prog_10Doc.h" ein. Diese Datei ergänzen wir durch die include-Direktive

```
#include "InWerteErfassung.h"
```

sowie die folgenden Angaben:

```
public:
 void sammelnInDoc(CString punktwert);
 void berechnenInDoc();
 float abholenDurchschnittInDoc();
 float abholenMedianInDoc();
 float abholenModusInDoc();
```

Abschließend legen wir fest, dass die Titel-Zeile des Rahmenfensters den Text "SDI-Anwendung" enthalten soll. Dies erreichen wir dadurch, dass wir die Definition der Member-Funktion "InitInstance" in der Klasse "CProg_10App" durch die folgende Anweisung erweitern:

```
m_pMainWnd->SetWindowText("SDI-Anwendung");
```

Diese Anweisung tragen wir unmittelbar vor der Anweisung

innerhalb der Programm-Datei "Prog_10.cpp" ein.

Nachdem wir die zuvor angegebenen Ergänzungen des Document- und des View-Teils in den Header- und Programm-Dateien vorgenommen haben, können wir das ausführbare Programm erzeugen.
Aus der Programmausführung von "Prog_10" resultiert die folgende Anzeige:

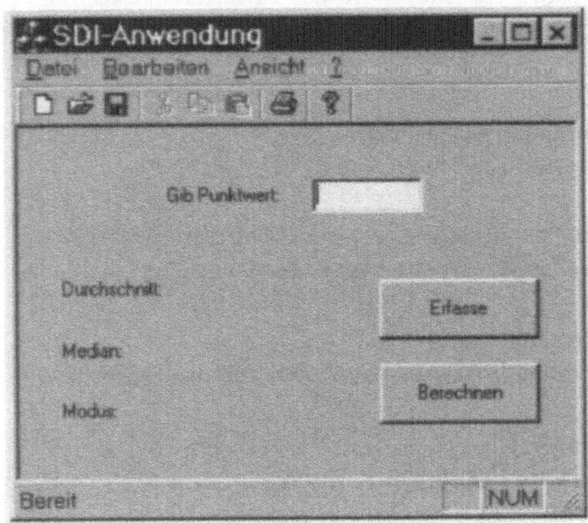

Abbildung 12.8: Formular zur Lösung von PROB-10

12.3 Anzeige der erfassten Punktwerte

Die Problemstellung PROB-10-1

Soeben haben wir kennengelernt, wie sich die Datenerfassung und Anzeige von Kennzahlen mittels eines Formulars vornehmen lässt. Jetzt wollen wir erläutern, wie die Anzeige des Datenbestandes dadurch bewirkt werden kann, dass eine geeignete Menü-Option des Anwendungs-Fensters aktiviert wird.
Dazu erweitern wir die ursprüngliche Problemstellung in der folgenden Form:

- PROB-10-1:
  Auf der Basis des Projekts "Prog_10" sollen die Punktwerte, die mittels eines Formulars erfasst wurden, am Bildschirm in Form einer "Seitenansicht" angezeigt und auf einem Drucker ausgegeben werden können!

Um die Lösung vorzubereiten, ergänzen wir zunächst die Klassen "WerteErfassung" und "CProg_10Doc" durch weitere Member-Funktionen.

Ergänzungen der Klassen "WerteErfassung" und "CProg_10Doc"

Um im Document-Teil auf den Inhalt des Sammlers "m_werteListe" (Bestandteil von "m_inWerteErfassung") zugreifen zu können, werden Member-Funktionen benötigt, die die eingetragenen Punktwerte und deren Anzahl zur Verfügung stellen. Dazu setzen wir die bereits im Abschnitt 8.14 entwickelten Member-Funktionen "bereitstellenPunktwert" und "bereitstellenAnzahl" der Klasse "WerteErfassung" ein.
Vom View-Teil aus soll durch den Einsatz von "bereitstellenAnzahl" und "bereitstellen Punktwert" auf den Sammler "m_werteListe" zugegriffen werden. Um dies bewerkstelligen zu können, definieren wir – innerhalb der Programm-Datei "CProg_10Doc.cpp" – die Member-Funktionen "abholenAnzahlInDoc" und "abholenPunktwertInDoc" in der folgenden Form:

```
int CProg_10Doc::abholenAnzahlInDoc() {
 return m_inWerteErfassung.bereitstellenAnzahl();
}
CString CProg_10Doc::abholenPunktwertInDoc(int index) {
 return m_inWerteErfassung.bereitstellenPunktwert(index);
}
```

Die zugehörigen Funktions-Deklarationen legen wir in der Form

```
int abholenAnzahlInDoc();
CString abholenPunktwertInDoc(int index);
```

innerhalb der Klasse "CProg_10Doc" fest.

Bevor wir – unter Einsatz dieser beiden Member-Funktionen – die Lösung von PROB-10-1 angeben, erläutern wir zunächst das Grundprinzip, nach dem die Datenausgabe auf den Bildschirm bzw. einen Drucker zu erfolgen hat.

Gerätekontext

Unter dem Windows-System werden Informationen, die auf dem Bildschirm oder einem Drucker ausgegeben werden, in Form von Grafiken dargestellt. Ein Text wird daher dadurch zur Anzeige gebracht, dass die einzelnen Zeichen auf dem Ausgabe-Medium *gezeichnet* werden.

Damit diese Grafik-Ausgabe stets in geräte-neutraler Form programmiert werden kann und die Funktionalität des jeweiligen Ausgabe-Mediums bei der Programmierung nicht berücksichtigt werden braucht, muss die Übertragung auf ein Ausgabe-Medium durch einen Gerätekontext angefordert werden.

- Bei einem *Gerätekontext* (engl.: device context) handelt es sich um eine Instanziierung aus der Basis-Klasse "CDC", in der sämtliche Grafik-Eigenschaften des betreffenden Ausgabe-Mediums gekapselt sind – wie z.B. die Schriftgröße, der Zeichenfont, die Vorder- und Hintergrundfarbe sowie der Koordinatenursprung des Ausgabe-Mediums.
  Durch den Gerätekontext wird die Verbindung zwischen dem ausgeführten Programm und dem geräte-spezifischen Treiber hergestellt, der die Datenübertragung auf das Ausgabe-Medium durchführt.

Um Informationen auf einem Ausgabe-Medium anzuzeigen, muss der zugehörige Gerätekontext die Ausführung einer geeigneten Member-Funktion für die Grafik-Ausgabe veranlassen. Die zugehörigen Anweisungen sind – als Funktions-Aufrufe – innerhalb von speziellen Basis-Member-Funktionen – wie z.B. "OnPrint" – anzugeben.

Diese Funktions-Aufrufe sind entweder durch den Gerätekontext oder – mittels einer indirekten Referenzierung – durch eine Zeiger-Variable zu veranlassen, die auf einen Gerätekontext weist.

Die Anzeige der Punktwerte

Um die erfassten Punktwerte zur Anzeige zu bringen, lässt sich die Basis-Member-Funktion "OnPrint" nutzen, deren Vereinbarung automatisch vom MFC-Anwendungs-Assistenten in der Klasse "CProg_10View" vorgenommen wurde.

- Um Daten des Document-Teils zur Anzeige zu bringen, kann im Rahmenfenster das Menü "Datei" ausgewählt und entweder die Menü-Option "Drucken..." oder die Menü-Option "Seitenansicht" bestätigt werden.

In diesen Fällen gelangt die Basis-Member-Funktion "OnPrint" zur Ausführung, so dass Daten ausgedruckt oder am Bildschirm in Form einer "Seitenansicht" (Vorschau) angezeigt werden.

- **"OnPrint(CDC * pDC, CPrintInfo * pInfo)"**:
  Durch den ersten Parameter *"pDC"* wird diejenige Zeiger-Variable gekennzeichnet, die auf einen *Gerätekontext* weist.
  Beim zweiten Parameter handelt es sich um eine Zeiger-Variable, die auf eine Instanziierung aus der Basis-Klasse "CPrintInfo" weist, in der die *grundlegenden* Eigenschaften des Ausgabe-Mediums gekapselt sind.

Zur Lösung von PROB-10-1 ergänzen wir – innerhalb der Datei "CProg_10View.cpp" – das Gerüst der Funktions-Definition von "OnPrint" in der folgenden Form:

```
void CProg_10View::OnPrint(CDC* pDC, CPrintInfo* /*pInfo*/) {
 pDC->SetMapMode(MM_LOMETRIC);
 pDC->SetTextAlign(TA_LEFT);
 pDC->TextOut(0, -100, "Anzeige der erfassten Punktwerte");
 CProg_10Doc * zgrDocument = GetDocument();
 int anzahl = zgrDocument->abholenAnzahlInDoc();
 pDC->TextOut(0, -200, "Anzahl: " + intAlsCString(anzahl));
 int zeile = 3;
 int maxZeilen = 50;
 for (int i = 0; i < anzahl; i = i + 1) {
  if (zeile % maxZeilen == 0) {
   pDC->EndPage();
   zeile = 1;
   }
  CString punktwert = zgrDocument->abholenPunktwertInDoc(i);
  pDC->TextOut(0, - (100 * zeile), punktwert);
  zeile = zeile + 1;
  }
  pDC->EndDoc();
}
```

Beim Aufruf der Basis-Member-Funktion "OnPrint" wird der Gerätekontext – in Form einer Zeiger-Variablen – als Argument aufgeführt. Daher haben wir in der Funktions-Definition für den zugehörigen Parameter die Angabe "CDC * pDC" übernommen. Aus Konsistenz-Gründen zur Deklaration der Basis-Member-Funktion "OnPrint" müssen wir bei der Funktions-Definition einen zweiten Parameter vorsehen. Da dieser Parameter nicht benötigt wird, ist der Name des Parameters – in der Form "/* pInfo */" – als Kommentar angegeben.

Innerhalb der Funktions-Definition von "OnPrint" verwenden wir die folgenden Basis-Member-Funktionen:

- **"SetMapMode(MM_LOMETRIC)"**:
  Durch die Ausführung dieser Basis-Member-Funktion wird bestimmt, dass die linke oberen Ecke des Ausgabe-Mediums zum Koordinatenursprung wird. Außerdem wächst die x-Koordinate – horizontal – um den Wert "1" und die y-Koordinate – vertikal – um den Wert "-1".

- **"SetTextAlign(TA_LEFT)**:
  Durch die Ausführung dieser Basis-Member-Funktion wird festgelegt, dass die durch die Basis-Member-Funktion "TextOut" bewirkte Textausgabe horizontal ausgerichtet wird.

- **"TextOut(int x-Koordinate, int y-Koordinate, CString varString)"**:
Durch die Ausführung dieser Basis-Member-Funktion wird der String, der als drittes Argument aufgeführt wird, mit Beginn der durch die x-Koordinate und die y-Koordinate bestimmten Position angezeigt.

- **"EndPage()"**:
Durch die Ausführung dieser Basis-Member-Funktion wird das Seitenende festgelegt und ein Seitenvorschub bewirkt.

- **"EndDoc()"**:
Durch die Ausführung dieser Basis-Member-Funktion wird die Ausgabe beendet.

Haben wir die Funktions-Definition von "OnPrint" durch die oben angegebenen Programmzeilen ergänzt und anschließend das Programm "Prog_10_1" zur Ausführung gebracht, so können wir die erfassten Punktwerte über die Menü-Option "Seitenansicht" des Menüs "Datei" am Bildschirm ausgeben lassen.

Dabei erhalten wir z.B. die folgende Anzeige:

Abbildung 12.9: Anzeige der erfassten Punktwerte

12.4 Sicherung und Laden

Im Abschnitt 8.14 haben wir beschrieben, wie wir die erfassten Punktwerte in einer Datei sichern und – nach einem erneuten Programmstart – wieder bereitstellen können.

Um zu zeigen, wie sich die Programmierung bei einer SDI-Anwendung vereinfachen lässt, wollen wir jetzt die folgende Problemstellung lösen:

- PROB-10-2:
Auf der Basis des Projekts "Prog_10" sollen die erfassten Punktwerte in eine Datei übertragen und bereits zuvor in einer Datei gesicherte Punktwerte wieder geladen werden können!

Als Grundlage für die Lösung dieser Problemstellung ist der folgende Sachverhalt wichtig:

- Beim Aufbau der Klasse "CProg_10Doc" ist vom MFC-Anwendungs-Assistenten eine Member-Funktion namens "Serialize" vereinbart worden.
  Die Member-Funktion "Serialize" gelangt dann zur Ausführung, wenn – unter Einsatz der Menü-Optionen "Öffnen", "Speichern" bzw. "Speichern unter..." des Menüs "Datei" – Daten von einer Datei in den Document-Teil oder vom Document-Teil in eine Datei übertragen werden sollen.

  "Serialize(CArchive & ar)":
  Durch die Ausführung dieser Basis-Member-Funktion aus der Basis-Klasse "CDocument" lassen sich Daten in einer Datei sichern oder aus einer Datei laden. Beim Argument von "Serialize" handelt es sich um eine Instanziierung aus der Basis-Klasse "CArchive", durch die der Datenaustausch mit einer Datei vorgenommen wird.

Zur Lösung von PROB-10-2 ergänzen wir das Gerüst der Member-Funktion "Serialize", das innerhalb der Programm-Datei "CProg_10Doc.cpp" eingetragen ist, wie folgt:

```
void CProg_10Doc::Serialize(CArchive & ar) {
 if (ar.IsStoring()) {
   int anzahl = m_inWerteErfassung.bereitstellenAnzahl();
   ar << anzahl;
   for (int i = 0; i < anzahl; i = i + 1)
    ar << m_inWerteErfassung.bereitstellenPunktwert(i);
 }
 else {
   CString punktwert;
   int anzahl;
   ar >> anzahl;
   for (int i = 0; i < anzahl; i = i + 1) {
    ar >> punktwert;
    m_inWerteErfassung.sammelnWerte(punktwert);
  }
 }
}
```

Bei dieser Programmierung ähneln die Programmzeilen, die die Sicherung beschreiben, den Programmzeilen, durch die das Laden festgelegt wird.

Als Parameter der Funktion "Serialize" ist eine Instanziierung aus der Basis-Klasse "CArchive" festgelegt. Das beim Funktions-Aufruf aufzuführende Argument korrespondiert mit derjenigen Datei, die im Zusammenhang mit der jeweils angeforderten Menü-Option als Ausgabe-Datei bzw. als Eingabe-Datei festgelegt wurde.

Da die Basis-Member-Funktion "Serialize" sowohl zur Ausgabe als auch zur Eingabe von Daten aufgerufen wird, ist durch den Einsatz der Basis-Member-Funktion "IsStoring" (aus der Basis-Klasse "CArchive") zu prüfen, ob ein Sichern oder ein Laden bewirkt werden soll.

- **"IsStoring()" :**
  Als Funktions-Ergebnis resultiert der Wahrheitswert "wahr", sofern Daten gesichert werden sollen (es ist die Menü-Option "Speichern" oder "Speichern unter..." ausgewählt worden). Sind Daten aus einer Datei zu laden (es ist die Menü-Option "Öff nen" ausgewählt worden), so wird der Wahrheitswert "falsch" als Funktions-Ergebnis ermittelt.

Wurde – mittels des Menüs "Datei" – eine Sicherung der erfassten Punktwerte über eine der Menü-Optionen "Speichern" oder "Speichern unter..." angefordert, so werden die Anweisungen

```
ar << anzahl;
```

(zur Sicherung der Anzahl der gesammelten Punktwerte) und

```
ar << m_inWerteErfassung.bereitstellenPunktwert(i);
```

(zur Sicherung eines einzelnen Punktwertes) zur Ausführung gebracht.
Ist eine Anforderung zum Laden von gesicherten Punktwerten – mittels der Menü-Option "Öffnen" des Menüs "Datei" – erfolgt, so werden die Anweisungen

```
ar >> anzahl;
```

(zum Laden der Anzahl der gesammelten Punktwerte) und

```
ar >> punktwert;
```

(zum Laden eines einzelnen Punktwertes) ausgeführt.
Durch den Einsatz der Member-Funktion "Serialize" – in Verbindung mit der Basis-Member-Funktion "IsStoring" – ist gewährleistet, dass die Programmierung für die Eingabe und die Ausgabe von Daten innerhalb einer einzigen Funktion festgelegt werden kann. Dies ist sinnvoll, da keine strukturellen Differenzen zwischen den Eingabedaten und den Ausgabedaten bestehen dürfen.

Durch die soeben vorgestellte Möglichkeit der komfortablen Sicherung und Bereitstellung von Daten haben wir die besondere Leistungsfähigkeit der Programmierumgebung Visual C++ verdeutlicht.

Abschließend lässt sich feststellen:
Der engagierte Leser sollte jetzt mit der Denkweise der objekt-orientierten Programmierung vertraut sein und daher verstehen, warum ihm in diesem Buch kein "Hello world"-Programm vorgestellt wurde!
Mit den erworbenen Grundkenntnissen in C++ sollte der Leser auch in der Lage sein, seine Programmierkenntnisse durch die Lektüre von speziellerer C++-Literatur bzw. durch das Lesen von C++-Handbüchern zu vertiefen.

Literaturverzeichnis

AUPPERLE M.: Die Kunst der objektorientierten Programmierung mit C++, Vieweg, Braunschweig/ Wiesbaden, 2001.

BALZERT H.: Lehrbuch der Software-Technik, Band 1: Software-Entwicklung, Spektrum Akademischer Verlag, Heidelberg, 2000.

DANKERT J.: Praxis der C-Programmierung, Teubner, Stuttgart, 1997.

DEITEL H.M., DEITEL P.J.: C++ How to program, Prentice Hall, 2001.

ERLENKÖTTER H., REHER V.: C++ für Windows 95/ NT, Rowohlt TB, Reinbek, 1997.

GOOS G.: Vorlesungen über Informatik, Band 2: Objektorientiertes Programmieren und Algorithmen, Springer, Berlin Heidelberg, 1999.

GUDENBERG J. W. VON: Objektorientiert Programmieren von Anfang an, Spektrum Akademischer Verlag, Heidelberg, 1996.

GUREWICH N., GUREWICH O.: Teach yourself Visual C++ 5 in 21 Days, Sams Publishing, Indianapolis, 1997.

INFORMATIK-SPEKTRUM: Band 20, Heft 6, Springer, Berlin Heidelberg, 1997.

KINZLER A.: MFC-Programmierung, c't, Magazin für Computertechnik, Heft 1– 7, Heise, Hannover, 1998.

LAMPRECHT G.: Einführung in die Programmiersprache C, Vieweg, Braunschweig/ Wiesbaden, 1986.

MEYER B.: Objektorientierte Softwareentwicklung, Hanser, München, 1990.

MICROSOFT: Visual C++ 6.0, Programmers' s Guide, Microsoft Corporation, 1998.

MICROSOFT: Visual C++ 6.0, Reference Library, Microsoft Corporation, 1998.

MAYR H.C., WAGNER R. (HRSG.): Objektorientierte Methoden für Informationssysteme, Springer, Berlin Heidelberg, 1993.

SCHADER M., KUHLINS ST.: Programmieren in C++, Einführung in den Sprachstandard, Springer, Berlin Heidelberg, 1997.

SCHEIBL H-J.: Visual C++ 6.0 für Einsteiger und Fortgeschrittene, Hanser, München, 1999.

STROUSTRUP B.: Die C++ Programmiersprache, Addison-Wesley, Bonn, 2000.

SCHMIDBERGER (HRSG), SCHIPPERT R., KÖLLE V., URBAN U., RIEMERT S., THÜLLY G.: Visual C++ 5 & MFC im praktischen Einsatz, Internat. Thomson Publ., Bonn, 1997.

WIGARD S.: Visual C++ 6.0, bhv Verlag, Kaarst, 1999.

Index

Weitere Titel aus dem Programm

Gunter Lepschies
E-Commerce und Hackerschutz
Leitfaden für die Sicherheit elektronischer Zahlungssysteme
2., überarb. Aufl. 2000. VI, 242 S. mit 43 Abb. (DuD-Fachbeiträge) Br.
DM 98,00/€ 49,00 ISBN 3-528-15702-X
„Wer Näheres zur Sicherheit von Cybercash, Chipkarten oder Internet-Banking wissen will, ist hier richtig.“ e-commerce magazin 3/99

Andreas Pfitzmann, Alexander Schill, Andreas Westfeld, Gritta Wolf
Mehrseitige Sicherheit in offenen Netzen
Grundlagen, praktische Umsetzung
und in Java implementierte Demonstrations-Software
2000. 260 S. mit CD-ROM. (DuD-Fachbeiträge) Geb. DM 68,00/€ 34,00
ISBN 3-528-05735-1

Patrick Horster (Hrsg.)
Kommunikationssicherheit im Zeichen des Internet
Grundlagen, Strategien, Realisierungen, Anwendungen
2001. 422 S. mit 110 Abb. (DuD-Fachbeiträge) Geb. DM 168,00/€ 84,00
ISBN 3-528-05763-7

Abraham-Lincoln-Straße 46
65189 Wiesbaden
Fax 0611.7878-400
www.vieweg.de

Stand 1.7.2001. Änderungen vorbehalten.
Erhältlich im Buchhandel oder im Verlag.
Die genannten €-Preise sind gültig ab 1.1.2002.

Weitere Titel aus dem Programm

Dietmar Herrmann
Effektiv Programmieren in C und C++
Eine aktuelle Einführung mit Beispielen aus Mathematik, Naturwissenschaften und Technik
5., überarb. u. verb. Aufl. 2001. XVI, 478 S. Br. DM 59,80/€ 29,90
ISBN 3-528-44655-2

Jürgen Radel
Visual Basic für technische Anwendungen
Grundlagen, Beispiele und Projekte für Schule und Studium
2., überarb. u. erw. Aufl. 2000. X, 250 S. Br. DM 59,00/€ 29,50
ISBN 3-528-15584-1

Andreas Solymosi, Ulrich Grude
Grundkurs Algorithmen und Datenstrukturen
Eine Einführung in die praktische Informatik mit Java
2000. XII, 194 S. mit 83 Abb. u. 33 Tab. Br. DM 39,80/€ 19,90
ISBN 3-528-05743-2
Begriffsbildung - Komplexität - Rekursion - Suchen - Sortierverfahren - Baumstrukturen - Ausgeglichene Bäume - Algorithmenklassen

Otto Rauh
Objektorientierte Programmierung in JAVA
Eine leicht verständliche Einführung
2., überarb. u. erw. Aufl. 2000. XIV, 254 S. Br. DM 49,80/€ 24,90
ISBN 3-528-15721-6

Abraham-Lincoln-Straße 46
65189 Wiesbaden
Fax 0611.7878-400
www.vieweg.de

Stand 1.7.2001. Änderungen vorbehalten.
Erhältlich im Buchhandel oder im Verlag.
Die genannten €-Preise sind gültig ab 1.1.2002.